斑节对虾种虾繁育技术

江世贵 杨丛海 周发林 黄建华 编著

海洋出版社
2013年·北京

图书在版编目（CIP）数据

斑节对虾种虾繁育技术/江世贵等编著. —北京：海洋出版社，2013.1
ISBN 978-7-5027-7879-8

Ⅰ.①斑… Ⅱ.①江… Ⅲ.①对虾科—良种繁育 Ⅳ.①S968.221

中国版本图书馆 CIP 数据核字（2010）第 206058 号

责任编辑：郑　珂　常青青
责任印制：赵麟苏

海洋出版社　出版发行

http://www.oceanpress.com.cn
北京市海淀区大慧寺路8号　邮编：100081
北京画中画印刷有限公司印刷　新华书店北京发行所经销
2013年1月第1版　2013年1月第1次印刷
开本：787 mm×1092 mm　1/16　印张：18.75
字数：378 千字　定价：50.00 元
发行部：62132549　邮购部：68038093　总编室：62114335
海洋版图书印、装错误可随时退换

引 言

传统的商业繁殖所用斑节对虾（*Penaeus monodon*）亲体绝大多数为天然海域捕捞的成虾。此时，雄虾的精荚饱满，多数情况下雌虾性腺已经开始发育，纳精囊充满精子，暂短的适应性驯养后，经切除眼柄，3~7 d 内性腺即可成熟并且产卵。因此，几乎所有的成虾个体均可作为亲虾使用。1988 年，Primavera 系统地总结了传统的斑节对虾亲体培育、性成熟、产卵孵化和繁殖幼体的养殖生物学。1992 年，Bray 和 Lawrence 系统地总结了以凡纳滨对虾（*Litopenaeus vannamei*）为主的多种对虾亲体培育、性成熟、产卵孵化和繁殖幼体的理论和实践操作。这些代表性著作吸收了已有的对虾苗种产业生产所需要的繁殖生物学基础知识，例如繁殖生态、繁殖力、细胞水平的性腺发育生物学、繁殖行为学、受精生物学、胚胎发育、幼体发育的形态、亲虾和幼体饲料消化生理、摄食生理、控制性腺发育技术等，为当时的产业发展提供了科学依据。

然而，1993 年以后，由于对虾白斑综合征（white spot syndrome，WSS）等烈性传染病的流行，业界提出了人工培养种虾或亲虾的产业发展战略，严格的疾病控制程序，严格的遗传管理程序以及对虾品种改良等成为家养驯化的重要操作内容。因为，全人工养殖状态下，斑节对虾种虾、亲虾需要有较长的培育时间，所以，首先需要在生物安全（biosecurity）条件下，按照一定遗传管理、遗传育种程序和规则，选择、培养种虾，然后将其中的优秀个体，经促熟培育为繁殖用的亲虾（亲体）。与此同时，和传统的对虾养殖相似，需要解决种虾、亲体培养的生态问题、营养要求及饲料技术，还需解决亲虾在人工养殖环境条件下的内分泌调控机制、调控技术以及种虾、亲虾培育的生物安全技术、设施等基础理论问题和具体的技术开发问题。

20 世纪 90 年代以后，尤其是在近几年，许多科学家根据可持续发展养殖渔业战略要求，针对当前海水池塘养殖存在的问题，提出了降低投入，降低土地、水资源、能量、蛋白质、遗传多样性消耗的要求，创建了崭新的养殖技术及繁育体系。其中包括现代育种技术、生物安全技术、无特定病原亲虾、虾苗培育技术、抗特定病原对虾品系培育、健康养殖循环用水养殖水系统、微生物降解水处理技术、适应集约养殖模式的饵料配制技术（例如研制环保型饲料）等方面的研究。尤其在对虾养成系统中，创建了新的高效养殖系统，Avnimelech（2000）和 Pruder（2004）开发出"生物安全-

零交换水"对虾养殖模式及配套体系和生物絮团技术（bio-floc technology）。制定好的、高效的池塘养殖管理条例，以求最大限度地利用水源，减少养殖池和大环境水交换，彻底切断流行病病原体的传播途径和减少环境胁迫。生物安全-零交换水系统和生物絮团技术的研究结果已经显示可达到如下目标：可以在有限的土地上进行集约式养殖；无需从海湾进行频繁的水交换，限制了水的滥用；节约能耗；防止疫病传播；防止劣质基因外逃造成的基因污染；体现物尽其用的思想和生态养殖的理念，养殖生产的副产物（例如浮游生物和营养要素）得以充分利用。这些理论和技术也为实现全人工繁育技术体系，特别是为种虾培育的高健康发育体系提供了技术储备。

从世界范围来看，包括斑节对虾在内的主要养殖对虾种类的全人工繁殖技术，虽然20年前已经取得很好的进展，但是，由于成本较高、繁殖率低等经济效益方面的原因，多年来，几乎所有的斑节对虾虾苗繁殖场需要的亲虾仍然主要来自捕捞的野生对虾群体。传统对虾繁殖的亲体培育技术，主要是将捕获后的野生亲虾作短时期培育后，即可产卵繁殖。有些种类，例如中国明对虾（*Fnneropenaeus chinensis*），是我国黄海特有的对虾，具有封闭型纳精囊和特有的繁殖生物学特性。该虾头年秋季交配，雌虾的纳精囊保存精子，第二年春天雌虾产卵前不再蜕皮。雌性亲虾捕获前在天然水域已经完成交配，因此无须再捕获雄性对虾，即使在人工水槽养殖的条件下，雌性的性腺也很容易成熟，雌虾产卵的同时即可受精，而且该虾产卵季节集中，不用切割眼柄，繁殖期集中，在人工条件下也可获得大量高质量的受精卵。但是其他多数养殖种类的对虾，例如日本囊对虾（*Marsupenaeus japonicus*）、凡纳滨对虾、斑节对虾，虽然不切除眼柄也可以在人工条件下性成熟和产卵，但是通常群体的产卵期很分散，雌虾的成熟率较低，生产者难以在短期内获得大量受精卵，只有在切割眼柄等促进卵巢成熟的条件下，才能在短时期内获得大批量受精卵。当前，出于经济方面的原因，全球众多对虾养殖场均使用野生捕获的或者使用野生捕获后蓄养的亲虾。但是这样做存在很大的问题和风险。首先是亲体携带病原问题。因为近几年，近海的野生对虾种虾、亲体中均有比较高的病毒携带率。根据我国及日本、泰国等国的科学家调查研究，近几年养殖虾的天然群体中种虾、亲虾的对虾白斑综合征病毒（white spot syndrome virus，WSSV）阳性检出率通常为30%~50%，有时甚至更高。传统的育苗工艺培育的虾苗携带病毒率逐年升高。以我国为例，20世纪90年代中期对采用传统育苗工艺的育苗场进行调查，以育苗场为样本单位进行统计，白斑综合征病毒阳性检出率几乎达100%。表明由于种虾、亲体及虾苗携带白斑综合征病毒，养殖阶段的风险大大提高。

目前，应用生物学安全概念发展的精细对虾养殖系统，不仅是为了减轻养殖环境对对虾的胁迫，而且根据这一观念建立的生物安全养殖系统，应用于遗传选择、培育健康虾苗、培育高品质种虾和亲虾，也是今后产业发展的方向。因此，亲虾培育技术的内容，除了常规的亲虾养成及选择技术，亲体性腺成熟、交配的水系统及设施条件，水环境条件，种虾、亲虾营养等外，特定病原控制技术就成了非常关键的内容。再者，使用野生虾，养殖者不能对养殖虾进行驯化、改良其遗传品质。目前生物安全和遗传改良已经成为产业发展十分迫切的任务，鉴于病毒性疾病对对虾产业的危害以及养殖生物的遗传改良需要，要求人们进行对虾繁殖不再使用捕获野生亲虾，必须改革传统的种虾来源方式，必须在人工养殖条件下，进行培育种虾及亲虾促熟技术的开发。

当前全球的对虾养殖产业不但对无特定病原群体倍加关注，而且许多养殖对虾国家将培育抗病品系以及培育具有优良养殖特性的育种计划也列入了养殖开发计划。目前，只有少数种类的对虾，例如中国明对虾、凡纳滨对虾等重要养殖种类，已经完成产业化的人工可控条件下全人工养殖技术，并且培育对虾种虾、亲体的工艺技术，环境要求，营养要求，控制规模化批量产卵的技术参数已经逐步规范化。同时，日本囊对虾和斑节对虾的全人工繁育体系也已经积累了大量的技术参数及生产工艺，有待实现商业化。

20世纪90年代以后，由于疾病对对虾产业的危害，人们认识到选育优良品种，建立生物安全繁育体系，在可控条件下养殖对虾亲体，使用在人工条件下培育的优良亲体繁殖培育的虾苗，成为对虾安全养殖的必由之路，也是对虾养殖产业亟待解决的战略问题。建立对虾繁育体系，选择健康的具有优良遗传特性的亲体，保存优良的种质资源，保持有商业价值的重要经济性状，保持遗传多样性，是种虾、亲虾培育的重要技术内容。

虽然20世纪80年代以后，斑节对虾的种虾、亲虾培养技术有了长足的发展，但是由于该虾原产地自然繁殖水域属于温暖海域，尽管每年也有两个相对集中的几个月的繁殖期，可是天然水域的种群繁殖季节很长，几乎全年每个月都有虾产卵。因此，整个种群产卵期不集中造成自然种群对虾的月龄结构复杂，这些特性也是捕捞野生种虾作为亲虾使用时出现产卵质量不高、产卵数量较少的原因。此外，大量使用天然群体也会造成资源日益枯竭。养殖对虾培育成亲体，虽然月龄结构简单，但是需要在人工养殖条件下长期培养，多数情况下由于营养不足及养殖环境不能全面满足种虾、亲虾要求，致使人工养殖的雌性斑节对虾性腺难以成熟，特别是难以在短时期内大批量集中成熟。因此，虽然该虾的全人工养殖在实验室早已完成，但出于经济效益原因，当前商业性培苗需要的种虾、亲体仍然依赖从自然海域捕捞。

基于斑节对虾繁殖生物学的特性及其在对虾养殖产业上的重要性，近年来，在人工养殖条件下大批量养成高健康斑节对虾种虾、亲体的基础研究和应用技术开发受到许多国家的重视，并作为重点内容列入养殖渔业发展规划。

斑节对虾作为一个优良养殖对虾种类，在生物安全养殖条件下进行全人工养殖更有其特殊的意义。众所周知，当前全球对虾养殖产量的提高，很重要的因素是应用了盐度较低的水环境养殖凡纳滨对虾取得了极大的成功。而具有巨大商业价值的斑节对虾，却因为对虾白斑综合征病毒、黄头病毒（yellow head virus，YHV）和斑节对虾缓慢生长综合征（monodon slow growth syndrome，MSGS）等引发的烈性传染性流行病，商业生产日益萎缩。20世纪末之前，斑节对虾养殖产量占全球对虾养殖产量75%以上，2001年以后，比例逐渐下降。目前，全球经过十多年的研究，对斑节对虾病毒性疾病的病原体及感染途径与发病机制已有相当的了解。例如，野生种虾普遍带有白斑综合征病毒病原体，而且整个养殖环境均充满携带白斑综合征病毒病原者，是使得对虾白斑病随时都有可能暴发的主要原因。就短期而言，如何将已开发的白斑综合征病毒的PCR等检测技术用于避免感染源、生产无特定病原的优质虾苗、保持环境的稳定以及增强斑节对虾的免疫能力，使疾病不致暴发性流行，是目前产业化养殖唯一可采用的方法。国内外的研究报告显示：不但自然水域捕获的亲虾、种虾感染白斑综合征病毒的比例非常高，而且此病毒能经历亲体繁殖生产过程，对幼虾产生获得性垂直感染。因此，为根除该病原危害，发展无特定病原的斑节对虾繁殖、养殖技术，开发可控环境条件下养殖种虾、亲虾培育技术，性腺成熟技术，完成规范化的斑节对虾全人工繁殖技术以取代捕捞野生种虾十分迫切。从长远来说，对虾养殖迫切需要对养殖品种进行驯化，或利用生物技术改良其遗传品质，这样才能解决疾病问题。生物安全和遗传改良的经济效益要求已经十分迫切。发展无特定病原斑节对虾的繁育养殖技术，改进养殖池中种虾的养殖技术、亲虾培育技术以及亲虾催熟技术，完全取代捕捞天然种虾，进而开发遗传育种技术，生产具有抗病能力且易成熟的斑节对虾品种是根本解决斑节对虾疾病问题之道。

全球的对虾育种计划以及无特定病原群体受到人们的关注，其中有关斑节对虾的内容已经在一些国家和地区进行了深入而广泛的研究。

中国是研究斑节对虾繁殖最早的国家。1968年，廖一久首先利用自然群体的斑节对虾亲虾繁殖虾苗获得成功。1977年，陈惠彬应用单侧切眼柄技术促进斑节对虾性腺发育产卵并孵化成功。此后逐步解决了斑节对虾在人工控制条件下大批量个体在短期内性腺成熟、产卵的关键问题，实现了该虾人工培育苗种的商业性生产。20世纪80年代以来至1992年，中国水产科学研究院南海水产研究所、中国水产科学研究院黄海水产研究所、湛江市郊区水产研究所、中山大学、海南水产研究所、厦门水产学院等研究单位和生产单位结合，先后完成斑节对虾的人工繁殖或全人工繁殖研究。利用渔盐养殖的斑节对虾作为种虾，培育成可以产卵的亲虾的研究开始于1984年。1991年，杨小立应用秋天收获的渔盐养殖的斑节对虾，完成生产性繁殖试验，培育雌性亲虾278尾，利用切眼柄技术，90%个体性腺可以被促熟。在40 d的培育期内，产卵608尾次，共培育无节幼体11 988万尾，仔虾1 028.5万尾。林明男等于1989年、陈秀男等于1993年分别对利用渔盐培育种虾、全人工繁殖种虾以及种虾培育的饲料作了比较深入的研究，取得一定进展。

笔者经过近几年的系统开发研究以及对我国以往斑节对虾繁殖研究的成果进行整合，完成了预定的目标：建立了生产无白斑综合征病毒等对虾病原的健康苗种的技术体系；构建了斑节对虾种虾生物安全养殖系统，确立了无白斑综合征病毒等对虾病原的健康斑节对虾繁殖模式；解决了人工养殖获得批量大规格的斑节对虾亲虾以及催熟等关键技术问题，初步开发形成了斑节对虾繁育体系。

本书系统总结了国内外斑节对虾种虾、亲虾培育的研究进展、生产经验以及笔者近几年的研究成果，包括在人工养殖条件下大批量养成种虾、亲虾的关键技术，希望能促进斑节对虾养殖产业的发展，并希望在今后几年的研究中，在技术上不断完善，形成规范性的操作技术并推广应用。

本书在编写和出版过程中得到了许多同志的热情帮助和鼓励，在此表示深切的感谢！

由于编者水平有限，同时编写时间也比较仓促，书中难免存在不足之处，敬请各位专家同行不吝赐教。

编著者

2010 年 12 月

目　次

第1章　斑节对虾产业发展及市场背景 ……………………………… (1)
　1.1　全球虾类养殖状况 ………………………………………………… (1)
　1.2　斑节对虾养殖生产的发展趋势：建立高健康繁育体系 ………… (3)

第2章　斑节对虾种虾、亲虾培育生物学 …………………………… (5)
　2.1　斑节对虾亲虾性腺发育 …………………………………………… (6)
　2.2　雌性对虾性成熟的内分泌调控 …………………………………… (17)
　2.3　斑节对虾繁育的营养要求 ………………………………………… (32)
　2.4　斑节对虾繁殖群体及繁殖特性 …………………………………… (78)
　2.5　斑节对虾种虾、亲虾培育 ………………………………………… (109)

第3章　高健康繁育体系的基础理论 ………………………………… (123)
　3.1　斑节对虾繁殖的生物安全及疾病预防理论：建立生物安全观念，
　　　 保障繁育体系的可持续性 ………………………………………… (124)
　3.2　斑节对虾健康繁育体系及遗传管理 ……………………………… (131)
　3.3　斑节对虾种虾健康养殖的有限水交换系统的管理原理及营养保障 … (144)

第4章　斑节对虾种虾养成健康管理及实践 ………………………… (165)
　4.1　斑节对虾种虾养成的生物安全健康管理：仔虾发育为亚成虾的养殖
　　　　……………………………………………………………………… (166)
　4.2　斑节对虾种虾养成的生物安全健康管理：由亚成虾养殖至成虾 … (188)
　4.3　斑节对虾亲虾培养技术及管理 …………………………………… (198)

第5章　生物安全状态下斑节对虾的幼体培育技术 ………………… (207)
　5.1　育苗场地的选择与基本设施 ……………………………………… (208)
　5.2　建立 HACCP 管理体系和生物安全管理操作 …………………… (213)
　5.3　斑节对虾幼体的营养与饵料管理 ………………………………… (217)

i

5.4 幼体培育的水环境管理 …………………………………………… (220)
5.5 培育幼体、虾苗操作 ……………………………………………… (224)
5.6 幼体健康状况管理 ………………………………………………… (231)

第6章 种虾培育过程中的病原、疾病与诊断 ……………………… (235)
6.1 对虾病原及疾病的前期诊断程序 ………………………………… (236)
6.2 斑节对虾白斑综合征病毒病的诊断 ……………………………… (242)

参考文献 ……………………………………………………………………… (255)

第1章 斑节对虾产业发展及市场背景

1.1 全球虾类养殖状况

全球虾类养殖发展迅速，全球养殖对虾的面积估计为170万hm^2以上，2006年全球养殖对虾总产量约250万t以上，其中亚洲地区的产量约占90%。如此大的养殖产量，却集中在凡纳滨对虾和斑节对虾两个品种，凡纳滨对虾约占70%以上，斑节对虾占20%~25%。近几年来，凡纳滨对虾产量得到进一步上升，斑节对虾产量基本维持在50万~70万吨。

根据《中国渔业统计年鉴2010》统计，2009年我国海水对虾养殖产量总计796 479 t，其中，凡纳滨对虾580 843 t，斑节对虾60 210 t，中国明对虾44 388 t，日本囊对虾50 407 t。合计海水、淡水养殖对虾产量约为1 333 778 t。其中凡纳滨对虾约为1 118 142 t，占83.8%，斑节对虾占4.5%，中国明对虾占3.3%，日本囊对虾占3.8%。

近几年我国养殖对虾虽然在产量统计上为世界首位，但是出口虾在国际市场的地位并不利。世界虾进口国家和地区集中在美国、日本、欧洲。根据《Infofish》杂志报道，2007年在进入美国虾市场的国家和地区中，我国输入的对虾总量处于第二位（第一位是泰国），进口值却是第四位。在日本进口虾市场，少量进口鲜活虾主要是从中国进口，而占进口虾量80%以上的冻虾，包括带头虾、无头虾、带壳虾、去皮带尾虾以及熟食虾等，我国的输出量处于第三位。其主要原因是价值较高的个体大的对虾，例如冻斑节对虾，主要来源于亚洲的印度尼西亚、越南、印度和泰国。

上述现象说明我国虾出口和亚洲其他主要产虾国家比较，在出口贸易上处于下风。我国的对虾出口受限的重要原因是美国的反倾销政策。我国出口产品以凡纳滨对虾为主，过度追求降低养殖成本，产品个体较小、质量较差也是重要原因。

由于对虾产量大幅度上升，大量淡水养殖凡纳滨对虾，致使对虾质量下降，国内对虾市场价格总体上呈下降趋势。例如，海南省养殖的规格为80尾/kg的凡纳滨对虾，2000年出池价格为70元/kg，2002年为32元/kg，2003年为20元/kg，2004年为16

元/kg。国内虾价下滑原因是多方面的，例如生产者只重视产量不重视质量；养殖品种主要是质量较差的凡纳滨对虾；受白斑病的影响提早收虾，对虾个体小；产量快速增长，货源过剩；出口受限等。

斑节对虾不但是亚洲传统的养殖虾种，也是全世界的重要优秀养殖虾种。虽然该虾种的养殖生物学参数十分优秀，然而近十年来，全球以及我国的斑节对虾养殖产量却停滞不前。其主要原因是受到对虾白斑综合征及亲虾依赖于野生捕捞两个因素的制约。凡纳滨对虾对白斑综合征病原抵抗性较强，适应的盐度广泛，对饲料蛋白质含量要求较低，是虾农放弃养殖斑节对虾的重要原因。斑节对虾生长速度快，体形大，肉质好，市场价格优于凡纳滨对虾，如果在技术上解决了上述两大问题，增加斑节对虾产量，可能对提升我国养殖对虾的质量和产值有重要作用。不但可以占据市场获取外汇，而且可以极大地提高我国对虾产品质量，以满足不同消费者的需求。

联合国粮食和农业组织（FAO）等有关机构为了唤起大家对斑节对虾养殖的重视，2005 年出版文献 "Cultured aquatic species information programme *Penaeus monodon*"，论述了该虾的生物特征、生产概况、产业历史背景、主要生产国、生物栖息地和生产周期、生产系统疾病管理、生产统计、贸易市场、负责养殖实践等内容。

该文献认为斑节对虾生长快且肉质优良，价格很高，但货源比较缺乏。目前，斑节对虾主要依靠野生种虾大规模繁殖苗种。该种对虾比凡纳滨对虾容易发生白斑综合征病毒病，为了控制疾病，需要精细管理和投入一定成本。通常养殖斑节对虾比养殖凡纳滨对虾成本提高 1/3，但是前者的市场销售价却比后者高出 1~2 倍。国际上普遍认为斑节对虾生产成本较高，生产成本取决于场地、季节、生产规模、水管理系统（例如水交换方式）以及疾病等一些影响产量养殖的其他问题。对于苗种生产的操作成本，通常每万尾苗是 25 美元。联合国粮食和农业组织统计的斑节对虾养成阶段的生产成本见表 1-1。

表 1-1　斑节对虾养成阶段的生产成本（FAO，2005）　　　　单位：美元/kg

开支项目	粗养	半精养	精养
虾苗	0.53	0.58	0.59
饲料	—	1.41	2.02
劳力	0.85	0.20	0.19
电力或动力油	0.21	0.36	0.33
化学药剂、原料和供应材料	0.16	0.18	0.26
企业一般管理费	—	0.13	0.37
折旧	0.20	0.66	0.52
总计	1.95	3.52	4.28

由于我国、越南、印度等国采用粗放式、半精养方式养殖斑节对虾，饲料及劳力成本较低，养成成本较低，总生产成本大约只有 2.0~2.5 美元/kg。

养殖斑节对虾产品的国际市场价格虽然略有下降，但仍然维持在较高水平。在贸易金额上，斑节对虾是亚洲极为重要的水产养殖产品。日本的 C&F 市场，主要需求是大的无头虾（16/20 级别），多来源于印度尼西亚、印度、越南的粗养池和半精养池，2001—2004 年这类虾价为 9~14 美元/kg。美国市场主要需求小规格的无头虾（21/25 级别，带皮的和去皮的两个规格），主要来源于泰国、印度的精养池。在同期的日本 C&F 市场，这类虾价格为 7~13 美元/kg。欧洲市场主要需求小型带头虾（31/40 级别），多来源于东南亚精养池。该规格的虾在 2001—2004 年，日本 C&F 市场的价格为 4.7~9.0 美元/kg（FAO，2005）。

近几年，虽然斑节对虾国际市场价格仍然维持在较高水平，但是全球的斑节对虾养殖产量却维持在 50 万~70 万 t。

1.2 斑节对虾养殖生产的发展趋势：建立高健康繁育体系

目前全球斑节对虾养殖亟需研究解决的主要问题是发展经济可行的人工条件下种虾培育及驯养技术。进行类似于当前凡纳滨对虾无特定病原的种虾培育是所有对虾养殖研究者的首要任务。需要开发的技术核心内容包括：有效预防和处理病毒的技术；满足种虾养殖的环境友好型饵料；低成本的长期养殖系统等。

由于疾病、亲虾的不足以及市场竞争、贸易壁垒等问题，斑节对虾养殖生产并未像原来设想的那样快速发展。许多原先养殖斑节对虾的养殖场为利润驱使改为养殖凡纳滨对虾，因为后者的种虾驯化更容易，烈性传染疾病也少一些，特别是该虾适宜水较淡的池塘养殖，养殖凡纳滨对虾更易获得利润。以往斑节对虾是市场上最优秀的养殖甲壳类，在亚洲许多国家斑节对虾的养殖有了较大发展。当时由于缺少竞争以及日本市场强有力的需求，市场价格一直很好，直到如今全球约 60 万 t 的年产量。2001—2004 年以后全球的凡纳滨对虾产量大幅度上升，同时也导致斑节对虾产值下降。

为了斑节对虾养殖今后能够长期平稳持续增长，应用原有的传统繁殖、养殖系统已难以解决在国内本地消费虾价格较低的问题。与畜牧养鸡业发展以及鲑鱼养殖系统相似，只有降低养殖成本、提高成活率、提高产品质量，才有竞争力。目前在亚洲选择养殖斑节对虾，至少在质量、市场价格上，还是有很大的出口竞争力。

近几年，由于考虑到预防疾病和对生物多样性的保护，在发展育种驯化、减少野生苗和野生种虾的应用方面，已经取得很大的进步，并接受了 FAO 制定的负责任养殖行为规范（COC）、好的养殖操作（GAP）法规等。未来斑节对虾养殖预计还有很大的发展余地。建立我国斑节对虾高健康繁育体系，发展优质对虾养殖，提高我国对虾出口竞争力,势在必行。

1)为什么要建立高健康繁育体系

从全球范围来看,尽管对虾养殖及相关产业每年为全球带来上百亿美元的经济效益,但是高健康对虾繁育体系最近几年才受到人们关注。例如美国在创立凡纳滨对虾繁育体系取得的成果,不但使创立者受惠,而且对世界养虾业产生了很大影响。建立每个地区的对虾繁育体系越来越受到人们的重视。我国作为对虾养殖的主要国家,产量多年来处于世界首位,但是缺乏现代养殖核心技术、创新技术,其中包括繁育体系不完善,这也是造成我国对虾产品质量不高的重要原因。

和其他养殖动物一样,对虾开始家养驯化后必然出现两个过程,即需要实现人工繁殖以及在保种、留种的同时,发生有意或无意的遗传选择。虽然家养对虾的繁殖和育种是两个不同的生产过程,但是对虾养殖繁育体系是一个完整的系统。在这个系统内繁殖是育种工作的一个部分,育种必须通过繁殖来实现和完成既定的目标,即在对虾繁殖过程中对种虾、亲虾进行选择和培育。通过人工控制对虾繁殖过程,实现对虾育种目标。对虾繁殖育种体系的研究和构建,对对虾业健康、持续发展意义深远。

2)我国已具备建立斑节对虾高健康繁育体系的条件

我国对虾养殖已经成为一个完整的配套生产行业,年产量超过100万t,其中斑节对虾的产量在逐年缓慢增加。我国对虾养殖品种、养殖模式的多样化,可适应在各种地区环境和经济状况条件下养殖。我国沿海地处温带、亚热带、热带,具有适宜许多优良养殖对虾种类的养殖区,目前世界公认的适宜养殖的对虾优良种类例如斑节对虾、中国明对虾、日本囊对虾、刀额新对虾(*Metapenaeus ensis*)、凡纳滨对虾等,我国均具备养殖条件。其中斑节对虾不但可以在长江以南养殖,而且在我国北方某些地区也可进行商业性养殖,例如近几年山东地区就有少量养殖,并已取得一定效益。

我国农业及水产业的发展历来重视"种子"工作,农业部将"种养业良种体系"作为农业建设七大体系之首。我国在水产养殖良种繁育方面具有丰富的经验,并取得了巨大成绩,比如在中国明对虾繁育技术良种选育方面就积累了很多成功经验。近几年完成的斑节对虾规模化全人工繁殖,已经掌握了人工驯化、培育斑节对虾种虾、亲虾的关键技术,这是建立高健康繁育体系很重要的技术支撑。

第2章 斑节对虾种虾、亲虾培育生物学

斑节对虾不但是亚洲传统的养殖虾种,也是全世界重要的优秀养殖虾种。它是养殖对虾类中体形最大、经济价值最高的一种对虾。该虾个体巨大,身体有带状条纹,因此英文名称为"Giant Tiger Shrimp(巨大虎虾)",我国台湾地区称其为"草虾"。根据捕捞记录,斑节对虾的天然栖息地分布在30—155°E,35°N—35°S的印度洋—太平洋广大沿岸海域,它们的天然繁殖地集中在20°N—20°S的温暖水域,例如印度尼西亚、巴基斯坦、印度、斯里兰卡、马来西亚、新加坡、泰国、越南、中国、菲律宾、巴布亚新几内亚、斐济、澳大利亚、非洲东岸、红海、马达加斯加和毛里求斯等地。

斑节对虾对水域环境变化具有较强的适应能力,虽然成虾需要在近岸正常盐度的海域产卵以及完成随后的幼体发育阶段,但是长成仔虾以后却可以在盐度较低的水域生活。养殖阶段的斑节对虾,也就是从仔虾至亚成虾,可以适应的盐度非常广泛。Cheng和Liao于1986年研究发现,幼虾血淋巴的可调节渗透压为103~1 480 mOsm/kg,这说明幼虾具有高效的渗透压调节能力。体长8 cm左右的幼虾甚至可在盐度为0.55的低盐度水域养殖(臧维玲等,2001)。幼虾分布在浅海近岸索饵,有些进入河口索饵。斑节对虾的饵料十分广泛,包括甲壳类、软体动物、多毛类等小型底栖动物。另外,它们也少量摄食浮游生物、植物性物质碎屑等。

斑节对虾是个体最大的一种对虾,有记录报道最大个体的体长为350 mm(也有人报道个体体长达到363 mm)、体质量为500 g。它也是生长速度最快的虾种。据刘瑞玉1988年报道,我国南海野生斑节对虾种群,仔虾生长1个月体长达45 mm,体质量为0.8 g;2个月体长达79 mm,体质量为4.3 g;6个月体长达160 mm,体质量为50 g;1年体长达240 mm;体质量达100 g。在养殖条件下,同样可以获得较快生长,例如,廖一久于1977年报道,在养殖量为15尾/m²,放养体质量为0.82 g(仔虾后40 d)的斑节对虾,养殖75 d平均体质量达25 g,养殖136 d平均体质量为44 g(体质量为10~83 g),每旬生长3 g以上。天然水域斑节对虾雌性成熟生殖群体的体长为300~350 mm,体质量为350~400 g,由此可以认为,实际上雌性对虾终生均在

快速生长。

Primavera 于 1988 年研究发现，斑节对虾雌虾比雄虾大，成虾雌虾的平均体长显著大于雄虾的平均体长。在野生状态下，雄性成熟具有精荚的最小个体头胸甲长为 37 mm，体质量约为 35 g。雌性成熟的最小个体头胸甲长为 47 mm，体质量约为 67.7 g（Motoh，1981）。雌虾怀卵量或产卵量因情况不同而有变化，通常野生斑节对虾的产卵量为 248 000~811 000 粒/（尾·次）。因此，它也是繁殖力最大的对虾种类。

斑节对虾为雌雄异体，异性繁殖。成虾具有明显不同的外性器官特征。雌虾具有 1 个前板和 2 个侧板构成的封闭型纳精囊，贮藏交配后的精荚。纳精囊位于第四对和第五对步足之间的腹部，生殖孔位于第三步足的基节。雄虾具有第一对游泳足内肢特化形成的交接器，第二游泳足内侧有小型附属雄性附肢，精荚排出口位于第五对步足基节。

雄虾的内部繁殖器官包括 1 对精巢和输精管。输精管终端为壶腹，精巢位于心脏背面直到肝胰腺区域。精巢为半透明，每侧由 6 个叶片组成，每一个叶片内侧一边与输精管相连。输精管由四部分组成，分别是短窄的近端输精管，增厚比较大的中段输精管，相对较长而狭窄的末梢输精管以及附属的壶腹。末端的壶腹包含精包，并在第五对步足基节具排出孔。游离的精子为圆球状，约为 30 μm，具有 1 个棘突。

雌虾的内部生殖器官包括成对的卵巢及输卵管。1 对卵巢为两侧对称，有部分融合，沿着虾体伸延。前部的叶片包位于食管部位，侧叶占据胃区心脏部位，直到后面的肝胰腺区，腹部的卵巢叶片沿着背部直到后肠背腹动脉处。输卵管由侧叶的第六叶伸出，伸延到第三步足基节的排卵孔。

在天然水域，斑节对虾成虾通常需要进入近海较深水域才能完成性腺成熟。分布区往往在 110~162 m 的泥质或沙质海底（Motoh，1981）。尤其是雌性对虾，由于养殖的环境、饲料营养和天然环境、饵料的差异，在人工养殖条件下其性成熟条件往往不易满足，因此，商业性养殖培育苗种需要的亲体性腺成熟发育，主要依赖切除对虾眼柄的技术手段。

2.1 斑节对虾亲虾性腺发育

在人工控制条件下培育斑节对虾亲体，绝大多数情况是雄性对虾的性腺容易成熟，也就是说，即使在一般的养殖条件下，雄性性腺也可以成熟，并且精荚质量及精子数量基本上可以满足卵子受精的要求。但是雌性对虾性腺成熟困难，因此，在雌性对虾内分泌调控机制方面的研究较多。

Panouse 于 1943 年首先认识到，通过切除眼柄可以导致甲壳类性腺非季节性增大成熟和再次成熟。Adiyodi 等人于 1970 年发现，甲壳类眼柄中存在一种卵巢抑制激素，并且证实采用人工切除长臂虾眼柄，可以促进雌虾卵巢发育。对斑节对虾应用切眼柄技术促进性腺发育开始于1975年。之后，切眼柄技术开始应用于斑节对虾全人工培育的研究。其中具有代表性的工作有：1977年Aquacop在法属塔希堤完成斑节对虾的全人工繁殖；1978年Primavera主要应用切眼柄技术，完成对5月龄斑节对虾性腺促熟产卵。1980年以后全世界许多实验室逐步对切眼柄技术进行完善，形成对虾在人工条件下繁殖的规范性操作（Bray and Lawrence，1992）。1983年以后，许多地区由于进口性腺成熟的斑节对虾亲虾受到很大限制，开始从自然群体获取成虾或半成虾，在人工控制的池塘或水槽培育种虾和亲虾。利用切眼柄技术成为关键性的操作，并且通过应用鲜活饲料保证亲体营养和控制环境条件相结合等性腺促熟技术，斑节对虾繁殖在少数地区实现规模化生产。

控制斑节对虾繁殖的性腺发育以及性行为的内在原因是内分泌的生理作用。然而，由于对虾调控繁殖激素的多样性以及人们对甲壳类的内分泌还没有足够的认识，至今，在对虾养殖产业规模化繁殖中，使用人工养殖的亲虾进行繁殖，实用的、人为的激素调控技术仍仅限于切除眼柄诱导对虾卵巢发育和产卵。切除眼柄基本上成为大多数对虾有效地促使性腺发育成熟的手段。多数人认为，由于对虾眼柄内的窦腺-X-器官复合体（Sinus Gland-X-Organ，SG-XO）分泌多种激素，因此，切除眼柄肯定会影响到各种激素分泌对正常生理活动的平衡。虽然该手术刺激了性腺增长，但这种方法副作用也很明显。亲虾切除眼柄后因失去或减少性腺抑制激素的控制，卵巢在促进性腺发育有关激素的刺激下，持续一次又一次成熟，不断产卵，卵巢得不到必要的营养补充，导致卵的质量越来越差，直至衰竭。切除眼柄破坏了卵巢发育的正常生理机制，卵母细胞在卵巢中难以积聚足够的卵黄，卵子成熟质量差。事实上许多对虾育苗场常遇到亲虾后几批所产的卵质量较差、孵化率普遍较低或所培育苗的健康程度较差等情况。切眼柄增加了对虾产卵频率，但是产卵量不大，而且随着时间延长，产卵量逐次下降。单纯应用切眼柄技术尚存在如下一些问题：切眼柄的雌虾和没有切眼柄的虾比较，蜕皮周期缩短；由于手术的熟练程度不够，往往对雌虾造成损伤，造成雌虾死亡率高；某些情况下，切眼柄的对虾产的卵孵化率不高或延迟，增加了对疾病的易感染性，也对随后的养殖产量产生影响。大量的实例证明，由于切眼柄而导致卵巢快速发育，似乎与饵料无关。然而在自然界，卵巢虽然可达对虾体质量的10%，但是对虾的营养首先是供应机体的代谢，第二是生长，第三才是繁殖。切眼柄后卵巢的增长并不顾及营养平衡，也不顾及卵子是否受精（Bray and Lawrence，1992）。因此，全面研究对虾的生殖系统内分泌调控机制，弄清卵母细胞发育的生理过程、卵黄发生和积累的内在机理，内分泌系统在这一发育过程中所起的调控作用及其与营养条件、外界环境因素的相互影响和作用机制（例如，饵料因素影响到卵子孵化率和对虾产卵率，温度、盐度也是影响内分泌正常发挥作用的重要因子）才能真正达到人工控制亲虾成熟的目的，从而避免使用切除眼柄等损害亲虾生理、组织的方法。

2.1.1 斑节对虾卵巢发育

2.1.1.1 斑节对虾卵巢发育的形态学研究

斑节对虾的卵巢为成对结构，每侧又分为数个叶片（即侧枝，通常分为 1 对前叶，6 对侧叶，1 对后叶，共计 8 对），从头胸部沿着背部向躯干后部延伸，虽然卵巢是分开在两侧，但是在头胸部却有部分融合。卵巢为带筒状物，主要由结缔组织构成的卵巢壁、生殖上皮细胞、滤胞细胞、血管及肌肉细胞组成。对虾卵巢发育从性分化开始，原始的原生殖细胞发育为卵巢原基，并开始发育，直到形成肉眼可以见到的生殖腺卵巢，也就是通常所说的第 I 期尚未开始成熟的卵巢，是一个漫长的过程。这个过程在自然状态下，需要从稚虾开始，一直到成虾，正常情况下需要 10 个月以上。多年来，国内外学者对斑节对虾卵巢发育分期的划分一直存在差异，主要原因是划分标准不统一。Tan-Fermin and Pudadera（1989）对野生斑节对虾卵巢发育组织学的分类描述仅仅分为四期，分别为卵黄发生前期、卵黄发生期、皮质杆状期和消耗期。Quinitio et al（1993）的研究中描述了池塘养殖斑节对虾卵母细胞发生的早期，如卵原细胞期和核染色质期，补充了斑节对虾卵巢早期发育的描述。性腺在卵原细胞期相当小且很难和内层上皮层区分。这个困难也说明了为什么极少有关于斑节对虾卵巢早期发育阶段的描述。

在对虾繁殖生产实践中，为了肉眼观察外表方便，通常将对虾卵巢的发育过程人为分为五个阶段，也就是五个发育期，即未发育期（I 期）、发育早期（II 期）、发育后期（III 期）、成熟期（产卵期，IV 期）、产后期（V 期）。实际上卵巢发育是一个连续的过程，一旦雌性对虾开始性成熟，在雌虾整个繁殖期，生殖上皮细胞便不断地形成卵原细胞。增殖区的卵原细胞不断发育，进行有丝分裂成为卵母细胞，再发育为所谓的虾卵。笔者认为如果按卵细胞特征和卵黄的发育变化划分，可以分成如下六个阶段，即卵原细胞期、卵母细胞减数分裂前期的前卵黄生成期、初级卵黄形成期、次级卵黄形成期、成熟期、产后期。

所谓未发育的卵巢是指已具有卵巢特征，尚未快速发育，但已经具有大量的卵原细胞。外表观察，很难看到卵巢的阴影，解剖观察卵巢呈细绳索状，半透明。该期卵巢结缔组织上皮细胞形成的卵巢囊区血管丰富，卵巢囊壁上排列着生殖上皮细胞，包含许多卵原细胞及滤泡细胞（也称滋养细胞）。

卵原细胞在体积上逐渐增大，卵原细胞进行有丝分裂进入第一次减数分裂前期，形成初级卵母细胞，该期卵母细胞虽然繁育增大，但是它们没有卵黄，细胞核逐步膨大，进行细胞质合成。

卵母细胞进一步发育进入前卵黄形成期，主要特征是核糖体 RNA 积累和粗糙的内质网发育，出现卵形胞囊。当细胞质内的包囊出现颗粒物质积累，合成大量的卵黄磷蛋白，即进入初级卵黄发生期。初期卵黄发生阶段，仅存在胞内来源的卵黄颗粒，卵黄磷蛋白依靠卵母细胞细胞质内大量的粗面内质网、游离核糖体及线粒体等合成。由于滤泡细胞包裹着卵母细胞并同步发育，卵母细胞膜上的绒毛可能通过内化从滤泡取得卵黄生成物的积累进入次级卵黄期。

次级卵黄形成期及成熟期是卵母细胞快速发育阶段，次级卵黄发生和次级滤泡发生相结合，该阶段所有的卵母细胞几乎是同步发育，滤泡紧包着卵母细胞，卵母细胞膜上充分发育的大的和微小的绒毛和滤泡相连接。该发育期，卵细胞的卵黄磷蛋白有胞内、胞外两个来源，胞外主要由肝胰腺合成，经血淋巴运输到卵巢，经胞饮进入卵细胞。卵母细胞期的卵子大小及色泽基本相同，说明卵内的卵黄蛋白和类胡萝卜素是同步积累。

产完卵后，进入恢复期。

笔者根据从我国南海北部天然水域捕获的不同成熟阶段的斑节对虾卵巢形态学研究，在卵巢的组织学、性成熟指数（GSI）、卵细胞的直径、卵核的大小和形状、核仁的形态和分布、不同发育阶段卵细胞数量比例等方面（表2-1），对我国南海北部野生亲虾卵巢发育各期的结构与组织学特征进行了观察，具体描述如下（黄建华等，2006）。

Ⅰ期（卵原细胞期）：从虾体背部外观看不到卵巢。解剖后，卵巢各叶均呈短的细管状，呈薄的透明或半透明覆盖于肝胰脏表面，卵巢呈现出无色、白色或浅色，看不到卵粒。切片观察，卵巢壁厚，卵巢腔大。中央卵管内充满正在增殖的卵原细胞，野生亲虾的卵原细胞直径为 2.0~7.5 μm，平均值约为（3.05±1.90）μm，边缘卵室内含少量由卵原细胞发育而来的卵黄发生前期卵母细胞（彩图2-1）。

Ⅱ期（核染色质期）：卵巢呈现为一条十分细的线，贯穿整个背部，卵巢体积相对增大，尤其是头胸部区域的前叶和侧叶增大较明显。整个卵巢呈浅的乳黄色或灰绿色。切片观察，卵巢壁稍微变薄，卵巢腔缩小；中央卵管内的卵原细胞增殖活动减弱，发育的卵黄发生前期卵母细胞不断向卵巢中央和卵室内迁移，卵室内充满大量的卵黄发生前期卵母细胞（彩图2-2）。卵黄发生前期卵巢的特点是卵原细胞和初级卵母细胞在核染色质期或核仁周期占绝大多数。野生亲虾卵巢的核染色质期卵母细胞直径为 11.8~52.5 μm，平均为（30.2±11.7）μm，平均细胞核直径为（15.9±8.9）μm。

Ⅲ期（周边核仁期）：卵巢比Ⅱ期相对要粗，外观隐约可见。解剖后观察，卵巢的前叶、侧叶较为肥大，前叶延伸至眼区，侧叶向头胸甲两侧下方延伸，膨大；后叶前端膨大，后段细长。Ⅲ期卵巢的颜色呈灰绿色到蓝绿色。小粒的卵粒可以辨别。切片观察，卵巢壁继续变薄，卵巢腔狭小；中央卵管内卵原细胞少，卵巢内充满卵黄发生前期和卵黄发生期的卵母细胞（彩图2-3）。此期卵母细胞继续增大，直径仍在

100 μm 以下，同时存在核染色质期或核仁周期初级卵母细胞。野生亲虾卵巢的周边核仁期卵母细胞直径为 35.0~75.0 μm，平均为（55.1±12.9）μm，平均细胞核直径为（29.8±15.6）μm。

表 2-1　我国南海北部与菲律宾野生斑节对虾卵巢发育不同阶段的一些定量参数比较

	Ⅰ期	Ⅱ期	Ⅲ期	Ⅳ期	Ⅴ期	Ⅵ期
甲长/mm	56.5±4.3	67.8±4.3	70.9±8.2	76.5±10.9	75.5±6.8	70.1±5.0
体长/mm	185.3±14.7	211.5±20.1	214.5±15.3	226.2±20.8	228.0±19.1	212.2±16.0
体质量/g	92.3±21.3	147.3±43.1	149.2±35.7	179.0±52.7	181.3±36.0	143.8±30.9
性腺质量/g	1.9±0.5	3.6±1.3	5.1±1.7	9.3±4.7	16.2±3.8	5.0±2.5
性腺指数/%	1.6±0.3	2.4±0.5	3.5±0.8	5.4±1.0	9.2±2.1	2.9±1.1
平均卵母细胞直径/μm	3.05±1.9	30.2±11.7	55.1±12.9	179.1±29.3	297.6±41.7	—
卵母细胞直径范围/μm	2.0~7.5	11.8~52.5	35.0~75.0	131.3~237.5	240.0~383.7	—
最大卵母细胞直径/μm	7.5	52.5	75.0	193.8	383.7	—
平均卵母细胞核直径/μm	—	15.9±8.9	29.8±15.6	48.8±15.6	53.0±15.3	—
菲律宾野生斑节对虾卵巢发育（Tan-Fermin and Pudadera，1989）						
性腺质量/g	—	—	2.0±0.3	7.7±0.7	11.7±2.7	4.5±0.8
性腺指数/%	—	—	1.4±0.1	5.1±0.3	8.5±1.2	2.2±0.1
平均卵母细胞直径/μm	—	—	60±10	250±10	340±20	170±0
最大卵母细胞直径/μm	—	—	100	350±10	440±30	260±30

Ⅳ期（卵黄囊期）：卵巢从外部背面可见到较粗、充实、暗色的直线，并扩展到头胸部的后面和腹部的前面区域。一个淡淡的"钻石"或"蝴蝶"形状可在第一腹节背部看到。解剖后的卵巢呈橄榄绿或暗绿色，卵巢可见充实的颗粒状结构，可辨别的卵粒呈团块状。前叶、侧叶在头胸部非常饱满，其中前叶到达眼区后向上折回。卵巢内充满卵黄发生期的卵母细胞。此期卵母细胞明显增大，核体积相对变小，外被一层薄的滤泡细胞；细胞质内逐渐充满卵黄颗粒（Y），卵黄颗粒先在核外周密集分布，愈向周边密度愈小，在 HE 染色中呈紫红、橘黄等不同着色（彩图 2-4）；卵母细胞个体大小差异增大，野生亲虾卵巢的卵黄囊卵母细胞直径为 131.3~237.5 μm，平均

为（179.1±29.3）μm，平均细胞核直径为（48.8±15.6）μm。

Ⅴ期（成熟期）：卵巢已十分明显，呈条状，色暗，"钻石"形在第一腹节扩大而明显。解剖后，卵巢呈橄榄绿或暗绿色，充满整个体腔的所有可用空间，卵巢可见充实的颗粒状结构，可辨别的卵粒呈团块状。卵巢壁极薄，成熟卵粒易流出。切片观察，卵巢内充满成熟的边缘布满皮质杆状体的卵子。卵母细胞卵黄粒继续积累，卵母细胞周边出现许多皮质棒（彩图2-5）。滤泡细胞继续变薄，紧贴卵母细胞的外缘，几乎呈纺锤形，并且不易从它们包围的卵母细胞中区别出来，其长径为7~10 μm，短径为1.1~2.8 μm。野生亲虾卵巢的卵母细胞直径为240.0~383.7 μm，平均为（297.6±41.7）μm，每个区域约80%的卵母细胞含皮质杆状体，并有30%的卵母细胞直径大于300 μm。

Ⅵ期（枯竭期或恢复期）：卵巢与Ⅰ期（完全产卵）或Ⅱ期相似，不同部位有清晰和暗色区域（部分产卵）。解剖可见卵巢萎缩，体积变小，呈细的、不实的（limp）白色或灰绿色的碎组织块。卵巢中原来处于休止状态的卵母细胞开始发育，重复卵子发育成熟过程，也可观察到极少量具皮质棒的成熟卵母细胞（彩图2-6）。

2.1.1.2 雌性斑节对虾卵黄蛋白的发生及其在性腺发育中的作用

对虾繁殖的一个重要特征是它具有大量充满卵黄的卵，因此，卵母细胞发育实际上是卵黄积累的过程。传统上把对虾卵子成熟发育分成两个阶段，即初级卵黄发生阶段和次级卵黄发生阶段。在初级卵黄发生阶段，卵母细胞的直径变化不大，但细胞生理结构变化明显，预示着卵母细胞为下一阶段的卵黄吸收做准备。次级卵黄发生阶段的主要特征是卵母细胞的大小、质量急剧增加，卵黄颗粒大量积累。

对虾卵子的主要物质是卵黄。卵黄是由蛋白质、脂肪、糖类、胡萝卜素以及一些类甾醇激素等化合物组成。其中，卵黄蛋白（或称卵黄磷蛋白）为主要组分，它是雌虾特有的一种蛋白，是高密度脂蛋白（HDL），并含有糖和类胡萝卜素辅基。类胡萝卜素的存在可以影响卵黄蛋白的颜色。卵黄蛋白在卵内从卵子开始发育到产卵前，占到蛋白质总量的60%~90%。对虾卵黄发生过程实质上就是卵黄前体的卵黄蛋白原（vitellogenin，Vg）及卵黄蛋白（vitellin，Vn）合成的过程。在卵原细胞内，卵黄蛋白原被加工成卵黄蛋白并积累，作为胚胎和幼体发育的营养源，直到溞状幼体开始摄食。

雌性斑节对虾卵子成熟最重要的物质积累及生理变化就是卵黄蛋白原和卵黄蛋白的生成，也称卵黄发生。卵黄发生是指各种卵黄物质的形成及其在卵母细胞中的积累，是卵母细胞发育成熟的必要前提。卵黄蛋白原和卵黄蛋白的主要成分是糖-脂-磷蛋白质。甲壳类卵巢脂肪约占30%，蛋白质和脂类之比约为2:1。卵巢的脂类主要是卵黄中的脂类，主要是磷脂（脑磷脂和卵磷脂）和中性脂（甘油三酯和胆固醇）。中性脂则以脂肪滴的形式存在于卵黄物质中（堵南山等，1999）。不同发育期的脂谱研究表明，卵巢发育成熟之前，磷脂、甘油酯、甾醇类均随着卵巢发育期逐渐增加，这些脂类的数量也显著增加。甲壳类卵黄的碳水化合物主要是糖类物质。在甲壳动物卵母细胞中存在的糖类物质主要包括中性多糖、糖原及 1，2 - 乙二醇多糖（陈俴，1990）。糖类的出现可能是在滤泡细胞形成之后，滤泡细胞具有向卵母细胞提供糖或构成糖类物质的功能（王兰等，1999）。卵母细胞发育早期，多糖和脂类一样以自由状态存在，随后再与蛋白质形成复合体。

近几年对斑节对虾卵黄蛋白的研究逐步深入。对斑节对虾的卵黄蛋白作了提纯和生化鉴定，同其他甲壳类一样，它是一种雌性特有的具有类胡萝卜素辅基的高密度脂蛋白（HDL）。脂质大部分为磷脂（包括中、长单链不饱和脂肪酸）以及少量胆固醇、甘油三酯。类胡萝卜素的存在可以影响卵黄蛋白的颜色。其颜色因受类胡萝卜素的影响而有所差异，斑节对虾成熟的卵巢为墨绿色，而大多数种类的对虾卵巢则呈黄褐色，有的对虾卵巢外观呈橙色。

1990 年，Quintio 等人对斑节对虾卵黄的形成与积累进行了研究，他们用电泳和免疫技术对斑节对虾的卵黄蛋白做了分离和定性，得到卵黄蛋白的分子量为 540 kD，主要由 5 个亚单位组成，分子量分别为 74 kD、83 kD、104 kD、168 kD 和 90 kD（Quintio et al，1990）。而 Chang et al（1993 a）从发育到Ⅳ期的成熟斑节对虾的卵巢中纯化分离出的卵黄蛋白分子量为 492 kD，由 8 个亚单位组成，分子量分别为 91 kD、82 kD、68 kD、64 kD、58 kD、49 kD、45 kD 和 35 kD。Chen 和 Chen（1993）对卵黄合成期的斑节对虾卵黄蛋白进行分析，结果显示其分子量大于 200 kD，由 4 个亚单位组成，分子量分别为 168 kD、104 kD、83 kD、74 kD。

不同种对虾的卵黄蛋白大小相差很大，即使同种对虾不同的研究者得到的卵黄蛋白分子量也不相同，这些差异的存在可能和卵巢发育的时期有关，也可能与卵黄蛋白的存在形式有关。一些虾类的卵黄蛋白原及卵黄蛋白已经被纯化，其脂蛋白分子量为 280 ~ 700 kD，大的磷脂蛋白由若干亚单位组成。各个学者采取的实验方法有差异，且不同种的甲壳类卵黄合成部位也可能不同。不同种类虾的卵黄蛋白的存在形式不同，有的可能以单体存在，也有的可能以二聚体存在，例如 Tom 等在 1992 年的研究认为，Quintio et al（1990）分离的斑节对虾的卵黄蛋白可能是二聚体。

虽然各种对虾的卵黄蛋白分子量有很大的差别，但是对虾类的卵黄蛋白的氨基酸组成却很相似（表 2 - 2）。卵黄蛋白原是雌性甲壳类性成熟过程中特有的一种蛋白，通常存在于甲壳类血淋巴、卵巢、肝胰腺中，也普遍被认为是甲壳动物卵黄蛋白的前体。这种蛋白也被广泛特指雌性甲壳动物血浆中的糖 - 磷 - 脂蛋白质。卵黄蛋白原为发育的胚胎提供氨基酸、脂肪、碳水化合物、维生素、磷和硫等营养和生理功能性物质。作为卵黄的主要成分，并存在于卵巢及胚胎的卵黄蛋白，与卵黄蛋白原具有相似的细胞化学特性和免疫原性。

表 2-2 三种对虾卵黄蛋白的氨基酸摩尔百分含量   单位:%

氨基酸	短沟对虾	凡纳滨对虾	斑节对虾
Asp（天冬氨酸）	6.67	6.24	7.28
Glu（谷氨酸）	12.11	11.24	13.06
Ser（丝氨酸）	7.27	7.37	5.96
Gly（甘氨酸）	8.3	7.05	6.04
His（组氨酸）	1.89	2.5	2.52
Arg（精氨酸）	4.8	4.65	4.71
Thr（苏氨酸）	5.63	6.08	6.08
Ala（丙氨酸）	10.62	10.78	10.83
Pro（脯氨酸）	6.27	5.36	4.83
Tyr（酪氨酸）	3.325	3.16	2.94
Val（缬氨酸）	7.635	7.8	8.27
Met（甲硫氨酸）	2.45	2.24	2.59
Cys（半胱氨酸）	未检测	1.31	1.00
Ile（异亮氨酸）	6.69	6.6	7.06
Leu（亮氨酸）	7.27	7.35	7.16
Phe（苯丙氨酸）	3.7	3.81	3.56
Lys（赖氨酸）	5.33	6.26	6.12

注：根据 Quintio（1990）和 Quackenbush（1989）的资料编写。

卵黄蛋白原和卵黄蛋白的合成与生化特性比较得到了广泛研究。目前，甲壳动物卵黄发生的研究绝大多数集中在卵黄蛋白的产生和积累上。20 世纪 90 年代以后，分子生物学技术的进步以及卵黄蛋白的分离、定性研究使卵黄蛋白的研究有很大的发展和进步，例如，抗体检测技术的应用、基因表达、cDNA 编码、mRNA 转录、特异性抗体检测以及同位素标记等分子生物学技术，对可能的卵黄蛋白原合成部位及卵黄蛋白合成机理研究起了重要作用。虽然卵黄蛋白原的生理作用及其与卵黄蛋白的关系到目前为止还不是十分清楚，但是对于对虾类（包括斑节对虾）来说，下述的结论已经基本证实。

基本上明确了卵黄蛋白的前体是卵黄蛋白原。卵中的卵黄蛋白是由卵内的卵黄蛋白原以及经血淋巴运输到卵母细胞的卵巢外合成的卵黄蛋白原，经加工转换合成。

对虾血淋巴内的卵黄蛋白原数量和对虾卵巢发育有密切的关系。在卵母细胞的卵黄形成前期，血淋巴的卵黄蛋白原含量很低；在内生性卵黄形成阶段，血淋巴内的卵黄蛋白原数量快速增长，增长的高峰期是在外源性卵黄蛋白形成的早期阶段。在外源性卵黄蛋白形成后期阶段，卵黄蛋白原在血淋巴内开始减少。血淋巴内卵黄蛋白原量的变化领先于性腺发育指数的变化。Jasmani et al（2003）用 ELISA 技术证明雌虾血液中的卵黄蛋白原和卵黄蛋白与抑制单抗结合的卵黄蛋白同样有影响,相反,雄虾没有影响。在卵巢发育的不同阶段测量卵黄蛋白原的数量水平,应用卵巢指数、卵黄蛋白原的数量水平和卵巢发育阶段的关系,分析证明卵巢发育和卵黄蛋白原的水平有直接关系。Ⅳ期卵巢的性腺指数表现出高水平的变异（2%～8%）,同样,血淋巴的卵黄蛋白原的水平在卵巢发育的Ⅱ期、Ⅲ期也是上述的高变异范围。在卵巢发育的静止期及Ⅰ期,血淋巴的卵黄蛋白原测不出来。卵巢开始发育后,血淋巴的卵黄蛋白原水平开始提升,卵巢Ⅲ期浓度最高,之后卵巢成熟期Ⅳ期、Ⅴ期产后期又下降,如同Ⅱ期的血淋巴的卵黄蛋白原水平。从卵巢开始发育,卵巢指数与血淋巴的卵黄蛋白原相联系,也随之增加（Ⅳ期除外）,同时由于产卵后卵巢指数下降,血淋巴的卵黄蛋白原也下降。在切眼柄后的第2 d,相当于卵巢Ⅱ期直到以后的2～4 d,卵巢发育到Ⅳ期,血淋巴的卵黄蛋白原水平上升剧烈,达到最高值（卵巢Ⅲ期）。当卵巢发育到Ⅳ期产卵期,血淋巴的卵黄蛋白原降到最低。产卵后,血淋巴的卵黄蛋白原开始增加,进入发育的第二个周期。在第二个发育期中,血淋巴的卵黄蛋白原水平表现出很大的变异和不同步。通过个别虾用蛋白印迹分析血淋巴的卵黄蛋白原亚单位表明,血淋巴的卵黄蛋白原水平和没有切眼柄同样不能测定。在第一次卵巢发育周期,血淋巴的卵黄蛋白原的前体200 kD和74 kD蛋白质非常显著,血淋巴的卵黄蛋白原水平到切眼柄第5 d下降。第二次卵巢发育周期,200 kD和74 kD蛋白质与第一个发育周期比较,水平偏高,而且104 kD和83 kD蛋白质是在切眼柄后8～9 d出现高水平。

　　区别于其他的甲壳类,对虾类有一个卵内基因表达和合成卵黄的独特组成模式。Jean – Christophe等于2003年对短沟对虾卵黄蛋白原与卵黄蛋白的关系以及卵黄蛋白原互补DNA分子特征的研究证实,短沟对虾卵巢中确定的表达卵黄蛋白原有两个cDNAs,经测序分别具有7 920个和2 068个核苷酸,肝脏中的表达卵黄蛋白原的cDNAs只有一个7 920 bp的cDNAs。从肝脏中提取的卵黄蛋白原cDNA与卵巢中提取的卵黄蛋白原cDNA相似。虽然卵黄蛋白原基因在雄虾中也被发现（约为7.8 kb）,但是雄虾并没有该基因表达的卵黄蛋白原产生。雌虾的mRNA的表达模式和数量与卵巢发育阶段和蜕皮阶段有关,当雌虾卵黄蛋白原尚未发生前,同时又是在刚刚发生蜕皮后,此时卵巢内的卵黄蛋白原mRNA水平最低。卵黄蛋白原mRNA水平相对比较高的时期是卵黄蛋白原形成中期、形成后期以及蜕皮间期的卵黄蛋白原形成前期。在肝胰腺内,卵黄蛋白原mRNA水平最低时也是当雌虾卵黄蛋白原尚未发生前,同时又是在刚刚发生蜕皮后,此时期,卵黄蛋白原mRNA水平几乎测不出来。而在蜕皮间期的卵黄蛋白原形成前期,肝胰腺内卵黄蛋白原mRNA水平比同期的雌虾卵巢中的卵黄蛋白原mRNA水平低。通常卵黄蛋白原和卵黄蛋白的脱辅基蛋白分别由2～3个主要亚单位组成。卵巢是雌虾卵黄蛋白合成器官,已为绝大多数研究报告证实。应用从已经具有卵黄蛋白的斑节对虾雌虾的肝胰腺提取的mRNA反转录的cDNA,推定肝胰腺是斑节对虾卵巢外的合成场所（Tseng，2001）。

根据上述结果，说明对虾类卵黄蛋白形成和其他甲壳类有所不同，具有独特的模式。第一，从对虾肝胰腺和卵巢取得的卵黄蛋白原 cDNA 来自同一基因。虽然卵黄蛋白和卵黄蛋白原均为糖－磷－脂蛋白质大分子，但是，对虾血淋巴中的卵黄蛋白原与卵巢中的卵黄蛋白，在分子形态特征上有区别。主要是在亚单位组成及少数氨基酸组成有差异。卵黄蛋白原和卵黄蛋白分别由不同亚单位组成单聚体、二聚体、三聚体等。第二，在肝胰腺和卵巢均具有卵黄蛋白原基因编码转录卵黄蛋白原，相应的 mRNA 翻译出前体蛋白。第三，肝胰腺内的卵黄蛋白原前体蛋白，形成亚单位，进入血淋巴，血淋巴中的卵黄蛋白原为滤泡吸收，再转入卵母细胞。第四，卵母细胞利用卵巢内卵黄蛋白原和外源卵黄蛋白原以及其他营养要素，例如，类胡萝卜素等，经组合加工，合成卵黄。

雌虾卵黄蛋白原的合成能力及发育水平与对虾性成熟能力、性腺质量具有密切关系。Arcos（2003）比较了池塘养成的体质量大于 35 g 的凡纳滨对虾雌虾，切眼柄之前和切眼柄 8 d 之后血淋巴的血蓝蛋白、总蛋白、葡萄糖、乳酸、胆固醇、甘油酯以及卵黄蛋白原的变化。并且在后期还分析了上述成分在肝胰腺的变化。切眼柄 8 d 之后，根据组织切片分析卵巢成熟，可以分为两种类型：一种类型为卵巢不成熟（处于卵黄形成前期阶段），另一类型为卵巢成熟（处于卵黄形成和皮质层形成阶段）。比较这两类虾在切眼柄之前的血淋巴的上述七个生化指标，只有卵黄蛋白原变量和对虾的成熟能力有显著相关。不成熟的雌虾被认为是具有低成熟能力特性，而成熟良好的雌虾被认为具有高成熟能力特性。后者比之前者，在切眼柄之前就有比较高的卵黄蛋白原水平。其他生化指标在切眼柄前后没有发现差异性变化。直到试验末期，高成熟能力的对虾卵黄蛋白原水平始终高于低成熟能力的对虾。笔者认为，该实验结果表明对虾血淋巴内卵黄蛋白原水平可作为对虾成熟能力的标准，也可以直接反映出有效地应用切眼柄促进对虾发育的适宜的对虾生理状态。

2.1.2 雄性精巢及精子发育

对虾属（*Penaeus*）各个种的生殖系统较相似（King，1948；陈佽等，1990），包括精巢、输精管、分泌管道、精囊及交接器 5 个部分。

（1）精巢（testicle）：未发育期的精巢呈透明状，成熟的精巢呈半透明的乳白色，1 对，左右两侧各 7~9 叶，只有第二叶左右两侧精巢在基部愈合（彩图 2-7）。前两叶精巢短小，其余各叶细长，位于围心窦的前下方，紧贴附于肝胰腺之上，最后一叶贴附于输精管外壁之上。精巢外包结缔组织薄膜，细胞扁圆，内部由同样的结缔组织围成许多弯曲的盲管，盲管之间有血窦存在。生发区紧贴于盲管内侧。

（2）输精管（vas deferens）（彩图 2-7）及分泌管道（secretory channel）：按输

精管的管径大小及内部结构差异，可分为前、中、后3段，位于头胸甲与腹部交接的空腔。前端从各精巢小叶的基端伸出，多支细管汇成一主管。中国明对虾、长毛对虾、日本囊对虾与斑节对虾几种对虾结构相似，输精管前端肉眼难以辨别。输精管中段较为粗大，约为 2～3 mm，弯曲地伸出头胸甲两侧，外观清晰，可分为白色混浊和透明部分，其内分别为分泌管道和输精管道。输精管中段沿鳃后缘下行，之后管径又逐渐变细通达第五步足的基部，与精囊相连。

（3）精囊（seminal vesicle）（彩图 2-7）：又称贮精囊。精囊位于第五步足的基部，呈乳白色，外包一层荚膜，成熟的精囊壁厚且呈半透明。外观呈桃形，囊壁分数层，在结缔组织包膜之内为肌肉层，多为环肌，细胞核呈梭形。发育成熟的雄虾精囊内会形成精荚，由瓣膜弯曲包围。精囊上皮具有分泌功能，分泌物为颗粒状，嗜碱性。性成熟时精囊上皮细胞游离缘为刷状缘。

（4）交接器（petasma）：又称雄性生殖辅助器，由第一对游泳足内肢特化而成，为位于第一对游泳足之间的膜状结构，随着对虾的生长逐渐发育增大，最终愈合形成大致呈半管形的特殊结构。不同对虾的交接器形状略有不同，有时也可作为分类的依据。

（5）精子的发生（spematogenesis）：精子发生于睾丸管的外缘生发层，由精原细胞经减数分裂发育而成（King，1948）。对虾精子的发育为非同步。精巢盲管基端的细胞分裂早于末端的细胞；不同盲管内细胞发育期亦不尽相同，并同时存在多个细胞期。洪水根等（1993，1998）对长毛对虾和斑节对虾进行了研究，根据细胞大小和形态将精子的发生分为精原细胞、初期精母细胞、次级精母细胞、精细胞和精子5个阶段。

（6）精原细胞（spermatogonia，SG）：精原细胞一般位于生精小管靠近基膜边缘的位置。细胞为卵圆形或椭圆形，直径约为 8～10 μm，核呈卵圆形，直径约为 6～7 μm，占据整个精原细胞体积的大部分。核内染色质较均匀，部分染色质聚成异染色质小团块。

（7）初期精母细胞（primary spermatocyte，PSC）：初期精母细胞近圆形，直径约为 7～8 μm，体积略比精原细胞小，细胞核呈卵圆形，核染色质凝聚成异染色质团块的程度明显增加，有很浓的染色质。

（8）次级精母细胞（secondary spermatocyte，SSC）：次级精母细胞近圆形，直径约为 5～7 μm，核圆，直径约为 3～4 μm。次级精母细胞时期核发生明显变化。起始阶段，核异染色质数量增加并相互之间联成浓密粗网状，胞质中囊泡数量增加。随后，核经历减数分裂的变化。这是次级精母细胞区别于初期精母细胞的最重要特征。

（9）精子细胞（spermatid，ST）：次级精母细胞完成第二次减数分裂后即形成精子细胞。早期精子细胞核呈圆形，染色质高度浓缩，胞质电子密度也很高。整个细胞成为电子密度极高的均匀球体,大小约为 3~4 μm。

(10) 精子(sperm):精子细胞完成一系列变态过程后发育为精子。精子形成初期,胞质相对均匀地包围在核外周,其间偶见结构简单的线粒体。随着精子的成熟,细胞质逐渐丢失减少,仅在顶体和核之间有一条月牙形的细胞质带,电子密度比核质高。而相对于顶体的另一端,几乎没有胞质的存在,仅残留一些膜性结构。精子的核染色质则从精子细胞的高度凝聚浓缩状态解聚为弥散状态。

2.2 雌性对虾性成熟的内分泌调控

在对虾卵细胞发育过程中,与繁殖相关的内分泌系统起着重要的调控作用。卵母细胞发育、卵黄积累本身就是一个十分复杂的过程,而调控这一生理过程的内分泌系统的作用机理就更为复杂。由于甲壳类内分泌腺体结构的复杂性以及激素数量水平十分微小,直到 20 世纪 80 年代以后,随着分子生物学和分析技术的进步,甲壳类有关繁殖的内分泌研究,尤其是多种激素的生物学性质研究才有了长足的发展。然而这些激素的作用机制以及对繁殖的调控方式仍然不是很清楚,其中对虾类的研究更少。例如,一些与卵黄生成紧密相关的激素可能直接作用于卵黄合成组织,也可能通过作用于其他内分泌腺体间接作用于卵黄合成组织,而这些激素本身又可能受其他激素的调节,目前实际上仍然存在许多猜想。尤其是外界的环境因子、物理、化学以及营养等因素的影响如何发挥作用研究报道很少。

笔者认为,甲壳类繁殖调控是一种复杂的激素交互网络,在中枢神经系统和各类神经递质调控下,实现刺激卵巢发育和抑制卵巢发育激素拮抗调节。从目前人为操纵对对虾卵巢发育的影响评估,可认为有两种类型的组织或器官参与了调控。

(1) 分泌激素类器官:一类是可以促进雌性对虾性腺发育、起正面作用影响的内分泌物质。例如大颚腺分泌的甲基法尼酯(methyl farnesoate, MF)、Y-器官分泌物等,这一类物质是促进性腺发育的激素。另一类激素从抑制性腺发育的负面作用影响,眼柄内的窦腺-X-器官起着中心主导作用。通过切除甲壳类的眼柄,去除了抑制作用,使促进作用的激素激发了卵巢成熟。眼柄内的窦腺-X-器官分泌抑制卵巢发育的神经肽族,例如抑制性腺发育激素(gonad inhibiting hormone, GIH)或卵黄生成抑制激素(vitellogenesis inhibiting hormone, VIH)、大颚器抑制激素(mandibular organ inhibiting hormone, MOIH)、高血糖激素(crustacean hyperglycemic hormone, CHH)、蜕皮抑制激素(moult inhibiting hormone, MIH)等。窦腺-X-器官的内分泌性质绝大多数是通过移去眼柄窦腺,结果性腺得到发育,或者再注射眼柄提取物给切除眼柄的甲壳类动物,性腺发育又得到抑制而证实。

(2) 分泌神经递质类器官:不同的神经递质对神经节、脑发生作用,产生相互拮抗的调节性腺发育的物质,促进或抑制性腺发育。例如血清动素(5-羟色胺)对性腺发育起促进作用；多巴胺则起相反的作用。

本节对甲壳类尤其着重对虾类繁殖有关的内分泌取得的进展作一扼要的叙述。

2.2.1 与卵子发生相关的内分泌组织及腺体

2.2.1.1 窦腺–X–器官复合体

对虾的视神经节位于复眼下方，其下与视神经相连，外面由结缔组织膜包裹，形似倒圆锥状。视神经节主要由神经分泌结构、视觉神经细胞和胶质组成，自上而下为外髓（medulla externa，ME）、内髓（medulla interna，MI）和端髓（medulla terminalia，MT）。神经分泌细胞轴突末梢聚集形成窦腺，是储存和排出激素的场所。窦腺位于内髓的外侧略偏下方。窦腺是对虾神经内分泌的主要调控中心，位于头部近脑侧。1933年Hanstrom首先发现并描述了甲壳动物眼柄上的两种内分泌组织，将其中一种命名为X–器官（X–Organ）。X–器官是甲壳类动物眼柄中一群细小囊状神经内分泌细胞，窦腺是其所延伸出来的肿大轴突神经节末梢，是神经血管器官，其功能是贮存由X–器官分泌的神经激素。另一种因其位于血窦旁，命名为窦腺（sinus gland，SG）。因这两种结构间有纤维束相连，又同位于眼柄，所以通称为窦腺–X–器官复合体。窦腺还通过纤维束与脑相连。窦腺本身并不产生激素，只是一个神经血管器官，起贮藏和释放激素的作用，它由许多神经分泌细胞的轴突构成。眼柄中还具有视神经层、外髓、内髓和端髓。构成窦腺的轴突终端的神经细胞体位于眼柄的端髓，也就是所谓的X–器官。除了X–器官以外，Cooke和Sullivan在1982年的研究表明，可能还有其他一些部位（脑、胸神经节）的神经分泌细胞体的轴突末端进入窦腺，但至少90%以上窦腺的轴突其胞体在端髓的X–器官。

康现江（1998）依据神经分泌细胞及其核的直径以及细胞质和其核的特征，将中国明对虾眼柄神经分泌细胞分为6种类型。中国明对虾眼柄窦腺在活体状态下呈乳白色，位于眼柄神经节内髓外侧，椭圆囊状。它是由神经分泌细胞轴突末梢聚集形成的，光镜下，轴突末梢内由纤细丝交织成网，其内有较多的神经分泌颗粒，有的颗粒形成透亮的小囊泡。不同轴突内颗粒的形状、大小和数量并不一致。

依据轴突末梢的直径和其内颗粒特征，将轴突末梢分为4种类型。由于在眼柄视神经节端髓处分布大量的神经分泌细胞，所以目前又多将此处的神经分泌细胞称为X–器官。许多甲壳动物X–器官至少包括3种内分泌细胞。十足目甲壳动物眼柄神经分泌细胞分泌的激素，通过其轴突转移至窦腺释放入血液作用于其靶器官。研究认为眼柄神经分泌细胞至少分泌6种神经肽类激素，如蜕皮抑制激素、高血糖激素和性腺抑制激素等。这些重要的神经肽激素调控对虾的生殖、蜕皮、血糖平衡和体色变化等生理功能。目前，已从虾蟹类动物的眼柄中至少可以分离纯化出6种激素，根据肽链的长短和分子量的不同可将其分为两类。一类为促色素细胞激素（chromatophorotropins），分子量较小，约为8~20个氨基酸残基，包括色素集中激素（pigment concentrating hormone，PCH）和色素分散激素（pigment dispersing hormone，PDH）；另一类的肽链约由70~80个氨基酸残基组成，包括蜕皮抑制激素、甲壳动物高血糖激素、性腺抑制激素、大颚器抑制激素。由于这四类激素在结构及理化性质上有许多相似之处，同时在生理功能上又相互关联，许多学者把它们归为一个激素家族，称之为CHH家族。

2.2.1.2 大颚腺（mandibular organ，MO）

虽然大颚腺被人们认识比较晚，但是大颚腺是包括对虾在内的甲壳动物的另一重要内分泌腺。Le Roux于1968年首次描述了该器官。人们研究了许多种十足类甲壳动物大颚腺器官的组织结构特征，其中包括美洲蓝蟹（*Callinectes sapidus*）、蛛形蟹（*Libinia emarginata*）、美洲龙螯虾（*Homarus americanus*）、克氏原螯虾（*Procambarus clarkii*）、中国明对虾等。所有这些十足类的大颚腺都有相似的形态结构特征：大颚腺为1对，位于大颚的伸展肌肌腱基部；腺体外有一层结缔组织膜，并且与神经细胞纤维相连；腺体外观呈椭圆，腺体细胞呈分支叶状或片状，细胞间有血管和血窦；细胞内有广泛的光面内质网（SER）和大量的线粒体、高尔基体。大颚腺的组织细胞属于典型的分泌固醇类的细胞，和昆虫的咽侧体细胞相似。从大颚腺的组织结构特征来看，甲壳动物的大颚腺是一种典型的内分泌器官（蔡生力，1998；李胜和赵维信，1999）。

大颚腺的组织结构变化与功能的生理学实验证明，卵巢不同发育时期的大颚腺形态有很大的差异，例如蛛形蟹雌蟹的大颚腺的超微结构在不同性腺发育期具有显著差异。未成熟雌蟹的大颚腺细胞有大量的线粒体、光面内质网和高尔基体。成熟雌蟹的大颚腺细胞出现泡状化，光面内质网形成环状片层。抱卵的雌蟹大颚腺细胞线粒体很少或形成环状，光面内质网减弱。切除雄性蛛形蟹眼柄后，大颚腺细胞直径增大，大颚腺肥大，并且出现大量的泡状化细胞。把成熟蛛形蟹雌蟹的大颚腺移植到未成熟雌蟹腹部肌肉中，能促进卵巢发育，并使卵黄发生提前（Hinsch，1981）。性成熟的美洲龙螯虾雌虾大颚腺的体积是未成熟雌虾大颚腺的数倍，此时的大颚腺细胞直径和细胞间隙都很大（Couch，1979）。克氏原螯虾的大颚腺组织结构随着卵巢发育而发生周期性变化，大颚腺随着卵巢的发育成熟而逐渐增大，到次级卵黄发生期增至最大，卵巢成熟后，大颚腺开始退化，产卵后，大颚腺解体。第二年，卵巢重新发育时，大颚腺也重新发育（李胜和赵维信，1999）。

雌体大颚腺细胞具有两种类型细胞（Hinsch，1981）。大颚腺细胞具有典型的合成类固醇或亲脂性萜烯类的细胞结构：发达的光面内质网系统、大量具管嵴的线粒体、脂滴以及特殊的折叠膜系统等。上述试验证明大颚腺的作用与生殖或蜕皮有关，因为在生殖或蜕皮阶段，尤其是去除眼柄后，腺体明显肥大，其超微结构也发生显著变化。Laufer 等人已发现对虾、螯虾、沼虾等 10 余种甲壳动物的大颚腺分泌甲基法尼酯，该激素类似昆虫类的保幼激素（juvenile hormone，JH）。大颚腺类似于昆虫的咽侧体，还可能是类固醇激素的合成场所（Laufer et al，2002）。Couch 等在 1987 年的研究表明，该器官具有较高的孕酮和雌二醇含量，尤其是孕酮含量周年都很稳定，雌二醇可能是通过孕酮转化而产生。蔡生力等（2001）研究了中国明对虾大颚腺的雌二醇、孕酮含量的变化，在对虾卵巢未发育阶段，两种激素均检测不到；而进入卵黄发生前期，两种激素的含量均达到峰值，而且进入初级卵黄发生期，两种激素仍可维持高含量，但是在次级卵黄发生期，两种激素含量均下降明显。

2.2.1.3 Y-器官

非神经的上皮内分泌腺也是甲壳动物的重要内分泌器官，Y-器官就是其中之一。这对腺体位于头胸部的前鳃腔，分泌蜕皮激素（ecdysone），调控甲壳动物蜕皮。从比较内分泌学观点看，该器官类似昆虫的前胸腺。Gabe 于 1953 年首次描述了 58 种软甲亚纲种类的 Y-器官。通常蟹类的 Y-器官为一致密的集合体，而螯虾和龙虾的 Y-器官为弥散带。超微结构显示 Y-器官由一种类型的细胞构成，这种细胞的结构类似于脊椎动物的类固醇分泌细胞，光面内质网远比粗面内质网丰富。Hinsch 等于 1980 年的研究表明，甲壳动物自身不能合成胆固醇，但能将食物中的胆固醇转化为固醇类蜕皮激素。由于甲壳类蜕皮生理活动和甲壳类繁殖有密切关系，Lachaise 等在 1981 年的研究认为，该类型的激素也可能对一些甲壳类的繁殖、卵黄蛋白形成有一定影响。但是这方面的研究几乎没有什么新的进展。

2.2.1.4 卵巢

对虾卵巢组织中检测到的激素类物质含量与卵巢发育密切相关。卵巢能分泌一种以上的激素来调控雌体第二性征的发育。一类激素可能是初级滤泡细胞分泌的，贯穿雌体一生，因此称为持久性卵巢激素（permanent ovarian hormone）。卵巢分泌的另一种激素称为暂时性卵巢激素（temporary ovarian hormone），Charniaux-Cotton 和 Payen 于 1985 年的研究认为，它可能是由次级滤泡细胞分泌，在刚刚进入初级卵黄生成阶段，雌体蜕皮时发生。Junera 等于 1977 年研究推测，次级滤泡细胞可能还分泌一种刺激卵黄生成的卵巢激素（vitellogenin-stimulating ovarian hormone，VSOH）。

2.2.1.5 中枢神经系统（CNS）

对虾等甲壳类动物的中枢神经系统主要指胸腺、腹神经和脑神经。中枢神经具有突触结构，并释放多种生物胺等神经递质，例如多巴胺（DA）、5-羟色胺（5-HT）、组织胺（HA）、λ-氨基丁酸（λ-GABA）、谷氨酸（Glu）等。通过刺激脑的视神经干可以在眼柄 X-器官检测到抑制性突触电位。孙金生等应用细胞膜片钳技术分析眼柄神经内分泌兴奋和胞吐活动的研究表明中枢神经系统通过谷氨酸和氨基丁酸两条途径对河蟹眼柄神经内分泌系统进行精确调控，激活眼柄内分泌系统的高血糖激素和蜕皮抑制激素。孙金生于 2002 年研究发现，在单个细胞水平中，观察到 5-羟色胺诱导了河蟹眼柄 A 型和 B 型神经内分泌细胞产生去极化反应，并引发兴奋性活动。根据正常发育生理需要，神经中枢通过这些神经递质调控神经肽类激素，实现各类生理过程和生命活动。

20 世纪 60 年代，应用移植组织技术对甲壳类动物进行试验，推测脑和胸神经节可以分泌性腺刺激激素（gonad-stimulating hormone，GSH）。将处于生殖期的脑、胸神经节抽提物注射或器官直接移植入另一甲壳动物成体中，能显著地促进其卵巢发育，而非生殖期的脑、胸神经节则无此功能，据此认为脑和胸神经节可以分泌性腺刺激激素的含量在生殖期的雌体中最高，预示着其对启动卵黄蛋白合成非常重要。Yano 于 1988 年将成熟龙虾的胸、脑神经移植到万氏对虾（*Penaeus vannamei*）体内，能明显刺激对虾卵巢的成熟。Otsu 于 1963 年发现切除眼柄能诱导拟成熟的成体甲壳动物卵巢发育，但却不能促使幼体卵巢发育，显然仅仅通过切除眼柄去除性腺抑制激素不足以导致甲壳动物成熟。因此，他推测在成体甲壳动物体内一定存在一种幼体所不具备的性腺刺激因子。事实上，当他将成熟蟹的胸神经移植进幼体时，幼体的卵巢便开始发育了。这一结果后来被 Gomez 于 1965 年、Hinsch 和 Bennet 于 1979 年以及 Takayanagi 等于 1986 年分别证实，因此称之为性腺刺激激素（蔡生力，1998）。但是到目前为止，并没有人能够从脑或胸神经节成功分离出性腺刺激激素。中枢神经释放的神经递质很多，其作用也十分复杂。例如 5-羟色胺可以刺激和促进性腺发育，而多巴胺的作用则相反，抑制性腺发育，两者表现出拮抗作用。Sullival 和 Belta 于 2001 年研究发现 5-羟色胺在虾类眼柄、克氏原螯虾的脑神经，Harrison 等于 1995 年研究发现其在 *Pacifastacus leniusculus* 和美洲螯龙虾的脑神经、*Cherax destructor* 的腹神经索，Sosa 等于 2004 年研究发现其在克氏原螯虾以及 *Macrobrachium rosenbergii* 的胸神经节，均可使用免疫反应检测得出阳性结果。因此，笔者认为，应该更多地关注神经递质对性腺发育所起的复杂作用。

2.2.2 与卵巢发育相关的激素

2.2.2.1 高血糖激素家族

高血糖激素家族包括高血糖激素、蜕皮抑制激素、大颚器抑制激素和性腺抑制激素。甲壳类动物卵巢成熟的复杂内分泌调节的具体细节大多数并不清楚，目前的认识基于卵巢发育受两个起相反作用的激素，即通过刺激卵巢发育和抑制卵巢发育的激素平衡调节。这个作用首先是通过切眼柄促进性腺发育而得到证实。内分泌的生理性质也是通过移植眼柄窦腺或注射眼柄提取物，使切除眼柄的动物的性腺得到发育而证实。对虾卵巢发育及生长最为密切的眼柄内的激素，主要是甲壳动物高血糖激素神经激素家族。它们是甲壳动物特有的多肽激素，主要由眼柄的 X - 器官窦腺复合体合成，包括甲壳动物高血糖激素、性腺抑制激素、蜕皮抑制激素和大颚器抑制激素。由于这一族神经肽的一级结构有许多相同之处，而高血糖激素在其中占有重要位置，研究的也比较多，它们就被称作高血糖激素家族神经激素。这些激素由 72~83 个氨基酸组成，它们都有 6 个保守的半胱氨酸残基。Soyez 于 1991 年的研究表明，这 4 种激素同属于一个神经肽家族，高血糖激素家族是甲壳动物所特有的多肽家族，它们的氨基酸序列非常相似，在分子进化中高度保守。实际上每一种激素的功能均涉及繁殖，对卵巢的发育均有不同程度的影响。

1）高血糖激素

甲壳动物高血糖激素主要参与血糖调节，但其也能抑制 Y - 器官分泌蜕皮素，抑制蜕皮生理活动。高血糖激素还抑制大颚腺分泌甲基法尼酯，因此，也对卵巢发育产生影响。蜕皮抑制激素通过抑制 Y - 器官的蜕皮素的合成来调节蜕皮，同时也对卵巢发育有影响。性腺抑制激素为热稳定性产物，其主要功能是抑制性腺发育。除了大颚器抑制激素和高血糖激素、大颚器抑制激素和蜕皮抑制激素有交互作用外，蜕皮抑制激素和高血糖激素也有交互作用，如美洲螯龙虾的蜕皮抑制激素也有高血糖激素的生理功能。

在甲壳类复杂的激素调节链中，甲壳类高血糖激素及其家族各种激素起重要作用。这些神经激素产生于和眼柄窦腺 - X - 器官相同的神经分泌细胞。为了获得这几个神经肽在繁殖周期的合成、贮藏及其机能等更多的信息，de Kleijn et al（1998）曾对美洲螯龙虾繁殖周期中性腺发育阶段与甲壳类高血糖激素及其家族激素基因表达过程中 mRNA 的数量水平的相关性做了研究。将龙虾性腺发育确定为四个阶段，性腺未发育期、卵黄发生前期、卵黄发生期、性腺成熟期。证实了甲壳类高血糖激素及性腺抑制激素表达的复杂性，显示高血糖激素的不同异构体其生理功能有很大的不同。X - 器官的神经肽 CHH - A 的 mRNA 水平，仅仅在卵黄前期数量多；而 CHH - B 的 mRNA 水平，则是卵黄前期及卵巢成熟期数量多。窦腺内贮存的高血糖激素数量是在卵黄发生前最高，而血淋巴中总的 CHHs 的数量是在性腺成熟期最高。因此，可以推断，CHH - A 和 CHH - B 涉及触发卵黄形成，特别是 CHH - B 对刺激产卵前的卵母细胞成熟起正面作用。高血糖激素是一种多功能激素，所有的高血糖激素异构体均具有调节血糖代谢的作用，而 CHH - A 有抑制蜕皮功能，CHH - B 则有刺激卵巢增长功能（de Kleijn et al, 1998）。斑节对虾的高血糖激素具有同样类似生理功能，不仅是控制血糖水平，而且起到其他作用，如蜕皮甾醇的合成和卵巢成熟。每一形态的高血糖激素在不同组织的表达，说明它不受限于眼柄组织，也可以在心脏。CHH - 1 的转录产物也可以在鳃得到表达，CHHs 来源不同，可能产生的作用不同，显示其多效应功能（Udomkit et al, 2004）。

X-器官内的性腺抑制激素的 mRNA 数量水平以及窦腺内贮存的性腺抑制激素数量最低水平,总是出现在性腺未发育阶段。窦腺内贮存的性腺抑制激素数量水平在性腺发育各期,无显著性差异。相反血淋巴中的性腺抑制激素的高数量水平出现在性腺发育的未发育期和卵黄形成前期。血淋巴中 CHHs 和性腺抑制激素水平的平衡可以调整龙虾繁殖和蜕皮的协调(de Kleijn et al,1998)。性腺抑制激素没有性别特异性和种类特异性。眼柄 X-器官分泌的性腺抑制激素和大颚器抑制激素是主要的抑制性腺发育的激素。

对于斑节对虾的甲壳动物高血糖激素神经激素家族的研究,泰国的学者近几年在这一领域已经有明显的进展。目前已对斑节对虾的甲壳类高血糖激素的分子结构和组成进行了研究,表明各种甲壳类的甲壳类高血糖激素以多种形态分子存在。对于斑节对虾来说,基因编码的 CHH1、CHH2、CHH3 测序已经完成。每一种高血糖激素基因的上游序列核苷酸被确定,它们含三个外显子,被两个内含子间隔,与家族中的基因结构相同。研究结果认为斑节对虾的高血糖激素基因是一个基因簇,它们表现出相似的机能。他们还研究了斑节对虾编码高血糖激素/蜕皮抑制激素/性腺抑制激素家族成员的基因结构、核苷酸序列和氨基酸序列。克隆了斑节对虾高血糖激素/蜕皮抑制激素/性腺抑制激素的 cDNA 5′和 3′两个片断。这两个片断所包含的 cDNA 长度分别为593 bp,具有 77 bp 重叠区。序列分析表明存在 384 bp 开放阅读框(Udomkit et al,2004;Wiwegweaw et al,2004)。早期曾有学者对与斑节对虾的蜕皮抑制激素有关的神经肽进行了研究,并从斑节对虾窦腺提取分离出 6 个神经肽,它们属于甲壳类高血糖激素家族,并分析了其 N-端氨基酸序列,确认了斑节对虾蜕皮抑制激素的分子生物学特征,为 76 个氨基酸。蜕皮激素主要功能是调控对虾生长和繁殖。同时也认为高血糖激素不仅控制血糖水平,而且起到其他作用,如蜕皮甾醇的合成和卵巢成熟(Krungkasem et al,2002;Yodmuang et al,2004)。甲壳类高血糖激素活性重组激素的克隆及其在对虾不同组织中的表达显示,MIH-1 可以在眼柄和胸神经节中表达,而MIH-2 仅仅在眼柄组织中得到表达。

2)性腺抑制激素

由对虾的窦腺-X-器官复合体分泌。Panous 于 1943 年首先证实切除眼柄能加快甲壳动物性腺成熟,表明眼柄内有一种能抑制甲壳动物卵巢发育的激素存在,并且这种激素具有很强的抑制性腺发育的功能,这几乎在所有的十足目种类中都得到证实。这种影响是甲壳类生物维持正常生命生活史的重要保证。科学家对美洲螯龙虾和挪威龙虾(*Nephrops nornygicus*)的性腺抑制激素的化学特性作了分析,它是由 77 个氨基酸组成的蛋白质,这种蛋白质抑制卵黄生成(卵黄积累过程),因此,也称为卵黄生成抑制激素。用两种方法确定了性腺抑制激素抑制卵黄蛋白原的合成,一种是使用放射标记氨基酸进行卵巢组织孵育实验,另一种是通过观察使用放射标记氨基酸的眼柄产物在卵黄蛋白质合成过程中的抑制作用。从眼柄提取的性腺抑制激素的编码基因已经确定。挪威龙虾的性腺抑制激素 mRNA 已经从雌虾和雄虾的眼柄提取出，在食管前神经节（supraesophageal ganglia）也发现它的存在。性腺抑制激素的特性很少有报道，部分原因是由于此激素的提纯困难以及缺少生物学测定方法。Otsu 于 1963 年研究发现，性腺抑制激素既无种类特异性，也无性别特异性，既抑制卵巢发育，也能抑制雄性精巢发育成熟。性腺抑制激素为多肽类的热稳定产物，作用可能是阻止卵细胞吸收卵黄蛋白。Laverdure 等于 1992 年从龙虾的窦腺神经分泌细胞中分离到一种指导合成性腺抑制激素的 mRNA，并且发现合成性腺抑制激素的神经分泌细胞与合成蜕皮抑制激素、高血糖激素的神经分泌细胞有显著的不同，表明不同的细胞分泌不同的激素。性腺抑制激素是与对虾及其他甲壳动物繁殖相关的最重要的激素，它由眼柄的窦腺 – X – 器官复合体分泌这一点也确切无疑。性腺抑制激素的靶器官为肝胰腺、卵巢、大颚器及雄性的促雄腺。性腺抑制激素同样抑制雄体的促雄腺的活性，抑制雌蟹的卵黄发生及性腺刺激因子的生成，对肝胰腺合成卵黄蛋白及大颚器合成甲基法尼酯也具有抑制作用。

目前，科学家希望通过对性腺抑制激素的研究，解决性腺抑制激素的纯化及其氨基酸序列的分析，在弄清性腺抑制激素分子结构的基础上，研制与之相拮抗的物质，从而为人工促使对虾和其他甲壳动物成熟提供行之有效的办法。另外希望在纯化性腺抑制激素的基础上，研制其抗体，以方便随时检测对虾身体内性腺抑制激素的含量，研究可以调控其变化的环境因素，例如光照、温度、盐度和营养条件，控制性腺抑制激素变化，并应用于繁殖生产。

3）大颚器抑制激素

大颚器抑制激素也是属于甲壳动物高血糖激素家族的一种神经激素，大颚器抑制激素和其他高血糖激素家族的神经激素之间在功能上有一定的交互作用。该激素分子存在多种异构体，不同种或同一种的异构体有少量差异。在功能上，不同的甲壳类动物也略有差异。有学者以美洲螯龙虾和蟹类为研究材料对该激素进行了广泛的研究。例如从蛛形蟹的眼柄窦腺 – X – 器官提取物中分离纯化到了三个分子量略有差异的大颚器抑制激素，分子量分别为 8 439 Da、8 474 Da 和 8 398 Da。这三个大颚器抑制激素具有相似的氨基酸组成，含 72～74 个氨基酸。同时，Liu 于 1996 年发现，这 3 个神经多肽都具有甲壳动物高血糖激素的生理功能。有报道发现克氏原螯虾的高血糖激素也有大颚器抑制激素的生理功能。从黄道蟹（Cancer pagurus）的眼柄窦腺 – X – 器官提取物中也分离纯化并测序了两个大颚器抑制激素异构体，这两个大颚器抑制激素分子都含有 78 个氨基酸，称之为 MOIH – 1 和 MOIH – 2，它们之间的唯一差别仅仅是单个残基即第 33 位氨基酸有差别，其他的氨基酸都相同，它们也具有蜕皮抑制激素的生理功能。但是 Wainwright 等在 1996 年研究发现，食用黄道蟹的大颚器抑制激素没有高血糖激素的生理功能，该蟹的甲壳动物高血糖激素和蜕皮抑制激素也没有大颚器抑制激素的生理功能。

2.2.2.2 类甾醇激素（steroid hormone）及其他激素

类甾醇激素，也称类固醇激素。作为脊椎动物生殖激素的类甾醇激素如孕酮、雌二醇、睾酮等近些年来在甲壳动物中受到普遍关注，尤其是一些具有较高养殖价值的种类，如对虾、沼虾、龙虾、蟹类等。类甾醇激素与生殖关系的研究颇多，利用生物检测、色谱技术、放射免疫等方法已在众多甲壳动物中检测到了孕酮、睾酮、雌二醇的存在。Couch 等于 1987 年发现，大颚腺的孕酮浓度始终保持在一个相对较高的水平，与卵巢发育与否或个体成熟与否无关，而雌二醇在未成熟个体中较难检测到，最高浓度的雌二醇发现于大颚腺，因此，推测孕酮是由大颚腺分泌的，它在生殖季节可转化为雌二醇。Quinitio 也发现长额虾（*Pandalus kessleri*）血淋巴中孕酮浓度在卵黄生成启动时增加，卵黄生成阶段下降，而雌二醇浓度在卵黄生成阶段处在高峰期，在成熟卵从卵巢排出后下降，因此他推测与脊椎动物相似，雌二醇是调控长额虾性腺发育的重要激素。此外，通过注射甲壳动物雌体或进行卵巢细胞体外培养均发现孕酮、17α-羟孕酮、雌二醇具有明显的刺激卵黄生成、加快卵巢发育的作用（赵维信和安苗，1996）。

孕酮、雌二醇、睾酮等类甾醇激素是脊椎动物的重要生殖激素，因此，这类激素是否对无脊椎动物中的甲壳类动物的生殖也起调控作用引起了人们的关注。蔡生力等（2001）研究了类甾醇激素在中国明对虾性腺发育中的作用。他分析了中国明对虾不同发育阶段的肝胰腺、卵巢和血淋巴组织中的孕酮和雌二醇含量，应用放射免疫方法对中国明对虾不同发育阶段的肝胰腺、卵巢和血淋巴组织中的孕酮和雌二醇含量进行检测，并统计分析了相关期间的肝胰腺指数和性腺指数，证实了孕酮和雌二醇这两种类甾醇激素在中国明对虾体内的存在。在性腺未发育阶段，各组织中两种激素的含量均很低，难以检测到，而在卵黄发生前期（核仁周边期），各组织孕酮和雌二醇含量迅速上升，卵巢的雌二醇含量达到高峰［（450.1±86.7）pg/g］。进入初级卵黄发生阶段，各组织两种激素均具较高含量，卵巢和肝胰腺的孕酮含量［（1 975.1±175.2）pg/g，（902.6±130.5）pg/g］以及血淋巴中的雌二醇含量［（451.3±73.7）pg/mL］达到高峰。到了次级卵黄发生阶段，孕酮和雌二醇的含量迅速下降，肝胰腺等组织中几乎检测不到，肝胰腺指数的增长与其激素含量的变化具有相似的趋势。上述结果显示，孕酮和雌二醇可能具有刺激和调控中国明对虾性腺发育时肝胰腺卵黄蛋白原合成的作用。蔡生力等（2001）应用三种不同浓度的 17α-羟孕酮体外培养中国明对虾卵巢组织的试验表明，在对虾卵巢组织培养基中添加 2~200 μg/mL 的 17α-羟孕酮溶液，对对虾卵巢细胞分生和卵母细胞直径增大具有显著或极显著的刺激作用。在相同培养时间内，试验组卵母细胞直径比对照组增大 30%~50%。随着激素浓度的增加，卵原细胞分生和卵母细胞直径增长加快。经过一周左右时间的体外培养后，试验组的平均卵母细胞直径分别为（85.1±12.4）μm，（102.7±11.5）μm和（131.4±12.2）μm，而对照组仅为（67.7±9.2）μm。体外培养的对虾卵母细胞最大直径可达160 μm，但是外层没有形成滤泡细胞包被，继续培养卵膜破裂，无法形成成熟的卵母细胞。用100 ng/g浓度的17α-羟孕酮，生殖指数分别比对照组增加了50.0%。在相同条件下，去眼柄对对虾卵巢的发育作用最明显，生殖指数比对照组增加了150%。

目前这些试验仍处在实验室阶段，而且试验结果也因作者、研究对象、研究条件的不同而存在着较大的差异，因此，要真正与生产应用结合起来，还必须弄清这些类固醇激素的确切来源，作用靶器官以及在血液中浓度的变化规律等。

其他与卵巢发育相关的激素有前列腺素、蜕皮激素、甲基法尼酯等。

（1）前列腺素（prostaglandin）：这是一类脂肪酸衍生物。Dall于1990年的研究表明，甲壳动物能合成前列腺素。Middleditch于1979年发现，对虾在性腺成熟期间对二十碳多烯脂肪酸的需求量增加，并认为这些脂肪酸是合成前列腺素的前体。在对虾育苗生产中，用富含二十碳多烯酸的活体多毛类（Polychaete）投喂亲虾能迅速促进对虾卵巢发育，其效果远好于鱿鱼、蟹肉、蛤肉、虾子等饵料。另外，用前列腺素进行体外注射也能明显促进对虾卵巢发育、卵黄积累（Sarojini et al, 1988；蔡生力和杨丛海，2000）。

（2）蜕皮激素（Molting hormone）：蜕皮激素是由对虾等甲壳动物Y-器官分泌的一种重要激素，它的分泌受眼柄窦腺-X-器官分泌的蜕皮抑制激素调控。Meusy等于1970年、Suzuki等于1986年以及赵维信和安苗（1996）的研究认为，一定浓度的蜕皮激素对甲壳动物卵巢的生成是必需的，其血液中浓度的周期性变化与卵巢发育相关联，外源注射一定量的蜕皮激素有助于卵巢的发育。

（3）甲基法尼酯：来源于大颚腺的甲基法尼酯是一种促性腺发育的激素。具有调节卵巢细胞发育、幼体代谢、成体繁殖的功能。甲基法尼酯是由大颚腺分泌的法尼酸在血淋巴中的酯酶作用下形成，是一个非水溶性的信号分子。在血淋巴中，有一种特定的蛋白质与甲基法尼酯相结合而具有生理活性，作用于靶组织。

甲基法尼酯，也称法尼烯酸甲酯，它是保幼激素的前体。节肢动物昆虫类的保幼激素在不同的发育期具有不同的生理功能，例如动物处于幼体期或未成年期，它具有滞育功能，而在成年期它对某些动物具有促进性腺发育的作用。甲基法尼酯的发现，对甲壳动物繁殖过程的内分泌调控研究起了一定的推动作用，但该激素在斑节对虾方面的研究依然只是零星的。目前对甲基法尼酯在其他甲壳动物繁殖调控方面的研究取得了一些成果。

Laufer et al（1987）最早在甲壳类动物中发现了甲基法尼酯及其生理功能，它是一种倍半萜烯类物质，分子量约为 250~300 Da。继 Laufer 之后，科学家在 30 多种甲壳类动物（包括虾蟹类，例如克氏原螯虾、万氏对虾）的血淋巴检出了甲基法尼酯，并对它作了深入研究。甲壳动物甲基法尼酯的结构与昆虫保幼激素Ⅲ（JH Ⅲ）类似，是保幼激素Ⅲ的非环氧化结构。该激素由大颚器官分泌产生，最早是从蜘蛛蟹的血淋巴中分离和鉴定（Laufer et al，1987）。不同的甲壳类种类，大颚器官合成甲基法尼酯的速率不同，血液中甲基法尼酯的浓度也明显不同。对几十种十足类甲基法尼酯的分泌量进行测试，发现不同的种以及同一种的不同个体有很大的不同，例如蛛形蟹的分泌量比美洲螯龙虾的高出很多倍。从不同种类的甲壳类动物的血淋巴分析比较，甲基法尼酯呈现出量上的不同，从而应用甲基法尼酯处理不同甲壳类种类出现不同的结果，表现为其对不同甲壳类种类的生理作用的影响具有差异（Tsukimura and Nelson，2006）。

用甲基法尼酯处理龙虾幼体则表现为变态的滞育现象，与昆虫的保幼激素的效应相似，也影响到甲壳类的幼体发育。因此，甲基法尼酯也就是甲壳类的保幼激素。甲壳动物具有许多与昆虫相同的形态学、发育学和生理学特征，由此人们推测甲基法尼酯直接作用于肝胰腺和性腺，目前已经得到证实。甲基法尼酯的生理功能主要是调节甲壳动物形态发生和成体繁殖，也有其他的一些生理功能，例如 Lovett et al（2001）发现将正常海水中的蓝蟹放入比较淡的海水中后，蓝蟹血液中甲基法尼酯含量增加；而再将此蟹放到正常盐度的海水后，甲基法尼酯水平很快恢复到原来的基础水平。这些结果表明血淋巴内甲基法尼酯的数量与渗透压有关。Tamone and Chang（1993）报道当甲基法尼酯加到靶器官则刺激 Y-器官增加蜕皮甾醇产生，说明蜕皮酮（ecdysteroid）可与甲基法尼酯共同作用，控制甲壳动物的异速生长和形态分化。蜕皮酮和低浓度甲基法尼酯的存在能够促进甲壳动物的异速生长，反之，蜕皮酮和高浓度甲基法尼酯的存在能够抑制甲壳动物的异速生长（Laufer et al，2002）。显然，甲基法尼酯在甲壳动物的形态发生过程中，作为一种控制形态发生的激素起重要作用。对正在越冬的雌体螯虾进行甲基法尼酯饲喂实验的结果却表明，甲基法尼酯对雌体的卵巢发育周期无影响，但能刺激动物的蜕皮，说明甲基法尼酯对甲壳动物繁殖的影响与动物的发育时期有关，即在不同的发育时期，甲基法尼酯的作用可能有所不同。保幼激素在昆虫形态发生中的作用众所周知，甲基法尼酯在某些甲壳动物形态发生中的作用也非常相似。甲基法尼酯浓度的提高能使晚期幼体的分化延迟，而且高剂量的甲基法尼酯能够阻止幼体的发育。有实验表明，把克氏原螯虾的大颚器官提取物注射到锯齿米虾（*Caridina denticulata*）幼虾的腹部肌肉中，可以促进后者个体生长。由于甲壳动物雄体通常存在许多形态类型，不同的形态类型显示出不同的性行为。甲基法尼酯在雄性个体繁殖中的作用更加复杂，它不仅与不同雄体的形态类型的分化以及繁殖系统的状态有关，而且能够影响交配行为。

目前人们最为关注的是甲基法尼酯如何调控甲壳类的繁殖和发育。眼柄窦腺的多种激素可以直接或间接通过抑制大颚器官甲基法尼酯的合成负面影响调节繁殖。眼柄切除后,大颚器的体积成倍增加,增加大颚甲基法尼酯的生物合成。注入窦腺提取物,明显抑制了克氏原螯虾法尼烯酸甲基转移酶的活性,从而降低了甲基法尼酯的合成。而眼柄的移去却刺激了法尼烯酸甲基转移酶的活性,从而使甲基法尼酯的合成量增加。去除眼柄后,由于去除了大颚腺抑制激素,大颚腺以成倍的增量增加相关的蛋白质,增加甲基法尼酯的产生量。早在 1992 年,Tsukimura 报道;切除龙虾双侧眼柄后一天,血淋巴的甲基法尼酯含量为 2.0~31.2 ng/mL,一直延续到第 4 d。切除单侧眼柄,龙虾血淋巴内的甲基法尼酯含量增加量较少。未切除眼柄的龙虾大颚腺内的甲基法尼酯含量为 8.1 ng/腺体,而切除单侧眼柄后,上升为 54.1 ng/腺体,切除双侧眼柄后,上升为 106.9 ng/腺体。将眼柄窦腺提取液也就是眼柄的神经肽混合物注射入双侧眼柄切除的龙虾 2~3 h 后龙虾血淋巴内的甲基法尼酯含量下降到很难测出的水平,12~24 h 后甲基法尼酯含量水平恢复,同样大颚腺内的甲基法尼酯含量由眼柄萃取物处理前的 267.6 ng/腺体,4 h 后下降为 6.6 ng/腺体,证明眼柄窦腺 – X – 器官对大颚腺以及甲基法尼酯是负调控作用。大颚器抑制激素与性腺抑制激素虽然均对性腺发育起抑制作用,但是具体机制有差别。性腺抑制激素直接作用于肝胰腺及卵巢,促使卵黄蛋白原的发生;而大颚器抑制激素则是抑制大颚腺甲基法尼酯的合成,减少了甲基法尼酯对性腺发育的促进作用。

在雌虾幼虾和卵黄形成前期大颚腺合成的甲基法尼酯很微量,但是在卵黄形成期很多。Laufer 发现克氏原螯虾血液中的卵黄磷蛋白形成和甲基法尼酯增加有关,血液中甲基法尼酯的浓度以及大颚器官在离体条件下合成甲基法尼酯的速率与卵黄发生和卵巢周期密切相关。在幼体期和卵黄发生前期,大颚器官活性最低,在卵黄发生期间最高,而在产卵前大颚器官活性又降低,峰值在卵巢发育中期,卵黄磷蛋白形成后期血液中的甲基法尼酯水平又恢复到基础值(Laufer et al, 1988)。Takac et al (1998) 在蛛形蟹的雌体卵巢组织中发现了 2 种可以和甲基法尼酯结合的蛋白,而在血液中未检测到甲基法尼酯结合蛋白的存在。在性腺组织中发现甲基法尼酯结合蛋白的存在证实了甲基法尼酯作用的靶组织是性腺。甲基法尼酯与甲壳动物的繁殖密切相关,它能够刺激很多甲壳类动物的卵巢成熟。例如,注射大颚器官提取物或者移植大颚器官到未成熟凡纳滨对虾雌虾的腹部肌肉中,能启动和加速卵黄发生,促进卵黄蛋白原的生成。对沼虾(*Macrobrachium lamerrii*)注射大颚器官提取物能促进雌虾卵黄发生和雄虾精子发生。用拌有甲基法尼酯的饵料投喂凡纳滨对虾,能明显增强凡纳滨对虾亲体的产卵量、受精率和孵化率。同样,用含甲基法尼酯的饵料投喂克氏原螯虾 30 d 后,实验组对虾的卵巢指数为对照组虾的 2 倍以上。Mike 等于 2000 年对甲基法尼酯对斑节对虾繁殖的影响进行了试验,在实验组斑节对虾的饲料中添加甲基法尼酯,对照组使用没有甲基法尼酯的对虾成熟期使用的饲料，结果表明实验组斑节对虾的繁殖力比对照组提高了48%，实验组每尾对虾产出的幼体数量是254 800个/（次·尾），而对照组仅仅是172 400个/（次·尾）。但是对于有些甲壳类而言，试验结果却与此相反，例如，甲基法尼酯对恐龙虾（*Triop longicaudatus*）的卵巢发育却没有促进的作用，而是起抑制卵子繁育的作用（Tsukimura and Nelson，2006）。因此，如何将甲基法尼酯应用于虾类调控性腺发育，尚需进一步深入研究。

2.2.2.3 神经递质

最近几年，甲壳类性腺促熟作用研究又有了新的突破性进展，主要是应用神经递质操纵虾类性成熟取得重要进展。

若干种生物胺具有神经调节功能，通常将它们称为神经递质或神经调质。近几年，科学家对生物胺中的血清素——5-羟色胺和多巴胺在虾类繁殖中的调控作用进行了研究，在生物胺对甲壳类性腺促熟作用的研究方面有了新的突破性进展，取得具有实用价值的重要结果。

血清素（serotonin）又称5-羟色胺（5-hydroxgtrgptamine，5-HT），属于生物胺的一种，是一种神经递质。5-羟色胺广泛存在于自然界动物的中枢神经系统、内分泌系统及周围组织的器官中，在对虾或其他甲壳动物体内参与调控心跳、呼吸、肌肉收缩以及其他神经激素分泌等生理活动。5-羟色胺既是一种神经递质，又是一种血管活性物质，在中枢神经系统和周围组织中起着多种生理作用。几种神经递质，包括5-羟色胺、多巴胺等对对虾的内分泌活动产生促进或抑制的重要影响。例如，Chen等于2003年发现多巴胺既刺激卵巢抑制激素的分泌活动，也刺激性腺刺激激素的分泌。Fingerman和Sarojini等人通过对异钳蟹（*Uca pugilator*）注射外源血清素发现，血清素有促进甲壳动物性腺发育的功能。注射浓度为 $1.25 \times 10^{-9} \sim 125.00 \times 10^{-9}$ mol/只的血清素后，蟹的卵巢发育明显加快，而注射血清素的拮抗物后，又能对蟹的卵巢发育起明显的抑制作用。在体外培养卵巢试验中，直接加血清素并无什么效果，而当卵巢与胸、脑神经一起培养，再加血清素，促进卵巢发育的效果很明显。用浓度为 $0.01 \sim 1.00$ mg/g 组织的血清素直接注射亲虾，也有较明显的促进卵巢发育的作用（Fingerman et al，1994；Sarojini et al，1995）。因此，血清素的直接作用靶器官可能是胸、脑神经节等神经类内分泌器官，在调控神经类激素分泌的基础上，间接刺激卵巢或肝胰腺，促进卵黄分泌和积累。5-羟色胺可能在眼柄抑制了性腺抑制激素在脑部、神经节的合成和分泌，而在脑神经、胸神经节刺激了性腺刺激激素的合成和分泌（通常认为，存在于食道上方及胸腺的神经中枢分泌性腺刺激激素刺激卵巢发育），从而影响到卵巢发育（Sarojini et al，1995；Fingerman，1997）。

5-羟色胺可以刺激多种甲壳类激素的分泌，包括高血糖激素、红色素扩散激素、抑制神经激素、蜕皮抑制激素以及性腺刺激激素。1992年以后，陆续有人证明，对多种类型的甲壳类动物注射 5 – 羟色胺，可以诱导性腺成熟，其中包括克氏原螯虾（Kullkarni et al, 1992; Sarojini et al, 1995）和凡纳滨对虾（Vaca and Alfaro, 2000）。但是单一注射 5 – 羟色胺，远不如切眼柄的效果，对虾产卵率低，不能应用于商业生产。2004 年哥斯达黎加的 Alfaro 等人改进上述方法，对野生亲虾细角滨对虾（*Litopenaeus stylirostris*）和家养亲虾凡纳滨对虾改为注射 5 – 羟色胺和一种多巴胺的拮抗物 – 螺旋丁苯（spiperone）合剂，剂量为 5 – 羟色胺 25 μg/g（对虾体质量）+ 螺旋丁苯 1.5 μg/g 或 5.0 μg/g（对虾体质量），结果促进了卵巢成熟、产卵，取得类似切除眼柄处理的良好效果。此外，与处理组对虾养在同一个水体的未注射 5 – 羟色胺混合剂的对虾，也显示出很好的成熟效果，表明处理组的对虾可能释放对虾成熟信息素有（Alfaro et al, 2004）。用 1 μg/g（对虾体质量）剂量的 5 – 羟色胺注射罗氏沼虾（*Macrobrachium rosenbergii*），提高了该虾的性腺指数（Meeratana et al, 2006）。Wongprasert 等人研究了外源 5 – 羟色胺对家养斑节对虾亲虾的繁殖特性的作用，5 – 羟色胺的使用量为 50 μg/g（对虾体质量）。实验结果表明，注射了 5 – 羟色胺的斑节对虾的卵巢成熟率、产卵率，达到了与应用传统的切除眼柄处理亲虾一样的结果，而且孵化率、每尾产卵虾得到的无节幼体数量显著高于传统的切除眼柄处理亲虾方法。应用免疫化学及酶联免疫吸附（ELISA）法，研究了切除眼柄的亲虾内源 5 – 羟色胺在对虾卵巢和输卵管的含量，5 – 羟色胺主要在卵母细胞的卵黄发生前期滤胞细胞、早期卵黄发生的卵母细胞的细胞质、细胞膜，卵黄发生后期的卵母细胞的细胞质检出。卵黄发生前期卵巢中每毫克蛋白的 5 – 羟色胺的数量是（3.53±0.26）ng/mg，而到卵巢成熟阶段，5 – 羟色胺的量达到（17.03±0.57）ng/mg。由此结果可知，未切除眼柄的亲虾，使用外源的 5 – 羟色胺的作用是明显的，5 – 羟色胺可能直接作用于斑节对虾雌虾的卵巢和输卵管（Wongprasert et al, 2006）。从斑节对虾卵巢克隆的 5 – 羟色胺受体是 2 291 个核苷酸编码的蛋白，由 591 个氨基酸组成，主要分布在发育期为 Ⅰ ~ Ⅱ期卵巢的小褶以及发育至 Ⅲ ~ Ⅳ期卵巢的卵膜和皮质层，由此推断 5 – 羟色胺和对虾的卵巢成熟、产卵有关（Ongvarrasopone et al, 2006）。Meeratana et al（2006）认为，5 – 羟色胺刺激了虾的脑、胸神经节或其他的神经系统产生性腺刺激激素，从而促进了卵巢发育。

2.2.3 内分泌系统调控对虾卵子发生的可能途径

根据上述对调控虾类繁殖的认识可知，虾类等甲壳动物的繁殖受控于复杂的内分泌激素链调节。前述的有关激素的作用，大多数是在单一的、孤立的条件下证实的，实际上控制繁殖的内分泌生理是在环境因素影响下，由多种激素和神经递质协同和拮抗共同起作用。影响甲壳类生长、发育、繁殖的激素分泌细胞主要是神经原形成的神经分泌细胞和神经递质，它们分布于整个神经系统。来自外界环境生态要素的影响作用于甲壳动物的中枢神经系统，经过神经系统调控内分泌系统，根据对虾营养状态以及外界的生态因子如温度、光照、盐度等影响，通过内分泌调节其生理状态，使它们的生殖活动处于最适条件下，有利于卵子和幼体的发育，有利于种族繁衍。不同的神经递质和内分泌器官能够分泌一些促进性腺发育因子和抑制性腺发育因子，实施对性腺活动的调控。由于甲壳动物成体的生殖和蜕皮常常交替出现，因此，涉及蜕皮的内分泌和涉及性腺发育的内分泌系统的精确调控非常重要。

虽然激素的发生由基因决定，但是激素的释放需要感应器官接受信息，神经系统才对能量刺激做出反应。因此，外界环境因子如光照、温度以及营养条件，是启动、刺激对虾内分泌腺体分泌激素的外在环境因子。繁殖生理活动是在神经系统的协调下，多种生理因素综合作用的结果。神经组织分泌激素的重要功能是对目标器官或组织进行调控，其方式是神经细胞释放的化学物质直接进入血淋巴体液中，运行到目标组织发生作用。中枢神经系统的突触结构表明，可以通过神经递质实现中枢神经系统对眼柄内的激素进行调控。因此，可以把对虾繁殖内分泌生理视为多阶段的联合效应。性腺发育、第二性征的发育，最初需要对虾发育生长物质的积累，达到一定日龄后，受外界环境因子如温度、光照、饵料等诱导，影响中枢神经系统（主要是眼柄内分泌系统和胸、脑神经）神经分泌细胞接受相关的信息，释放神经递质和神经激素，大颚腺分泌释放类保幼激素等激素，影响虾类性腺发育；同时，肝胰腺和生殖腺等腺体受眼柄内分泌系统及其他神经系统、分泌系统、大颚腺、类甾醇等激素的调控，生产或抑制生殖腺发育或积累发育所需要的物质及激素，影响性腺发育。

综合上述调节对虾性腺发育、第二性征器官发育的各类内分泌物质和相关各类器官组织的各种关系，可以概括为三类途径。

（1）甲壳类特有的相互拮抗的内分泌激素：和中枢神经系统有密切关联的对虾眼柄的窦腺－X－器官长期以来被人们认为是甲壳类内分泌调控中心，同样也是对虾繁殖、性腺发育的调控中心。它对对虾性腺发育的影响主要是负面影响，抑制性腺发育。

甲壳类的Y－器官、大颚腺等组织，分泌促进性腺发育的物质，例如大颚腺的分泌物（甲基法尼酯）等，正面影响、促进卵巢发育。性腺抑制激素和性腺刺激激素形成拮抗机制，抑制或促进性腺发育。

（2）相互拮抗的神经递质途径：例如5－羟色胺对对虾性腺发育起正面促进作用，而多巴胺起抑制对虾卵巢发育的作用；两种神经递质从正、反两方面调控卵巢发育。

（3）类甾醇激素：例如17－β雌二醇、黄体酮等促进卵巢发育。从目前已有的实验资料分析表明，该类激素对甲壳类动物的性腺发育仅仅起辅助作用。

目前，实际使用最广泛的调控虾类的手段仍然是采用切除眼柄的方法诱导虾类性腺成熟。该方法存在一些缺点，例如，该方法为创伤性手术，对虾可能出现产卵质量差，亲虾容易死亡（Benzie，1998）等现象，但是依然是产业上普遍使用的简单有效手段。据报道，近几年使用神经递质5-羟色胺促进性腺成熟的技术取得突破性进展，有望实现产业化应用。此外，有报道称可以采用下述的多种方法促熟，诸如注射性腺抑制激素抗体，敲掉性腺抑制激素mRNA等（Treerattrakool et al，2006，2008），但是尚难在生产上实际应用。

根据已报道的甲壳类性腺发育的内分泌调控途径，笔者制作了甲壳类性腺发育的内分泌调控网络图（彩图2-8）。

2.3 斑节对虾繁育的营养要求

全人工繁育体系内，斑节对虾的营养要求实际上包含了斑节对虾整个生命历程的各个阶段的营养要求。由于繁育体系内对虾的遗传变异及种质结构具有的重要性，随着分子生物学的发展，人们认识到基因对生物起到最终调控作用。因此，除了理解营养物质是发育生长的物质基础、是能量主要来源的认识外，更应注意到营养和有关生长、健康、疾病以及代谢相关基因表达的调控关系。近十多年来，人们已经注意到主要的营养物质以及某些微量的维生素和矿物质对许多基因表达有着显著的影响。营养作为一种调控物质或调控因素，通过多种途径，在多水平上对生命活动中的基因表达进行调控。营养与遗传的关系，体现在营养和基因表达的关系上，一方面是动物摄入的营养成分与数量影响基因表达；另一方面是基因表达的结果影响养分的代谢途径和代谢效率，并决定营养需求量。尽管当前对虾的营养研究很少涉及基因表达，但是当前对人类、畜、禽的相关研究已经说明营养在基因表达调控中起着重要作用。因此，如何充分利用当前已有的资料研究斑节对虾的营养与相关基因表达调控的关系，满足对虾各个阶段的营养要素，乃是对虾繁殖体系生产环节中最基础的控制和驯化工作。

为了提高繁殖效率，亲体和幼体饲料以天然饲料或人工培育的生物饵料为主，例如亲虾使用多毛类沙蚕、乌贼、卤虫成体，幼体培育使用人工培养的单胞藻、轮虫、卤虫幼体，这些高昂的饵料费用约为总生产成本的50%。虽然当前许多亲虾用人工配合饲料，幼体用微颗粒或微囊饲料已经商业化，但是由于生产成本过高以及对对虾营养的研究有限，影响生产效率，这些人工饲料在繁殖生产上的使用仍有很大的局限性。

Harrison（1997）和Wouters et al（2001a）曾经对虾类亲体成熟的营养要求作了比较全面的评述。所有对虾类的营养要素基本相似，但是每种对虾在营养要素的需求数量上有一些差别。虽然关于对虾类的营养需求已经有了大量的研究报告，对虾各发育阶段适宜的天然饵料也比较明确，针对商业养殖对虾产业中的繁殖期、幼体期、养成期也已开发出各种类型的人工配合饲料。但是，包括斑节对虾在内的对虾精细营养需求参数，仍然有一个变化的幅度，主要原因是对虾的消化生理、代谢生理受体内生理状态、外界环境因素、饲料原料、饲料加工以及营养研究条件的差异等各方面的限制和干扰。

对虾生命周期中的营养需求实际上是有连续性的，但是各个生活史阶段的营养需求也有较大的差别。按照营养需求的变化与差异，大体上可以将斑节对虾的营养需求分为三个阶段：亲虾培育期（涉及卵子发育、胚胎发育、无节幼体阶段的营养），幼体培育期（包括溞状幼体、糠虾幼体、仔虾阶段）和种虾培育期（包括稚虾、幼虾、亚成虾阶段）。

2.3.1 亲虾培育期的营养要求

亲虾的性腺处于快速发育成熟阶段，营养要素经过肝胰腺的加工转运，支撑精巢和卵巢的成熟，形成配子及卵黄蛋白。与其他雌性甲壳类动物一样，斑节对虾的雌性亲体营养需求不同于常规的养成阶段的生长期营养需求，亲虾的营养要素及其质量数量具有如下特征。首先，性腺发育需要积累大量的营养和能量。虽然甲壳动物在卵黄形成前已经有卵黄蛋白原积累，肝胰腺有一些能量和营养成分的积累，但这些有限的积累在性腺发育过程中很快被消耗，尤其是在使用眼柄切除手术等人工促熟的条件下，改变了内分泌激素分泌的平衡，亲体性腺发育和恢复的速度加快，雌体需要及时快速大量补充卵巢发育需要的营养要素，再次繁殖和产卵。更为重要的是，对虾胚胎发育和无节幼体需要的营养和能量也是依靠雌虾的卵黄提供，同时，无节幼体的健康状态对以后的幼体发育也会产生影响。

实施对虾全人工繁殖体系以及对虾育种计划，迫切需要解决在人工养殖的条件下如何满足亲虾性成熟和繁殖营养需求的问题。雌性斑节对虾卵巢从卵黄开始形成到完全成熟，是一个营养快速积累和转换的过程，尤其是切除眼柄后，卵巢的质量在很短的时期内就可以成倍增长。在卵黄发生期，卵巢的体积和质量会急剧增加，通常在 $48\sim72\ h$ 内，从占总体质量不足 2% 猛增至 10% 以上。正常情况下，性腺发育由 II 期发育为 IV 期成熟通常仅仅需要 1 个星期的时间。卵细胞增大主要是卵黄的积累和脂肪小体形成的结果，其中脂肪小体主要由甘油三酯组成。在卵黄发生期，储存在肝胰脏中的营养很快被消耗殆尽，此时，外源性营养就成为影响卵的数量和质量的主要因素。性腺发育期间，充足的营养供应是卵黄积累以及持续的胚胎发育、无节幼体发育变态的保证。众多的研究报告指出，营养不适宜的饲料或营养要素不平衡的饵料，是对虾繁殖性能不好或发育阻滞的主要原因。目前对斑节对虾亲虾的营养需求概述如下。

2.3.1.1 蛋白质及氨基酸

对虾性腺发育需要在有限的时期内合成大量的蛋白质，因此，其所需要的饲料蛋白质含量比幼对虾养成期大约高10%～20%。通常亲虾成熟培育使用的人工配合饲料的蛋白质含量大于50%，而有利于性成熟的天然生物饵料中蛋白质含量一般均比较高。实际上从营养角度评价，蛋白质的质量，尤其是氨基酸组成中的对虾类所需要的十种必需氨基酸是否平衡很关键。对虾性腺发育需要活跃的卵黄蛋白合成，神经肽激素以及大量的酶参与生化合成和分解，所有这些均需要大量的蛋白质和氨基酸参与。然而到目前为止，关于斑节对虾性成熟最适宜的饲料蛋白质含量水平、蛋白质能量比、氨基酸组成等参数尚未有完整的研究资料。从营养学经验角度出发，许多人认为应该模仿对虾鲜活饵料的蛋白质组成加工配合饲料。

2.3.1.2 脂类

脂类对对虾卵巢发育在营养上的重要性，特别是高度不饱和脂肪酸、磷脂需求的必需性，引起众多水产营养学家的关注。目前有大量的文献从各个角度探讨了脂类在对虾成熟期的营养价值，其中更多的是在雌性对虾成熟期的营养研究。斑节对虾等数种对虾类的脂类在组织（包括卵巢、幼体）中的积累及代谢研究证实，卵巢中脂类含量随着卵巢发育而增加，肝胰腺的脂类含量却下降。因此通常认为，成虾的肝胰腺是脂类的主要贮藏加工器官，在繁殖期脂类经肝胰腺转运到卵巢。由于对虾成熟期的食物消耗明显增加，成熟卵巢积累的脂量远远大于肝胰腺的贮藏量，所以Ravid et al（1999）认为，卵巢脂类的积累还是来源于肠道直接吸收的食物。现有的研究表明，脂类在许多甲壳动物繁殖过程中起着极其重要的作用。脂类积累对雌虾性成熟早期卵巢体积增大起明显作用（Wouters et al，2001b）。肝胰腺是甲壳动物进行脂类吸收、加工、储存的主要器官（Teshima et al，1989）。繁殖期间，肝胰腺中的中性脂和磷脂消耗殆尽，食物中的脂类很快经肝胰腺加工输送到卵巢，卵巢由此也变成另一个脂类代谢中心。

以下从对虾生长需求的脂类总量、脂类的类型以及脂肪酸三个方面分别叙述。

1）饲料的脂类总量

成熟期的斑节对虾以及其他的虾类并没有一个精确、绝对的脂类需求总量。研究和测量方法的不同、对虾生理变化的差异以及饲料原料的差别等导致饲料中的脂类总量参数发生波动。因此，学者们更注重的是如何保证满足对虾对特殊必需的脂肪酸，例如高度不饱和脂肪酸、磷脂、甾醇的需求量。因为甲壳类自身合成高度不饱和脂肪酸、磷脂合成及甾醇的能力极其有限，对虾的组织组成包括卵巢的发育需要的这些脂类及脂肪酸必须由饲料提供。由于蛋白质和脂类均可以为对虾提供能量，因此，提供能量的脂类量可以和提供能量的蛋白质在能量消耗上相互代替。

通常亲虾繁殖期饲料中适宜的脂类总量大约比养成期幼虾的需要量高出3%～5%，一般为10%～11%。总脂量过高虽然可以代替部分蛋白质的能量消耗，但是往往影响消化吸收。因此，笔者建议对于脂类的需求量，更应侧重脂质的类型和必需脂肪酸的满足。

2）成熟期对虾卵巢的脂类

早期研究已明确对虾成熟卵巢的脂类主要是磷脂、甘油三酯、甘油二酯和胆甾醇等成分；这些脂类与对虾及其卵巢成熟、胚胎发育、幼体成活密切关联。甘油三酯作为卵巢的一个组成物质，主要是为胚胎、幼体变态提供能量。在卵黄形成期，卵巢内脂类含量快速增加，可达到卵巢干质量的18%～41%，因对虾种类不同而不同。脂类不溶于水，因此，其多以和蛋白质结合的形式运转。甲壳类动物血淋巴中的脂类主要以脂蛋白形式存在，属于高密度脂蛋白和更高密度脂蛋白，它们分别是仅在具有卵黄的雌虾血淋巴存在的磷脂蛋白、卵黄蛋白和卵黄蛋白原。这三类高密度脂蛋白占血淋巴脂量的60%以上。

Ravid et al（1999）对野生短沟对虾（*Penaeus semisulcatus*）成熟过程中的脂类变化作了详细的研究。野生短沟对虾性成熟过程中，卵巢组织内的甘油三酯增量最快，由卵黄发育前的1.7 mg/g（卵巢鲜质量）可以达到15.15 mg/g（卵巢鲜质量），增长了8.9倍。而同期磷脂含量，卵黄发育前为5.56 mg/g（卵巢鲜质量），卵巢成熟后达到15.76 mg/g（卵巢鲜质量），为初期的2.8倍。甘油三酯的含量，在卵巢成熟时的相对数量和磷脂的量基本相等（Ravid et al，1999）。凡纳滨对虾卵巢中的甘油三酯含量的变动与野生短沟对虾类似（Wouters et al，1999）。甘油三酯在对虾亲体体内增加及消耗的情况也已被证实。甘油三酯、胆固醇、类胡萝卜素、葡萄糖等的数量水平和仔虾的抗胁迫能力成正相关。

磷脂是细胞膜的重要组成成分，是维持卵膜的正常结构所不可缺少的，同时还参与一些重要生理代谢过程。磷脂是虾类卵巢中脂肪的主要组分，主要以磷脂酰胆碱（75%～80%）和磷脂酰乙醇胺（20%～25%）的形式存在。磷脂是对虾亲虾营养所必需的。Wouters et al（1999）发现凡纳滨对虾产卵后卵巢中的磷脂酰胆碱水平显著降低，而在无节幼体内则水平很高，表明了其在胚胎及幼体发育中的重要性。磷脂酰胆碱是海洋鱼、虾体内一种最活跃的磷脂。

胆固醇也是对虾性腺成熟必需的重要脂类，它是类固醇激素的前体，饲料中必须具有该成分。事实上，对虾幼虾生长发育期的饲料中必须有胆固醇，要持续添加到对虾成熟和繁殖。繁殖期摄食鲜活饵料如蛤类、乌贼也主要是因为它们含有丰富的胆固醇。对虾卵巢内的胆固醇含量相对比较稳定，野生短沟对虾性成熟过程中，卵巢组织内的胆固醇含量在卵黄发育前为1.14 mg/g（卵巢鲜质量），卵巢完全成熟为1.25 mg/g（卵巢鲜质量）（Ravid et al，1999）。

对虾卵巢的磷脂和甘油三酯两者总脂肪酸中大约有30%是多不饱和脂肪酸。通常对虾成熟卵巢主要的脂肪酸组成以十六碳、十八碳、二十碳和二十二碳为主，即$C16:0$、$C16:1n-7$、$C18:0$、$C18:1n-9$、$C20:4n-6$、$C20:5n-3$和

C22：6n-3，种间差异不大。卵巢内的脂类含有较高比例的 n-3 高度不饱和脂肪酸（HUFA），特别是 C20：5n-3 和 C22：6n-3 的数量，与肝胰腺内的含量相比较，含量更高。因此，认为这些脂肪酸对对虾的繁殖起着至关重要的作用。在实践中，对繁殖最为优选的饵料，例如沙蚕、乌贼，就含有丰富的 n-3 高度不饱和脂肪酸，这已经是一个没有争议的事实。

3）亲虾饲料中的磷脂、脂肪酸等的需求量

亲虾饲料需添加适量磷脂。Bray 等 1990 年的研究认为，在饲料中添加 1.5% 的大豆卵磷脂能显著提高细角滨对虾亲虾的产卵量、卵子孵化率、精子质量和无节幼体数量。Alava 等于 1993 年研究证实，饲料中缺少磷脂或高度不饱和脂肪酸，日本囊对虾卵巢成熟迟缓。Cahu 等 1994 年的研究认为，凡纳滨对虾饲料中的磷脂数量水平影响到卵内的磷脂数量，提出亲体饲料中的磷脂量不能少于 2%，以保证卵内总脂类的 50% 是磷脂类，如此才能保证对虾的繁殖力及产卵频率。

季文娟（1998）研究发现，中国明对虾卵中的高度不饱和脂肪酸更为重要，其中，二十碳五烯酸（EPA，C20：5n-3）与产卵量密切相关，二十二碳六烯酸（DHA，C22：6n-3）与卵子孵化率有关系。EPA、DHA 这两种高度不饱和脂肪酸对中国明对虾的繁殖力具有特殊的作用。试验中用玉米油和亚麻油作为饲料饲养亲虾时，对虾产卵量得到提高，但卵子孵化率却没有明显提高，这与玉米油和亚麻油含较多数量的十八碳 n-3 和十八碳 n-6 多聚不饱和脂肪酸，而缺乏高度不饱和脂肪酸有关，特别是不含 EPA 和 DHA 有关。用富含 n-3 高度不饱和脂肪酸（尤其是 EPA 和 DHA）的鱼油饲料和蛤肉投喂中国明对虾时，产卵量和孵化率都明显提高，说明 EPA 和 DHA 是中国明对虾正常繁殖所必需的。若在饲料中只添加亚麻酸和亚油酸，饲喂的亲虾不能维持正常的卵巢发育和产卵量，也不能保证卵、胚胎的正常发育和正常的孵化率。研究还发现，卵中 n-3 高度不饱和脂肪酸 EPA、DHA 受饲料中脂肪酸组成的影响比较明显。因为中国明对虾将亚麻酸转化为 EPA 和 DHA 的能力有限。因此，中国明对虾亲虾需从饲料中获得 EPA 和 DHA，中国明对虾对 EPA 和 DHA 的最低需求量为 1.5%（干饲料）。花生四烯酸 C20：4n-6（ARA）在饲料中也必须得到补充，该脂肪酸也是属于高度不饱和脂肪酸，是合成前列腺素的前体物质，对动物繁殖有重要意义。Cahu 等于 1995 年用印度明对虾证明亲虾饲料中的 n-3 高度不饱和脂肪酸的含量一般占饲料质量的 1.40%~2.49% 才能维持成熟卵子内的 n-3 高度不饱和脂肪酸的含量（3.61%~3.82%）。

斑节对虾繁殖同样需要十八碳、二十碳、二十二碳等不饱和脂肪酸，如包括亚麻酸（C18：2n-6）、亚油酸（C18：3n-3）、二十碳五烯酸（C20：5n-3）和二十二碳六烯酸（C22：6n-3）等在内的必需脂肪酸。特别需要注意饲料中高度不饱和脂肪酸的种类和含量。

4）斑节对虾的卵巢脂类及脂肪酸变化

为了深入了解斑节对虾亲体对脂肪酸的需求，笔者对南海野生斑节对虾卵巢发育过程中的脂肪酸组成及变化和池塘养殖斑节对虾卵巢发育过程中的脂肪酸组成及变化作了比较研究（黄建华等，2007）。

（1）池塘养殖斑节对虾卵巢发育过程中的脂肪酸组成及变化。

① 肝胰腺的脂肪酸组成。卵巢不同发育阶段肝胰腺的脂肪酸组成见表2-3。肝胰腺中主要脂肪酸为C16：0、C18：2n-6、C18：1n-9、C18：0、C20：4n-6（ARA）、C20：5n-3（EPA）、C22：6n-3（DHA），其中n-3多不饱和脂肪酸（PUFA）约占40%~60%，n-3脂肪酸为n-6脂肪酸的2~5倍。肝胰腺中的C14：0、C16：1n-7两种脂肪酸的含量很低。而C16：0、C18：2n-6、C20：4n-6和总的饱和脂肪酸（SFA）的含量呈现波浪式上升，在成熟期（V期）达到最高，分别为25.6%、5.5%、9.2%、32.8%。肝胰腺中的C18：1n-9、C18：0的含量起伏波动，在成熟前期（Ⅳ期）达到最大值，分别为8.3%和20.8%。随着卵巢发育成熟，肝胰腺中EPA与总n-3脂肪酸的含量呈下降趋势，在成熟期（V期）最低，分别为9.7%和32.9%，产卵后，其含量又恢复到未成熟期的水平；DHA相对稳定，在30%~37%之间轻微波动。总的PUFA、n-3/n-6及PUFA/SFA的比值波动变化，总体呈下降趋势，在成熟期达到最低。DHA/EPA比值在1~3之间波动，成熟期（V期）最高（2.6）。

表2-3 池塘养殖斑节对虾亲虾卵巢不同发育期肝胰腺中脂肪酸的组成
（占总脂肪酸的百分数） 单位：%

脂肪酸	发育阶段					
	Ⅰ期	Ⅱ期	Ⅲ期	Ⅳ期	Ⅴ期	Ⅵ期
C14：0	0.8	0.3	0.5	0.2	0.7	1.1
C16：1n-7	1.3	1.7	1.7	2.3	1.5	0.6
C16：0	10.7	17.8	10.7	10.2	25.6	8.8
C18：2n-6	4.2	4.5	5.1	18.7	5.5	4.6
C18：1n-9	5.2	5.7	6.8	8.3	5.9	6.2
C18：0	8.8	7.7	8.3	20.8	6.5	7.1
C20：5n-3	19.9	17.6	16.2	9.7	11.7	18.7
C20：4n-6	7.3	4.6	7.9	5.4	9.2	6.6
C20：2n-6	2.1	1.3	6.4	—	—	4.9
C22：5n-6	1.5	0.8	1.6	1.0	1.3	1.1
C22：6n-3	33.7	34.9	31.2	22.2	30.2	36.7

续表

脂肪酸	发育阶段					
	Ⅰ期	Ⅱ期	Ⅲ期	Ⅳ期	Ⅴ期	Ⅵ期
C22:5n-3	2.3	2.8	3.6	1.0	1.9	2.4
∑SFA	20.3	25.8	19.5	31.2	32.8	17.0
∑MUFA	6.5	7.4	8.5	10.6	7.4	6.8
∑PUFA	71.0	66.5	72.0	58.0	59.8	75.0
∑n-3	55.9	55.3	51.0	32.9	43.8	57.8
∑n-6	15.1	11.2	21.0	25.1	16.0	17.2
∑n-3/∑n-6	3.7	4.9	2.4	1.3	2.7	3.4
∑PUFA/∑SFA	3.5	2.6	3.7	1.9	1.8	4.4
DHA/EPA	1.7	2.0	1.9	2.3	2.6	2.0

注：表中数值为3个样本混合后测定值；"—"表示脂肪酸含量没有检测出；SFA：饱和脂肪酸，C14:0，C16:0，C18:0；MUFA：单不饱和脂肪酸，C16:1n-7，C18:1n-9；PUFA：多不饱和脂肪酸，C18:2n-6，C20:5n-3，C20:4n-6，C20:5n-6，C22:6n-3，C22:5n-6，C22:5n-3。

② 卵巢、卵及无节幼体的脂肪酸组成。卵巢、卵和无节幼体中脂肪酸的组成与肝胰腺相似（表2-4）。所有组织及无节幼体总的n-3脂肪酸含量要大于n-6脂肪酸含量；除无节幼体外，DHA的含量大于EPA的含量。卵巢中的n-3脂肪酸、EPA、DHA、n-3/n-6及DHA/EPA比值明显低于肝胰腺。卵巢中的C14:0、C16:0、C16:1n-7的含量逐渐上升，成熟期达到最高；三者在卵巢中的含量高于肝胰腺，近似于无节幼体，而明显低于卵中含量。卵巢、卵及无节幼体中的C18:2n-6的含量相对稳定，在9.4%~12.7%波动。卵巢中的n-3脂肪酸、n-3/n-6及PUFA/SFA的比值呈现出一定程度下降，在成熟期（Ⅴ期）接近最低。卵巢中C20:2n-6与ARA的含量呈波动变化，ARA在成熟期最高。卵巢中的DHA含量相对稳定，在20%~30%波动。SFA含量逐渐上升，成熟期达到最高；MUFA和PUFA呈现波动变化；n-3/n-6和PUFA/SFA的比值在成熟期最低，在1~3波动；DHA/EPA的比值随卵巢发育而上升，在1~3波动，成熟前期最高（2.7）。从池塘养殖斑节对虾亲虾卵的脂肪酸组成中，可以看出，随着产卵次数增加，卵中的C16:0和SFA的百分含量呈上升趋势，DHA/EPA的比值也呈现上升趋势；卵中的C18:2n-6、ARA、DHA及总的n-6脂肪酸含量保持相对稳定，而C18:1n-9、EPA、C22:5n-3及总的n-3脂肪酸含量呈下降趋势。

表2-4 池塘养殖斑节对虾亲虾不同成熟期卵巢、卵和无节幼体中脂肪酸的组成
（占总脂肪酸的百分数） 单位:%

脂肪酸	卵巢Ⅰ	卵巢Ⅱ	卵巢Ⅲ	卵巢Ⅳ	卵巢Ⅴ	卵巢Ⅵ	卵[1]	卵[2]	卵[3]	无节幼体
C14:0	0.9	1.0	1.6	1.9	2.1	1.4	1.4	2.2	4.6	0.9
C16:1n-7	3.0	3.5	4.8	5.1	6.0	3.3	9.0	11.0	10.3	5.8
C16:0	17.3	17.7	19.2	21.1	23.3	17.1	22.9	27.4	36.2	18.7
C18:2n-6	10.5	9.1	11.2	11.7	13.1	9.4	12.7	12.6	12.4	11.3
C18:1n-9	8.6	9.2	8.9	4.0	5.7	4.9	9.0	7.3	4.5	8.6
C18:0	6.6	5.8	7.8	5.6	6.1	5.4	6.3	5.8	4.9	5.7
C20:5n-3	16.4	15.2	11.9	9.9	9.1	13.3	13.2	12.5	8.6	15.3
C20:4n-6	5.4	3.5	4.9	3.7	6.6	6.1	2.4	2.6	2.3	2.2
C20:2n-6	5.1	4.0	3.1	5.9	4.3	4.6	—	—	—	6.7
C22:5n-6	1.4	1.8	0.9	1.2	1.1	1.6	1.2	0.9	0.7	1.1
C22:6n-3	20.8	25.5	23.3	26.4	19.6	29.8	13.5	12.9	13.5	13.2
C22:5n-3	4.0	2.2	2.4	3.4	2.8	2.3	7.4	4.5	1.8	4.6
∑SFA	24.8	24.5	28.6	28.6	31.5	23.9	30.6	35.4	45.7	25.3
∑MUFA	11.6	12.7	13.7	9.1	11.7	8.2	18.0	18.3	14.8	14.4
∑PUFA	63.6	62.6	57.7	62.2	56.6	67.6	50.4	46.0	39.3	54.4
∑n-3	41.2	44.2	37.6	39.7	31.5	45.9	34.1	29.9	23.9	33.1
∑n-6	22.4	18.8	20.1	22.5	25.1	21.7	16.3	16.1	15.4	21.0
∑n-3/∑n-6	1.8	2.4	1.9	1.8	1.3	2.1	2.1	1.9	1.6	1.6
∑PUFA/∑SFA	2.6	2.6	2.0	2.2	1.8	2.8	1.6	1.3	0.9	2.2
DHA/EPA	1.3	1.7	2.0	2.7	2.2	2.2	1.0	1.0	1.6	0.9

注：表中数值为3个样本混合后测定值；"—"表示脂肪酸含量没有检测出；表中上标数值1、2、3分别表示亲虾第一次、第二次、第三次产卵的样本。

③ 斑节对虾的卵巢、肝胰腺、卵、无节幼体中的主要脂肪酸是C16:0、C18:2n-6、C18:1n-9、C18:0、ARA、EPA及DHA，而卵和无节幼体中含较高的C16:1n-7和较低的ARA。类似的结果发现于斑节对虾（O'Leary and Matthews，1990）、白滨对虾（*Litopenaeus setiferus*）（Middleditch et al，1980）、日本囊对虾（Teshima et al，1989）、米勒腹对虾（*Pleoticus muelleri*）（Jeckel et al，1989）。在卵巢成熟过程中，卵巢和肝胰腺中C16:0含量不断上升，随着产卵次数增加，卵中的C16:0呈显著上升，受其影响，SFA也呈显著上升。可见，C16:0是斑节对虾卵巢发育过程中最重要的SFA。肝胰腺中的C16:1n-7、C18:1n-9呈波动上升，在成熟前期达到最高，而卵巢中C16:1n-7不断上升，C18:1n-9呈波动变化，成熟期

轻微下降，MUFA 呈波动变化。相似的变化规律见于凡纳滨对虾（Wouters et al, 2001b）。Marsden et al（1997）报道饲喂较低 C18：1n-9 含量（11%）饵料的斑节对虾组比饲喂高含量组（18%）的产卵频率明显提高了。本实验中，卵巢和肝胰腺的 C18：2n-6 含量均呈波动上升，在成熟期达到最高，卵中的 C18：2n-6 含量稳定（12.4%~12.7%），卵巢、卵及无节幼体中的 C18：2n-6 含量（9.4%~13.1%）明显要高于肝胰腺（4.2%~5.5%）。Palacios 等发现具有高成活率的凡纳滨对虾幼体的卵和幼体中含有较高的 C18：2n-6。饲料中高水平的 C18：2n-6 和 n-3 HUFA 能够提高罗氏沼虾的繁殖力、卵的孵化率和后代整体质量（Cavalli et al, 1999）。因此，可以推断 C16：0、C16：1n-7、C18：1n-9、C18：2n-6 均是斑节对虾卵巢发育和幼体发育所必需的脂肪酸。

斑节对虾肝胰腺的 C20：4n-6 含量高于卵巢，也高于卵和无节幼体，卵巢的 ARA 含量与凡纳滨对虾接近（Wouters et al, 2001b），卵中的 ARA 含量与中国明对虾相近（Xu et al, 1994），无节幼体的 ARA 含量低于凡纳滨对虾（Wouters et al, 2001b）。ARA 与 EPA、DHA 是凡纳滨对虾亲体饲料中所必需添加的脂肪酸（Lytle et al, 1990）。黄建华等（2007）研究表明，ARA 在成熟前的卵巢中呈现小幅波动，先降后升。卵巢和肝胰腺中 EPA、DHA 及总 n-3 脂肪酸的含量在卵巢成熟过程中呈下降趋势，尽管卵巢中的 DHA 呈现相对稳定的波动。这一结果与欧洲沟对虾（*Melicertus kerathurus*）（Mourente and Rodriguez，1991）相反，而与凡纳滨对虾（Wouters et al, 2001b）相似。已有研究表明 EPA 与中国明对虾亲虾的产卵量有很好的线性关系，DHA 则与卵的孵化率有很好的线性关系（Xu et al, 1994）。Palacios 等研究发现当凡纳滨对虾幼体 DHA 含量超过 15% 时不会对其成活率构成影响。本次试验中，肝胰腺和卵巢的 DHA 含量大于 20%，DHA 含量明显高于 EPA，卵和无节幼体中的含量稳定在 13% 左右。卵中的 EPA 含量随产卵次数增加而显著下降。这也许是实验中池塘养殖亲虾所产卵子孵化率低的原因。

一些研究表明其在卵巢成熟过程中，对虾组织中的 n-3 与 n-6 系列脂肪酸存在微妙的平衡关系，亲虾饲料中应含有 n-3/n-6 比值高的脂肪酸组成（Wouters et al, 2001b；Lytle et al, 1990）。短沟对虾（Ravid et al, 1999）和凡纳滨对虾（Wouters et al, 2001b）亲虾的成熟卵巢中的 n-3/n-6 比值大约是 2:1，而凡纳滨对虾幼体中的比值增加到 3:1（Wouters et al, 2001b）。池塘养殖斑节对虾的成熟卵巢、卵及无节幼体中的 n-3/n-6 比值明显低于短沟对虾（Ravid et al, 1999）和凡纳滨对虾（Wouters et al, 2001b）。实验发现，池塘养殖斑节对虾亲虾所产的卵具有较低的孵化率，并随着亲虾产卵次数增加孵化率下降，这可能与卵中含有较低的 DHA、EPA、PUFA 和较高的 SFA 有关，尤其是随着亲虾产卵次数增加，卵中 C16：0 的急剧上升而 C18：0 明显下降；也可能与 n-3/n-6、PUFA/SFA 及 DHA/EPA 之间未能达到最佳平衡有关，要确定三者的最佳比例，仍有待进一步通过明确的实验设计进行研究。这也许是解决池塘养殖斑节对虾卵子质量及亲虾人工配合饲料配制的关键。

（2）南海野生斑节对虾卵巢发育过程中脂肪酸的组成及变化。

① 野生斑节对虾亲虾肝胰腺的脂肪酸组成。野生斑节对虾卵巢不同发育阶段肝胰腺的脂肪酸组成见表2-5。肝胰腺中主要脂肪酸为C16：0、C16：1n-7、C18：1n-9、C18：0、C20：4n-6、C20：5n-3、C22：6n-3，其中总的饱和脂肪酸约占总脂肪酸的35%~45%，单不饱和脂肪酸约占20%~30%，多不饱和脂肪酸约占13%~19%，未定性脂肪酸约占总脂肪酸的15%~25%，n-3多不饱和脂肪酸约占10%，Ⅲ~Ⅴ期肝胰腺中的n-3脂肪酸略高于n-6脂肪酸（表2-5）。肝胰腺中的C12：0、C18：3n-3两种脂肪酸的含量很低。C16：0、C18：0及总的饱和脂肪酸呈现出先波动下降再升高的变化，在成熟前期（Ⅲ~Ⅳ期）降到最低，产卵后恢复到最高。C14：0、C16：1n-7、C18：1n-9和单不饱和脂肪酸的含量呈现波浪式上升，在成熟期（Ⅴ期）达到最高，分别为3.27%、12.26%、13.56%、28.14%。C18：2n-6、C20：4n-6及总的n-6脂肪酸含量起伏波动，先升后降，在成熟前期（Ⅲ~Ⅳ期）达到最大值，在成熟期达到最小值。C20：5n-3、C22：6n-3及总的n-3脂肪酸含量在卵黄囊发生期（Ⅲ期）波动上升达到最大值，之后逐步下降，产卵后（Ⅵ期）最低，分别为4.64%、2.23%和8.23%。DHA/EPA、总的n-3/n-6及PUFA/SFA的比值波动变化，在卵黄囊发生期（Ⅲ期）上升达到最大值，之后逐步下降，产卵后（Ⅵ期）最低，其比值分别在0.5~1.0、0.8~1.5、0.29~0.53之间波动（图2-1）。

表2-5 野生斑节对虾亲虾卵巢不同发育期肝胰腺中脂肪酸的组成
（占总脂肪酸的百分数） 单位：%

脂肪酸	发育阶段					
	Ⅰ期	Ⅱ期	Ⅲ期	Ⅳ期	Ⅴ期	Ⅵ期
C12：0	0.11	0.24	0.15	0.16	0.53	0.28
C14：0	2.76	3.04	2.72	3.14	3.27	2.56
C14：1n-7	0	0.25	0.38	0.37	0.28	0.26
C16：0	30.71	26.28	24.53	29.58	29.85	33.66
C16：1n-7	8.13	10.58	9.06	9.10	12.26	11.02
C18：0	7.62	8.07	7.47	6.68	7.18	7.11
C18：1n-9	9.85	13.40	11.09	9.64	13.56	12.72
C18：2n-6	0.79	0.86	0.90	0.93	0.74	0.81
C18：3n-3	0.18	0.15	0.22	0.21	0.24	0.17
C20：0	0.84	0.51	0.58	0.60	0.54	0.59
C20：1n-6	2.28	1.45	0.74	2.26	1.67	2.19

续表

脂肪酸	发育阶段					
	Ⅰ期	Ⅱ期	Ⅲ期	Ⅳ期	Ⅴ期	Ⅵ期
C20:4n-6	5.75	7.31	6.27	6.41	4.8	5.23
C20:5n-3	5.03	5.56	6.08	5.57	5.03	4.64
C22:0	0.51	0.23	0.46	0.50	0.29	0.32
C22:1n-3	0.60	0.45	0.45	0.50	0.37	0.53
C22:6n-3	4.48	3.32	5.50	4.04	4.48	2.23
未定性脂肪酸	20.35	18.3	23.38	20.33	14.91	15.68
∑SFA	42.55	38.37	35.91	40.66	41.66	44.52
∑MUFA	20.86	26.13	21.72	21.87	28.14	26.72
∑PUFA	16.23	17.20	18.97	17.16	15.29	13.08
∑n-3	9.69	9.03	11.80	9.82	9.75	7.04
∑n-6	8.82	9.62	7.91	9.60	7.21	8.23
∑n-3/∑n-6	1.10	0.94	1.49	1.02	1.35	0.86
∑PUFA/∑SFA	0.38	0.45	0.53	0.42	0.37	0.29
DHA/EPA	0.89	0.60	0.90	0.73	0.89	0.48
(EPA+DHA)/∑n-3	0.98	0.98	0.98	0.98	0.98	0.98

注：表中数值为3个样本混合后的测定值。SFA：饱和脂肪酸，包括C12:0，C14:0，C16:0，C18:0，C22:0；MUFA：单不饱和脂肪酸，包括C14:1n-7，C16:1n-7，C18:1n-9，C20:1n-6，C22:1n-3；PUFA：多不饱和脂肪酸，包括C18:2n-6，C18:3n-3，C20:5n-3，C20:4n-6，C22:6n-3；未定性脂肪酸包括C20:5n-6，C22:5n-6，C22:5n-3等。

② 野生斑节对虾亲虾卵巢中的脂肪酸组成。野生斑节对虾亲虾卵巢、卵和无节幼体中脂肪酸的组成与肝胰腺相似（表2-6）。除了C22:0外，卵巢中的C12:0、C14:0、C16:0、C18:0、C20:0及总饱和脂肪酸的含量逐渐上升，成熟期达到最高，产卵后下降；除了C22:0外，上述几种脂肪酸在卵巢中的含量均低于肝胰腺。卵巢中的C18:2n-6的含量相对较低而稳定，在0.7%~0.9%波动。卵巢中的C16:1n-7、C18:1n-9及总的单不饱和脂肪酸呈现波动上升，成熟期达到最高，产卵后下降。卵巢中C20:4n-6及总的n-6脂肪酸含量呈现下降，在成熟期最低，产卵后回升至Ⅱ期水平。EPA、n-3脂肪酸及PUFA/SFA的比值呈现出下降趋势，在成熟期（Ⅴ期）接近最低。卵巢中的DHA含量、n-3/n-6及DHA/EPA的比值在卵黄囊发生期（Ⅲ期）上升达到最大值，之后逐步下降，产卵后（Ⅵ期）最低或恢复到未成熟期（Ⅰ期）水平。n-3/n-6、PUFA/SFA、DHA/EPA的比值，分别在

1.5~2.0、0.5~1.0、0.6~1.1 波动（图2-1，表2-6）。

表2-6 野生斑节对虾亲虾不同性腺成熟期卵巢脂肪酸的组成
（占总脂肪酸的百分数） 单位:%

脂肪酸	发育阶段					
	Ⅰ期	Ⅱ期	Ⅲ期	Ⅳ期	Ⅴ期	Ⅵ期
C12:0	0.19	0.27	0.26	0.33	0.37	0.30
C14:0	1.61	2.73	2.64	2.62	3.22	2.32
C14:1n-7	0	0.28	0.20	0.28	0	0
C16:0	21.78	22.53	22.69	23.00	23.85	24.77
C16:1n-7	8.3	12.62	12.15	11.88	14.36	13.40
C18:0	6.71	6.61	6.61	6.99	7.08	6.46
C18:1n-9	17.15	15.45	17.17	16.72	18.24	18.81
C18:2n-6	0.78	0.72	0.98	0.80	0.92	0.81
C18:3n-3	0.19	0.20	0.26	0.24	0.36	0.21
C20:0	0.20	0.32	0.35	0.39	0.42	0.27
C20:1n-6	0.53	0.90	0.98	0.89	0.96	0.51
C20:4n-6	9.14	6.50	5.76	5.86	5.48	6.34
C20:5n-3	9.78	6.16	6.77	6.37	6.23	6.79
C22:0	0.91	0.82	0.57	0.82	0.07	0.70
C22:1n-3	0	0	0	0	0	0
C22:6n-3	5.98	6.59	7.28	6.85	6.34	4.73
未定性脂肪酸	16.75	17.29	15.33	15.96	12.1	13.58
∑SFA	31.40	33.28	33.12	34.15	35.01	34.82
∑MUFA	25.98	29.25	30.50	29.77	33.56	32.72
∑PUFA	25.87	20.17	21.05	20.12	19.33	18.88
∑n-3	15.95	12.95	14.31	13.46	12.93	11.73
∑n-6	10.45	8.12	7.72	7.55	7.36	7.66
∑n-3/∑n-6	1.53	1.59	1.85	1.78	1.76	1.53
∑PUFA/∑SFA	0.82	0.61	0.64	0.59	0.55	0.54
DHA/EPA	0.61	1.07	1.08	1.08	1.02	0.70
(EPA+DHA)/∑n-3	0.99	0.98	0.98	0.98	0.97	0.98

注：表中数值为3个样本混合后测定值。SFA：饱和脂肪酸，包括C12:0、C14:0、C16:0、C18:0、C22:0；MUFA：单不饱和脂肪酸，包括C14:1n-7、C16:1n-7、C18:1n-9、C20:1n-6、C22:1n-3；PUFA：多不饱和脂肪酸，包括C18:2n-6、C18:3n-3、C20:5n-3、C20:4n-6、C22:6n-3；未定性脂肪酸包括C20:5n-6、C22:5n-6、C22:5n-3等。

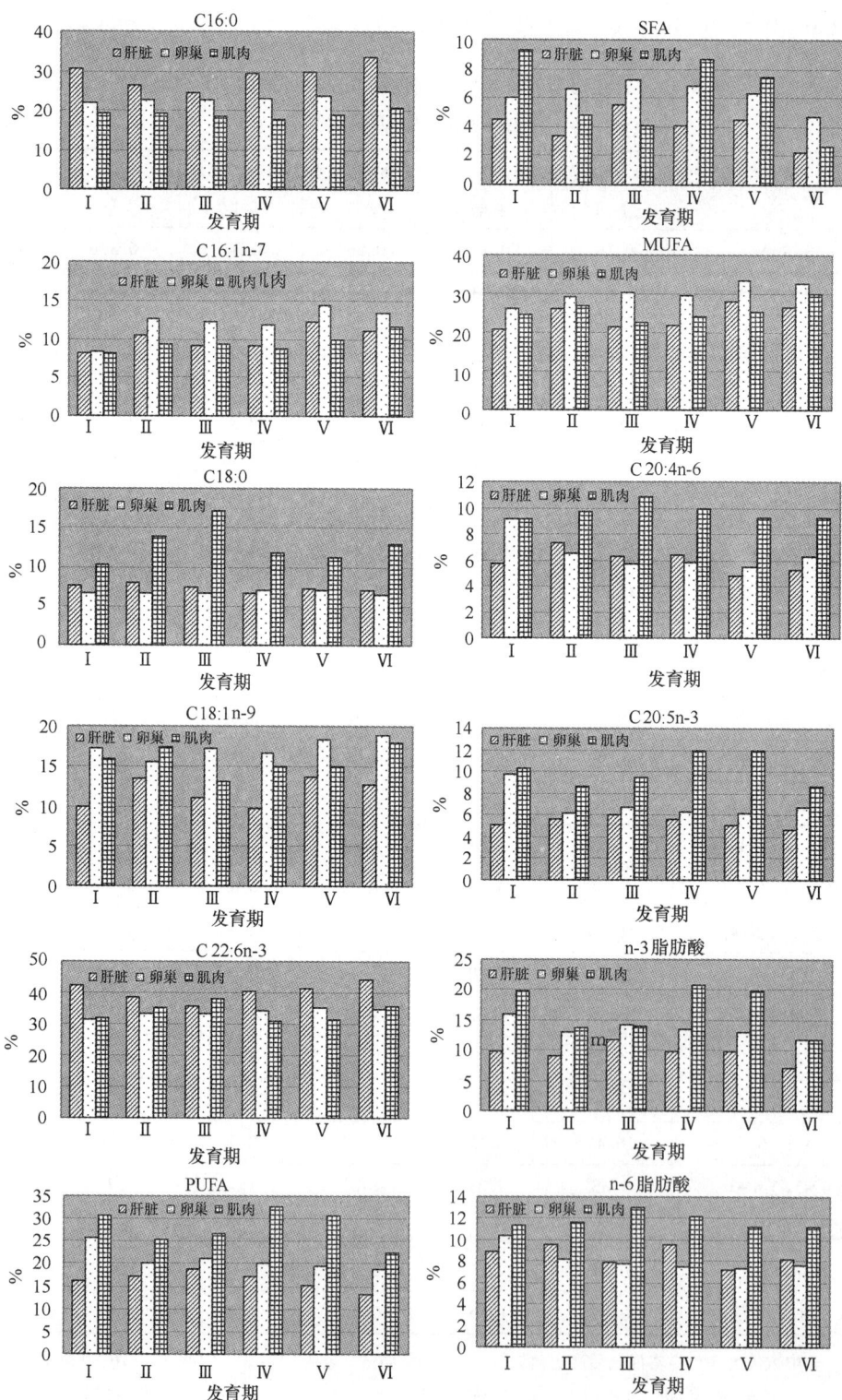

图 2-1 野生斑节对虾卵巢成熟过程中脂肪酸的变化

③ 野生斑节对虾亲虾肌肉中的脂肪酸组成。野生斑节对虾卵巢不同发育阶段肌肉的主要脂肪酸组成及变化与肝胰腺相似（表 2-7）。肌肉中总的饱和脂肪酸约占总脂肪酸的 30%～40%，单不饱和脂肪酸约占 20%～30%，多不饱和脂肪酸约占 20%～34%，未定性脂肪酸约占总脂肪酸的 10%～15%，n-3 多不饱和脂肪酸约占 10%～20%，肌肉中的 n-3 脂肪酸高于 n-6 脂肪酸（表 2-7）。随卵巢的发育成熟，肌肉中的 C14：0、C16：0、C18：0、C20：0 及总的饱和脂肪酸呈现出先波动下降，再升高的变化，在接近成熟期（Ⅳ～Ⅴ期）降到最低，产卵后回升到最高。C16：1n-7、C18：1n-7 和单不饱和脂肪酸的含量呈现波浪式上升，在产卵后（Ⅵ期）达到最高，分别为 11.66%、17.95%、30.10%。C18：2n-6、C20：4n-6 及总的 n-6 脂肪酸含量起伏波动，先升后降，在卵黄囊发生期（Ⅲ期）达到最大值，在成熟期最小。脂肪酸 C20：5n-3、C22：6n-3、总的 n-3 脂肪酸含量、DHA/EPA、总的 n-3/n-6 及 PUFA/SFA 的比值呈现出先波动下降，再升高又再下降的变化，在接近成熟期（Ⅳ～Ⅴ期）升到最高，产卵后又回落到未成熟期水平。DHA/EPA、总的 n-3/n-6 及 PUFA/SFA 的比值，分别在 0.3～1.0、1.0～2.0、0.5～1.1 波动（图 2-1，表 2-7）。

现有的研究表明，脂类在许多甲壳动物繁殖过程中起着极其重要的作用。脂类积累对雌虾性成熟早期卵巢体积增大起明显作用（Wouters et al，2001b）。研究发现，不同卵巢发育成熟阶段，我国南海北部野生斑节对虾的性腺成熟系数（GSI）明显高于池养亲虾（野生亲虾：2.11%～11.34%；池养亲虾：1.7%～8.6%），而肝胰腺系数（MSI）则低于池养亲虾（野生亲虾：2.11%～2.49%；池养亲虾：2.7%～3.0%）（Huang et al，2008）。Palacios et al（2000）研究发现，多次产卵的凡纳滨对虾母虾具有较高的性腺成熟系数，野生凡纳滨对虾产卵量高于池养亲虾，多次产卵的野生亲虾比池养亲虾或产卵次数少的野生虾产生更多的幼体。这可能是池塘养殖斑节对虾亲虾繁殖力低的一个因素。因此，性腺成熟系数和肝胰腺系数可用作评估斑节对虾亲虾繁殖力的指标。

表 2-7　野生斑节对虾亲虾卵巢不同发育期肌肉中脂肪酸的组成

（占总脂肪酸的百分数）　　　　　　　　单位：%

脂肪酸	发育阶段					
	Ⅰ期	Ⅱ期	Ⅲ期	Ⅳ期	Ⅴ期	Ⅵ期
C12：0	0.20	0.38	0.39	0.15	0.24	0.46
C14：0	1.13	1.04	1.06	0.98	0.22	1.15
C14：1n-7	0	0	0	0	0	0
C16：0	19.43	19.08	18.65	17.61	18.99	20.86
C16：1n-7	8.08	9.41	9.30	8.69	9.82	11.66

续表

脂肪酸	发育阶段					
	Ⅰ期	Ⅱ期	Ⅲ期	Ⅳ期	Ⅴ期	Ⅵ期
$C18:0$	10.32	13.84	17.15	11.76	11.31	12.95
$C18:1n-9$	15.93	17.42	13.13	14.97	15.02	17.95
$C18:2n-6$	1.65	1.80	1.84	1.76	1.53	1.52
$C18:3n-3$	0.33	0.41	0.36	0.36	0.37	0.37
$C20:0$	0.16	0.08	0.12	0.13	0.13	0.18
$C20:1n-6$	0.54	0.10	0.33	0.43	0.41	0.49
$C20:4n-6$	9.18	9.73	10.83	9.99	9.28	9.22
$C20:5n-3$	10.26	8.60	9.50	11.88	11.98	8.63
$C22:0$	0.54	0.62	0.75	0.49	0.38	0.34
$C22:1n-3$	0	0	0	0	0	0
$C22:6n-3$	9.30	4.83	4.11	8.67	7.47	2.69
未定性脂肪酸	13.22	12.66	12.48	12.13	12.84	11.53
$\sum SFA$	31.78	35.04	38.12	31.12	31.27	35.94
$\sum MUFA$	24.55	26.93	22.76	24.09	25.25	30.10
$\sum PUFA$	30.72	25.37	26.64	32.66	30.63	22.43
$\sum n-3$	19.89	13.84	13.97	20.91	19.82	11.69
$\sum n-6$	11.37	11.63	13.00	12.18	11.22	11.23
$\sum n-3/\sum n-6$	1.75	1.19	1.07	1.72	1.77	1.04
$\sum PUFA/\sum SFA$	0.97	0.72	0.70	1.05	0.98	0.62
DHA/EPA	0.91	0.56	0.43	0.73	0.62	0.31
$(EPA+DHA)/\sum n-3$	0.98	0.97	0.97	0.98	0.98	0.97

注：表中数值为3个样本混合后测定值。SFA：饱和脂肪酸，包括$C12:0$，$C14:0$，$C16:0$，$C18:0$，$C22:0$；MUFA：单不饱和脂肪酸，包括$C14:1n-7$，$C16:1n-7$，$C18:1n-9$，$C20:1n-6$，$C22:1n-3$；PUFA：多不饱和脂肪酸，包括$C18:2n-6$，$C18:3n-3$，$C20:5n-3$，$C20:4n-6$，$C22:6n-3$；未定性脂肪酸包括$C20:5n-6$，$C22:5n-6$，$C22:5n-3$等。

野生斑节对虾的卵巢、肝胰腺、卵、无节幼体中的主要脂肪酸是$C16:0$、$C16:1n-7$、$C18:1n-9$、$C18:0$、ARA、EPA及DHA。类似的结果发现于池塘养殖和其他海域野生斑节对虾（O'Leary and Matthews，1990）、白滨对虾（Middleditch et al, 1980）、日本囊对虾（Teshima et al, 1989）、中国明对虾（季文娟和徐学良，1992）、米勒腹对虾（*Ple. muelleri*）（Jeckel et al, 1989）。

与笔者前述的池塘养殖斑节对虾（黄建华等，2006）和野生亲虾人工培育下卵巢发育过程中的脂肪酸组成（Huang et al, 2008）相比较，南海北部自然海区捕获的处于不同卵巢发育期的野生斑节对虾亲虾肝胰腺、卵巢、肌肉中的脂肪酸有较高含量的 C16:0、C16:1n-7、C18:1n-9、总饱和脂肪酸和单不饱和脂肪酸（自然成熟野生亲虾肝胰腺中分别为 24.53%~33.66%，8.13%~12.26%，9.64%~13.56%，35.91%~44.52%，20.86%~28.14%；人工培育下成熟期的野生亲虾分别为 18.22%，5.11%，4.06%，26.73%，9.20%；池养亲虾肝胰腺中分别为 18.5%~25.6%，0.2%~2.3%，5.2%~8.3%，17.0%~31.8%，6.5%~10.6%），较低的 C18:2n-6、EPA、DHA、n-3、n-6 等不饱和脂肪酸（自然成熟野生亲虾肝胰腺中分别为 0.74%~0.9%，4.04%~6.08%，2.23%~5.5%，7.04%~11.80%，7.21%~9.60%；人工培育下成熟期的野生亲虾分别为 15.63%，12.13%，12.89%，29.87%，34.18%；池养亲虾肝胰腺中分别为 4.2%~18.7%，9.7%~19.9%，22.2%~36.7%，32.9%~55.9%，11.2%~25.1%），这与 O'Leary and Matthews（1990）报道结果一致。形成这种差异主要与亲虾摄食的饵料不同有关，还可能与斑节对虾亲体生活环境及生理功能紧密相关。在自然海区，亲虾摄食的营养物质中含有丰富的饱和脂肪酸，并经常能摄食到沙蚕、贝类等富含 EPA、DHA 等高度不饱和脂肪酸的营养物质。对虾不能转化和合成这些高度不饱和脂肪酸，主要通过食物来获取。已有的研究和生产实践表明，用不同组合的鱿鱼、沙蚕、双壳类、虾、蟹类作为饵料可以使野生斑节对虾亲虾具有很好的繁殖性能（Menasveta et al，1993a；Hansford and Marsden，1995），而同样的饵料组合投喂池塘养殖斑节对虾，其繁殖表现明显差于野生亲虾（Coman et al，2006，2007）。这可能与野生亲虾在捕获之前，在自然海区已完成了对卵巢发育成熟起关键作用的物质（如微量元素、激素、营养物质）的高效吸收和生理功能上的转化与贮存，而养殖亲虾所需的用于繁殖的营养物质主要来自短暂的亲虾培育阶段，亲虾前期在池塘长期养殖过程中只能摄食人为提供的配合饲料为主的食物，并不能完全满足亲虾生长、发育、成熟的营养需要与积蓄，导致池养亲虾在合成某些关键物质（如脂肪酸和激素）的生理功能上的障碍。

自然海区的野生斑节对虾亲虾在卵巢成熟过程中，肝胰腺和卵巢中的 C16:0 含量波动上升或不断上升，而肌肉中的含量持续下降，表明亲体在成熟过程中对 C16:0 的需求上升，与笔者之前对池养亲虾的研究一致。可见，C16:0 是斑节对虾卵巢发育最重要的饱和脂肪酸。野生斑节对虾亲虾肝胰腺和卵巢中的 C16:1n-7、C18:1n-9、总的单不饱和脂肪酸呈波动上升，在成熟期（V 期）达到最高，与之前池塘养殖斑节对虾亲虾变化规律一致（黄建华等，2006），相似的变化规律见于凡纳滨对虾（Wouters et al，2001b）。野生斑节对虾体组织中含有较高的 C16:1n-7、C18:1n-9、总的单不饱和脂肪酸，较低的 C18:2n-6，与野生中国明对虾（季文娟和徐学良，1992）、凡纳滨对虾（Wouters et al，2001b）结果相似。Marsden 等报道饲喂较低 C18:1n-9 含量（11%）饵料的斑节对虾产卵频率明显比饲喂高含量组（18%）的对虾高。Palacios 等发现具有高成活率的凡纳滨对虾幼体，其卵和幼体中含有较高的 C18∶2n-6。饲料中高水平的 C18∶2n-6 和 n-3 高度不饱和脂肪酸能够提高罗氏沼虾的繁殖力、卵的孵化率和后代整体质量（Cavalli et al, 1999）。野生亲虾体组织中的 C18∶2n-6 低含量，可能与食物中的低含量有关，并不能凭此断定野生幼体质量不好，也许增加食物中的含量就能进一步提高亲虾繁殖力和后代的质量。

与池塘养殖亲虾不同，野生斑节对虾亲虾肝胰腺的 C20∶4n-6 含量低于卵巢，卵巢又低于肌肉中的含量。野生斑节对虾亲虾卵巢的 ARA 含量与池养斑节对虾亲虾接近而高于凡纳滨对虾（Wouters et al, 2001b）和中国明对虾（季文娟和徐学良，1992）。ARA 是对虾卵巢中最重要的脂肪酸之一，是对虾前列腺素类物质合成的前体物质（Wouters et al, 2001a, 2001b）。ARA 与 EPA、DHA 是凡纳滨对虾亲体饲料中所必须添加的脂肪酸（Lytle et al, 1990）。n-3、n-6 系列不饱和脂肪酸是某些重要的磷脂的组成部分及激素的前体物质，而对虾本身合成这些脂肪酸的能力有限。野生斑节对虾亲虾卵巢发育成熟过程中，肝胰腺和卵巢中 ARA、EPA 呈现波动下降，成熟期最低，产卵后回升，与池塘养殖亲虾变化相似（黄建华等，2006）；DHA 则在卵黄囊发生期（Ⅲ期）达到最大值，之后逐步下降；卵巢中多不饱和脂肪酸、总 n-3 脂肪酸及总 n-6 脂肪酸的含量在卵巢成熟过程中不断下降，这些变化与池塘养殖亲虾有较大差异（黄建华等，2006），这一结果与欧洲对虾（*P. kerathurus*）（Mourente and Rodriguez, 1991）相似，而与凡纳滨对虾（Wouters et al, 2001b）相反。已有研究表明 EPA 与中国明对虾亲虾的产卵量有很高的线性关系，而 DHA 则与卵的孵化率有很好的线性关系（Xu et al, 1994）。Palacios 等的研究结果表明，当凡纳滨对虾幼体 DHA 含量超过 15%，不会对其成活率构成影响。

一些研究表明对虾在卵巢成熟过程中，其组织中的 n-3 与 n-6 系列脂肪酸存在微妙的平衡关系，亲虾饲料中应含有高 n-3/n-6 比值的脂肪酸组成（Wouters et al, 2001b）。短沟对虾（Ravid et al, 1999）和凡纳滨对虾（Wouters et al, 2001b）亲虾的成熟卵巢中的 n-3/n-6 比值大约是 2∶1，而凡纳滨对虾幼体中的比值增加到 3∶1（Wouters et al, 2001b）。笔者研究认为，野生斑节对虾肝胰腺中 n-3/n-6、PUFA/SFA 及 DHA/EPA（0.8~1.5、0.29~0.53、0.5~1.0 波动）比值要低于池塘养殖斑节对虾。卵巢中的 n-3/n-6、PUFA/SFA 及 DHA/EPA（1.5~2.0、0.5~1.0、0.5~1.0 波动）比值也相似。开始发育及成熟卵巢（Ⅱ~Ⅴ期）中的 DHA/EPA 的比值在 1 左右，DHA 含量略高于 EPA。如果考虑到未定性的其他脂肪酸大部分是多不饱和脂肪酸，PUFA/SFA 的比值也接近 1，而总的饱和脂肪酸、单不饱和脂肪酸、多不饱和脂肪酸的比例近似为 35%∶30%∶35%。这些结果表明，在自然海区性成熟的亲体组织中，n-3 与 n-6、PUFA 与 SFA 及 DHA 与 EPA 达到近似的平衡状态。这与中国明对虾、凡纳滨对虾的结果存在一定的差异。之前有研究结果表明，池塘养殖斑节对虾亲虾所产的卵具有较低的孵化率，并随着亲虾产卵次数增加孵化率下降。这可能与卵中含有较低的 DHA、EPA、PUFA 和较高的 SFA 有关，并与 n-3/n-6、PUFA/SFA 及 DHA/EPA 之间未能达到最佳平衡有关。要确定这些物质是否如野生亲虾处于近似平衡才是最佳，或怎样使斑节对虾亲虾饵料中的这些物质达到平衡，亲虾摄食后在自身体内转换也达到平衡，这些问题仍然是困扰斑节对虾亲虾繁殖和生理机能的难点，尚有待进一步开展更多的实验研究。这才有助于解决池塘养殖斑节对虾卵子质量及亲虾人工配合饲料配制的问题。

2.3.1.3 碳水化合物

对虾亲虾饲料中的碳水化合物要求如同养成期的对虾需求，虽然没有蛋白质、脂肪酸那样重要，在繁殖方面的研究报道也很少，但是也并非卵巢发育所不需要，而且有些碳水化合物对于性腺发育非常重要。适量的多糖，主要是复合糖，对于提供对虾能量，节省蛋白质和脂肪在能量方面的消耗很有意义。对虾体内的糖是以肝糖形式在肝胰腺贮存。饵料中含有或另外添加多糖类，对对虾免疫系统具有激活作用。目前许多科学家试验证实的多糖类，主要有海藻多糖（PV911）、北虫草多糖（CP）、凝集素、活性多糖（IPS）、脂多糖等。肽聚糖（peptidoglycan，PG）和 β-1,3 葡聚糖（glucan）等能激发血液中的免疫激活因子（cell activating factor），促进血细胞对异物的识别和吸附，增强血细胞的吞噬作用。因此，口服 β-1,3 葡聚糖能抑制日本对虾患弧菌病，增强斑节对虾亲虾血细胞的吞噬能力和过氧化物酶的活性（2.0 g/kg）。在 β-1,3 葡聚糖液中浸泡的斑节对虾生长快，抗病力强。Itami 等在厌氧条件下培养嗜热双歧杆菌（*Bifidobacterium thermophilum*），将其细胞壁打碎后用蛋白溶菌酶和链霉蛋白酶消化后，按体质量每天 0.2 mg/kg 或 0.4 mg/kg 以不同方式喂感染白斑综合征病毒的日本囊对虾，结果明显提高了对虾的细胞吞噬作用和成活率（刘树青等，1999；陈昌福等，2004；Itami et al，1998）。

2.3.1.4 类胡萝卜素-虾青素

类胡萝卜素是一类动物不能在体内合成的色素分子，大约有 600~700 种，为脂溶性，类胡萝卜素在动物生理上的作用越来越受到人们的重视。类胡萝卜素来源于植物、藻类、浮游植物、少数真菌、细菌。对虾等甲壳类动物虽然没有类胡萝卜素合成能力，但是类胡萝卜素对养成以及繁殖阶段亲虾、幼体却有重要生理作用。高质量的亲虾饲料对于幼体的质量和成活率非常重要，如果亲虾持续仅仅摄入鲜冻鱿鱼、磷虾、贝类、多毛类，很可能出现溞状一期幼体成活率下降、畸形等病态，降低溞状二期幼体成活率，通常称色素缺乏综合征。使用虾青素等类胡萝卜素即可解决此问题，极大地提高幼体质量和成活率。性成熟初期，游离的或酯化类胡萝卜素积累在肝胰腺，次级卵黄生成过程中，类胡萝卜素转移到血淋巴，并且以类胡萝卜素糖蛋白形式积累于卵内，作为卵黄磷蛋白的一部分，是卵巢着色剂，并随着卵巢发育色泽逐步加深，成为表观卵巢发育分级的依据之一。研究表明，虾青素具有的抗氧化性比 β - 胡萝卜素高了 10 倍以上。同时，它的抑制脂质过氧化反应性能比维生素 E 高数百倍以上。众所周知，β - 胡萝卜素经加水分解反应可得到两分子维生素 A，虽然虾青素分解产物不是维生素 A，但其仍具有与维生素 A 近似的特性。因此，以其强劲的抗氧化性为特征，虾青素应当兼具很强的 β - 胡萝卜素、维生素 E 和维生素 A 的某些生物学功能。因此可以说，虾青素具有极强的维生素类性质。一些研究者的研究证明了虾青素所具有的优异的生物学功能，诸如抑制高度不饱和脂肪酸的氧化、抵御紫外线的作用、代有维生素 A 活性、改善视力、免疫力、色素形成和神经连通以及改善生育等。虾青素是天然的抗氧化剂，保护亲体营养物的贮藏，例如对多聚不饱和脂肪酸的保护及胚胎色素细胞和眼睛发育，其抗氧化作用远远超过维生素 C、维生素 E、β - 胡萝卜素、叶黄素等。此外由于类胡萝卜素也是虾的色素来源，丰富的类胡萝卜素可提高对虾的色泽，因而提高对虾的商品价值。对虾从饲料中吸收所需要的类胡萝卜素，并且将其转变成其他化合物，例如维生素 A 的前体——虾青素。根据现代研究，虾青素作为类胡萝卜素中的一种，在甲壳类更受到重视。Dall 等于 1995 年研究了野生对虾的生化组成，确定了虾青素以及酯化的类胡萝卜素的含量。成熟卵巢中，游离的虾青素占主要地位，占总类胡萝卜素的 80%。虾青素在卵巢的含量中，由 2% 上升到 34%。在对虾的消化腺中，类胡萝卜素的总量由 20% 上升到 120%。在繁殖成熟期内体壁中类胡萝卜素含量比较稳定，为 90%。泰国学者报告，虾青素对斑节对虾卵巢发育及幼体发育有重要影响。在人工饲料中添加类胡萝卜素，显著地增加了亲虾肝胰腺中的虾青素浓度。虽然每尾雌虾的产卵量没有差异，但是由于提高了亲虾的成活率，从而提高了亲虾的总产卵量及幼体数量。此外，使用虾青素的雌虾卵径比较大，从而提高了卵子质量。天然虾青素可以提高溞状幼体、糠虾期幼体、仔虾的生长和成活率（Menasveta et al，1991；Darachai et al，1998）。虾青素可以提高对虾的抗病能力，减少斑节对虾特有的"蓝病"的发生，提高抗胁迫能力，这已经被许多人证实。通常在饲料中维持 5%~10% 的虾青素即可满足需要。

2.3.1.5 维生素

斑节对虾等对虾类对维生素需求的研究还比较粗糙，远远没有达到陆生家禽及家畜对维生素需求的研究水平。这主要与水生环境的干扰、对虾的消化吸收特点以及研究历史较短有关。对虾生长必需的脂溶性维生素有维生素 A、维生素 E、维生素 D。水溶性维生素 B_1、核黄素、烟酸、维生素 B_6、维生素 B_{12}、胆碱、肌醇、维生素 C 等也被推荐作为饲料添加剂使用。目前推荐在繁殖期亲虾的人工配合饲料中增加各种维生素的混合添加剂。已经确认亲虾需要的维生素是维生素 A、维生素 C、维生素 E。早在 1988 年 Chamberlain 提到，白滨对虾（L. setiferus）的每千克饲料中添加 500 mg 生育酚的醋酸盐（维生素 E），对提高对虾精子质量、卵巢成熟率有作用。Cahu 等应用印度明对虾试验确认亲虾饲料内 α-生育酚的含量为 40~350 mg/kg 时，可以提高孵化率。饲料中维生素 E 含量很低的情况下，孵化率会降低。卵内 α-生育酚的水平和饲料内 α-生育酚的含量有相互关系，这一现象也为其他人在凡纳滨对虾中证实。维生素 C 也有提高孵化率的作用，饲料内的维生素 C 含量高，则卵内的维生素 C 也高。维生素对于卵巢成熟是必需的，Cahu 等于 1991 年、1995 年，Alava 等于 1993 年，Wouters et al（1999）的研究认为，饲料中缺乏维生素 A、维生素 C、维生素 E，对虾卵巢发育迟缓，Harrison 于 1997 年的研究认为，维生素 D 也是亲虾必需的，因为该维生素和甲壳类的钙、磷代谢有密切关系。

2.3.1.6 矿物质

由于配合饲料原料中的矿物质十分复杂以及海水中矿物盐十分丰富，对虾可以从水中吸收矿物盐，因此有关对虾对矿物质的营养需求的研究资料较少。利用人工配合饲料研究较多的有钙、磷、镁、钠、铁、锰及硒等，这些矿物质是对虾配合饲料需要的成分。事实上，亲虾培育的配合饲料均参考对虾养殖期的饲料，适量增加了矿物质的混合物。Mendez 等于 1997 年的研究表明，产卵消耗殆尽的凡纳滨对虾亲虾肌肉中的钙和镁含量下降，肝胰腺的镁含量下降，可能是由于蜕皮、产卵消耗转移了这些矿物元素。根据 Harrison 的研究，矿物质缺乏或者不平衡对甲壳类的繁殖起负面作用。生理应激触发卵巢的卵子萎缩，表现的症状影响卵巢恢复，减少再次繁殖性能和卵子质量。

2.3.2 鲜活生物饵料对斑节对虾亲虾培养的必要性

目前，已经对斑节对虾等多种对虾的亲虾使用的配合饲料进行了广泛研究，而且已经商品化。但是产业上亲体培育仍然离不开使用鲜活生物饵料，通常在实际应用上最有效的是使用人工配合饲料搭配适量的生物饵料。但是使用天然饵料也有不利的方面，主要是天然饵料可能携带病原，尤其是广泛以甲壳类为宿主的白斑综合征病毒。预防鲜活饵料携带病毒性病原在实际操作上比较困难。此外，过度依赖少数几种鲜冻饵料容易导致营养失衡。当然，生产成本偏高、饵料的成分受季节影响等，也是使用天然饵料的主要缺点。尽管如此，由于天然饵料具有优良的营养性能，使用生物饵料的实际生产效果远远好于单纯使用人工配合饲料。经常使用的鲜、冻饵料包括软体动物（乌贼、贻贝、蛤蜊等），甲壳类（磷虾、卤虫、糠虾、蟹类等），多毛类（沙蚕等）等。对虾繁殖期使用鲜冻饵料的效果表现出如下良好特性：有利于亲虾性腺成熟；繁殖力高；特别是有利于性腺多次成熟。其根本原因是鲜活饵料的营养成分复杂。斑节对虾的生存水域具有大量的小型无脊椎动物，动植物有机碎屑以及以这些碎屑为基质的细菌群落等，均是对虾的摄食对象，多种类的饵料来源可满足对虾对各种营养要素的需求。活体或冻鲜生物的生化成分不易变性，有利于消化、吸收、利用。

海洋无脊椎动物富含大量多聚不饱和脂肪酸、激素或激素前体、有机微量元素以及一些未知的对性腺成熟有刺激的营养要素等。饵料中的甲壳类、贝类的生化组成中的必需氨基酸、必需脂肪酸和斑节对虾的需求近似等。

2.3.2.1 鲜活饵料的营养成分复杂、多样，有利于满足亲虾营养需要

野生亲虾质量较高，很重要的原因是由于摄食的饵料种类较多，这些饵料可从多方面为对虾提供必需的营养要素。虽然斑节对虾摄食的饵料种类和其栖息地的饵料种类分布有关，但各地区斑节对虾摄食的生物类型相似。以1980年Marte等对菲律宾地区野生斑节对虾幼虾的胃肠食性分析为例，胃肠内出现甲壳类的对虾个体占78.6%，甲壳类占胃内饵料总量的55%。胃肠内出现软体动物的对虾个体占76.3%，软体动物占胃内饵料总量的31%。胃肠内出现杂鱼类的对虾个体占20.6%，杂鱼类占胃内饵料总量的5.9%。胃肠内出现多毛类的对虾个体占3.1%，多毛类占胃内饵料总量的0.7%。胃肠内出现棘皮动物类的对虾个体占2.3%，棘皮动物类占胃内饵料总量的1.2%。胃肠内出现有机碎屑的对虾个体占25.8%，有机碎屑占胃内饵料总量的5.2%。胃肠内出现泥沙类的对虾个体占15.3%，泥沙类占胃内饵料总量的0.9%。1982年再次调查，结果与1980年类似（Marte，1980，1982）。有机碎屑本身并没有太多营养价值，但是以其为载体的细菌团却是一个很重要的营养要素源。野生亲虾的食谱为人们选择亲虾的鲜活饵料提供了经验上的依据。

泰国学者Sangpradub等人对池塘养殖斑节对虾进行不同饵料处理试验，观察饵料种类对亲虾性腺发育的影响。将池塘粗放养殖的斑节对虾捕获后在直径3.0 m、水深1.4 m的水槽养殖试验60 d，分3个饵料组：鲜饵组，鲜饵加配合饵料组和配合饵料组，每组设2个重复组。使用鲜饵组的成熟率为67.9%，产卵率为66%，有的虾可重复产卵8次；使用鲜饵加配合饵料组的成熟率为66.9%，产卵率为55%，有的虾可重复产卵11次；使用配合饵料组的成熟率为20.9%，总共产卵12次，最多重复产卵4次。3个实验组的卵子受精率、每尾次的产卵量、孵化率、溞状期的变态率等指标没有显著差异（Sangpradub et al，1997）。说明鲜活饵料的功能是主要有利于性成熟，提高对虾成熟率和产卵率。

2.3.2.2 海洋无脊椎动物富含大量的多聚不饱和脂肪酸、激素或激素前体、有机微量元素以及一些未知的对对虾性腺成熟有刺激的营养要素

野生斑节对虾在自然条件下，幼虾期和成虾期的栖息海域生态条件有很大差异，因此，推测斑节对虾在性腺成熟阶段亲虾可利用的饵料种类和成分显著不同于其他季节。由于长期进化和适应，虾类性腺发育与繁殖所需要的营养要素和这些饵料的营养成分是协调的。人工苗种生产都尽可能模仿繁殖季节的自然条件，因此，鲜活或冰冻天然饵料（沙蚕、鱿鱼、牡蛎、卤虫等）一直是最主要的亲虾饵料。沙蚕、贝类等生物饵料中的高度不饱和脂肪酸水平及组成一直被认为是促进性腺发育的主要原因，而

且已经成为公认的亲虾性腺促熟期的标准饵料。但是，高度不饱和脂肪酸水平仅仅是其中的一个要素，实际上富含高度不饱和脂肪酸并不是鲜活饵料作为最佳亲虾饵料的直接原因；例如，使用容易人工培养的卤虫作饵料，也可以取得良好的繁殖效果。活饵料对对虾成熟繁殖力的影响，并不只是由饵料的大宗营养要素，如磷脂、脂肪酸、蛋白质、氨基酸等含量及组成所决定，研究者还应注意其他营养因子的作用。例如，鱿鱼对于亲虾具有较高的营养价值还归因于它有高含量胆固醇以及性激素物质，可以诱发虾类卵黄发生。经常使用的多毛类通常含有丰富的维生素 E、维生素 C、虾青素及其他的类胡萝卜素、甘氨酸、赖氨酸以及微量元素 Cu、Zn、Fe、Co、Ni、Pb、Mn、Al、Se、Au、Ba 等（表 2-8，表 2-9）。天然饵料对对虾类性腺发育和繁殖的促进作用还与饵料生物在其生命阶段的某个时期含有一些和繁殖有关的激素或激素前体物质，以及一些通过内分泌系统发挥作用的未知因素有关。Laufer 等于 1997 年研究指出，卤虫和沙蚕含有激素活性物质。例如，沙蚕中含有激素甲基法尼酯，该激素可以提高斑节对虾的成熟能力和繁殖能力。鱿鱼中除含有高含量胆固醇外，还有一种"鱿鱼因子"，具有类似激素的活性，可以刺激次级卵黄发生。贝类的萃取物似乎也有类似的作用。

表 2-8 几种对虾亲虾天然饵料的营养成分（杜少波等，2005）

营养成分	近江牡蛎（去壳） *Crassostrea rivularis*	杜氏枪乌贼 *Loligo duvancelii*	长吻沙蚕 *Glycera chirori*	双齿围沙蚕 *Perinereis aibuhitensis*
粗蛋白/%	58.93	78.41	70.58	70.60
粗脂肪/%	14.30	10.52	13.26	12.50
灰分/%	8.56	9.15	10.08	12.53
胆固醇/(mg·g^{-1})	5.54	16.10	9.69	8.07
维生素 E/(mg·kg^{-1})	42.31	38.93	47.72	43.02
维生素 C/(mg·kg^{-1})	33.75	91.41	100.06	110.12

表 2-9 蓝蛤的矿物质含量（干重）（吴海歌等，2001） 单位：mg/100 g

元素	含量	元素	含量	元素	含量	元素	含量	元素	含量	元素	含量	元素	含量	元素	含量
钾	1 110.0	钙	1 880.0	镁	740.0	铁	155.0	锰	60.1	锌	3.5	铜	3.6	磷	10.3	钡	27.0
铝	158.0	锶	18.2	砷	0.5	镉	0.04	钒	0.6	铬	0.4	镍	1.1	钴	0.1	锂	0.8

2.3.2.3 饵料中的甲壳类、贝类等大宗营养要素的生化组成（如蛋白质含量、必需氨基酸、必需脂肪酸）和斑节对虾亲虾生化组分相似，基本上反映出斑节对虾的营养需求

饵料在鲜、冰状态下，大量的高度不饱和脂肪酸、维生素、酶类、组织细胞内的

和蛋白质结合的矿物质等物质不易变性和流失，有利于亲虾的吸收和利用。据检测，鲜活品贻贝中的磷脂在常温下极易损失，鲜贻贝比贮藏干贻贝中的磷脂量高出了数倍（林洪等，2000）。

许多学者比较了成熟斑节对虾亲虾组织和所摄食的生物饵料的生化组成。笔者对斑节对虾常用鲜饵料整体沙蚕（*Perinereis aibuhitensis*）、去壳缢蛏（*Sinonovacula constricta*）、鱿鱼胴体（*Loligo edulis*）、花蟹蟹肉（*Portunus pelagicus*）以及斑节对虾亲虾肌肉、成熟卵巢分别作了一般营养成分（表2-10）、蛋白质、氨基酸生化组分分析和比较（周发林等，2004）。

表2-10 沙蚕、缢蛏、鱿鱼胴体、花蟹蟹肉以及斑节对虾亲虾肌肉、成熟卵巢一般营养成分

单位:%

样品	水分	粗蛋白	粗脂肪	灰分	干重蛋白质含量
沙蚕	85.4	9.18	1.73	1.01	62.8
缢蛏	87.3	8.14	0.75	1.51	64.1
鱿鱼胴体	85.6	12.10	0.49	0.64	84.0
花蟹蟹肉	80.8	17.00	0.43	1.11	88.6
斑节对虾亲虾肌肉	77.8	21.90	1.67	0.22	98.6
斑节对虾亲虾成熟卵巢	75.2	18.60	2.03	2.40	75.0

沙蚕、缢蛏、鱿鱼胴体、花蟹蟹肉、斑节对虾亲虾肌肉和成熟卵巢的18种氨基酸总含量（鲜样）分别为7.3%、7.47%、11.7%、14.8%、29.7%、18.6%，这四种饵料与斑节对虾亲虾肌肉、成熟卵巢的氨基酸组成相似，谷氨酸含量最高，分别为1.09%、1.06%、1.92%、2.17%、2.97%、1.86%；胱氨酸含量最少，分别为0.043%、0.059%、0.06%、0.1%、0.11%、0.08%。沙蚕、缢蛏、鱿鱼胴体和花蟹蟹肉氨基酸组成以及斑节对虾亲虾肌肉和成熟卵巢的氨基酸组成见表2-11。

表2-11 沙蚕、缢蛏、鱿鱼胴体以及花蟹蟹肉和斑节对虾成虾肌肉的氨基酸组成

氨基酸	氨基酸缩写	沙蚕（整体湿质量）/%	缢蛏（整体湿质量）/%	鱿鱼胴体（湿质量）/%	花蟹蟹肉（湿质量）/%	斑节对虾亲虾肌肉（湿质量）/%	斑节对虾亲虾成熟卵巢（湿质量）/%
丙氨酸	Ala	0.686	0.746	0.72	0.87	1.22	1.04
精氨酸	Arg	0.468	0.498	0.95	1.81	2.19	0.87
天冬氨酸	Asp	0.797	0.742	1.24	1.41	1.84	1.54
胱氨酸	Cys	0.043	0.059	0.06	0.10	0.11	0.08

续表

氨基酸	氨基酸缩写	沙蚕（整体，湿质量）/%	缢蛏（整体，湿质量）/%	鱿鱼胴体（湿质量）/%	花蟹蟹肉（湿质量）/%	斑节对虾亲虾肌肉（湿质量）/%	斑节对虾亲虾成熟卵巢（湿质量）/%
谷氨酸	Glu	1.09	1.06	1.92	2.17	2.97	1.86
甘氨酸	Gly	0.475	0.477	0.72	1.28	1.71	0.94
组氨酸	His	0.161	0.122	0.18	0.24	0.35	0.35
异亮氨酸	Ile	0.337	0.357	0.58	0.68	0.78	0.80
亮氨酸	Leu	0.566	0.579	1.06	1.21	1.40	1.16
赖氨酸	Lys	0.574	0.589	1.01	1.18	1.67	1.01
甲硫氨酸	Met	0.183	0.211	0.40	0.45	0.61	0.45
苯丙氨酸	Phe	0.345	0.346	0.47	0.59	0.78	0.70
丝氨酸	Ser	0.254	0.309	0.39	0.46	0.55	0.52
脯氨酸	Pro	0.270	0.316	0.44	0.55	0.76	0.75
苏氨酸	Thr	0.316	0.345	0.48	0.55	0.64	0.73
色氨酸	Trp	0.090	0.080	0.14	0.15	0.18	0.18
酪氨酸	Tyr	0.269	0.239	0.37	0.48	0.70	0.56
缬氨酸	Val	0.378	0.398	0.54	0.73	0.95	1.02
氨基酸总量	—	7.3	7.47	11.7	14.8	19.4	14.6

虾类的必需氨基酸有10种，分别是：精氨酸、组氨酸、异亮氨酸、亮氨酸、赖氨酸、甲硫氨酸、苯丙氨酸、苏氨酸、色氨酸和缬氨酸。沙蚕、缢蛏、鱿鱼胴体和花蟹蟹肉每种必需氨基酸比率（A/E）以及同斑节对虾亲虾肌肉、成熟卵巢的每种必需氨基酸比率见表2-12。

表2-12 沙蚕、缢蛏、鱿鱼胴体以及花蟹蟹肉和斑节对虾亲虾肌肉、成熟卵巢的每种必需氨基酸比率

氨基酸	氨基酸缩写	沙蚕（整体）	缢蛏（整体）	鱿鱼胴体	花蟹蟹肉	斑节对虾亲虾肌肉	斑节对虾亲虾成熟卵巢
精氨酸	Arg	12.55	13.03	15.22	22.40	21.13	10.99
组氨酸	His	4.32	3.19	2.88	2.97	3.37	4.42
异亮氨酸	Ile	9.03	9.34	9.29	8.24	7.5	10.11
亮氨酸	Leu	15.17	15.15	16.99	13.86	13.51	14.66
赖氨酸	Lys	15.39	15.41	16.19	14.60	16.12	12.76
甲硫氨酸	Met	6.06	7.06	7.37	6.81	6.94	6.7
苯丙氨酸	Phe	16.46	15.30	13.46	13.24	14.29	15.93

续表

氨基酸	氨基酸缩写	沙蚕（整体）	缢蛏（整体）	鱿鱼胴体	花蟹蟹肉	斑节对虾亲虾肌肉	斑节对虾亲虾成熟卵巢
苏氨酸	Thr	8.47	9.02	7.69	6.81	6.18	9.23
色氨酸	Trp	2.41	2.09	2.24	1.86	1.74	2.28
缬氨酸	Val	10.13	10.41	8.65	9.03	9.17	12.90

注：① 每种必需氨基酸比率＝每种必需氨基酸量/总必需氨基酸量（其中包括胱氨酸和酪氨酸）；② 甲硫氨酸为甲硫氨酸加胱氨酸；③ 苯丙氨酸为苯丙氨酸加酪氨酸。

从表 2-12 可知，四种亲虾饲料中的 10 种必需氨基酸的 A/E 值与斑节对虾亲虾肌肉、成熟卵巢的 A/E 值相差不大。

沙蚕、缢蛏、鱿鱼胴体以及花蟹蟹肉必需氨基酸相对应斑节对虾亲虾肌肉必需氨基酸的比率（aa/AA）和必需氨基酸指数（EAAI）见表 2-13 和表 2-14。相对于亲虾肌肉，四种亲虾饲料的必需氨基酸指数都大于 0.9，相对于亲虾成熟卵巢，沙蚕、缢蛏的必需氨基酸指数大于 0.9，鱿鱼胴体、花蟹蟹肉的必需氨基酸指数小于 0.9。

表 2-13 沙蚕、缢蛏、鱿鱼胴体以及花蟹蟹肉必需氨基酸相对应斑节对虾亲虾肌肉必需氨基酸的比率和必需氨基酸指数

样品	Arg	His	Ile	Leu	Lys	Met	Phe	Thr	Trp	Val	EAAI
沙蚕	0.59	1	1	1	0.95	0.87	1	1	1	1	0.93
缢蛏	0.62	0.95	1	1	0.94	1	1	1	1	1	0.94
鱿鱼胴体	0.72	0.85	1	1	1	1	0.94	1	1	0.95	0.94
花蟹蟹肉	1	0.88	1	1	0.86	0.98	0.93	1	1	0.98	0.96

表 2-14 沙蚕、缢蛏、鱿鱼胴体以及花蟹蟹肉必需氨基酸相对应斑节对虾亲虾成熟卵巢必需氨基酸的比率和必需氨基酸指数

样品	Arg	His	Ile	Leu	Lys	Met	Phe	Thr	Trp	Val	EAAI
沙蚕	1	0.97	0.89	1	1	0.90	1	0.92	1	0.78	0.94
缢蛏	1	0.72	0.92	1	1	1	0.96	0.98	0.92	0.81	0.93
鱿鱼胴体	1	0.65	0.92	1	1	1	0.84	0.83	0.98	0.67	0.88
花蟹蟹肉	1	0.67	0.82	0.95	1	1	0.83	0.74	0.82	0.75	0.85

需要注意的是，饵料蛋白质的质量直接影响养殖动物的生长发育及成熟，而饵料蛋白质的优劣，不能只看饵料蛋白质的含量，还要看饵料中必需氨基酸的组成是否符合养殖对象的要求。众多学者的研究表明，养殖动物对饲料中氨基酸的需求与自身的

氨基酸组成有显著相关性。一般来说，利用动物整个身体组织或肌肉蛋白的氨基酸组成，可以评价其饲料蛋白源的好坏以及氨基酸是否平衡。对于对虾亲虾来说，亲虾饵料不仅要满足其生长需求，还要满足其性腺发育。因此，利用斑节对虾亲虾肌肉及成熟卵巢的蛋白氨基酸组成为参比，能评价斑节对虾亲虾饵料沙蚕的蛋白源的好坏及氨基酸是否平衡。本书通过计算沙蚕、缢蛏、鱿鱼胴体以及花蟹蟹肉必需氨基酸相对应斑节对虾亲虾成熟卵巢必需氨基酸的比率和必需氨基酸指数，评价了这四种亲虾饵料的蛋白质营养价值。

通常利用必需氨基酸指数评价饲料蛋白的标准为：必需氨基酸指数值大于 0.9 的为优质蛋白源，在 0.8~0.9 的为良好蛋白源，在 0.7~0.8 的为可用蛋白源，小于 0.7 的为不适宜蛋白源。所以沙蚕、缢蛏、鱿鱼胴体和花蟹蟹肉对于斑节对虾亲虾肌肉来说，是一种优质蛋白源，它们的必需氨基酸指数都大于 0.9。沙蚕、缢蛏、鱿鱼胴体的精氨酸与斑节对虾亲虾肌肉精氨酸的比率相比低，为 0.59~0.72，对于亲虾的生长需求来说，是限制性必需氨基酸。沙蚕、缢蛏、鱿鱼胴体和花蟹蟹肉作为亲虾饵料，对于斑节对虾亲虾成熟卵巢来说，沙蚕和缢蛏是优质蛋白源，鱿鱼胴体和花蟹蟹肉是良好蛋白源。这四种亲虾饵料的组氨酸和缬氨酸相对含量都要比斑节对虾亲虾成熟卵巢的相对含量低（除沙蚕的组氨酸外），不能完全满足亲虾性腺发育的要求。此外，花蟹蟹肉的苏氨酸与斑节对虾亲虾成熟卵巢的苏氨酸比率相比较低，只有 0.74，也不能满足亲虾性腺发育的要求。四种亲虾饵料的蛋白质分析表明，这四种亲虾饵料都是优良蛋白源，基本能满足斑节对虾亲虾的生长和性腺发育要求，其中沙蚕是最好的蛋白源。不过，这四种亲虾饵料都有个别的必需氨基酸不能完全满足亲虾需求，比如沙蚕、缢蛏、鱿鱼胴体的精氨酸，因此，在亲虾培育时，交替使用不同亲虾活饵料是有必要的。同时，为了满足亲虾蛋白的需求，对亲虾的人工配合饲料进行研究是有必要的。

脂质属于大宗的营养物质。脂类中的甘油三酯（中性脂）是对虾的能量来源之一，磷脂（极性脂）具有细胞膜结构性功能，也是脂溶性营养物质（例如维生素等）的载体。多聚不饱和脂肪酸是虾类的必需脂肪酸，具有重要生理功能，对繁殖过程中的性腺发育起着关键性作用。比较某些生物饵料和斑节对虾性成熟过程卵巢、肝胰腺等组织的脂类含量变化及脂肪酸组成，对选择饵料生物具有指导意义。

Millamena 等人对斑节对虾性成熟不同阶段的肝胰腺、性腺、肌肉等组织中的脂质、脂肪酸的变化作了比较分析。肝胰腺脂质，雌虾为 15.72%~25.20%，雄虾高达 $(46.20 \pm 1.53)\%$。肌肉的脂质含量低而且在性腺发育期没有明显变化。卵巢发育自从Ⅱ期后直到Ⅳ期成熟，脂质含量显著增高，而且一直维持在高水平，其中多聚不饱和脂肪酸 $C20:4n-6$，$C20:5n-3$，$C22:6n-3$ 具有较高水平（表 2-15，表 2-16）。因此，Millamena et al（1990）认为Ⅱ期后直到Ⅳ期成熟使用含有高度不饱和脂肪酸的生鲜饲料是必要的。

表2-15 斑节对虾卵巢发育阶段和精巢肝胰腺、肌肉、性腺中脂质含量变化
（Millamena et al, 1990）

卵巢发育阶段	脂质含量（干质量/%）		
	肝胰腺	肌肉	性腺
Ⅰ期	23.42±1.53	2.82±0.27	5.80±1.59
Ⅱ期	23.44±3.88	2.72±0.13	15.20±2.92
Ⅲ期	17.63±4.11	2.57±0.10	17.00±0.87
Ⅳ期	25.20±3.50	2.84±0.33	15.90±1.64
Ⅴ期	15.72±3.70	2.17±0.19	7.70±0.20
精巢（雄）	46.20±1.53	2.80±0.16	3.20±0.10

注：卵巢发育阶段Ⅰ期，尚未成熟发育；Ⅱ期，成熟早期；Ⅲ期，后成熟期；Ⅳ期，完全成熟期；Ⅴ期，产卵后。

表2-16 野生斑节对虾卵巢、产出的卵子、精巢的总脂质中
各种脂肪酸所占的百分数量（Millamena et al, 1990）

脂肪酸种类	完全成熟阶段的卵巢	雌虾产出的卵子	精巢
$C15:0$	1.83	1.50	1.08
$C16:0$	19.33	20.43	21.93
$C16:1n-7$	20.24	19.08	10.82
$C18:0$	6.28	7.69	3.25
$C18:1n-9$	30.09	29.76	30.19
$C18:3n-3$	2.89	2.36	0.74
$C20:4n-6$	3.55	3.69	8.05
$C20:5n-3$	6.48	5.99	13.48
$C22:6n-3$	4.38	2.97	9.08

几种有代表性的鲜活生物饵料的脂肪酸含量及高度不饱和脂肪酸含量研究结果（表2-17，表2-18）表明，对虾亲虾常用的天然饵料中，不但含有较高的蛋白质和较理想的必需氨基酸组成，而且沙蚕、贝类含有大量的 EPA 和 DHA，它们的脂肪酸含量、结构和斑节对虾卵巢成熟期脂肪酸的含量和结构比较相似，表明它们符合对虾亲虾对高度不饱和脂肪酸的需求。当然，应注意到，由于不同天然饵料之间存在着营养要素的差异，实际使用时需要注意营养的互补，因此，在亲虾培育中采用混合或交替投喂多种天然饵料的效果通常优于仅投喂其中一种的效果。

表 2-17 几种亲虾常用天然饵料脂质中各种脂肪酸占总脂质的百分数量
(杜少波等，2005)

脂肪酸种类	近江牡蛎（去壳）*Crassostrea rivularis*	杜氏枪乌贼 *Loligo duvancelii*	长吻沙蚕 *Glycera chirori*	双齿围沙蚕 *Perinereis aibuhitensis*
C16：0	10.83	12.05	12.91	8.73
C16：1n-7	1.79	2.25	4.29	3.58
C18：0	3.86	8.14	2.75	4.65
C18：1n-9	3.46	4.23	10.46	7.09
C18：2n-6	4.50	4.85	2.61	4.03
C18：3n-3	2.66	3.49	1.09	2.80
C20：1n-9	5.00	3.98	4.24	4.91
C20：4n-6	2.18	2.57	0.93	1.14
C20：5n-3	8.81	10.97	12.36	14.15
C22：6n-3	2.68	8.17	11.54	12.97
总 n-3 高度不饱和脂肪酸	14.15	22.63	24.99	29.92
总 n-6 高度不饱和脂肪酸	6.68	7.42	3.54	5.17
n-3 高度不饱和脂肪酸/n-6 高度不饱和脂肪酸	2.12	3.05	7.06	5.79

表 2-18 6 种贝类的总脂肪酸中磷脂含量及其高度不饱和脂肪酸量
(林洪等，2000)

贝类品种	紫贻贝 *Mytilus edulis*	栉孔扇贝 *Chlamys farreri*	褶牡蛎 *Crassostrea plicatula*	菲律宾蛤 *Ruditapes philippinarum*	缢蛏 *Sinonovacula constricta*	毛蚶 *Scapharca subcrenata*
磷脂中的(EPA+DHA)/%	17.82	25.63	27.01	19.41	20.21	7.03
磷脂、总脂/%	22.1	21.0	17.9	31.4	24.0	25.5

注：栉孔扇贝不包含闭壳肌，为扇贝内脏及外套膜。

2.3.3 亲虾培育的人工配合饲料

包括斑节对虾在内的几种对虾（例如凡纳滨对虾、日本囊对虾、中国明对虾等）亲虾培育的人工配合饲料已经有了广泛的研究，而且在少数几个饲料公司已经作为商品出售。人工饲料的优点已经众所周知，例如使用方便、可以稳定贮藏、污染减少、容易控制病原、可以随意添加免疫制剂、激素、营养强化剂等。然而大多数情况下，繁殖亲虾使用的人工配合饲料在实际应用中的效果，与使用鲜活生物饵料相比较，仍然有差距，表现在雌虾成熟率、产卵量、卵子质量等方面。有一些试验虽然可达到对照鲜饵组的效果，但是由于鲜饵组使用的饵料比较单一化，因此，对该试验结果仍然有一定的保留性。如果使用良好的人工配合饲料和适当、适量的鲜活饵料相结合，则可以获得理想的效果。

泰国学者应用配合饲料饲养斑节对虾，4个月龄后将虾分为两个池子，继续用配合饲料，对虾达到10个月龄，开始进行生鲜饲料对池养斑节对虾种虾交配影响试验。两组每日均喂食4次，一组仅喂配合饲料，另一组四次喂食中有一次喂生鲜饲料，试验两个月。试验结果为两组的对虾成活率无显著差异，分别为23.76%和24.12%。使用生鲜饲料和配合饲料搭配实验组的对虾交配率为38.2%；只使用配合饲料组交配率仅为18.3%，有显著差异。表明生鲜饲料具有促进亲虾对虾同步成熟的作用。此后从每个试验组取20尾雌虾切眼柄促熟，放在15 m^3 水泥池培养，均喂生鲜饲料。来源于搭配喂生鲜组的对虾成熟率达85%，每尾雌虾的平均产卵量为240 041粒，无节幼体孵化率为61.83%；来源于单纯喂配合饲料组的对虾成熟率为55%，平均每尾雌虾产卵量为174 030粒，无节幼体孵化率为32.86%。Thanawut Klowklieng在2002年的组织学切片观察证实了上述结果。生鲜饲料对池养斑节对虾种虾交配有显著影响的试验说明营养不但对产卵量有影响，而且影响到生殖行为。因此，选择使满足某种对虾亲虾培育营养要求的配合饲料以及适宜的饲料加工剂型，乃是对虾繁育体系必须解决的课题。Wouters et al（2001a）总结了已有的细角滨对虾、凡纳滨对虾、南方滨对虾、印度明对虾、中国明对虾、斑节对虾、日本囊对虾七种对虾成熟期的配合饲料使用效果。由于对虾种类的差异、对虾来源的差异、对虾月龄的差异、试验条件的差异、饲料原料的差异等原因，这些结果很难有可比性。

到目前为止，由于涉及商业利益，有关斑节对虾性成熟期配合饲料的研究，很少有公开报道。Marsden等人利用捕捞的野生成虾进行短期42 d性腺成熟培育，研究湿性配合饲料对斑节对虾亲虾培育的影响，为配制亲虾人工饲料提供了很多有益的启示。试验表明，对虾成熟培育过程可以使用配合饲料。人工配合饲料可以提高亲虾的成熟频率，可以提高幼体的成活率。由于配合饲料营养全面，试验组的上述两个参数优于使用单纯的一两种鲜饵组的两个参数。试验提示，配合饲料的高蛋白含量是必要的，但是并不需要达到鲜饵的高达70%以上的含量，通常50%~55%即可满足需要。虽然对虾卵巢发育需要大量脂质，但是饵料中粗脂肪含量高于15%时会影响对虾代谢，并不能取得好的效果，脂肪含量11%为最适数量。脂质中，$n-3/n-6$的比值也并非越高越好，实验中，该比值为4.5的饲料组试验结果较好。试验使用的湿性状态配合饲料因其优良的性能可以好于单纯使用贻贝和鱿鱼鲜饵，具有潜在应用价值（Marsden et al, 1997）。

根据Wouters et al（2001a）的调查，亲虾培育过程中使用人工配合饲料的生产单位在全球并不普遍，主要是针对凡纳滨对虾亲虾培育，以西半球的对虾繁殖场为主，特别是人工培育亲虾的繁育场，估计约有80%使用人工配合饲料，基本上是和鲜活饵料相互搭配使用，而且配合饲料所占比例很少，不超过总亲虾饵料量的1/4。有些对虾繁殖场往往加工成干的预混料，投喂前添加需要的添加剂或者和切碎的鲜饵做成成型的湿性饵料。亚洲地区斑节对虾亲体基本上来源于野生虾，所以亲虾培养期较短，主要使用鲜活生物饵料，例如蟹类、鱿鱼、贝类、沙蚕等。

根据目前对对虾繁殖营养的认识，为了生产在营养上可以满足亲虾性腺发育的人工配合饲料，需要在亲虾成活率、繁殖性能、高质量的无节幼体等参数方面，满足商业生产要求。亲虾人工饲料需要具有如下特性：在水中稳定性好；对亲虾具有高诱食性；可以取代50%以上的鲜活饵料；易贮存，使用方便。人工饲料必须包含有亲虾性腺发育必需的营养要素，包括维生素、矿物质、卵磷脂、胆固醇、虾青素、必需脂肪酸、高度不饱和脂肪酸等。生产人工配合饲料的原料质量尤为重要，原则上应以水生动物为主要原材料，例如海洋生物的油脂（例如鱿鱼、虾、磷虾、冷水鱼等）、液体鱼蛋白、酵母、藻类等。选材及加工首先要考察使用效果，同时还应考虑使用的成本。

根据目前亲虾培养使用的人工配合饲料试验，对商业上出售的亲虾专用饲料分析的数据，以及Wouters等人对斑节对虾亲虾饲料的研究（Wouters et al，2001a），大体上可以斑节对虾亲虾培育的人工饲料营养参数提出如下建议：50%~54%的粗蛋白；10%~12%的粗脂肪；干饲料水分小于11%，半湿的软饲料水分为50%~75%；4%的纤维素；10%~17%的灰分；3%的磷脂；1%的胆固醇；二十二碳六烯酸（22：6n-3）为1%；二十碳五烯酸（20：5n-3）为1%；花生四烯酸（20：4n-6）为0.3%；虾青素为250 mg/kg干饲料［使用雨生血球藻（*Haematococcus pluvialis*）的藻粉应为饲料的4%~5%］；维生素混合物（干饲料）包括维生素A 20 000 IU/kg或7 mg/kg、维生素B_1 100 mg/kg、维生素B_2 100 mg/kg、维生素B_6 300 mg/kg、维生素C 3 000 mg/kg、维生素D_3 8 000 IU/kg或0.2 mg/kg、维生素E 800 mg/kg；无机盐混合物（干饲料）3%，包括K_2HPO_4 7 g/kg、$Ca_3(PO_4)_2$ 9.5 g/kg、$MgSO_4 \cdot 7H_2O$ 11 g/kg、$NaH_2PO_4 \cdot 2H_2O$ 2.8 g/kg。

优良的饲料及饲喂程序是对虾成熟培育的关键操作内容。应用鲜冰饵料每日的投喂量应达到亲虾体质量的20%~30%；应用配合饲料每日的投喂量应是亲虾体质量的2%~3%。实际上，投喂量每天应不断地调整。人工饲料的质量不但要求保证关键的营养要素，例如维生素、虾青素、高度不饱和脂肪酸、磷脂、矿物质等，有足够的数量，更重要的是营养要素要平衡。

2.3.4 斑节对虾种虾幼体期及未成熟种虾培育期的营养需求

在繁育体系内，对所培育种虾的健康状态的重视应该贯穿于全部的生命史。种虾的幼体培育期,包括溞状幼体、糠虾幼体、仔虾阶段以及未成熟种虾培育期,包括稚虾、幼虾、亚成虾阶段的营养需求是影响亲虾质量的重要因素。虽然在对虾养殖发展中,在对虾的幼体培育、养成的营养要求方面研究已经有大量的文献报道,但是商业养殖及培苗为了追求最大的利润,并不是所有的培苗生产者均完全按照对虾营养需求操作。因此有必要在种虾培育中强调其营养需求。应使用最好的饲料原料、适宜的配方、更好的饲喂管理,保证对虾健康生长,充分地表现其遗传潜力。

2.3.4.1 幼体期的营养及饵料

该阶段包括幼体培育期的溞状幼体、糠虾幼体、仔虾阶段。关于主要的养殖对虾类幼体营养研究,大量的文献集中在日本囊对虾、凡纳滨对虾和中国明对虾。斑节对虾幼体营养要求与上述三种对虾相似。对虾在幼体阶段变态频繁,几乎是每天蜕一次皮。各发育期的食性变化一方面是由于口器及消化系统对食物选择适应的原因,另一方面是由于长期摄食某些食物种类的生理适应,营养需求也发生变化。无节幼体期无口器,依靠体内卵黄等积累的物质提供能量,由亲体营养决定。溞状幼体第一期发育出口器,在天然水域依靠滤食摄食微型有机颗粒,以单细胞藻类为主。溞状幼体二期以摄食浮游植物为主,但是已具有捕食微型浮游动物能力,可捕食小型浮游动物如轮虫等。溞状幼体三期基本以捕食动物性饵料为主,但是也可以摄食单细胞藻类。糠虾幼体期虽然也分为三期,但各期食性相似,以捕食浮游动物为主。仔虾前期可捕食浮游动物,但很快即转为以捕食底栖生物为主,缺乏底栖生物时,仍然对浮游动物有很强的捕食能力。幼体的食性转换,实际上是由幼体消化生理和幼体形态决定的。对虾类幼体的体形决定了它的食性处于浮游生物食物链的位置。由于个体发育不断地变态,食性也由摄食浮游植物的草食性转换为摄食浮游植物和浮游动物的杂食性,最后再转为以摄食浮游动物为主的肉食性。MacDonald et al(1989)描述了斑节对虾幼体阶段淀粉酶、胰蛋白酶、酯酶等消化酶的变化模式,酶活性最强出现在溞状幼体第三期,上述三种酶的活性在早期的仔虾阶段较低,这个现象可能归因于幼体肠道的发育和食性的转换,因为仔虾阶段食性是由摄食浮游动物转变为捕食底栖生物。比较个体发育的消化生理,观察到草食性阶段的幼体摄食低能饵料,蛋白酶酶活性高,食物在消化道内更替转化快,食物的同化效率低;但是肉食性阶段的幼体摄食高能量饵料,蛋白消化酶的活性低,它以食物在消化道内的高能饵料延长停留时间,达到提高同化效率的目的。斑节对虾幼体的营养消化模式展现这一特征(表2-19,表2-20)(Le Vay et al,2001)。牛锡端和张翠英分别于1982年研究发现,在人工培养条件下,对虾幼体的食性具有很大的可塑性,仅仅利用贝类的担轮幼体或者利用单体角毛藻均可以顺利地将溞状一期幼体培育为糠虾期幼体,而且有很高的成活率。

事实上在人工供饵培养条件下,是浮游植物或者是浮游动物并不重要,关键是食物颗粒的大小能否适应幼体的口器,通常食物颗粒粒径小于 150 μm 就可以被 I 期溞状幼体捕食。从营养学角度,食物的营养成分、食物可消化利用程度、食物摄入的数量可否满足幼体的能量需求,更值得人们关注。

表 2-19 斑节对虾幼体摄食模式（Le Vay et al, 2001）

幼体阶段	草食性（浮游植物）	杂食性（浮游植物+浮游动物）	肉食性（浮游动物）
溞状幼体Ⅰ期	XX	X	—
溞状幼体Ⅱ期	XX	X	—
溞状幼体Ⅲ期	X	XX	X
糠虾幼体期	—	X	XX
仔虾期	—	X	XX

注：表内 XX 为典型食物, X 为兼性食物。

表 2-20 斑节对虾幼体的摄食消化特性、消化酶量及同化效率
（Le Vay et al, 2001）

幼体阶段	肠道内饵料干质量（幼体干体质量）/%	饵料在肠道内停留时间/min	日摄食量（幼体干体质量）/%		胰蛋白酶量干体质量/($\times 10^{-5}$ IU·μg^{-1})	同化效率/%
			浮游植物	浮游动物		
溞状幼体	3.5	12	390	—	48	16.6
糠虾幼体	4.5	20	200	150	33	14.9
仔虾	4.0	30	90	130	15	24.6

Le Vay et al（2001）将对虾幼体培育过程中常规应用的几种单细胞藻类饵料 *Rhinomonas reticulata*、周氏扁藻（*Tetraselmis chuii*）、骨条藻（*Skeletonema* spp.）、角毛藻（*Chaetoceros* spp.）及两种动物性饵料卤虫无节幼体（*Artemia nauplii*）、褶皱臂尾轮虫（*Brachionus plicatilis*）的主要营养成分平均值及平均能量值,作为对虾幼体大宗营养要素需求参考值（表 2-21）。

表 2-21 对虾幼体常用植物性饵料和动物性饵料的成分（干物质）及能量值

饵料成分	浮游植物	浮游动物
粗蛋白质/%	33.0	54
碳水化合物/%	23.0	16.5
粗脂肪/%	5.7	16.0
能值/(J·mg^{-1})	13.9	21.8

根据上述对虾幼体的摄食特性及消化生理特点,笔者认为斑节对虾幼体期的营养需求具有如下几个方面的特点。

1）蛋白质

由于饲料的大宗营养要素在能量上可以互补，因此，对虾幼体对饲料中蛋白质含量要求，并未有确切数据，但是可以根据对虾幼体的天然饵料的营养要素组成中粗蛋白质的含量范围，将斑节对虾幼体对饲料蛋白质需求确定为35%~55%。众所周知，饲料蛋白源最重要的质量指标是摄食者的利用率，以及蛋白质所含有的必需氨基酸是否齐全和比例是否合理。蛋白质的营养价值取决于蛋白质自身的氨基酸，特别是必需氨基酸的组成与含量。由于对虾不能有效地利用饲料中添加的游离氨基酸，通常营养学家认为饵料中蛋白质的氨基酸组成及含量与对虾本身的氨基酸组成及含量相似者，可视为好的饲料或饲料原料。

马英杰和马爱军（1996）对中国明对虾幼体不同发育阶段中的氨基酸组成作了较系统的分析研究，表2-22列出了中国明对虾幼体不同发育时期的氨基酸组成。由表2-22得知，中国明对虾幼体的必需氨基酸含量随幼体发育变态逐渐增加，幼体的三个大阶段变态后，氨基酸的含量增幅显著。在幼体必需氨基酸中含量最高为精氨酸和赖氨酸，其他依次为亮氨酸、缬氨酸、苯丙氨酸、苏氨酸、异亮氨酸、蛋氨酸、色氨酸和组氨酸，在非必需氨基酸中以谷氨酸含量最高，依次为谷氨酸、甘氨酸、天冬氨酸、丙氨酸、丝氨酸、酪氨酸、脯氨酸、胱氨酸。在幼体发育过程中，单个必需氨基酸与必需氨基酸总量的比例在不同发育期基本保持恒定，表明不同的氨基酸之间存在着一种相对稳定的比例关系，这种比例不因个体发育和氨基酸总量的增加而受影响。一些常见生物饵料，如单胞藻、轮虫、卤虫等其蛋白质的氨基酸组成和含量与对虾幼体蛋白质的氨基酸的组成和含量相仿，尤其是必需氨基酸成分都比较丰富，且消化率高，因此这些生物饵料的蛋白质效率很高，对虾幼体摄食常规的人工培养的生物饵料，对虾所需要的蛋白质和必需的氨基酸容易满足。虽然蛋氨酸、精氨酸、苏氨酸、色氨酸、组氨酸、异亮氨酸、亮氨酸、赖氨酸、缬氨酸、苯丙氨酸等是对虾幼虾的必需氨基酸（Akiyama et al, 1992），但是，可以认为它们也是幼体的必需氨基酸。尽管单一的蛋白质难以有全面的氨基酸组成，但是，很多生物饵料的蛋白质组分，可以满足对虾幼体对必需氨基酸的需求。

表2-22 中国明对虾幼体不同发育时期氨基酸组成（mg/100 mg）（马英杰和马爱军，1996）

氨基酸	发育期									
	$N_{1,2}$	$N_{3,4}$	$N_{5,6}$	Z_1	Z_2	Z_3	M_1	M_2	M_3	P
苏氨酸	0.27	0.28	0.30	0.38	0.39	0.39	0.49	0.48	0.46	0.59
缬氨酸	0.27	0.27	0.29	0.46	0.50	0.52	0.58	0.59	0.60	0.83
蛋氨酸	0.10	0.12	0.15	0.17	0.20	0.20	0.21	0.20	0.23	0.24
异亮氨酸	0.20	0.23	0.25	0.34	0.35	0.37	0.44	0.45	0.47	0.55

续表

氨基酸	发育期									
	$N_{1,2}$	$N_{3,4}$	$N_{5,6}$	Z_1	Z_2	Z_3	M_1	M_2	M_3	P
亮氨酸	0.52	0.51	0.54	0.72	0.75	0.73	0.98	0.99	0.99	1.12
苯丙氨酸	0.23	0.25	0.26	0.40	0.43	0.44	0.75	0.78	0.79	0.79
赖氨酸	0.54	0.58	0.59	0.88	0.87	0.83	1.11	1.13	1.14	1.33
色氨酸	0.09	0.10	0.12	0.15	0.17	0.19	0.18	0.20	0.25	0.26
必需氨基酸总量	2.22	2.34	2.50	3.50	3.66	3.67	4.74	4.48	4.93	5.71
组氨酸	0.07	0.09	0.12	0.14	0.13	0.15	0.22	0.24	0.24	0.32
精氨酸	0.65	0.69	0.72	0.65	1.01	1.02	1.21	1.25	1.27	1.45
半必需氨基酸总量	0.72	0.78	0.84	1.12	1.14	1.17	1.43	1.59	1.51	1.77
天冬氨酸	0.61	0.61	0.64	0.89	0.87	0.90	1.11	1.12	1.14	1.46
丝氨酸	0.23	0.25	0.25	0.34	0.35	0.35	0.25	0.37	0.38	0.49
谷氨酸	1.16	1.09	1.18	1.70	1.71	1.70	1.73	1.75	1.73	2.42
甘氨酸	0.77	0.75	0.76	1.29	1.32	1.35	1.56	1.61	1.55	1.99
丙氨酸	1.45	0.47	0.43	0.67	0.69	0.73	0.88	0.90	0.91	1.04
胱氨酸	0.09	0.11	0.12	0.15	0.15	0.18	0.23	0.24	0.26	0.30
酪氨酸	0.14	0.15	0.16	0.25	0.24	0.25	0.35	0.37	0.38	0.39
脯氨酸	0.14	0.15	0.14	0.23	0.22	0.24	0.28	0.31	0.35	0.42
氨	0.12	0.12	0.11	0.12	0.15	0.14	0.16	0.17	0.17	0.19
非必需氨基酸总量	3.59	3.93	3.68	5.52	5.56	5.70	6.49	6.67	6.73	8.51
氨基酸总量	6.53	7.05	7.02	10.14	10.36	10.54	12.66	12.97	13.16	15.99

2）脂类及脂肪酸

对虾幼体对饵料中粗脂肪的含量要求约为10%。虾类能借助脂肪酸合成酶从醋酸盐合成棕榈酸（C16：0），但缺乏合成长链高度不饱和脂肪酸的能力，因此，必须从饲料中获取高度不饱和脂肪酸。脂肪的营养要求实质上是必需脂肪酸以及脂溶性的营养要素的需求量。通过对中国明对虾卵、无节幼体、溞状幼体、糠虾幼体和仔虾的脂肪酸组成的测定和分析（表2-23），比较了幼体发育过程中多种主要脂肪酸含量的变化（季文娟，1996a）。虾卵脂肪中棕榈酸（C16：0），棕榈油酸（C16：1n-7）、油酸（C18：1n-7）、EPA（C20：5n-3）、DHA（C22：6-3）占主要比例，占脂肪总量的比例依次为23%、19%、26%、13%、7%。在仔虾的脂肪酸组成中占主要比例的为棕榈酸、油酸、亚油酸（C18：2n-6）、EPA和DHA，分别占脂肪酸总量的比例依次为18%、23%、11%、12%、9%。在中国明对虾幼体发育过程中，脂肪酸组成的变化趋势为饱和脂肪酸的比例逐渐减少，而多不饱和脂肪酸的比例逐渐增大。幼体各期和亲虾肌肉的脂肪酸组成相比较，卵中所含的饱和及单不饱和脂肪酸含量总和最高，亲虾肌肉中的高度不饱和脂肪酸含量总和最高，因此，对虾在发育过程中必须不断地从食物中取得高度不饱和脂肪酸来满足需要。

表2-23 中国明对虾卵和各期幼体脂肪酸组成（季文娟，1996a）　　　　单位：%

脂肪酸	卵	无节幼体（整体）	溞状幼体（整体）	糠虾幼体（整体）	仔虾（整体）	野生性腺成熟亲虾（雌）肌肉	人工养殖亲虾肌肉
C14：0	2.3	1.9	1.0	0.6	0.4	0.8	0.6
C16：0	22.7	17.1	18.6	15.5	16.6	18.0	18.4
C16：1n-7	18.7	17.9	4.6	6.0	3.0	12.0	8.7
C18：0	3.2	2.4	8.2	7.4	8.1	7.8	8.4
C18：1n-9	25.5	22.2	23.1	27.8	28.1	19.0	18.5
C18：2n-6	1.2	1.4	14.0	12.7	10.7	2.6	5.6
C18：3n-3	0.1	1.2	0.9	2.7	3.3	0.6	0.9
C20：1n-9	3.2	1.0	1.7	1.2	1.1	2.3	1.3
C20：4n-6	2.8	2.2	3.6	3.6	3.9	5.3	4.6
C20：5n-3	12.5	14.4	12.3	7.6	10.9	17.2	16.9
C22：6n-3	7.2	9.2	7.3	10.6	8.3	10.2	9.7

对虾从溞状幼体开始从外界摄取食物，食物的脂肪酸组成对对虾体的脂肪酸组成产生明显的影响。不同种的对虾虾体的脂肪酸组成不尽相同，但是对高度不饱和脂肪酸的需求却是一致的。众多的海洋浮游生物饵料，如微藻、轮虫、卤虫由于含有较多的n-3高度不饱和脂肪酸（表2-24），对幼体的成活、变态发育、生长具有优良的效果。因此，EPA和DHA的含量是评估中国明对虾幼体饲料脂肪酸营养价值的重要指标。微藻的总脂含量和各种脂肪酸的组成比例构成了限制微藻营养价值的主要因素之一（表2-24）。Chen和Tsai于1986年的研究认为，斑节对虾仔虾对饵料中的n-3高度不饱和脂肪酸的最低需求量应达到0.5%~1.0%。

表2-24 对虾幼体培育使用的生物饵料脂肪酸组成（季文娟，1996a）　　　　单位：%

脂肪酸	小球藻（Chlorella sp.）	微绿藻（Nannchloris coccoides）	三角褐指藻（Phaeodoclylum triconutum）	纤细角刺藻（Cheatoceros gracilis）	等鞭金藻（Isochrysis galbana）	卤虫无节幼体（Artemia）	轮虫（Rotifer）
C14：0	5.2	5.6	9.5	8.8	2.1	3.7	8.7
C16：0	19.7	11.1	15.0	23.3	14.8	9.0	15.6
C16：1n-7	30.5	25.2	27.4	34.7	9.6	30.0	18.1
C18：0	0.7	0.1	4.9	4.1	2.1	0.9	1.2
C18：1n-9	2.7	3.5	—	5.3	7.2	14.5	7.5

续表

脂肪酸	小球藻 (Chlorella sp.)	微绿藻 (Nannchloris coccoides)	三角褐指藻 (Phaeodoclylum triconutum)	纤细角刺藻 (Cheatoceros gracilis)	等鞭金藻 (Isochrysis galbana)	卤虫无节幼体 (Artemia)	轮虫 (Rotifer)
C18:2n-6	2.4	2.5	0.3	2.5	1.3	4.5	4.2
C18:3n-3	0.2	0.1	—	0.6	12.3	5.6	9.4
C20:1n-9	—	1.8			5.3	0.1	1.5
C20:4n-6	3.6	4.9	—	4.5	—	1.9	2.1
C20:5n-3	27.8	37.8	16.9	4.6		15.0	11.6
C22:6n-3	0.3	—	1.9	0.8	2.9	0.2	0.5
∑n-3	28.3	37.9	18.8	6.0	15.2	20.8	21.5
∑n-6	6.0	7.4	0.3	7.0	1.3	6.4	6.3

对对虾幼体脂类营养的研究表明，磷脂和固醇类也是幼体存活、变态和正常生长不可缺少的。当投喂缺乏磷脂的饲料时，对虾幼体达到糠虾期之前死亡率达100%。磷脂可增强对虾幼体吸收胆固醇和甘油三酯的效率。在微粒饲料中添加某些磷脂（如商品化大豆卵磷脂）可明显地改善对虾的生长和存活，一些甲壳类幼体如日本囊对虾、长毛明对虾、斑节对虾、细角滨对虾以及龙虾和三疣梭子蟹也需要饲料磷脂。磷脂和胆固醇对对虾幼体的存活和促进生长的营养效能之间没有交互作用。Kanazawa(1985)的研究结果表明，各种磷脂对日本囊对虾存活和生长的作用因磷脂的来源不同而差别显著，试验中使用鲣鱼卵磷脂、大豆磷脂和大豆磷脂酰肌醇对日本囊对虾幼体的存活和发育具有较高的效力，而添加鸡蛋卵磷脂则无效果。试验表明，日本囊对虾变态要求饲料中大豆卵磷脂的数量为 15~30 g/kg（干饲料），但是较低的 [15 g/kg（干饲料）] 量更适宜于仔虾。

胆固醇对于对虾幼体有很高的营养价值。虽然其他固醇类也可起到一定作用，如麦角固醇、24-亚甲基胆固醇等，但是实际使用效果仍然以胆固醇效果最好。日本囊对虾幼体的饲料中大豆磷脂和胆固醇的最适含量分别约为3%和1%。

3）维生素及微量营养要素

对于对虾幼体，不论是脂溶性、水溶性维生素还是类胡萝卜素均是需要的微量营养要素。Kanazawa（1986，1990）使用缺乏某些维生素的饲料试验证明对虾幼体需要表 2-25 列出的维生素，这一结果可供斑节对虾幼体培育参考。但是这只是理论上的数字，实际上饲料内含有的一定数量的维生素以及水体有机物携带的维生素往往可以部分满足对虾的需要。研究表明，对虾摄食生物饵料的情况下，由于可以从饵料中获得天然的维生素及其他微量的营养要素，无需再饲喂添加维生素。但是，对虾幼体的配合饵料中必需添加维生素 C、维生素 A、维生素 E 等以及虾青素等营养物质。

表 2-25 日本囊对虾饲料中的维生素需要量（Kanazawa, 1986, 1990）

维生素	干饲料内维生素含量/（mg·kg^{-1}）
HCl-维生素 B_1	4
维生素 B_2	8
HCl-维生素 B_6	12
烟酸	40
维生素 H	0.2
氯化胆碱	600
肌醇	200
Na-维生素 C	1 000
维生素 E	29

对虾幼体由于缺乏自身合成维生素 C 的能力，而必须从外界摄入，近年来维生素 C 已被广泛地用于对虾人工饲料中，以纯的维生素 C 计量，使用量为 100～200 mg/100 g 干饲料。维生素 A 亦是对虾生长发育和维持正常生理功能所不可缺少的营养物质，它能调节体内蛋白质、脂肪和碳水化合物代谢，促进对虾视觉功能，并参与对虾色素的形成。梁萌青和季文娟于 1998 年的研究结果表明，随着饲料中维生素 A 含量的增加，中国明对虾幼体的存活率和 Z_3～M_1 变态率增加，变态时间缩短，仔虾的成活率提高。在对虾幼体人工饲料中维生素 A 的最适含量为 4～6 mg/100 g，即 13 333～20 000 IU/100 g。维生素 E 为中国明对虾幼体发育阶段的必需营养素。饲料中添加维生素 E 对提高中国明对虾的存活率、变态率有明显的作用。维生素 E 在幼体饲料中的最适添加量为 40 mg/100 g 饲料。

4）虾青素

虾青素的生物学功能在前文已经表述。对虾幼体食用含有虾青素的饲料可显著提高溞状幼体的成活率。泰国学者 Darachai et al（1998）在饲料中分别添加天然虾青素及人工合成的虾青素，比较两种饲料喂养的斑节对虾幼体的成活率、耐受胁迫的能力。结果表明天然虾青素对斑节对虾幼体生长和成活率有显著的影响。用富含有虾青素的雨生血球藻（*Haematococcus pluvialis*）的饲料、含有人工合成的虾青素的饲料、不加虾青素的饲料以及天然饲料分别饲喂斑节对虾幼体，结果使用雨生血球藻的幼体成活率最高，而其生长率和使用天然饲料的相同，两者的生长率显著高于使用人工合成的虾青素及不加虾青素作饲料的幼体。斑节对虾幼体对盐度变化的抗应激能力的试验表明，摄食雨生血球藻以及天然饲料的仔虾耐受低盐度能力最高。雨生血球藻不但含有最丰富的虾青素，以干重计其虾青素含量为 1%～3%，而且其他的生化组成也较为适宜，蛋白质为 24%，碳水化合物为 38%，灰分为 14%，粗脂肪为 14%，对虾需要的必需脂肪酸及高度不饱和脂肪酸也比较全面。

5）益生素（probiotic）

益生素通常指有益的微生物及其活菌制剂等一类物质，即指能提高养殖产量、有助养殖生物提高抗病能力、提高或改善养殖水环境的细菌等微生物，例如光合细菌、乳酸杆菌、硝化菌、反硝化菌、双歧杆菌、枯草杆菌等细菌。我国在对虾培苗生产过程中经常使用光合细菌，效果很好，但是深入研究其机制者并不太多。王祥红等（1999）曾报道了中国明对虾肠道有益菌对对虾幼体的作用。从中国明对虾成虾肠道优势菌群中筛选得到的两株有益菌，它们能够提高不同发育期对虾幼体的成活率、生长速度，使用这两株有益菌的幼体的抗病力、低盐度耐受力等抗逆能力有所增强。有益菌经检测可产生许多具有消化功能的酶，如脂酶、淀粉酶、明胶酶、酪蛋白酶和卵磷脂酶，有益菌进入对虾幼体的消化道内，产生的这些酶类可能帮助对虾幼体消化藻类、蛋黄、轮虫和卤虫等成分，提高对虾幼体的消化能力，从而增强其抵抗力和抗病能力，起到有益的作用。

对虾幼体发育期间，在其养殖水体或饲料中使用有益菌，并使其在整个育苗过程中保持恒定的浓度，将会取得更好的生产效果。其功效为综合因素，有益细菌的主要功能有如下几方面：有益菌可以竞争性排斥病原菌；有益菌通过提供重要营养成分增加虾苗的营养条件；有益菌通过提供重要的酶来加强虾苗的消化能力；有益微生物直接吸收溶解性的有机物，从而改善水质；有益菌的代谢产物中可能含有某些能抑制病菌生长的物质等。近年来，在商业上已开发出大量益生素产品，也包括在水产养殖中使用的益生素产品。

6）对虾幼体培育的饵料管理

由于对虾幼体生活史较短，而且经常不断地在变态发育，因此对对虾幼体营养的研究较为困难。即使如此，关于对虾幼体营养的研究还是取得了一定进展，以及多种对虾幼体营养研究的积累，特别是日本囊对虾幼体营养研究提供的经验，促进了对虾幼体的人工饲料商业化。但是商业出售的较为优秀的微囊饵料，由于在工艺和原料两方面成本较高，另外对幼体营养研究认识存在局限性，因此，它在商业生产上的实际使用受限。另一方面，价格较低的对虾幼体使用的微颗粒饲料，在实际使用上受到易污染水体和营养不平衡的限制。培养的生物饵料仍然是对虾幼体培育首选的饵料供应方式。

由于饵料生物培养技术的发展进步，饵料生物营养组分的研究，生产应用饵料生物的经验积累，目前已经形成全球公认的对虾幼体培育应用饵料模式。即对虾育苗期的标准饵料系列是：溞状幼体Ⅰ期至仔虾期，应用单体角毛藻、扁藻（*Tetraselmis sp.*）；溞状幼体Ⅱ期至仔虾期，增加轮虫；溞状幼体Ⅲ期至仔虾期，增加卤虫无节幼体；仔虾期以后可增加卤虫成体。配合饲料和生物饵料搭配使用可以取得较为理想的效果。

商业开发的对虾幼体人工配合饲料种类较多，INVE公司开发出的对虾幼体不同发育阶段人工饲料的营养要素组成具有一定的代表性（表2-26至表2-28），可供参考。

表2-26 对虾溞状幼体期人工配合饲料的营养成分（INVE公司）

营养成分	含量	营养成分	含量
水分/%	8	磷脂/$(mg \cdot g^{-1})$（干质量）	30
蛋白质/%	52	胆固醇/$(mg \cdot g^{-1})$（干质量）	5
脂质/%	11.5	维生素A/$(IU \cdot kg^{-1})$	10
纤维素/%	2.5	维生素C（稳定态）/$(mg \cdot kg^{-1})$	4
灰分/%	11	维生素D_3/$(IU \cdot kg^{-1})$	8
总HUFA n-3/$(mg \cdot g^{-1})$（干质量）	20	维生素E/$(mg \cdot kg^{-1})$	500
EPA 20：5n-3/$(mg \cdot g^{-1})$（干质量）	6	胆碱/$(mg \cdot kg^{-1})$	4
DHA 22：6n-3/$(mg \cdot g^{-1})$（干质量）	12	肌醇/$(mg \cdot kg^{-1})$	2

表2-27 对虾糠虾幼体期人工配合饲料的营养成分（INVE公司）

营养成分	含量
蛋白质/%	48
脂质/%	10
水解后脂质/%	12
总HUFA n-3/$(mg \cdot g^{-1})$（干质量）	20
磷脂/$(mg \cdot g^{-1})$（干质量）	30
维生素C（稳定态）/$(mg \cdot kg^{-1})$	2 000
维生素E/$(mg \cdot kg^{-1})$	500
纤维素/%	2.5
灰分/%	13
水分/%	9

表2-28 对虾仔虾期人工配合饲料的营养成分（INVE公司）

营养成分	含量
蛋白质/%	48
脂质/%	10
水解后脂质/%	12
总HUFA n-3/$(mg \cdot g^{-1})$（干质量）	20

续表

营养成分	含量
磷脂/(mg·g^{-1})(干质量)	30
稳定态维生素 C/(mg·kg^{-1})	2 000
维生素 E/(mg·kg^{-1})	500
纤维素/%	2.5
灰分/%	13
水分/%	9

2.3.4.2 稚虾、幼虾、亚成虾阶段种虾培育期营养需求

本阶段包括种虾养成阶段的稚虾、幼虾、亚成虾阶段的营养需求。实际上，该阶段就是商业对虾养殖产业的养成阶段。关于该阶段的营养需求已有大量的文献报道，并已有大量的商品饲料生产出售。需要强调的是，为了发挥斑节对虾的遗传潜力及抗病能力，也为了在最短的时间内使对虾达到成熟要求的体质量，要求种虾养殖的营养需求必须得到满足。

对虾类的消化系统结构较为简单，食物在胃肠道内停留的时间也较短，通常胃内充满的食物最多只有体质量的2%～3%。天然食物在成虾胃内停留时间较短，75%的食物在1 h内即转移到肠道。人们对于对虾营养要求的了解，远不如对对虾环境要求的认识，至今还没有一种人工配制的配合饲料，对虾摄食后的效果可以和天然饵料相比。以现代人们对动物营养需求、营养生理的认识程度，虽然可以配制出营养全面的多种对虾的人工配合饲料，但是用这样的饲料实际应用于清洁的水环境饲养对虾时，对虾的生长速度以及生理指标尚难以达到摄食最优的天然饵料的效果。这也是当今对虾养殖工艺难以发挥对虾遗传潜力的主要原因。在养殖过程中，不能充分满足对虾实际的、真实的营养需要，也是养殖对虾容易生病的原因之一。因此，有经验的养虾者总是千方百计增加养殖池内的对虾可利用的天然生物饵料，促进对虾生长，增强对虾抗病能力。正因为如此，有经验的养殖工作者，往往把提高对虾对天然饵料的利用作为重要的用饵策略，这也是提高人工饲料利用率的一个重要参数。在对虾养殖系统，养殖池塘内天然繁殖的可供对虾利用的饵料生物，不但可以直接转化对虾产量，而且由于它们和配合饲料相配合，可以为对虾提供人工配合饲料不具有的对虾营养要素，提高了对虾生长速度。有人曾对养殖池内凡纳滨对虾、日本囊对虾、斑节对虾、中国明对虾等对天然饵料的利用情况进行过研究。在养殖前、中期，池内天然饵料对对虾的贡献率在60%以上，前期甚至高达70%以上。养殖后期虽然人工配合饲料贡献率达60%以上，但天然饵料在生长速度上的贡献仍然十分重要。这些数据证明，

真正满足对虾的营养生理需要是多么重要。该阶段主要考虑对虾组织积累生长需要。对虾的消化生理和脊椎动物有很大的差别，难以用鱼类的营养模式设计对虾的人工饲料。营养需要的参数不单是化学成分，还要考虑营养成分的形态，特别是配合饲料的原材料来源。对虾的营养参数在有些方面和属于脊椎动物的鱼类有很大区别，笔者在列出营养成分的同时，还推荐了一些可以提供该营养成分的饲料源。

斑节对虾的主要能量及营养需求已经得到大多数科学家的认可，也是商业饲料开发的依据。实际上最适宜的营养不但表现在蛋白质、脂肪、碳水化合物等三大营养物质的数量，更为重要的是它们的质量以及一些微量的营养要素的满足。例如优良的蛋白源及其所含的对虾必需氨基酸的数量，一系列高度不饱和脂肪酸（EPA 和 DHA）、虾青素、维生素 A、维生素 C、益生素（Probiotic）以及一些矿物盐。

Lawrence et al（2004）对斑节对虾营养需求以及低盐度条件下营养需求的变化作了论述，提出如下观点：低盐度水域对虾饲料要求增加蛋白质含量，因为为了增加渗透压调节，需要消耗更多对葡萄糖异生起作用的氨基酸，从而增加氨基酸的代谢；饲料中的碳水化合物如果大于33%，容易导致α-淀粉酶在肝胰腺饱和和肝胰腺的肝糖饱和，从而限制葡萄糖产生。在低盐度水域，推荐使用低碳水化合物饲料，因为对虾需要消耗部分蛋白质调节渗透压消耗。磷脂可以提高对虾耐受低盐度下的渗透胁迫。钾和镁是在低盐度下对虾生长最需要的矿物质，饲料中的钾盐、镁盐和氯化钠有助于对虾生长。

1）蛋白质

在生长阶段的对虾组织，如果以干物质计，蛋白质高达77%~88%，蛋白质中的必需氨基酸含量在46%以上。因此，对虾对蛋白质质量和数量的需求是对虾营养需求和饲料选择的重要参数。多数文献记载，斑节对虾饲料蛋白质需求为36%~50%这一数据的得来受到试验的条件、对虾的月龄、饲料源、其他营养要素的数量等因素的影响。因此，通常商业生产养殖斑节对虾，饲料中蛋白质总量达到40%~45%，即可以满足需求。

蛋白质的质量要求，最为重要的是满足必需氨基酸及氨基酸的平衡。斑节对虾需要的必需氨基酸为蛋氨酸、苏氨酸、色氨酸、组氨酸、异亮氨酸、亮氨酸、赖氨酸、缬氨酸、苯丙氨酸、精氨酸（表2-29）。

表2-29 斑节对虾饲料必需氨基酸的需求量（Lawrence et al, 2004）

氨基酸	蛋白质/%
精氨酸	5.3
组氨酸	2.2
异亮氨酸	2.7

续表

氨基酸	蛋白质/%
亮氨酸	4.3
赖氨酸	5.2
蛋氨酸	2.4
丙氨酸	3.7
苏氨酸	3.5
色氨酸	0.5
缬氨酸	3.7

配合饵料中其他组分也对蛋白质含量要求有较大影响。例如，配合饲料中不同糖类含量、脂肪量，影响到蛋白质的需求量，通常在适量范围内，呈负相关。

虽然对虾对盐度的适应范围很广泛，但是在低盐度下，幼虾需要消耗较多氮源供能量消耗，例如斑节对虾幼虾在海水盐度为32的情况下，蛋白质需要量为40%；而在半咸水、盐度为16的情况下，蛋白质的需要量为44%（Shiau，1998）。

可以为对虾饲料提供蛋白质的饲料源有鱼粉、水生无脊椎动物及其加工产物（如低值贝类、头足类、甲壳类、棘皮动物类等）、大豆、花生饼粕等，其中以水生无脊椎动物的蛋白质最优。

2）碳水化合物（包括单糖、双糖及几丁质、淀粉、纤维素等多糖）

斑节对虾对碳水化合物的利用和其他对虾相似，因此，笔者在这里引用了大量的对虾类利用碳水化合物的例子（Tacon et al，2004），以供参考。

对于虾类的消化酶类测定显示，虾类具有 α-淀粉酶、α-葡萄糖苷酶、α-麦芽糖酶、α-蔗糖酶、半乳糖苷酶、几丁质酶、壳二糖酶和纤维素酶。但是各种虾类有一定的差异。具有这些酶类，说明虾类可以很好地利用碳水化合物，只要没有纤维素包被的植物碎片，这些碎片中的碳水化合物就可以被虾类消化利用，此外，动物的糖原（肝糖）以及饲料的多糖和细菌菌团的碳水化合物类成分，也可以被消化利用。事实上，α-淀粉酶、α-葡萄糖苷酶、α-麦芽糖酶基本上可以完成淀粉水解成葡萄糖的过程，它们是基本的消化酶体系。一般来说，对虾对饲料中的单糖类（如葡萄糖）利用率很低。由于单糖可以被消化道快速吸收，使血糖水平快速提高，造成对虾体内环境的不稳定，所以单糖作为饲料源效果很差，在饲料中添加葡萄糖作能源，对虾的生长受抑制，往往出现不正常死亡。淀粉作为能源效果很好，不过不同植物来源的淀粉，效果有很大的差异，但是不会出现单糖那样的消极效果。试验表明对虾对多种谷物类的淀粉能很好地利用。碳水化合物的代谢对对虾血淋巴的生理活动有重要影响。激素对对虾周期性的蜕皮调控，也暗示了外源性的碳水化合物有重要作用。对虾肝脏中的糖原可以为几丁质合成葡萄糖胺提供葡萄糖糖源，所以糖原可以被认为是几丁质的前体。

实验证实，各种对虾消化各种植物淀粉的能力有很大差别，有些虾的每克肝胰腺的淀粉酶的活性可达到 1 000 mU/mL。如果以消化系数为指标，通常在80%以上。以下列出对虾对常用的植物淀粉的消化率（表2-30）。

表2-30　对虾对常用的植物淀粉的消化率

淀粉种类	消化率/%
谷类（玉米）（标准）	85
谷类（玉米）（直链淀粉）	63
谷类（玉米）（支链淀粉）	85
谷类（玉米）（预熟化）	94
马铃薯（支链淀粉、预熟化）	96
马铃薯（标准）	72
马铃薯（熟化）	93
小麦粉（标准）	92

可以观察到对虾对直链淀粉的消化率不如支链淀粉的消化率，熟化后的淀粉消化率较高，通常谷物类的支链淀粉消化率为76%~99%。

各种对虾对淀粉的消化能力有很大差别，而对于脂肪、蛋白质则差异较小。例如，细角滨对虾和凡纳滨对虾两者相比较，两者的脂肪消化率为82%~87%，蛋白质的消化率为96%~98%（乌贼粉和酪蛋白混合物），而对天然的小麦淀粉仅为10%~40%。

虽然淀粉预熟化的吸收率提高了，但是使用细角滨对虾进行实验发现，使用了预熟化淀粉的对虾生长速度及T细胞受体两项指标均低于使用未熟化淀粉的对虾，这很可能是因为预熟化处理减少了部分氨基酸的吸收或减少了己糖激酶底物的饱和度。熟化后的淀粉有利于淀粉酶的作用，但是并不促进对虾生长，往往增加了肝体指数，因为可以增加肝糖的积累。虾类的肝糖周转能力远低于陆生哺乳动物，实验表明，日本囊对虾饥饿28 d，第一个星期后肝体指数下降，从3.3下降为1.8，说明肝糖被利用，但是以后的3个星期，肝体指数却保持稳定。在蟹类也有类似现象。葡萄糖的代谢周转主要是在对虾的鳃部，和对虾蜕皮周期有密切关系，关键是由高血糖激素调控。投喂蚯蚓后，虾血液中出现高水平的血糖，虾的几丁质和5-羟色胺的合成与高血糖关系密切，血液中葡萄糖可能和肝胰腺（肝糖）的磷酸果糖激酶的活性有关。对虾对几丁质的利用很好，可能与对虾肠道内的几丁质酶的活性有关。

对于虾类的免疫反应有重要作用的复合糖类主要是β-葡萄糖。碳水化合物同样具有调节虾类渗透压的功能，在稳定虾类体内环境方面起重要作用，前文已经作了介绍。

饲养虾类,高蛋白、低碳水化合物的饲料不利于对虾能量的保留,例如,使用细角滨对虾实验表明,在饵料能量相同的条件下,饲喂高蛋白质饲料的能量贮存效率,低于高碳水化合物的饲料的能量贮存效率(表2-31)。

凡纳滨对虾的实验和上述细角滨对虾结果相似,只不过能量贮存率为10%~14%。

表2-31 不同蛋白质和碳水化合物的饲料的能量贮存效率

Mj/kg	小麦淀粉/%	蛋白质含量/%	能量贮存/%
17	30	35	19
17	25	45	17
17	17	50	15
17	11	55	14

Shiau and Peng(1992)用斑节对虾实验证实,饲料中适量增加淀粉量,可以减少蛋白质需求量。通常对虾对糖类(淀粉为主)的营养需求量在饲料中为25%。碳水化合物在饵料中高达45%能量含量,不会有副作用;40%的能量含量,不会减少饵料利用率。有许多关于对不同糖类的利用率的报道,Sick and Andrews(1973)发现,在相同条件下,桃红美对虾(*Farfantepenaeus duorarum*)摄食含量为400 g/kg的淀粉饲料时,其生长比摄食含等量葡萄糖饲料的对虾快。日本囊对虾摄食每千克饲料含100克糖原,如淀粉、糊精、葡萄糖或蔗糖的饲料时,摄食含蔗糖的饲料其质量增加最大,摄食含葡萄糖饲料的对虾质量增加最低。饲料利用率由高至低依次为蔗糖、糊精、葡萄糖。在饲料中分别含195 g/kg葡萄糖、半乳糖、蔗糖、糊精、可溶性淀粉、土豆淀粉或糖原的情况下,日本囊对虾摄食含单糖和半乳糖的饲料时生长缓慢,此时肝胰脏糖原浓度高。Pascual等于1992年研究发现,给斑节对虾投喂含量为100 g/kg、400 g/kg的麦芽糖、蔗糖、糊精、糖蜜、木薯、淀粉、玉米淀粉或西谷椰子淀粉的饲料时,未见虾的成活率与糖的相对复杂性间有相关性。虽然蔗糖和麦芽糖都属二糖,但摄食蔗糖饲料对虾的成活率(40%)比摄食麦芽糖饲料的(10%)高。这种差异可能与二糖的分解产物和性质不同有关,蔗糖分解为葡萄糖和果糖,麦芽糖分解为两个单位的葡萄糖;此外,麦芽糖是还原糖,而蔗糖不是。Shiau and Peng(1992)也证实,斑节对虾对玉米淀粉的利用率比葡萄糖高。

Alava and Pascual(1987)用含量分别为100 g/kg、200 g/kg、300 g/kg海藻糖的饲料喂养斑节对虾,结果发现摄食含海藻糖和蔗糖饲料的对虾比摄食含葡萄糖饲料的增重率高,死亡率低。海藻糖是昆虫血淋巴中的糖,性质与蔗糖相似,都是非还原糖,与麦芽糖一样都分解为两个葡萄糖单位。对虾对非还原糖的利用率高已引起人们的重视，但其机理及饲喂技术等问题尚需深入研究。

大量的实验证明，对虾对淀粉之类多糖的利用率比简单的单糖高，但具有淀粉种类和数量上的差异，也因对虾种类不同而不同。在饲料中添加次粉、一级精粉、二级精粉和胶化面包粉等的数量不超过350 g/kg 饲料时，斑节对虾、日本囊对虾的质量增加和对蛋白质、干物质及糖的消化率无显著差别，但超过350 g/kg 则生长缓慢，饲料系数增加。这意味着对虾饲料中淀粉的适宜含量应为300～350 g/kg。添加5 g/kg 的几丁质有利于骨骼生长，超过此量则生长缓慢。

糖类与蛋白质的利用率有关，斑节对虾摄食淀粉或糊精饲料时生长快，饲料系数低，饲料利用率高，蛋白功效比值和成活率均高。以淀粉作为能源饲料，对虾对蛋白质的适宜需要量较低，表明在饲料中添加淀粉具有节省蛋白质的作用。当饲料中糖含量为10～330 g/kg 时，细角滨对虾（平均体质量为9.45 g）肝胰脏中淀粉酶和葡萄苷酶的活性增加，糖含量高时血淋巴和肝胰脏中葡萄糖含量达最高峰的时间短，反之则长。饲料中糖含量为100 g/kg 时，能量不足部分由蛋白质补充，饲料中适宜糖含量为210 g/kg。上述的一些试验结果表明，对虾对糖利用率低的机理以及某些对虾对葡萄糖利用率低的机理目前尚不十分清楚。

斑节对虾和大多数对虾类一样，对碳水化合物的需要量没有严格的数量限定。对虾对单糖的利用率较低，除纤维素和几丁质外，利用率随糖链组成复杂度的增加而增高。大量的实验证明，碳水化合物的营养价值也是因种类和数量有很大的差别。以淀粉作为能源饲料，可适当降低对虾对蛋白质的需要量，表明在饲料中添加淀粉具有节省蛋白质的作用。在饲料中添加淀粉等的数量一般不超过35%，超过该值则对虾生长缓慢，饲料系数增加。这意味着对虾饲料中淀粉的适宜含量应为30%。

推荐为对虾提供碳水化合物的饲料源是饼粕类、谷物淀粉等。

3）粗脂肪

对虾类是低脂肪动物，对饲料中的脂肪类含量要求不高，但是对脂肪质量要求严格，必须满足必需脂肪酸的要求。通常对虾对粗脂肪的要求量为4%～8%。虽然商业出售的养成期对虾饲料的粗脂肪含量为4%左右，但是多数研究者的报告认为，对虾幼虾对饲料中脂类的要求量为6%～8%，最大量不得超过10%。粗脂肪实际上包含了所有的脂溶性物质。虽然在对虾组织中总的含脂量较低，但是对虾对脂类中的必需脂肪酸、不饱和脂肪酸、磷脂、胆固醇含量要求较高。

实验证明，斑节对虾等对虾类需要四类必需脂肪酸：亚油酸（C18：2n-6），亚麻酸（C18：3n-3），二十碳五烯酸（C20：5n-3、EPA），二十二碳六烯酸（C22：6n-3、DHA）。尤其是后两种不饱和脂肪酸，通常称为高度不饱和脂肪酸（HUFA），它们的数量对对虾健康生长十分重要。日本囊对虾幼虾饵料中高度不饱和脂肪酸含量为1%，斑节对虾幼虾要求高度不饱和脂肪酸含量为0.5%～1.0%，中国明对虾要求亚油酸含量为 1.95% ~ 2.16%，亚麻酸为 0.87% ~ 1.09%，高度不饱和脂肪酸含量是 0.57% ~ 1%，其中 EPA 为 0.2%，DHA 为 0.37%。季文娟于 1994 年的研究认为，花生四烯酸（C20:4n-6）也是中国明对虾的必需脂肪酸，在试验饲料中适宜量为 1%。就中国明对虾的生长速度、成活率作指标，比较几种不饱和脂肪酸的作用，排序为：DHA > 花生四烯酸 > 亚麻酸 > 亚油酸。花生四烯酸同样也为斑节对虾所需。

二十碳五烯酸（EPA）和二十二碳六烯酸（DHA）均是 n-3 系列高度不饱和必需脂肪酸，这两种高度不饱和脂肪酸需要量的比值通常为 1:2。饲料中适当的高度不饱和脂肪酸含量对提高斑节对虾的抗胁迫性能有重要影响，对虾成活率高，但当 n-3 系列的高度不饱和脂肪酸含量过高，对对虾的生长和存活也有不利影响。

4）胆固醇

胆固醇是对虾必需营养要素。日本囊对虾饲料中的胆固醇适宜量通常认为是 0.5%，斑节对虾的为 0.2% ~ 0.8%。中国明对虾饲料中的胆固醇适宜量是 0.5% ~ 1.0%。使用胆固醇含量为 0.5% 的饲料的斑节对虾生长最快，当胆固醇含量达 1% 时，对其生长有不利影响。因为胆固醇和磷脂会相互影响，所以如果磷脂增加，胆固醇要求量减少；如果饲料中缺少磷脂，胆固醇要求量适当增加。例如当饲料磷脂量为 3%，胆固醇仅需要 0.13%。

5）磷脂

对虾对饲料中磷脂的需要量和磷脂的种类有很大关系，以结合胆碱（卵磷脂）、肌醇为最有效，饲料中含这两种磷脂时可降低需要量。一般情况下，对虾饲料的磷脂要求量是 1% ~ 2%。Chen and Chen（1993）认为斑节对虾饲料中的卵磷脂含量为 0.5% ~ 1.0%。可为对虾饲料提供脂类营养的饲料源为鱼油（特别是鳀鱼油）、贝类、头足类、蟹类。

6）维生素

Reddy et al（1999）应用半纯化的饲料研究斑节对虾必需的维生素。有如下几种，水溶性的有维生素 B_1、维生素 B_2、维生素 B_6、维生素 B_{12}、泛酸、烟酸、叶酸、生物素、肌醇、胆碱、维生素 C；脂溶性的有维生素 A、维生素 E、维生素 K。实际上由于对虾饲料及环境饵料生物可提供许多维生素，饲料中仅仅需要注意添加少数几种维生素。例如，维生素 B_1 的需求量为 13 ~ 14 mg/kg 饲料，维生素 B_2 的需求量为 22.5 mg/kg 饲料，维生素 B_{12} 的需求量为 0.2 mg/kg 饲料，烟酸的需求量为 7.2 mg/kg 饲料，叶酸的需求量为 2 ~ 8 mg/kg 饲料，维生素 C 的需求量为 2 000 mg/kg 饲料，维生素 E 的需求量为 500 mg/kg 饲料，维生素 K 的需求量为 30 ~ 40 mg/kg 饲料。虾青素在饲料中的含量控制在 50 mg/kg，可以有效地预防斑节对虾"蓝体综合征"的发生（Menasveta et al，1993b）。

2.4 斑节对虾繁殖群体及繁殖特性

由于斑节对虾属于热带海域对虾种类，生活水域全年的环境参数基本上均可以满足其繁殖要求。全年虽然有主要繁殖期，但是根据幼虾每月出现的频率，可判断该虾在自然海区可以周年进行繁殖。因此而导致自然种群月龄结构复杂，加之个体的繁殖生理差异，从而造成繁殖群体结构复杂。捕捞自然野生种虾、亲虾如果不进行眼柄切除，则难以在短期内同步成熟产卵。但是在家养条件下克服产卵群体结构的复杂性，关键问题是如何确立最佳的繁殖月龄和得到体型较大的种虾。

2.4.1 野生斑节对虾的繁殖特性

Motoh（1981）曾经在"菲律宾的斑节对虾的渔业生物学研究"一文中对斑节对虾的繁殖特性作过详细的报道。我国学者钟振如等在1989—1991年对我国南海西北部水域的斑节对虾资源调查研究中，对我国海南水域的斑节对虾繁殖特征作过广泛研究。赖秋明等（1999）对海南三亚海域野生斑节对虾亲虾在人工培养条件下的产卵特性作了报道。

根据钟振如等报道，我国斑节对虾的分布海区从东海浙江直到南海，但是该虾的繁殖群体仅仅分布在海南省周围海域，而且主要分布在海南岛东南部的榆林港外至东锣岛海域。另外，在海南岛南部的甘蔗岛至牛奇岛海域也有分布。在上述区域水深60 m 以内的浅水域，水深30~60 m 区域产卵。体长10~30 mm 的幼虾分布与成虾分布基本一致，主要在海南岛东部文昌、清澜至崖城的宁远河口半咸水区，以万宁的小海最多。根据海南岛周围海区体长小于30 mm 斑节对虾幼虾周年出现的频率以及性腺已发育至Ⅳ期的雌虾出现的频率调查，体长小于30 mm 的斑节对虾幼虾周年均可捕获，性腺已发育至Ⅳ期的雌虾周年也可捕获。据此现象，可以认为海南岛的斑节对虾产卵群体，几乎可以周年产卵，但是主要集中在9—12月。捕获的雌虾成熟的最小体长为189 mm，体质量为95 g；最大体长达314 mm，体质量为468 g；产卵群体的怀卵量为109.0万~211.8万粒/尾，平均达154万粒/尾。据赖秋明报道，海南岛的三亚市至亚龙湾离岸50 km 内的海区，均可捕到亲虾，以距岸20~30 km，水深20~40 m 处亲虾较多，以6—11月捕获量最高，2—4月次之。在捕获量较高的集中期，雌虾性腺发育为Ⅲ期、Ⅳ期的数量占10%~20%，对虾交尾率达90%~95%，雌、雄比为1∶1，可认为该处为产卵场。

2.4.1.1 斑节对虾性成熟标志

Motoh（1981）依据野生斑节对虾雄性精子在壶腹内出现以及对虾交配精荚进入纳精囊，雌虾纳精囊内具有精子，作为判断斑节对虾性成熟的标志。雄性出现精子最早的是头胸甲长37 mm（体质量约为35 g，体长约为13.8 cm），雌虾成熟的最小个体为头胸甲长47 mm（体质量约为67.7 g，体长约为166.5 mm）。池塘养殖的斑节对虾成熟的最小个体，通常雄虾为头胸甲长31 mm（体质量约为20 g，体长约为119.5 mm），雌虾为头胸甲长43 mm（体质量约为48.9 g，体长约为148 mm）。

2.4.1.2 斑节对虾雌虾性腺发育的外观特征

斑节对虾雌虾性腺发育的细胞学特征，在第一节已经描述，根据与之相对应的外观特征，认为可以分为六个发育期。Ⅰ期（卵原细胞期）：从虾体背部外观看不到卵巢，解剖后，卵巢各叶均呈短的细管状，呈薄的透明或半透明覆盖于肝胰脏表面，卵巢呈现出无色、白色或浅色，不能看到卵粒。Ⅱ期（核染色质期）：卵巢呈现出一条十分细的线贯穿整个背部，卵巢体积相对增大，尤其是头胸部区域的前叶和侧叶增大较明显。整个卵巢呈浅的乳黄或灰绿色。卵黄发生前期卵巢的特点是卵原细胞和初级卵母细胞在核染色质期或核仁周期占绝大多数。Ⅲ期（周边核仁期）：卵巢比Ⅱ期相对要粗，外观隐约可见。解剖后观察，卵巢的前叶、侧叶较为肥大，前叶延伸至眼区，侧叶向头胸甲两侧下方延伸，膨大；后叶前端膨大，后段细长。Ⅲ期卵巢的颜色呈灰绿色到蓝绿色。小粒的卵粒可以辨别。Ⅳ期（卵黄囊期）：卵巢从外部背面可见到较粗、充实的、暗色的直线并扩展到头胸部的后面和腹部的前面区域。一个淡淡的"钻石"或"蝴蝶"形状可在第一腹节背部看到。解剖后的卵巢呈橄榄绿或暗绿色，卵巢可见充实的颗粒状结构，可辨别的卵粒呈团块状。前、侧叶在头胸部非常饱满，其中前叶到达眼区后向上折回。卵巢内充满卵黄发生期的卵母细胞。Ⅴ期（成熟期）：卵巢已十分明显，暗的条状，钻石形在第一腹节扩大而明显。解剖后，卵巢呈橄榄绿或暗绿色，充满整个体腔的所有可用空间，卵巢可见充实的颗粒状结构，可辨别的卵粒成团块状。卵巢壁极薄，成熟卵粒易流出。Ⅵ期（枯竭期或恢复期）：卵巢与Ⅰ期（完全产卵）或Ⅱ期相似，不同部位有清晰和暗色区域（部分产卵）。解剖可见卵巢萎缩，体积变小，呈细的不实的白色或灰绿色的碎组织块。

2.4.1.3 斑节对虾的繁殖力

对虾的产卵能力因各种情况而变化，通常和对虾大小有密切关系。野生斑节对虾产卵量为248 000～811 000粒/（尾·次）（Motoh，1981）。赖秋明等利用在海南省捕获的野生斑节对虾，在人工条件下经切眼柄促熟，斑节对虾每尾、每次的产卵量基本上与体长呈正相关（表2-32）（赖秋明等，1999）。

表2-32　海南省野生斑节对虾亲虾在人工条件下的产卵量（赖秋明等，1999）

对虾亲虾平均体长/mm	平均产卵量/（万粒·尾$^{-1}$）
195	20.2
200	30.3

续表

对虾亲虾平均体长/mm	平均产卵量/（万粒·尾$^{-1}$）
210	40.3
225.3	50.4
245.5	60.3
259.4	69.8
277.8	79.0
279	91.9
280	96.1

2.4.2 斑节对虾的生命史

2.4.2.1 胚胎发育（彩图2-9）

斑节对虾产卵后，卵子呈淡黄绿色，卵径为0.27~0.31 μm，平均为0.29 μm。雌虾排卵的同时，纳精囊释放精子，卵子在水内受精。受精卵为沉性卵。胚胎发育速度随温度的变化而变动，通常在28℃左右的温度条件下，产卵后0.5 h分裂为2个细胞，1.0 h分裂为4个细胞，1.8 h发育为囊胚期，11.0 h后成为膜内无节幼体，出膜前幼体不断做间歇性活动。

2.4.2.2 幼体发育

斑节对虾幼体具有典型的对虾幼体发育过程，分为6个无节幼体发育期，3个溞状幼体期，3个糠虾幼体期。它们生活在远离海岸、盐度比较稳定的海域。

1）无节幼体期（彩图2-10至彩图2-15）

该阶段依靠体内卵黄提供能量，3对附肢，体不分节，无摄食口器，不摄食。浮游习性，发育期需要1.5 d。无节幼体可分为6期，其外观主要特征：无节幼体Ⅰ期，体长0.30~0.33 mm，尾棘1对，第一对附肢前端刚毛等长，光滑；无节幼体Ⅱ期，体长0.31~0.38 mm，尾棘1对，第一对附肢前端刚毛显著长于其他刚毛，刚毛均成羽状；无节幼体Ⅲ期，体长0.33~0.42 mm，尾棘3对，腹部有附肢生长芽突；无节幼体Ⅳ期，体长0.34~0.43 mm，尾棘4对；无节幼体Ⅴ期，体长0.39~0.42 mm，尾棘5对，身体拉长，显头胸节雏形；无节幼体Ⅵ期，体长0.50~0.58 mm，尾棘7对，头胸节显著，但身体仍未分节。

2）溞状幼体期（彩图2-16至彩图2-18）

浮游习性，需要摄食浮游生物，以单胞藻为主，发育期需要5 d，其外观主要特征：溞状幼体Ⅰ期，体长0.90~1.20 mm，体分节，分为头胸部和腹部，头胸分节，具有口器和消化系统，无复眼，无额角；溞状幼体Ⅱ期，体长1.72~2.04 mm，腹部分为6节，头胸部生长额角，复眼柄生成，尾节无尾肢；溞状幼体Ⅲ期，体长2.40~

3.30 mm，有一对尾肢，前 5 腹节背部每个节的末端长有小棘，第五节的两边侧缘各长一小棘。

3）糠虾幼体期（彩图 2-19 至彩图 2-21）

浮游生活，头向下倒置，以摄食浮游动物为主，发育期需要 4 d，其外观主要特征：糠虾幼体 I 期，体长 3.28~4.13 mm，五对步足长出外肢，腹部游泳足呈芽突状；糠虾幼体 II 期，体长 4.00~4.70 mm，腹部生游泳足，但短小；糠虾幼体 III 期，体长 4.05~4.87 mm，腹部游泳足增长分节。

2.4.2.3 仔虾期（彩图 2-22）

由糠虾期变为早期的仔虾，变为水平游泳和底栖习性，身体透明，腹面从第一触鞭到尾节末端有暗色斑纹，仔虾头胸节长 1.2~2.3 mm（体长约 20~24 mm）。该阶段需要 15 d 完成发育。

2.4.2.4 后期仔虾期（彩图 2-23）

有的学者也将它称为稚虾期，具有如下特征：和头胸甲长比较，第六腹节相对较短；完成了额剑齿式模式发育，额剑上缘 7 齿，下缘 3 齿；完成鳃系统发育，体色变暗，身体逐步增粗，和成虾一样，应用步足爬行，用游泳足游泳。这时头胸甲长 2.2~11.0 mm（体长约 23.7~52.2 mm）。后期仔虾期生活在河口低盐度近岸水域，营底栖生活。该阶段需要 15~20 d。

2.4.2.5 幼虾期（彩图 2-24）

该阶段体型与成虾相似，生活在河口低盐度近岸水域，营底栖生活索饵。性分化开始于头胸甲长 11.0 mm（体长约 37.3 mm）。雄虾交接器相连合的最小体长为 116.0 mm（头胸甲长 30.0 mm）。拥有类似于成虾的纳精囊的雌虾最小体长为 134.2 mm（头胸甲长 37.0 mm）。本阶段对虾的生长约需要 4 个月，体长由 35.0 mm 生长到 130.0 mm，头胸甲长变化范围在 11.0~34.0 mm（体长约 52.2~126.8 mm）。生活在河口低盐度近岸水域。

2.4.2.6 亚成虾期（彩图 2-25）

该阶段对虾已经开始性成熟。雄性的贮精囊—壶腹内已经有精子，雌性虾的纳精囊发育完全，已经交配的雌虾纳精囊内含有精子。雌虾交配前生长迅速。该阶段的对虾开始向外海深水处产卵场迁移，有一些对虾在迁移过程中交配。交尾的最小体长，雄虾为 140.0 mm，雌虾为 165.5 mm。

2.4.2.7 成虾期（彩图 2-26）

该阶段的对虾和亚成期的对虾在形态上没有区别，主要区别是对虾的体长比较大，生长速度变慢，生活在外海 30~60 m 深水区，有报道在水深达 160 m 也可发现该虾。由于斑节对虾雌性对虾的性成熟较晚，通常在天然环境下需要 10 个月龄以上才可以达到产卵时期。雌虾生长需要蜕皮，同时纳精囊的外壳及已经贮藏的精子也同时失去，因此，该虾常常发生多次交尾现象。在人工去除眼柄的情况下，雌虾性腺可以多次成熟，多次产卵，通常两次性腺成熟间隔 3~7 d。一般成熟 3~4 次，个别虾可达 9~10 次。

斑节对虾的寿命较其他对虾类略长，雌虾通常可以达到 24 月龄以上，甚至有报道到达 3 年以上者。但雄虾寿命较短，为 12~18 月龄。

2.4.3 家养斑节对虾种虾的繁殖特性

自从 20 世纪 80 年代以后，由于斑节对虾养殖大规模发展，在人工养殖条件下，培育斑节对虾种虾受到人们的重视。实验性的斑节对虾全人工养殖研究取得很大进展。1992 年以后，由于对虾白斑综合征等病毒性疾病的困扰，以及对虾养殖产业发展对遗传育种的需要，人工培育斑节对虾种虾在几个国家开始产业化开发研究，已经从实验性研究向产业化方向过渡。目前，对斑节对虾繁殖特性的调控手段，就单项技术而言，许多繁殖特性参数已经达到或接近野生斑节对虾的指标，应用于生产实现预定繁殖目标基本可行。但是如何实现较为完善的、经济上可行的配套技术，实现产业化，仍然需要深入研究。

陈秀南于 1993 年综合前人资料，提出评价甲壳类繁殖特性的四项考核项目，主要内容为精子质量、卵子质量、子代质量以及亲虾综合繁殖性能。这些内容可以作为判断家养种虾繁殖性能的技术指标。

① 卵子质量：每尾虾的产卵量及受精卵量；卵子大小和质量；胚胎发育率；孵化时间；孵化率。

② 精子质量：精荚质量；精荚外观症状；精子数量；活精子数量。

③ 子代质量：每尾产卵虾生产的无节幼体数量；每月每尾雌虾生产的无节幼体数；无节幼体的健康状态、发育速度、蜕皮增长量及蜕皮间隔时间，无节幼体变态率，溞状幼体体长，溞状幼体一期的变态率。

④ 亲虾综合繁殖特性：首次成熟日龄（或年龄）；交尾率（授精率）；每月每尾雌虾的产卵量；可产卵虾数；多次成熟、产卵特性。

经过 20 多年的研究积累，依据上述指标，已经有大量的实践和数据证明，在家养状态下，在控制环境条件，尤其是注意满足对虾营养条件的情况下，可以批量培养出可供繁殖使用的斑节对虾种虾。

20 世纪 70 年代末 80 年代初，已经有人注意到在粗放的养殖池中，体质量为 90~100 g（头胸甲长 52~56 mm）的体型比较大的斑节对虾雌虾经过切除眼柄手术，性腺可以很快成熟并产卵。Primavera 于 1978 年应用切眼柄技术，获得 5 月龄亲虾成功产卵的结果。但是由于使用野生亲虾经济上更加有利，应用家养种虾培育斑节对虾亲虾并未得到人们的重视。直到 20 世纪 90 年代以后,在大批量培育种虾开发研究方面才有了较快的发展,以下是一些实验事例,这些事例足以说明,斑节对虾种虾实现商业化培育,指日可待。

以往实验性培养斑节对虾种虾研究主要利用如下几种方式:利用传统的生产池塘,包括从大水面的渔埕中选择种虾;小面积土池专养种虾;室内或室外水泥池或玻璃钢水槽等。应用生物安全零交换水系统成功培养凡纳滨对虾种虾、无特定病原虾为斑节对虾种虾培育、遗传育种提供了一种预防病毒性疾病的技术手段。Otoshi 等人于 2003 年比较了凡纳滨对虾种虾在封闭的循环用水系统养殖和传统的池塘养殖系统的区别。试验使用体质量 20 g 的凡纳滨对虾,养殖达到体质量 40 g 性成熟。结果表明,在传统的养殖系统内由于具有丰富的天然饵料生物(藻类和微生物)对虾生长较快,雄性对虾每周生长量达 1.07~1.24 g,雌性对虾每周生长量达 1.48~1.78 g;在循环水系统内,雄性对虾每周生长量达 0.83~0.90 g,雌性对虾每周生长量达 1.33~1.53 g;但是,两个养殖系统内种虾的繁殖特性(例如,种虾成活率、幼体成活率、生长、繁殖力等)没有显著差异。和凡纳滨对虾相比较,斑节对虾种虾培育时间经历较长,往往需要经历冬季的低温期,因此,为减少外界气候影响,经常需要几种养殖方式结合进行。多数情况下,往往利用土池培育稚虾和幼虾,达到 4~6 个月龄后,转入室内便于控制环境条件的水泥池或水槽继续培养,直到性成熟。

2.4.3.1 大水面渔埕中选择种虾

我国以及东南亚地区粗放式养殖对虾,主要是利用渔埕等大水面粗养,过去多数是纳养野生虾苗。在我国由于人工苗源丰富,价格合理,虾苗多数来源于人工苗。该种养殖水域,面积大,水体宽阔,养殖密度低,对虾的天然饵料种类多样化,相对数量丰富,几乎可以满足对虾 50% 以上的摄食需要量,有些养殖者甚至不投饲料,因此,养殖的对虾体型较大,所以人们首先想到由该种养殖方式选择斑节对虾种虾。杨小立 1999 年报道,在 1990—1991 年利用秋季 8—9 月在渔埕中挑选两个体长组的斑节对虾,作切眼柄促熟以及繁殖培育虾苗实验。结果显示,雌虾切眼柄 30 d 后,体长 16.5~19.5 cm 的组,性腺成熟个体占 25%。同样的情况下,体长 20~24 cm 的组,性腺成熟的个体为 93%。体长较小组的成熟虾,产卵量少,每尾产卵量 5 万~12 万粒,卵子孵化率 10%~40%。自此以后,选择体长 20~24 cm 的雌性对虾 276 尾,经切除眼柄处理,手术后 3 d,即有性腺成熟者,但多数对虾术后需要 6~20 d 才能达到性腺成熟。在实验 40 d 内,276 尾虾共产卵 608 尾次。平均每尾虾产卵两次,每次产卵 30.5 万粒/尾,最高产卵量者达 85 万粒/(尾·次)。由于使用人工授精技术,对虾卵子的受精率较高,平均每尾生产无节幼体 19.7 万尾,出苗率为 13.8%。但是这种养殖方式最大的问题是难以控制病原,实际规模化应用受限。

2.4.3.2 小面积土池培育种虾

为了方便调控养殖环境及营养条件，便利操作，大多数试验使用小型养殖池塘。林明男于1989年报道了1986—1987年应用小水面土池内培养斑节对虾的成长、性腺成熟以及对虾交尾观察结果。种虾培育使用 0.8 hm² 土池，池内按照 0.25 尾/m² 的密度投放虾苗 2 000 尾。使用配合饲料，虾苗日龄为 32 日龄（指幼体变态仔虾后 32 d，以下所述日龄含义相同），体长 1.92 cm，体质量 0.10 g。1985年5月16日开始养殖至1987年8月4日，经历 477 d，平均体长达 17.81 cm，平均体质量 90.61 g。在养殖期内，对虾体质量增长和养殖日龄呈线性相关，每日增加约为 0.2 g。养殖至 120 日龄左右，雌雄虾生长出现差异，雌虾生长速度稍快于雄虾。检查雌性对虾性腺，日龄 134 d 的性腺指数为 0.18［对虾平均体质量约为（35.2±1.72）g］；日龄 417~527 d 的性腺指数为 1.01~1.04，最高者为 1.31（对虾平均体质量为 105~112 g）。测得 105 日龄雄虾的各项数据为：体质量为 28.43 g，精荚质量为 3 mg，精子数为 5×10^6，从此时开始，对虾的精荚质量及精子量随着体质量增加而增加。日龄 416 d 的精荚质量为 30.5 mg，精子数 56.5×10^6。但是观察到日龄 294 d 以后，对虾的精荚饱满度随着季节而有变化，6月处于高峰，9月处于低峰。精荚饱满度的变化和交尾有关，雄性交接器在日龄 105 d 即有连合者，但精荚尚未形成；日龄 148 d 开始出现交尾，最高时，池内交尾率达 65%。

应用切眼柄手段对这批池养雌性种虾作性腺促熟观察。实验使用日龄 407 d 以后的雌虾，分 6 个批次，按日龄分组，最后一组是 530 日龄组。结果从产卵率、每尾虾每次产卵量比较，由于后期受盐度影响，日龄较短的前三个组，好于日龄较长的后三个组。前者的产卵率为 63.2%~100%，每尾虾每次平均产卵量为 26.6 万~36.6 万粒。后者中的一个组，由于体质量在 73.2~107.8 g（平均为 98.95 g）产卵率仅为 5.59%，每尾虾每次平均产卵量为 18.8 万粒。其他两个组，产卵率为 33.9%~47.4%，每尾虾每次平均产卵量为 26.1 万~28.9 万粒。每尾对虾产卵次数，最高可达 5 次，每尾虾每次产卵量最高达 64 万，平均达 30 万。以这些指标评价，可以达到野生斑节对虾的产卵指标。

陈秀南于 1993 年在《草虾种虾的培育和人工饲料促熟》一书中较为系统地总结了台湾地区 20 世纪 90 年代以前斑节对虾种虾培养的研究结果，包括培育种虾方法、体型大小和生殖的关系、种虾生殖能力，尤其着重探讨了营养对繁殖的影响等问题。比较一段式和多段式对虾分段培养的优点和缺点的试验后，认为以低密度培养有利于种虾在较短的时间内生长，例如在 150 日龄左右，体质量可达到 100 g。分段养殖的第一阶段，通常以高密度集约养殖，之后逐步降低养殖密度，一方面提高池塘的利用率，另一方面改善了对虾的养殖环境。因此，陈秀南做了两种养殖方式的实验。两段式培养方法，首先以 30 尾/m² 的密度，养殖虾苗（PL_{17}），待对虾生长到头胸甲长 30

mm（体长约为 104 mm）时，转移至新池，以 7 尾/m² 的密度养殖培育。一段式培育方法，采用 5 尾/m² 和 10 尾/m² 两个养殖密度。实验结果说明一段式培育也有优点，由于两段式实验时间安排不当，一段式实际结果好于两段式养殖。经过 285 个日龄养殖，5 尾/m² 养殖密度，雄虾体长可达 190.7 mm，雌虾体长可达 212.3 mm。10 尾/m² 养殖密度下，雄性对虾体长达 168.7 mm，雌虾体长达 202.7 mm。雌虾、雄虾均达到对虾可能成熟的体型。应用月龄达 10~12 个月的池养虾观察授精率（交尾成功率），结果说明对虾体长对授精率有重要影响。平均头胸甲长 39.2 mm（体长约为 146 mm）的雄虾和平均头胸甲长 42.5 mm（体长约为 152 mm）的雌虾实验组，授精率为 12.2%。平均头胸甲长 53.2 mm（体长约为 191.4 mm）的雄虾和平均头胸甲长 61.2 mm（体长约为 212.3 mm）的雌虾实验组，授精率为 76.8%。观察日龄 13~14 个月的经切除眼柄的池养种虾的卵巢发育，头胸甲长小于 42 mm（体长约为 150 mm，体质量约为 63 g）的雌虾，性腺不发育，头胸甲长达 45 mm（体长约为 160 mm，体质量约为 73 g）的雌虾，少量虾性腺有发育。只有当头胸甲长达到 58 mm 以后（体长约为 200 mm，体质量约为 126 g），性腺发育达到Ⅲ期、Ⅳ期的比例大幅增加，而且卵巢多次成熟发育的间隔时间随着体型增大而缩短。陈秀南在 1993 年的研究表明，体型较大的雌虾不但成熟快，而且生殖腺指数高，生殖力高，卵径大，有较高的孵化率。

泰国学者 Chindamaikul 等人于 1990 年的实验报道了土池可以养殖出较大的斑节对虾，并且达到成熟。实验于 1989 年 3 月至 1990 年 1 月进行，在土池养殖斑节对虾 12~18 个月龄，总共 850 尾虾。每次使用 100~150 尾虾做性腺促熟实验，实验期为 50~70 d。实验表明，超过 12 月龄，切眼柄处理，雌虾性腺可以成熟。以超过 18 月龄的雌虾最好，成熟的雌虾数多，产卵量大，孵化率高。最适宜的对虾体长，雄虾应达到 24 cm，体质量达 110 g，雌虾应达到体长 25 cm，体质量达 130 g，产卵量为 16.5 万~22.0 万/尾，切眼柄以后的成活率为 53%~65%。Sriveerachai 等人在 2000 年报道，应用土池培养斑节对虾种虾，达到了产卵体长。实验重复三次，均获成功。第一次，1993 年 12 月 16 日至 1994 年 9 月 5 日，总共养殖 420 d，第一阶段养殖 156 d，养殖密度为 6.1 尾/m²，平均体长为（15.37±1.38）cm，平均体质量为（29.31±8.96）g；第二阶段养殖 264 d，雄虾平均体长为（22.20±0.99）cm，雌虾为（24.19±1.56）cm，雄虾平均体质量为（101.59±11.65）g，雌虾为（137.50±28.50）g。第二次，1995 年 2 月至 1995 年 9 月，总共养殖 366 d，第一阶段养殖 147 d，养殖密度为 6.4 尾/m²，平均体长达到（16.66±1.22）cm，平均体质量达（42.92±9.54）g；第二阶段，养殖 219 d，雄虾平均体长为（20.56±1.14）cm，雌虾为（22.25±1.36）cm，雄虾平均体质量为（80.90±14.03）g，雌虾平均体质量为（107.92±21.21）g。第三次，养殖开始于 1995 年 12 月 23 日至 1996 年 7 月 25

日，总共养殖304 d，第一阶段，养殖185 d，养殖密度为6尾/m²，平均体长达（16.41±1.20）cm，平均体质量达（44.09±10.40）g；第二阶段养殖116 d，雄虾平均体长为（18.66±1.24）cm，雌虾平均体长为（19.46±1.52）cm，雄虾平均体质量为（69.65±12.96）g，雌虾平均体质量为（78.93±16.28）g。此后，又在密度为2.7尾/m²的条件下养殖到429 d，雄虾平均体长达（21.21±0.88）cm，平均体质量达（107.06±13.13）g，雌虾平均体长达（22.50±1.22）cm，平均体质量为（103.35±20.86）g。

杨丛海等于1993年在我国山东北部，应用两阶段培养方式进行斑节对虾全人工培育试验，完成种虾培育和第二代人工苗培育。种虾培育从5月开始，首先在室内水泥池培育体长为0.8~0.9 cm（仔虾为10日龄）虾苗，20 d后放养于室外的小型土池养殖，9月下旬出池，室外养殖100 d左右，平均体长达13 cm。之后转入室内水泥池（池面积6 m×4 m，5 m×5 m）至第二年6月20日（种虾为395~400日龄）。雌性种虾平均体长为17.2 cm，平均体质量为76.4 g。交尾率64%~78%。经切眼柄处理，在弱光条件下雌虾有46%的个体性腺发育加快，在自然光下只有29%的个体性腺开始发育。有少数个体未作眼柄切除，也出现性腺发育，但仅占4.5%。性腺成熟的雌性个体，每尾虾的产卵量为5万~20万粒，平均10万粒，无节幼体孵化率60%~70%，由无节幼体至仔虾（PL_{11}）的成活率为35.7%。

2.4.3.3 水泥池或水槽培育

由于种虾培育需要控制环境参数，事实上在水泥池，尤其是在室内的水泥池更容易满足这些要求，泰国学者在这方面做了许多探索。Verakulpiriya和Tattanon于2002年研究了应用水泥池培养斑节对虾种虾的可能性。研究开始，将已经在土池养殖4个月龄平均体质量为23.38 g的斑节对虾，养殖在4个水泥池，放养密度为6尾/m²，每个池子放80尾虾，饲料使用人工饲料和冰鲜乌贼，养殖10个月。实验结束后统计，平均成活率为73.75%±1.25%；平均体质量为（105.41±2.82）g；平均长度为（22.82±0.13）cm。体质量增长量为（0.278 4±0.011 1）g/（尾·日），体长增长量为（0.038 0±0.002 1）cm/（尾·日）。以后经对雌虾、雄虾的组织学观察，证明在室内，这样的成活率和生长量已经达到种虾的要求。

2.4.3.4 近几年大规模培育斑节对虾种虾、亲虾的实验结果

笔者在2004—2005年，利用池塘养殖的种虾成功培育出子一代和子二代斑节对虾亲虾约1 800尾，亲虾的平均成熟率（雌体卵巢发育率）约55%，最高达到70%；产卵量平均约为52.5万粒/尾，最高达到约90万粒/尾。并在863南方种苗基地进行了中式示范，培育出无白斑综合征病毒的健康斑节对虾种虾9.7万尾，并催产了部分全人工培育亲虾，孵出无节幼体1亿多尾，培育出虾苗2 000多万尾。到2008年，

全人工培育的斑节对虾达到子四代，子三代体质量生长速度比原代提高 15.42%。2006—2008 年共培育出子二代、子三代亲虾 354 111 尾，成熟率 50.4%～67.5%，平均产卵量 70.7 万粒/尾，并根据生产需求培育子三代、子四代虾苗 16 226 万尾。

笔者全人工培育亲虾的情况见彩图 27 至彩图 31。

2.4.4　家养斑节对虾种虾的成熟、繁殖特征以及与野生种虾比较

2.4.4.1　家养斑节对虾种虾的成熟、繁殖与野生种虾比较

虽然许多实验性的繁殖研究表明家养斑节对虾种虾的繁殖性能可以为商业性开发所接受，但是实际规模性开发仍然有许多问题需要解决，尤其是需要在技术上形成适宜的组合配套，使生产成本下降到可以为商业生产接受的适宜水平。其中的关键措施是如何为种虾养殖提供营养全面的优质饲料，保证卵巢正常发育、内分泌激素正常调节对虾生理以及种虾快速生长。

Pratoomchart 等人在 1991 年、1997 年多次报道了池养斑节对虾的繁殖特性。1991 年应用人工授精方法研究评估了池养斑节对虾雄虾精子质量，评估的参数包括形态正常的受精卵的百分率、总受精卵数、形态正常的活的无节幼体、总的无节幼体量、无节幼体孵化率。结果表明，体质量达到 13 g（头胸甲长为 28.0 mm，体长约为 109.5 mm）的雄性斑节对虾首批精子已经成熟而且雄虾体质量为 60～70 g 以上的对虾，远远好于体质量为 36～40 g 的雄虾。说明池养斑节对虾雄虾体质量达到 60～70 g 以后，精子完全成熟，可以得到高质量的精子，是雄性成熟的适宜体质量。1993 年以电刺激取得精子的方式，比较了泰国捕获的野生斑节对虾和池养斑节对虾精子质量，切眼柄的和不切眼柄的斑节对虾的精子质量没有差别。但是注意到对虾的体长、体质量和个体精子的数量有密切的相关性。体质量为 41～50 g 的雄虾个体，精荚质量为 22.7 mg，含有精子数 80 万；体质量 61～90 g 的雄性个体，精荚平均质量为 56.6 mg，含有 250 万个精子。切除对虾眼柄，没有增加精荚质量和精子数量，却增加了雄虾的死亡率。用电刺激野生斑节对虾获得精荚后进行人工授精，卵子平均受精率为 51%，无节幼体孵化率为 41%；无节幼体孵化率随着雌虾受精以后时间的推移而降低，初始孵化率大于 60%，直至 30 d 后，孵化率接近于零。说明精子在纳精囊贮藏的时间对精子的数量和质量有影响。池养雄虾的精子质量和野生雄虾精子的质量基本相似。对泰国三个地区的 8 个池塘精养斑节对虾的同态型、性比、配子发生情况进行调查研究，结果表明，从仔虾开始，2 月龄以前，当对虾达到平均质量为 9.4 g，头胸甲长为 23.25 mm（体长约为 91.5 mm）之前，雄虾的生长速度稍快于雌虾的生长速度。当对虾生长达到 116 d 以后，雌、雄性对虾生长出现差异，雌性生长显著快于雄性，这时雌性对虾平均体质量为 27.12 g，雄性对虾平均体质量为 21.99 g。之后保持这种生长特点直到收获。收虾后测量体长分布，雌虾呈正态分布，而雄虾的体长分布峰值

偏向左。性比为1∶1.12（雄∶雌）。组织切片研究观察配子发育，雌性配子发育慢于雄性。在135日龄时，精巢内已经有大量的精细胞和精子形成。而此时卵巢内仅有早期的卵母细胞。

Menasveta et al（1994）观察了从泰国湾浅海来源的野生和家养的斑节对虾种虾的大小对卵巢成熟和产卵的影响。观察评价了最小体质量为110 g的雌性个体，比较大的体质量为120 g的雌性个体卵巢成熟、繁殖情况。比较大的雌虾卵巢发育到第四期、产卵成功的可能性高于比较小的虾。比较同样大小的野生种虾和池子家养种虾的成熟、产卵情况，基本相同。体型较大的种虾，多次成熟、产卵的次数及总卵量也多于个体比较小的虾，而和种虾的来源无相关性。

Peixoto et al（2004）比较了从澳大利亚东部捕获的野生斑节对虾亲虾和两个家养斑节对虾亲虾在繁殖方面的差别（表2-33），其中野生亲虾体质量为100 g/尾，家养亲虾12个月体质量为80~100 g/尾。对虾状态均为切眼柄性腺成熟的待产亲虾。实验观察比较，家养亲虾的卵巢中带有皮质层的成熟卵母细胞的性腺切片表明：未成熟卵母细胞（初级卵母细胞和具有卵黄的卵母细胞）卵径比较大，而成熟的卵母细胞比较小。处于再吸收状态萎缩解体的卵母细胞占的比例大。卵巢中各类细胞所占比率比较，野生对虾初级卵母细胞约为70%，具有卵黄者约为15%，具有皮质层者约为14%，卵母细胞萎缩者为1%（或极少）。家养对虾一个群体，初级卵母细胞约占74%，具有卵黄的卵母细胞约为11%，具有皮质层的卵母细胞约为13%，卵母细胞萎缩者约为2%；家养对虾另一个群体，初级卵母细胞约为71%，具有卵黄的卵母细胞约为5%，具有皮质层的卵母细胞约为11%，卵母细胞萎缩者约为9%，两个家养群体不一样（表2-33）。据上述现象认为，在对虾性腺成熟后期减少了卵黄积累，导致初级卵母细胞和具有卵黄的卵母细胞直径比较大，具有皮质层的卵母细胞比较小。再吸收的萎缩的卵母细胞高频率的出现，被认为是家养亲虾产卵性能较差和强烈的卵母细胞萎缩有关。

表2-33　家养斑节对虾和野生斑节对虾卵细胞直径及性腺指数比较　　　单位：μm

卵细胞发育阶段	野生虾	家养虾（1）	家养虾（2）
初级卵母细胞	43.3±19.2	47.5±20.7	50.6±19.3
具有卵黄的卵母细胞	176.2±26.5	193.1±25.7	184.5±23.8
具有皮质层的卵母细胞	242.1±28.1	232.1±30.1	231.6±32.8
性腺指数（GSI）	5.83±0.83	6.54±1.05	6.86±0.86

以上的事例，充分说明了在家养状态下，营养问题是种虾培育、性腺健康发育的瓶颈。

笔者比较了从南海北部捕获的野生斑节对虾亲虾和家养斑节对虾亲虾雌虾在繁殖

方面的差别。池塘养殖斑节对虾卵巢不同发育时期的个体大小与肝胰腺指数及性腺指数变化见表2-34。亲虾个体大小对不同成熟期的肝胰腺指数（MGI）及性腺指数（GSI）变化存在细微差异，肝胰腺指数无明显差异，但性腺指数存在显著差异。池塘养殖斑节对虾卵巢成熟过程中，性腺指数（解剖取出的性腺质量和对虾体质量之比以百分数表示）增加了5~6倍，从Ⅰ期的1.7%增加到Ⅴ期的8.6%，Ⅱ期与Ⅵ期的性腺指数无显著差异。随着卵巢发育，肝胰腺指数略有下降，但其下降并不始于性腺成熟初期。南海北部野生斑节对虾卵巢不同发育时期的个体大小与肝胰腺指数及性腺指数变化见表2-35。肝胰腺指数及性腺指数变化，亲虾个体大小在不同成熟期也存在细微差异，肝胰腺指数无显著差异，但性腺指数存在显著差异。野生斑节对虾卵巢成熟过程中，性腺指数增加了5~6倍，从Ⅰ期的2.11%增加到Ⅴ期的11.34%，Ⅱ期与Ⅵ期的性腺指数无显著差异。随着卵巢发育，Ⅲ期以上亲虾的肝胰腺指数略有上升，之后趋于稳定。此外，笔者还对池塘养殖与野生斑节对虾的卵巢发育不同阶段的一些定量参数进行了比较（表2-36）。

表2-34 池塘养殖斑节对虾卵巢不同发育时期的肝胰腺指数及性腺指数

	发育阶段					
	Ⅰ期	Ⅱ期	Ⅲ期	Ⅳ期	Ⅴ期	Ⅵ期
甲长/cm	5.5 ± 0.2^{ab}	5.8 ± 0.2^{ab}	5.7 ± 0.2^{ab}	5.4 ± 0.1^{ab}	5.8 ± 0.2^{b}	5.5 ± 0.4^{a}
体长/cm	18.1 ± 0.6	18.3 ± 0.6	17.8 ± 0.9	18.1 ± 0.5	18.5 ± 0.5	18.3 ± 0.5
体质量/g	89.9 ± 10.0^{ab}	91.1 ± 7.4^{ab}	86.8 ± 10.7^{a}	88.0 ± 5.9^{a}	98.1 ± 5.1^{b}	95.3 ± 5.0^{ab}
GSI/%	1.7 ± 0.2^{a}	2.7 ± 0.5^{b}	4.0 ± 0.4^{c}	6.8 ± 0.5^{d}	8.6 ± 0.4^{e}	2.9 ± 0.7^{b}
MGI/%	3.0 ± 1.0	3.2 ± 0.4	3.3 ± 0.6	2.7 ± 0.3	2.8 ± 0.2	3.0 ± 0.6

注：表中的值为平均数±标准差（$n=5$）；同一行中由不同字母标记的值表示差异显著（Duncan多重比较，$P<0.05$）。GSI（%）=性腺质量/体质量×100%；MGI（%）=肝胰腺质量/体质量×100%。

表2-35 野生斑节对虾亲虾卵巢不同发育时期的肝胰腺指数及性腺指数

	发育阶段					
	Ⅰ期	Ⅱ期	Ⅲ期	Ⅳ期	Ⅴ期	Ⅵ期
甲长/cm	6.97 ± 0.52^{a}	6.75 ± 0.26^{a}	6.78 ± 0.48^{a}	6.95 ± 0.56^{a}	6.99 ± 0.41^{a}	7.50 ± 0.20^{b}
体长/cm	21.44 ± 1.70	21.83 ± 0.44	22.32 ± 0.72	22.45 ± 2.03	22.81 ± 1.48	24.70 ± 0.50
体质量/g	147.5 ± 35.8^{a}	154.4 ± 11.4^{a}	161.2 ± 26.7^{a}	179.6 ± 48.9^{a}	181.7 ± 30.1^{a}	225.9 ± 12.4^{b}
GSI/%	2.11 ± 0.06^{a}	3.69 ± 0.85^{b}	6.30 ± 0.28^{c}	8.24 ± 0.97^{d}	11.34 ± 1.11^{e}	2.71 ± 0.32^{b}
MGI/%	2.20 ± 0.47	2.11 ± 0.16	2.48 ± 0.23	2.47 ± 0.22	2.49 ± 0.60	2.47 ± 0.05

注：表中的值为平均数±标准差（$n=5$）；同一行中由不同字母标记的值表示差异显著（Duncan多重比较，$P<0.05$）。GSI（%）=性腺质量/体质量×100%；MGI（%）=肝胰腺质量/体质量×100%。

表2-36 池塘养殖与野生斑节对虾的卵巢发育不同阶段的一些定量参数

	池塘养殖			
	Ⅱ期	Ⅲ期	Ⅳ期	Ⅴ期
甲长/mm	48.0±2.0	44.7±1.5	45.5±3.5	50.0±5.0
体长/mm	164.7±6.5	144.3±1.2	155.5±10.5	153.5±7.3
体质量/g	65.5±2.6	46.2±1.1	61.0±8.3	54.2±4.0
性腺质量/g	1.1±0.2	1.8±0.3	3.5±0.3	6.1±1.0
性腺指数/%	1.7±0.2	3.8±0.7	5.7±0.7	10.4±1.3
平均卵母细胞直径/μm	28.7±7.0	49.8±8.7	108.6±29.8	237.5±38.3
卵母细胞直径范围/μm	9.8~44.1	30.8~70.0	57.4~156.6	140.0~337.0
最大卵母细胞直径/μm	44.1	70.0	156.6	337.0
平均卵母细胞核直径/μm	15.4±6.1	28.6±5.6	37.9±15.1	78.5±16.3
Emilia T. Quinitio 等测定卵母细胞直径及直径范围/μm	7.7±0.4 4.5~7.0	32.7±3.5 21.0~53.0	134.4±20.2 131.0~168.0	225.3±0.7 200.0~275.0

	野生海捕				
	Ⅱ期	Ⅲ期	Ⅳ期	Ⅴ期	Ⅵ期
甲长/mm	67.8±4.3	70.9±8.2	76.5±10.9	75.5±6.8	70.1±5.0
体长/mm	211.5±20.1	214.5±15.3	226.2±20.8	228.0±19.1	212.2±16.0
体质量/g	147.3±43.1	149.2±35.7	179.0±52.7	181.3±36.0	143.8±30.9
性腺质量/g	3.6±1.3	5.1±1.7	9.3±4.7	16.2±3.8	5.0±2.5
性腺指数/%	2.4±0.5	3.5±0.8	5.1±1.0	9.2±2.1	2.9±1.1
平均卵母细胞直径/μm	30.2±11.7	55.1±12.9	179.1±29.3	297.6±41.7	—
卵母细胞直径范围/μm	11.8~52.5	35.0~75.0	131.3~237.5	240.0~383.7	—
最大卵母细胞直径/μm	52.5	75.0	193.8	383.7	—
平均卵母细胞核直径/μm	15.9±8.9	29.8±15.6	48.8±15.6	53.0±15.3	—
Josefa D. Tan-fermin 等测定平均卵母细胞直径/μm	—	60.0±10.0	250.0±10.0	340.0±20.0	170.0±0.0
Vogt 等测定卵母细胞直径范围/μm	—	150.0~300.0	300.0~400.0	—	—

2.4.4.2 家养斑节对虾性成熟特征

野生状态下，斑节对虾的雌虾在天然产卵场自然成熟、产卵。但是在人工养殖条件下，如果使用性腺未发育的雌虾，则难以成熟。也就是说，家养斑节对虾种虾的繁殖特性与野生种虾的繁殖特性最大的差异是雌性种虾成熟的能力。雄虾则没有这种差异，在人工养殖条件下，可产生正常的精子和精荚，在基本相同的日龄期（亚成熟期）发生交配性行为。如果使用切除单侧眼柄处理雌性种虾，则不论是家养的种虾或者是捕获的野生种虾，都表现出相似的繁殖特性。

当雄性对虾体长达 110~120 mm 时交接器出现联合。有记录的雄性精子成熟的最小头胸甲长是 31 mm（体长约为 120 mm），但是，头胸甲长小于 39.2 mm（体长约为 146 mm）的雄虾授精率低，而且精子数量少。只有平均头胸甲长 53.2 mm（体长约为 191.4 mm）以上的雄虾，授精率才可以大幅提高，条件适合时，授精率可以达到 80% 以上。池养雄性对虾的精荚质量和精子数量与对虾的体质量呈正相关。

虽然有记录在家养状态下雌虾对虾性腺成熟的最小体质量是 60 g，但是多数情况下，头胸甲长小于 42 mm（体长约为 150 mm，体质量约为 63 g）的雌虾，性腺很难发育。只有头胸甲长达 45 mm（体长约为 160 mm，体质量约为 73 g）的雌虾，才有可能发育，而且性腺的卵量也少。只有当头胸甲长达到 58 mm 以后（体长约为 200 mm，体质量约为 126 g），性腺发育的对虾在数量上大幅增加。而且，卵巢多次成熟发育的间隔时间随着体型增大而缩短。体型较大的雌虾不但成熟快，而且生殖腺指数高，生殖力强，卵径大，有较高的孵化率。卵子质量、每尾虾的产卵量及受精卵量、卵子大小和质量、胚胎发育率、孵化时间、孵化率等参数和亲体培养阶段的条件，尤其是营养条件密切相关，与亲体的来源关系不密切。

出现交配行为，标志对虾进入亚成年期，但是在池塘内，雄虾的交尾行为和雌虾性成熟几乎没有相关性，许多人观察到体质量 40~60 g 的雌虾纳精囊内具有精子，但是雌虾卵巢并不成熟，由于对虾生长需要不断地蜕皮，这些精子随着蜕皮而丢失。只有雌性对虾性腺成熟前的交尾，才对产卵受精有作用。

依据前述应用家养种虾繁育幼体事例的研究结果，综合评估家养种虾雌虾切眼柄处理后的繁殖性能的重要参数，如首次成熟日龄（或年龄）、交尾率（受精率），每月每尾雌虾的产卵量，可产卵虾数，多次成熟、产卵特性，每尾产卵虾生产的无节幼体数量，每月每尾雌虾生产的无节幼体数，无节幼体的健康状态、发育速度、蜕皮增长量及蜕皮间隔时间，无节幼体变态率、溞状幼体体长、溞状幼体一期的变态率等基本上可以达到商业产业化的要求。

雌性斑节对虾性成熟的最佳月龄与最佳体长一直为人们所关注。通常认为斑节对虾种虾雌虾体质量达到 100 g 以上，雄虾体质量达到 80 g 以上，月龄达 10 个月龄以上的对虾的繁殖效果较好。究竟月龄和体质量哪一个因素更为重要，尚难以确立，估计日龄和体质量联合影响对虾的性成熟。事实上根据林明男在1989年的资料,斑节对虾120日龄以后直到15个月龄这段时间内,对虾的体质量和日龄呈正的线性相关,在较好的生长条件下,雌性斑节对虾日生长量为0.25~0.30 g,按此参数计算,实际上至少需要10个月龄,生长较好的雌虾方能达到90~100 g的体质量。而在一般养殖环境下,对虾10个月龄的体质量只能达到60~70 g。因此,种虾培养需要较长的时间也是多年来人们难以采纳家养种虾的主要原因。

为了真正意义上实现斑节对虾亲虾的全人工繁育,笔者对斑节对虾生殖系统的形态结构、组织学、组织化学研究以及对鱼塭、高位池塘、水泥池等不同养殖环境条件下斑节对虾的生长、发育、性成熟的生物学进行了多年跟踪调查研究,阐明了养殖条件下斑节对虾性成熟的规律,掌握了养殖斑节对虾性成熟的启动时间,最小性成熟生物学、日龄以及雄虾精荚形成与大小、年龄、环境的关系(Jiang et al, 2009)。

1)养殖条件下雄性斑节对虾发育与性成熟规律

(1)雄性对虾生殖系统组织学结构(彩图2-32和彩图2-33)。

① 精巢:外被结缔组织包膜,精巢内部是由许多生精小管组成,小管外被结缔组织包膜。不同发育阶段,不同生精小管中含有各种时期的细胞。精原细胞在靠近生精小管边缘处较多,呈圆形或椭圆形,直径为8~10 μm,核呈卵圆形,直径为6~7 μm,占据整个精原细胞体积的大部分。核内染色质较均匀,部分染色质聚成异染色质小团块。初级精母细胞近圆形,直径为7~8 μm,体积略比精原细胞小,细胞核呈卵圆形,核染色质凝聚成异染色质团块的程度明显增加,有很浓的染色质。次级精母细胞近圆形,直径为5~7 μm,核圆,直径为3~4 μm。精细胞近圆形,直径为3~4 μm。在成熟的精巢中,主要以精细胞占绝大多数。

② 输精管:前段输精管的外壁为结缔组织,内壁为单层上皮细胞,支管以立方上皮细胞为主,主管内壁多为柱状上皮细胞。中段输精管由分泌管道和输精管组成,结缔组织外包膜较厚,中间由两层柱状上皮夹着一层与外壁相连的结缔组织所构成的隔膜相隔,仅在此段的末端,隔膜具有游离端。隔膜两面各有一处褶突(fold)。两管道中较大的为输精管,与前段输精管相通,外观呈半透明。较小者为分泌管道,起始于前段膨大圆管顶端部分下侧,外观呈不透明的乳白色。末段输精管与输精管其他部分比较,管径细小,性成熟时仅1 mm左右。管的外壁与前端相同,外为结缔组织,管的内壁为柱状上皮。管的中间由内壁延伸出的一层瓣膜将管腔分为两个部分,内有两种肠沟,几乎没有精荚物质,表明精荚物质与输精管中段的分泌管不相通。

③ 精囊:外观呈梨形,囊壁分数层,由外向内分别为结缔组织、肌肉层(纵肌和环肌)、结缔组织、上皮细胞,上皮细胞游离端具有刷状缘。精囊内分成3个腔,中间相通。3个腔所含物质不同,其中一个腔充满成熟精子,另一个内含分泌物,精子和分泌物在第三个腔中形成精荚。

(2) 雄性外生殖器官（交接器）的发育与性成熟。

① 斑节对虾外生殖器官与甲长的关系。通过对池塘养殖和鱼塭养殖的斑节对虾进行生物学测量，测定其甲长、体长、体质量、外生殖器官的长或宽，将相近甲长的对虾数据进行处理，求得其平均值及标准误差。结果见表2－37。

表2－37 斑节对虾外生殖器官与甲长

雌虾甲长/cm	纳精囊宽/cm	雄虾甲长/cm	交接器长/cm
1.67 ± 0.15	0.22 ± 0.03	1.80 ± 0.10	0.15 ± 0.00
2.25 ± 0.18	0.29 ± 0.02	2.34 ± 0.10	0.22 ± 0.05
2.61 ± 0.18	0.30 ± 0.01	2.81 ± 0.07	0.29 ± 0.06
2.83 ± 0.06	0.36 ± 0.05	3.00 ± 0.00	0.38 ± 0.08
3.00 ± 0.00	0.40 ± 0.03	3.10 ± 0.00	0.38 ± 0.04
3.15 ± 0.11	0.42 ± 0.05	3.20 ± 0.00	0.46 ± 0.09
3.30 ± 0.00	0.45 ± 0.03	3.30 ± 0.00	0.52 ± 0.10
3.50 ± 0.00	0.45 ± 0.05	3.40 ± 0.00	0.53 ± 0.04
3.70 ± 0.03	0.49 ± 0.04	3.50 ± 0.00	0.53 ± 0.06
3.90 ± 0.09	0.56 ± 0.04	3.60 ± 0.00	0.59 ± 0.08
4.16 ± 0.12	0.58 ± 0.04	3.70 ± 0.00	0.61 ± 0.04
4.43 ± 0.13	0.60 ± 0.03	4.19 ± 0.11	0.71 ± 0.02
4.81 ± 0.08	0.65 ± 0.02	4.49 ± 0.17	0.80 ± 0.05
5.14 ± 0.13	0.69 ± 0.04	4.80 ± 0.08	0.88 ± 0.04
5.63 ± 0.21	0.80 ± 0.05	5.21 ± 0.20	1.04 ± 0.09

将上表数值用 Excel 处理，结果表明斑节对虾雌雄性外生殖器官与甲长成线性相关（图2－2和图2－3）。

雌：$y = 0.1431x - 0.0344$　　　（$R^2 = 0.9869$）

雄：$y = 0.2687x - 0.4001$　　　（$R^2 = 0.9807$）

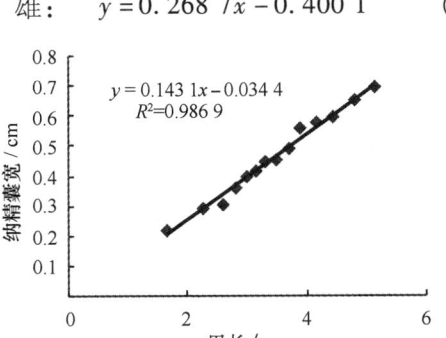 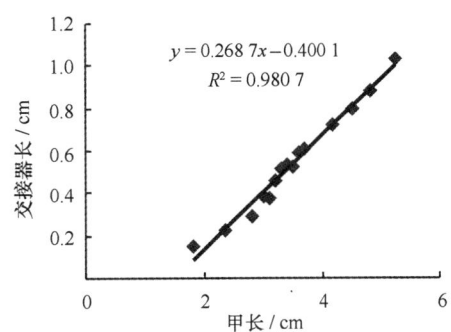

图2－2 雌性斑节对虾纳精囊宽与甲长的关系　　图2－3 雄性斑节对虾交接器长与甲长的关系

② 雄性交接器发育与精巢发育及成熟（彩图 2-34 和表 2-38）。雄虾甲长 1.8~2.5 cm，雄虾第一腹肢的内肢（交接器）成肉芽状，其长度小于 0.25 cm，没有连接，交接器指数小于 15。此时的精巢肉眼难以辨认，难以和其他组织分离。

表 2-38　雄性斑节对虾外生殖器发育参数

日龄/d	甲长/cm	交接器长/cm	交接器指数	精荚重/mg	精子数量/×10⁶	交接器发育期
103	1.94	0.21	11.04	0	0	Ⅰ期
148	2.98	0.45	15.10	0	0	Ⅰ期
189	3.32	0.55	16.57	8.7	2.8	Ⅱ期
227	3.46	0.63	18.21	10.3	5.2	Ⅱ期
257	3.51	0.65	18.52	13.5	11.6	Ⅱ期
292	3.99	0.82	20.55	20.3	23.4	Ⅲ期
363	4.47	0.95	21.23	25.1	29.4	Ⅲ期

雄虾在甲长 2.8~3.2 cm 时，交接器长度为 0.3~0.5 cm，交接器指数小于 18，交接器开始变宽，其顶部形成一定的弧线并开始向内卷曲，仍未连接。此时精巢肉眼可以辨认，并能将其分离。在一些较大个体，可以见到精囊的雏形，其内部尚未形成精荚。通过组织切片可观察到精巢小叶中的生精小管内的生殖细胞主要是精原细胞和初级精母细胞。

雄虾在甲长 3.3~3.5 cm 时，雄性交接器长度约为 0.5~0.65 cm，交接器指数小于 20，交接器变得更宽，两内肢中间部位开始愈合，其顶部向内卷曲成钩状，此时雄性交接器发育基本完整，但在外力下，雄性交接器愈合部位容易被分开。雄性生殖系统也基本发育完全，精囊开始胀大，部分雄虾可从外观观察到第五步足基部乳白色的精囊，解剖后，可从精囊内挤出白色半透明的精荚。此时的精荚仍未成熟，其质量较轻，内部的精子数量少且质量差。组织切片，可观察到精巢小叶中的生精小管内的生殖细胞主要是初级精母细胞、次级精母细胞和少数精子细胞。

雄虾在甲长 3.8~4.5 cm 时，雄性交接器长度约为 0.6~0.8 cm，交接器指数大于 20。雄性生殖系统发育完全，在外力下，雄性交接器愈合部位也不容易被分开。精囊开始胀大，解剖后，可从精囊内挤出白色半透明的精荚。此时的精荚饱满，其质量明显增加，内部的精子数量增多，质量提高，畸形精子数量百分比减少。通过组织切片可观察到精巢小叶中的生精小管内的生殖细胞主要是次级精母细胞和大多数精子细胞。

雄虾在甲长 4.5 cm 以上时，雄性交接器长度大于 0.7 cm，交接器指数大于 20。在外力下，雄性交接器愈合部位也难以被分开。大多数雄性斑节对虾可从外观观察到

第五步足基部乳白色的精囊,解剖后,可从精囊内挤出白色半透明的精荚。此时的精荚十分饱满,透明,很易破裂而流出精子,精子质量明显提高。组织切片可观察到精巢小叶中的生精小管内的生殖细胞主要是精子细胞。精荚的组织切片显示其内部充满成熟的精子和分泌的黏液物质。

（3）不同养殖环境条件下雄性斑节对虾发育与成熟。

① 不同养殖环境下雄性斑节对虾性成熟的最小生物学特征。经过两年的生物学跟踪调查,笔者发现不同养殖环境条件下,雄性斑节对虾精荚出现的生物学最小型个体差异不大,最早出现精荚的个体甲长约为 3.1 cm,体质量约为 20 g,池塘养殖雄虾在 19.9 g 和鱼塭雄虾在 24.2 g 以下没有观察到精荚出现。但出现的时间与养殖环境有关,也即与斑节对虾的生长发育快慢相关。在鱼塭环境条件下,斑节对虾个体生长速度最快,最先观察到精荚的出现。从出现精荚的雄虾所占百分率可以推断,精荚的出现及精子成熟与雄虾的日龄也有关。笔者发现在鱼塭环境条件下,最早在 120 日龄少部分雄虾可见到精荚的雏形,大部分雄虾看不到明显精荚;而池塘养殖条件下,最早在 157 日龄少部分雄虾可见到精荚的雏形,在这之前没有观察到精荚。具体结果见表 2-39。

表 2-39 不同养殖环境下雄性斑节对虾性成熟（精荚出现）生物学最小型个体规格

变量	池塘	日龄	个体数	平均值	标准差	最小	最大
甲长/cm	鱼塭	120	8	3.4	0.11	3.2	3.5
	池塘	157	8	3.2	0.08	3.1	3.3
体长/cm	鱼塭	120	8	12.2	0.32	11.5	12.5
	池塘	157	8	11.5	0.33	11.1	12.1
体质量/g	鱼塭	120	8	26.8	1.32	24.2	28.7
	池塘	157	8	21.7	1.76	19.9	24.3
精荚质量/mg	鱼塭	120	8	4.2	2.59	0.9	9.0
	池塘	157	8	2.9	2.43	0.8	8.6
精子数量/$\times 10^6$	鱼塭	120	8	1.29	1.63	0.0	4.20
	池塘	157	8	0.58	1.11	0.0	3.25

为了进一步验证上述结果,笔者继续对不同养殖环境下全人工培育的斑节对虾性成熟的生物学特征进行了跟踪调查,结果与以前观察的结果基本一致,详见表 2-40。

表 2-40 不同养殖环境下斑节对虾性成熟生物学最小型

养殖地点	雌雄	日龄/d	甲长/cm	体长/cm	体质量/g	百分率/%
湛江恒兴高位池	♂	160 ± 8	3.2 ± 0.1	11.8 ± 0.3	24.2 ± 2.6	6.1 ± 0.7
2004 年	♀	260 ± 12	4.7 ± 0.3	15.9 ± 0.5	59.2 ± 6.6	3.1 ± 0.4

续表

养殖地点	雌雄	日龄/d	甲长/cm	体长/cm	体质量/g	百分率/%
阳江鱼塭 2004年 2005年	♂	127±3.4	3.3±0.2	12.4±0.3	27.4±1.7	6.5±1.2
	♀	166±5.1	4.5±0.1	15.8±0.2	60.8±2.6	9.4±1.0
	♂	121±2.3	3.1±0.3	12.2±0.3	25.3±2.5	7.2±0.8
	♀	170±6.14	4.7±0.1	16.3±0.5	64.2±3.1	8.1±0.6
三亚红沙池塘 2006年 2007年	♂	152±3.4	3.2±0.1	11.5±0.3	21.6±1.7	4.2±0.3
	♀	240±6.1	4.5±0.1	15.5±0.2	59.8±4.6	5.1±0.4
	♂	148±4	3.1±0.1	11.3±0.4	20.9±2.4	5.1±0.6
	♀	270±6.1	4.6±0.1	15.3±0.4	54.2±2.1	7.1±0.4
三亚安游水泥池 2006年 2007年	♂	165±6.4	3.0±0.2	11.3±0.4	19.3±2.7	2.2±0.3
	♀	274±10.5	4.4±0.2	15.1±0.5	53.3±2.6	5.2±0.6
	♂	176±7.1	3.1±0.1	11.1±0.3	19.9±1.7	3.2±0.3
	♀	280±9.3	4.5±0.1	15.5±0.3	54.8±3.3	4.1±0.7

② 不同养殖环境下雄性斑节对虾性成熟与时间的关系。表2-41为来自不同养殖环境的雄虾的形态参数，表2-42为不同养殖环境条件下雄虾性成熟发育参数的结果分析。

表2-41 不同养殖环境条件下雄性斑节对虾体长、体质量、日龄、出现精荚率及精荚无精子率

变量	日龄/d	样本数	体长/cm	体质量/g	雄虾无精荚率/%	精荚无精子率/%
鱼塭	100	20	10.7±0.9^a	18.5±1.1^a	100	—
	120	8*	12.2±0.3^b	26.8±1.3^b	94.5	25.0
	135	34	12.9±0.1^c	31.3±0.8^c	92.3	17.6
	156	37	14.8±0.1^d	47.6±0.9^d	52.5	10.8
	175	42	15.2±0.1^e	51.5±1.3^e	18.2	6.6
	205	45	16.4±0.2^f	64.6±1.4^f	10.9	0
	236	23	17.4±0.2^g	77.5±2.1^g	6.1	4.3
池塘	100	20	8.5±0.8^a	9.4±2.2^a	100	—
	123	20	10.0±0.7^b	15.2±2.5^b	100	—
	140	20	11.1±0.6^c	19.5±2.2^c	100	—
	157	25	12.0±0.1^d	24.5±0.8^d	93.8	28.0
	185	29	12.8±0.2^e	29.3±1.1^e	80.0	24.1
	258	33	13.8±0.3^f	39.3±2.6^f	16.0	12.1

注：上标字母不同者之间表示存在显著差异（$P<0.05$）。

表 2-42 不同养殖条件下雄性斑节对虾精子质量分析

变量	日龄/d	性腺质量/mg	精荚质量/mg	精子数/10⁶	正常精子率/%	异常精子率/%
鱼塘	135	73.0±5.1ᵃ (212.5±23.9ᵃ)	4.6±0.8ᵃ (26.2±3.3ᵃ)	2.46±0.9ᵃ (31.6±6.8)	21.8±2.6ᵃ (34.6±4.8ᵃ)	78.2±2.6ᵈ (68.9±5.1ᵇ)
	156	250.3±14.1ᵇ (287.2±15.0ᵇ)	30.1±2.5ᵇ (35.8±2.1ᵇ)	16.35±2.6ᵇ (24.1±4.3)	35.0±2.2ᵇ (39.1±2.6ᵃ)	65.0±2.2ᶜ (61.7±2.8ᵇ)
	175	290.7±14.0ᵇ (303.0±13.4ᵇ)	38.4±2.6ᶜ (40.3±1.8ᵇᶜ)	26.96±4.1ᵇ (29.5±3.8)	40.4±2.7ᵇ (42.5±2.2ᵃ)	59.6±2.7ᶜ (56.0±2.4ᵃᵇ)
	205	418.1±16.2ᶜ (348.0±16.0ᶜ)	56.1±2.1ᵈ (45.3±2.2ᶜ)	44.45±5.3ᶜ (29.8±4.6)	55.5±2.3ᶜ (50.0±2.5ᵇ)	45.5±2.3ᵇ (48.5±2.7ᵃ)
	236	620.9±33.2ᵈ (469.8±27.2ᵈ)	68.7±3.0ᵉ (45.3±3.7ᶜ)	62.87±7.7ᵈ (31.4±7.8)	67.1±2.8ᵈ (56.3±4.3ᵇ)	32.9±2.8ᵃ (40.8±4.6ᵃ)
池塘	157	68.0±5.0ᵃ (105.5±8.1ᵃ)	4.0±0.7ᵃ (8.5±0.9ᵃ)	0.63±0.2ᵃ (4.91±1.2ᵃᵇ)	7.8±1.9ᵃ (12.1±2.0ᵃ)	92.2±1.9ᶜ (87.9±2.0ᶜ)
	185	107.4±4.6ᵇ (119.8±7.0ᵃ)	9.8±0.7ᵇ (11.3±0.8ᵇ)	3.01±0.6ᵃ (4.42±1.1ᵃ)	16.1±1.2ᵇ (17.7±1.6ᵇ)	83.9±1.2ᵇ (82.3±1.6ᵇ)
	258	204.9±11.0ᶜ (165.6±7.2ᵇ)	19.3±1.9ᶜ (14.5±0.8ᶜ)	12.41±2.2ᵇ (7.94±1.1ᵇ)	29.0±2.3ᶜ (24.8±1.7ᶜ)	71.0±2.3ᵃ (75.2±1.7ᵃ)

注：上标字母不同者表示存在显著差异（$P<0.05$）。

从表 2-41 和表 2-42 可以看出，随着日龄的增长，不同养殖环境条件下，雄性斑节对虾的性腺质量、精荚质量、精子数量及雄性斑节对虾精荚出现的比率（成熟率）呈上升趋势，而精荚中没有精子的比率及异常精子比率呈下降趋势。对数据进行相关性检验发现，来自鱼塘和池塘养殖环境条件下，雄性斑节对虾的性腺质量、精荚质量、精子数量及正常精子率与日龄成正的线性关系（图 2-4 至图 2-11）。

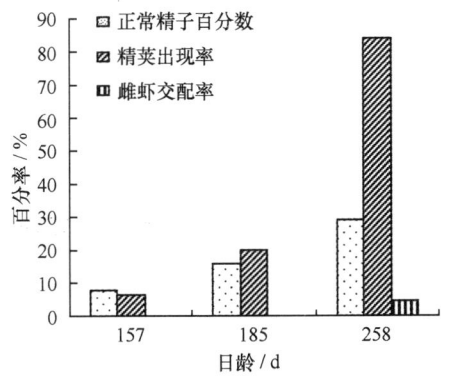

图 2-4 日龄对池养斑节对虾性成熟的影响（湛江）

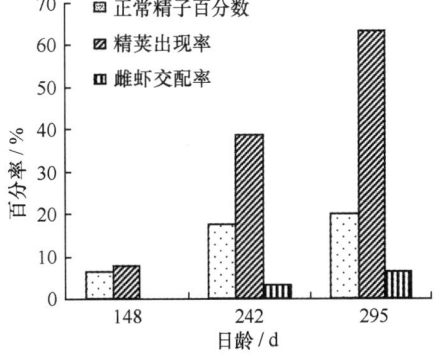

图 2-5 日龄对池养斑节对虾性成熟的影响（红沙）

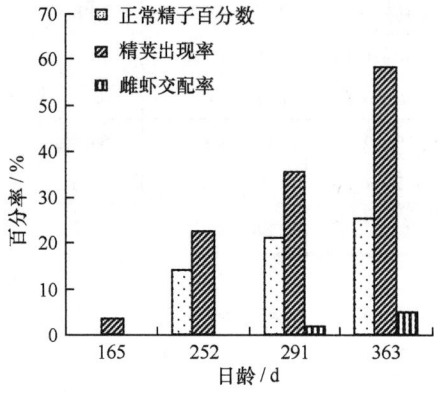

图 2-6 日龄对池养斑节对虾性
成熟的影响（安游）

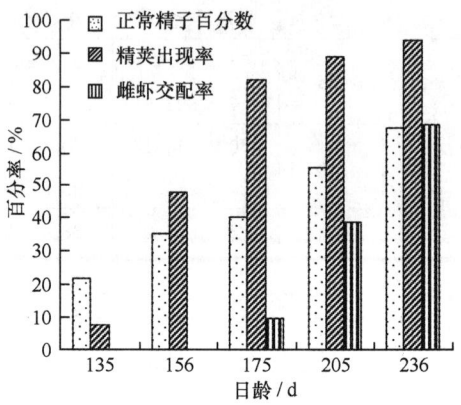

图 2-7 日龄对鱼塭斑节对虾性
成熟的影响（阳江）

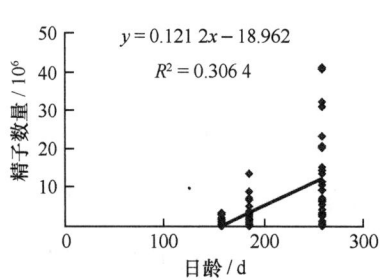

图 2-8 日龄对斑节对虾精子
数量的影响（湛江）

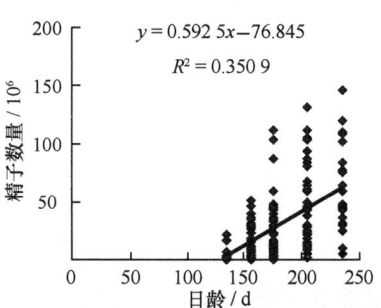

图 2-9 日龄对鱼塭斑节对虾
精子数的影响（阳江）

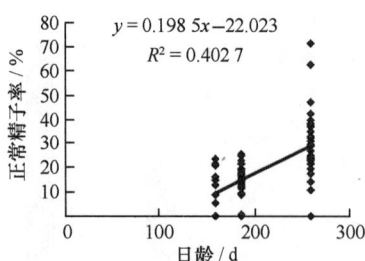

图 2-10 日龄对斑节对虾正常
精子率的影响（湛江）

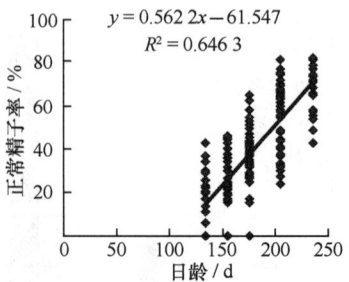

图 2-11 日龄对斑节对虾正常
精子率的影响（阳江）

最高的雄性斑节对虾没有精荚率和精荚无精子率出现在 157 日龄（池塘）和 120 日龄（鱼塭）。池塘养殖条件下，258 日龄池塘雄虾和 236 日龄鱼塭雄虾的精子数量显著高于日龄较小组雄虾的精子数量。当使用协方差分析（ANCOVA）消除体质量的影响后，除了池塘养殖下258日龄和185日龄雄虾组的精子数量存在显著差异，所有年龄组雄虾精子数量没有显著差异。但是不同养殖条件下，高年龄雄虾精荚的正常精子率明显高于低龄雄虾，即使是使用协方差分析消除体质量的影响后，结果仍然如此。表明日龄明显会影响雄性斑节对虾的性成熟和精子质量。

③ 不同养殖环境下雄性斑节对虾性成熟与体质量的关系。不同养殖环境条件下，雄性斑节对虾性腺质量、精荚质量、精子数量和正常精子百分率随着体质量而增加。即使使用协方差分析消除体质量的影响后，仍获得同样的结果，除了来自鱼塭雄虾精子数量没有显示与体质量的显著差异。不同养殖环境条件下，同一日龄的雄性斑节对虾性腺质量、精荚质量、精子数量和正常精子百分率与体质量呈正的线性关系（图2-12）。

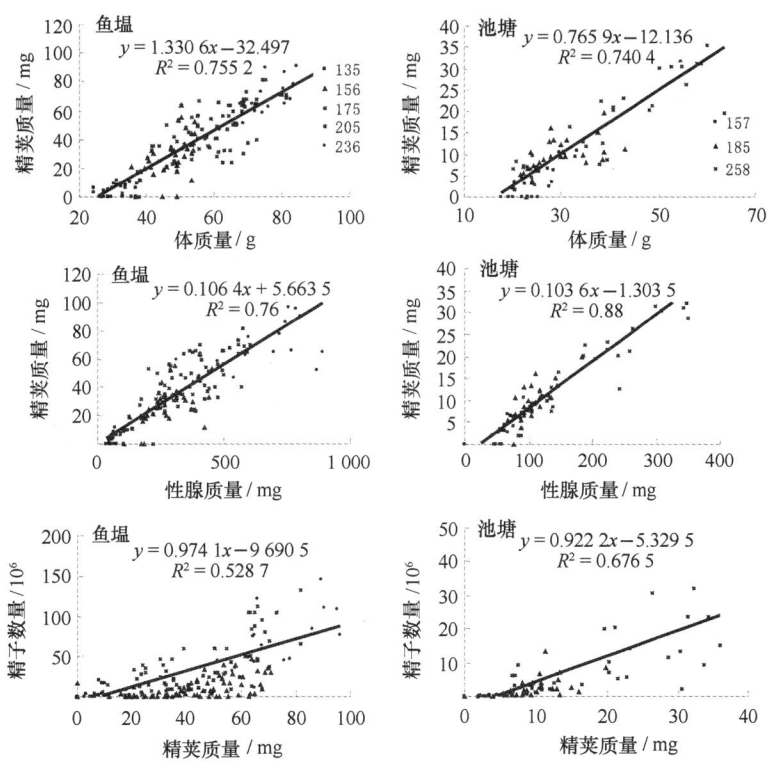

图2-12 不同养殖条件下，雄性斑节对虾性腺质量、精荚质量、精子数量与体质量的关系

不同养殖环境条件下，斑节对虾雄虾的精子数量和变化幅度呈现出一定的差异。鱼塭环境条件下，精子的成熟时间要明显短于池塘养殖虾的。鱼塭养殖雄虾的精子数量≈野生虾的精子数量＞池塘养殖雄虾的精子数量＞国外池塘养殖（泰国）斑节对虾的精子数量（表2-43）。国外研究结果表明野生斑节对虾（菲律宾）精子的数量（$153.6 \times 10^6 \sim 77.5 \times 10^6$）和池塘养殖（泰国）斑节对虾的精子数量，体质量为

41～50 g 的雄虾产生平均质量为 22.7 mg 的精荚和 800 000 的精子，而体质量为 61～90 g 的雄虾产生平均质量为 56.6 mg 的精荚和 2 500 000 的精子（表 2-43）。

表 2-43　不同环境条件下雄性斑节对虾发育参数

地点	日龄/d	性腺质量/mg	精荚质量/mg	精子数量/10^6	精子数量范围/10^6	成熟率/%
湛江池塘	160	104.3	31.2	4.88	0.58～8.0	6.1
	260	278.2	58.9	39.6	10.3～102	84
深圳水泥池	141	64.5	9.3	—	—	4.2
	157	87.6	11.6	2.3	0.35～5.4	5.0
	172	114.2	18.4	—	—	35.2
	187	122.2	23.2	—	—	42.9
阳江鱼塭	127	60.5	8.5	—	—	6.45
	166	252.5	60.51	70.5	12.1～208	80
	196	292.2	84.36	30.6	1.0～125	88.6
	226	462.2	90.81	12.1	2.4～30	94.1
菲律宾野生虾	—	—	—	77.5[a]	—	—
				153.6[b]		
泰国池养	—	—	22.7	0.8	—	—
	—	—	55.6	2.5	—	—

注：a 表示未切除眼柄雄虾的精子数量；b 表示切除眼柄雄虾的精子数量。

（4）结论。

① 不同养殖环境条件下，雄性斑节对虾精荚出现的生物学最小型个体差异不大，生物学最小型为甲长 3.1 cm，体长 11.1 cm，体质量 20.0 g 左右。雄性性成熟个体为 3.5 cm 和 3.7 cm，体长 12.8 cm 和 13.0 cm，体质量 35.0 g 和 37.0 g 以上。

② 精荚的出现及精子成熟的时间与养殖环境有关，也即与斑节对虾的生长发育快慢相关。同时，也与雄虾的日龄有关，鱼塭养殖的雄虾精荚出现的最早时间为 130 日龄前后，其成熟时间约为 160 d；池塘养殖的雄虾精荚出现的最早时间为 150 日龄前后，其成熟时间约为 260 d。

③ 随着日龄的增长，斑节对虾雄虾的性腺质量、精荚质量、精荚出现的比率（成熟）呈上升趋势。性腺质量、精荚质量、精子数量之间的相关性不高，而精荚的质量与虾的体质量显著相关。

④ 不同养殖环境条件下，斑节对虾雄虾的精子数量、变化幅度、精子成熟时间呈现出一定的差异。

⑤ 50 g 左右的雄性携带精荚的比例较高，个体进一步增大时，比例反而降低，

这一现象还有待于深入研究。

2）不同养殖环境条件下雌性斑节对虾发育与成熟

(1) 雌性斑节对虾外生殖器官（纳精囊）的发育与性成熟。

在对虾甲长 1.8 cm 以下（体质量小于 4.0 g）时，肉眼难以从外观上分辨雌雄，也难以把卵巢和其他组织分离。

雌虾在甲长 2.0～3.0 cm（体质量 5.5～20.0 g）时，纳精囊呈"V"字形，两侧的盘状分开较宽［彩图 2 - 35（a）和彩图 2 - 35（b）］，纳精囊宽度在 4 mm 以下。纳精囊呈现中空且不能接受精荚，表明不会发生交配。

雌虾在甲长 3.2～3.6 cm（体质量 20.5～28.0 g）时，雌虾的侧面盘状变宽并且侧面的边缘和中间的部分开始重叠［彩图 2 - 35（c）］，纳精囊宽度在 3.5～4.5 mm。雌虾卵巢组织可以分离，卵巢发育处于 I 期。

甲长为 3.7～4.2 cm（体质量 27.7～45.6 g）的雌虾，侧面的边缘完全和中间的部分开始重叠［彩图 2 - 35（d）］，纳精囊宽度在 4.5～6.5 mm。大个体的纳精囊基本发育完整。绝大部分对虾卵巢发育仍处于 I 期。少数雌虾在切除眼柄和营养强化培育下，卵巢可以发育成熟至 IV～V 期，只有极少数个体能产卵，卵粒没有受精不能孵化，说明雌虾的纳精囊仍未发育完全。

雌虾甲长为 4.2～4.5 cm（体质量 44.5～60.6 g）时，雌虾的侧面盘状变厚并且侧面和中线相互交叉［彩图 2 - 35（e）］。两侧部分形成一个较高的边缘。雌虾甲长 4.5 cm 以上时，雌虾的纳精囊基本发育好并可以封闭精荚，纳精囊宽度在 6.0 mm 以上，纳精囊可接受精荚。此时，可以观察到少部分雌虾有交配受精。

在甲长达 5.0 cm 以上（体质量 80.0 g 以上）时，雌虾的交尾率显著提高，雌虾在切除眼柄和营养强化培育下，大多数雌虾的卵巢可以发育成熟至 IV～V 期，并产卵，受精卵能孵化。

(2) 不同养殖环境条件下雌性斑节对虾的发育与成熟。

通过对不同养殖环境条件下雌性斑节对虾个体性腺发育生物学跟踪调查，笔者发现甲长 4.3 cm、体长 14.5 cm、体质量 45 g 左右（甚至更小的个体，最小体质量为 33 g）的池塘养殖雌性斑节对虾可以见到卵巢的发育，但很难完全成熟和产卵，且没有受精。在亲虾营养试验中，也证实了这一点，通过营养的强化，个体小的雌虾（体质量为 50～60 g）可以观察到性腺的发育，但难以成熟并产卵。因此，根据研究结果，笔者认为雌性斑节对虾的性成熟的生物学最小型，不应该以人工培育条件下观察到性腺发育的最小个体作为其性成熟的生物学最小型规格，而应以自然环境条件下雌虾可交配的最小个体作为其性成熟的生物学最小型。

笔者对雌性斑节对虾个体发育生物学跟踪观察发现，其最小性成熟个体（有交配，纳精囊有精荚）为甲长 4.5 cm、体长 15.5 cm、体质量 59.0 g 左右。不同养殖环境条件下，其最小性成熟个体没有差异（表2-44）。同时，笔者发现在池塘和鱼塭养殖的雌性斑节对虾个体在甲长5.0 cm、体长17.5 cm、体质量80.0 g以上时，其交配率明显较高。因此，推测雌性斑节对虾达性成熟必须个体在甲长5.0 cm、体长17.5 cm、体质量80.0 g左右，个体大小是性成熟的一个限制性因素。

表2-44 不同环境条件下雌性斑节对虾性成熟生物学最小型

养殖地点	雌性斑节对虾性成熟（交配）的生物学最小型				
	日龄/d	甲长/cm	体长/cm	体质量/g	交配率/%
湛江恒兴	260	4.7	15.9	59.0	4.65
阳江鱼塭	166	4.5	15.8	60.8	9.38
	196	—	—	—	38.9
	226	—	—	—	68.1
海南红沙	240	4.5	15.5	59.8	5.0
	380	—	—	—	80.0

为了进一步验证上述结果，笔者继续对不同养殖环境下全人工培育的斑节对虾的性成熟生物学进行了跟踪调查，结果与以前观察的结果基本一致（表2-45）。

表2-45 不同养殖环境下斑节对虾性成熟生物学最小型

养殖地点	雌雄	日龄/d	甲长/cm	体长/cm	体质量/g	百分率/%
湛江恒兴高位池 2004	♂	160±8	3.2±0.1	11.8±0.3	24.2±2.6	6.1±0.7
	♀	260±12	4.7±0.3	15.9±0.5	59.2±6.6	3.1±0.4
阳江鱼塭 2004	♂	127±3.4	3.3±0.2	12.4±0.3	27.4±1.7	6.5±1.2
	♀	166±5.1	4.5±0.1	15.8±0.2	60.8±2.6	9.4±1.0
2005	♂	121±2.3	3.1±0.1	12.2±0.3	25.3±2.5	7.2±0.8
	♀	170±6.14	4.7±0.1	16.3±0.5	64.2±3.1	8.1±0.6
三亚红沙池塘 2006	♂	152±3.4	3.2±0.1	11.5±0.3	21.6±1.7	4.2±0.3
	♀	240±6.1	4.5±0.1	15.5±0.2	59.8±4.6	5.1±0.4
2007	♂	148±4	3.1±0.1	11.3±0.4	20.9±2.4	5.1±0.6
	♀	270±6.1	4.6±0.2	15.3±0.4	54.2±2.1	7.1±0.4
三亚安游水泥池 2006	♂	165±6.4	3.0±0.1	11.3±0.4	19.3±2.7	2.2±0.3
	♀	274±10.5	4.4±0.1	15.1±0.5	53.3±2.6	5.2±0.6
2007	♂	176±7.1	3.1±0.1	11.1±0.5	19.9±1.7	3.2±0.3
	♀	280±9.3	4.5±0.1	15.5±0.3	54.8±3.3	4.1±0.7

不同环境条件下，雌性斑节对虾最早出现性成熟（交配）的时间有明显差异。

阳江鱼塭养殖的雌虾具有快速的生长速度，最早达到其性成熟必需的个体大小。虽然166日龄阳江鱼塭雌虾大部分在个体规格上达到其性成熟最小规格，而且166日龄的雄虾80%精荚饱满且已经成熟，但雌虾的交配率只在9.38%，说明年龄仍是其性成熟的限制性因素。226日龄阳江鱼塭雌虾的交配率达到68.1%，说明阳江鱼塭雌虾的性成熟月龄可能需7~8个月。根据表2-44推断出池塘养殖斑节对虾雌虾的性成熟月龄为10~12个月。

(3) 月龄与个体大小对池塘养殖雌性斑节对虾繁殖性能的影响。

从表2-46中可以看出，随着月龄增长，雌性斑节对虾的成熟率明显提高，每尾次雌虾的产卵量也呈升高趋势。15月龄雌虾成熟率和产卵量明显高于9月龄和12月龄的雌虾。随着月龄的增长，雌性斑节对虾体质量增大，其成熟率和产卵量也增加。在池养雌虾体质量大于110 g时，雌虾每尾次的平均产卵量约为40万粒，接近同样规格的野生斑节对虾的产卵量。结果表明，月龄和个体大小显著影响池养斑节对虾的繁殖性能。

表2-46 月龄与个体大小对池养雌性斑节对虾繁殖性能的影响

月龄	甲长/cm	体长/cm	体质量/g	成熟率/%	产卵量/万	孵化率/%
9S	4.5±0.3	15.5±0.8	58.9±7.1	3.3±0.0	8.0±0.0	0
9B	4.9±0.4	16.5±0.6	70.4±6.3	22.5±3.6	19.7±6.2	30±13.5
12	5.6±0.3	18.3±0.5	91.7±7.5	50.8±4.3	30.7±6.1	47.4±28.3
13	5.7±0.3	18.6±0.7	96.1±10.1	58.5±3.8	32.5±5.6	51.5±17.4
15	6.1±0.4	19.6±0.9	108.2±12.3	61.5±4.8	39.7±6.4	60.6±10.2

(4) 结论。

① 池养雌性斑节对虾的性成熟生物学最小型应考虑以纳精囊的发育完全（可与雄虾交配）为标准，池塘和鱼塭养殖的雌虾最小性成熟个体甲长分别为4.3 cm和4.5 cm，体长分别为14.8 cm和15.0 cm，体质量为48.9 g和51.2 g左右，不同养殖环境条件下，其最小性成熟个体没有差异。

② 个体大小是雌性斑节对虾成熟的一个限制性因素。池塘和鱼塭养殖的雌性斑节对虾的性成熟个体甲长为5.0 cm、体长为17.5 cm、体质量为75.0 g左右。随着个体增大，其繁殖性能提高，以体质量100.0 g以上者为佳。

③ 日龄（时间）是雌性斑节对虾性成熟的一个限制性因素。鱼塭养殖的雌虾最早交配发生在165日龄前后，性成熟日龄为205~240 d，池养雌虾最早交配发生在270日龄，性成熟日龄为300~360 d。在获得全人工养殖亲虾过程中，要充分考虑到个体大小、日龄及养殖环境的影响。

2.4.5 影响斑节对虾种虾培育性腺成熟及繁殖性能的主要因素

前述斑节对虾繁殖特性的经验性总结表明，性腺成熟特性是人们关注的斑节对虾繁殖特性最主要的性能。事实上性腺成熟的评价，涉及多项指标，诸如在家养状态下性腺发育的难易程度、繁殖力、受精率、受精卵孵化率等。由于在家养条件下雄性斑节对虾的性腺容易成熟，因此，影响斑节对虾繁殖特性的性腺成熟的因素研究，多数着重在对雌性对虾性腺成熟以及繁殖特性的影响。通常认为，影响雌虾性腺成熟和繁殖特性的因素可归纳为遗传因素、性激素、营养、种虾的来源、体型、日龄、理化环境因子、季节等。

2.4.5.1 遗传因素

经验表明，斑节对虾雌虾性腺发育的特性，在群体内个体之间有很大的差异，例如在同样条件下，每尾雌虾的成熟产卵次数以及性腺成熟程度有很大的差异性，在家养条件下多数雌虾个体的性腺难以正常发育，往往使用切除单侧眼柄的方法促熟，但是有些个体即使不切除眼柄，也可正常成熟。虽然对虾类繁殖特性的遗传差异研究，近几年才引起人们的关注，不过斑节对虾繁殖性能的遗传差异研究，也逐渐引起人们的重视。Arcos et al（2004）评价了30个全同胞家系的凡纳滨雌性对虾繁殖特性的遗传力及其遗传相关。评估的有关参数包括切除眼柄后第一次成熟需要的天数、卵径、产卵量、卵子的三酰甘油酯、卵子卵黄磷蛋白、卵子总蛋白、卵子总脂质等。其中切除眼柄第一次成熟需要的天数的遗传力（h^2）为0.41，产卵量的遗传力为0.09，卵子卵黄磷蛋白的遗传力为0.28，卵子的三酰甘油酯的遗传力为0.20，总蛋白的遗传力为0.13。而卵径和卵子的总脂质等参数的遗传力则很小。Ibarra et al（2005）评估了全同胞家系的凡纳滨雌性对虾的繁殖特性中雌虾在一个产卵季节期限内的成熟产卵次数，其遗传力为0.2（95%的置信限内的变化范围为0.06~0.43）。Kenway et al（2006）对7~54个星期年龄分为6个年龄段的斑节对虾生长率和成活率的遗传力及遗传相关进行了评估，发现16个星期年龄之后遗传力及遗传相关，雌虾比雄虾具有更大的差异性。40个星期年龄雌虾平均体质量为（44±10）g，雄虾为（35±6）g。16、30、40、54个星期年龄段体质量的遗传力（$h^2 \pm S.E.$）分别为（0.56±0.04）、（0.55±0.07）、（0.45±0.11）、（0.53±0.14）。对于16、30、40、54个星期年龄段，家系的成活率的遗传力分别为（0.51±0.18）、（0.36±0.18）、（0.71±0.17）。对虾体质量和成活率遗传相关不显著（Kenway et al, 2006）。Macbeth et al（2007）观察和评估了家养状态下全同胞家系斑节对虾几个繁殖参数的遗传力及月龄、体质量等遗传相关性。观察评估雌虾切除眼柄后开始成熟产卵的天数、卵量、无节幼体数量、卵子孵化率等繁殖参数的遗传力分别为（0.47±0.15）、（0.41±0.18）、（0.27±0.16）、（0.18±0.16）。上述繁殖参数的遗传相关研究表明，卵量和54个星期年龄的对虾体质量相关系数为（0.93±0.19）；卵量和16~54个星期年龄的生长速度的相关系数为（0.63±0.29）。其他参数之间的相关关系很小。

传统的育种计划往往首先关注对虾的生长率和成活率的遗传力。上述这些研究结果说明繁殖特性的遗传分量，无疑对对虾的商业育种选择规划，提高对虾种虾培育的商业经济效益，有重要指导作用。

2.4.5.2 内分泌因素

应用切除对虾眼柄调控性腺发育，其主要机制是减弱或消除了抑制性腺发育的激素，其强烈的调控功能，在短期内可以使卵巢持续多次成熟产卵，个别虾可达10次以上。Primavera 于1992年使用标记手段，统计了池内106尾切眼柄的雌虾重复产卵次数，在61~73 d内，产卵一次者占51.9%，产卵二次者占28.3%，产卵三次者占8.5%，产卵四次者占2.8%，产卵五次者占0.9%。每次重复的产卵量并不比第一次少，但是每尾雌虾生产的无节幼体量及孵化率有逐步下降的趋势，表明内分泌调控作用，远远超越了其他因素的作用，充分地证明了激素调节功能是对虾性腺发育的首要因素。切除眼柄最大的缺点是亲体的成活率低，虽然通过改进操作工艺之后有所改善，但是部分亲体死亡总是难以避免。前节有关对虾内分泌研究的综述，详细地描述了这方面研究的进展。虽然人们认为切眼柄技术有许多缺点，但是目前仍然只有这一简单而实用的技术可应用于生产，并在虾蟹类中广泛应用。此外，尚有两种技术在实验室中取得了进展，其一是在饲料中添加甲基法尼酯或注射5-羟色胺促进性腺发育，其二是使用多肽或固醇类激素促进卵巢发育。野生对虾究竟在怎样的条件下调节其内分泌，还并不清楚。事实上，目前有关环境因素的研究、营养要求的研究，除了维持正常的生理代谢和能量消耗需要以外，很重要的因素是它们对内分泌的间接调控作用。

2.4.5.3 营养因素

笔者已经对种虾的营养要求做了综述和评价。近20年来，种虾培育的营养要求研究，有了很大的进展。例如鲜活的贝类、多毛类的饵料效果，多链不饱和脂肪酸、高度不饱和脂肪酸的作用，必需脂肪酸、磷脂、胆固醇的作用，维生素A、维生素E、维生素C的应用，虾青素的作用等。这方面的知识对斑节对虾种虾培育的进步起了重要作用。但是，野生种虾在产卵场期间，调控雌性性腺发育的激素的形成及其活动的有关的调控过程中，营养（饲料）究竟起了什么样的作用，还知之甚少。家养条件下饵料的种类简单化和野生种虾的饵料多样化形成明显的对比（表2-47）。很可能是忽视了某些饵料种类的作用。

表 2-47 南海北部野生斑节对虾摄食的饵料种类（钟振如，1999）

饵料种类	质量比例/%	成虾出现频率/%	幼虾出现频率/%
鱼类残骸	10.19	32.5	6.53
长尾类	9.67	25.19	5.04
蛇尾类	4.79	22.96	4.60
头足类	4.98	5.19	1.04
其他甲壳类	4.06	42.22	8.46
双壳类	3.84	52.59	10.53
有孔虫类	—	18.52	3.71
水螅类	2.30	20.74	4.15
腹足类	2.22	39.26	7.86
多毛类	2.00	25.19	5.04
短尾类	0.99	8.89	1.78
藻类	—	44.44	8.90
桡足类	—	44.44	3.12
偶见饵料包括端足类、被囊类、毛颚类、口足类、介形类、糠虾类	<0.20	—	—

2.4.5.4 理化环境因子

人们很早就注意到野生斑节对虾性成熟栖息地、产卵场远离海岸区的环境特征。正常情况下，栖息地的海洋环境水质优良，理化因子日变化小，相对稳定。人们受到野生种虾栖息地环境的启示，提出斑节对虾性腺成熟培育阶段的环境条件应该是"大洋性海水水质"。经过实验和调查，应该说已知的温度、盐度、光照周期、光质、光量、酸碱度、溶解氧、氨氮、重金属离子、水槽空间、水槽壁的颜色、底质条件、放养密度等环境参数，均可以影响斑节对虾种虾性成熟、产卵行为、卵子数量、卵子质量、孵化率、幼体质量等繁殖特征。目前认为，可供参考的适宜的水质参数如下：盐度，28~36；温度，26~28℃；pH 值，7.8~8.0；日光周期，14 h 光照，10 h 黑暗；光照强度200 lx 以下，光质以绿色和自然光为宜；溶解氧5 mg/L 以上；氨态氮、亚硝酸态氮极微或测不出（总氨氮介于 0.02~0.04 mg/L，亚硝酸态氮介于 0.01~0.02 mg/L，硝酸态氮介于 0.1~0.2 mg/L）。虽然上述环境因子在对虾适应的范围内的影响力，远远小于内分泌激素和营养要素，但是仍然不应忽视这些因素，尤其是温度、盐度和光照等环境因子对于内分泌活动的影响，往往可强化或者削弱激素的作用，很可能有些影响的细节至今还没有认识清楚。

1）盐度

天然水域的野生斑节对虾性腺成熟时期的栖息地盐度均是33~34 的高盐度。对虾类多数种类的受精卵、胚胎发育及幼体发育期，对盐度的适应范围较窄，通常适应 30~35 盐度的水域。许多学者证实高盐度有利于雌性对虾性腺发育。Sapayasant 等于 1991 年研究观察了在封闭系统内盐度为 30 和 40 的情况下，盐度和切眼柄对斑节对虾成熟的影响，发现除了切眼柄外，高盐度驯化适应肯定对成虾的成熟有促进作用，高盐度驯化渗透压调节同样也影响斑节对虾亚成虾成熟，认为亚成虾期处于低渗及高渗渗透压调节状态，该阶段渗透压等渗点大约是 20~45 盐度值。切眼柄显著影响渗透压调节。切眼柄后的对虾血淋巴浓度比未切眼柄的虾的血淋巴浓度偏低。亚成虾切眼柄后分别在盐度为 30 和 40 的情况下驯化 45 d，两者的对虾血淋巴浓度没有显著差别。而未切眼柄的成虾，高盐度驯化者加速性腺发育，而且驯化时间和性腺发育速度呈正线性相关。亚成虾状态下，切眼柄的反应取决于对虾的体型大小（体质量 48~60 g）。切眼柄只对体型大的对虾性腺发育起作用，增加性腺发育指数。最好的结果是在高盐驯化下同时切除眼柄，一般在 30 d 以内，性腺可以发育。

Tansuwan 等于 1998 年和 Janyong 于 2002 年分别报道了盐度对池养斑节对虾种虾培育、卵巢发育、交配影响的实验结果。前者在盐度为 25、30、35 条件下观察种虾的繁殖特性，试验使用的雄性种虾个体平均体质量为（104.20±12.68）g，平均体长为（21.70±0.96）cm；雌虾个体平均体质量为（114.38±23.22）g，平均体长为（22.18±1.44）cm。试验在 2 m³ 水体水槽进行 90 d 试验观察。雌虾和雄虾均除去一侧眼柄。结果 25、30、35 三个盐度下的雌虾怀卵的虾数分别有 44.44%、50.00%、61.11%，交配率分别为 5.56%、22.22%、22.22%。3 个盐度下，种虾的繁殖力、交配率没有显著差异。但是不同盐度下的卵子孵化率有显著的差别。30 盐度下孵化率最高，25 盐度下孵化率最低。

Janyong 在 2002 年应用 173 个池塘，在盐度为 25 的条件下养殖斑节对虾 1 年以上。雄虾的质量达（88.2±18.0）g，雌虾质量达（117.8±34.2）g。应用 2.8 m² 水泥池，分别在 10、20、30 这 3 个盐度条件下，并且利用人工授精技术，观察研究了盐度和 5 种矿物质，钠、钾、钙、镁、氯对斑节对虾卵巢发育和产卵的影响。结果证实，在盐度为 10 的情况下，对雌虾实施人工授精，雌虾的性腺不能发育到 IV 期（成熟产卵期）。然而在盐度为 20 和 30 的条件下，雌虾的性腺可以发育到 IV 期并且分别有 43.6% 和 50.0% 的产卵率。虽然盐度为 20 的情况下卵子质量良好，但卵子不能孵化出无节幼体，只有在 30 的盐度下，才可以孵化出无节幼体。受精率和孵化率分别为 79.4% 和 64.2%，一直到发育至 15 d 的仔虾，成活率达 20.1%。该研究注意到，雌性对虾种虾成熟的最小体质量为 86 g，应用人工授精，卵巢可以发育、产卵、孵化出无节幼体，直到发育为 15 d 的仔虾，成活率可以达到 51.2%。养殖池内 5 种主要离子浓度（mg/L）显示了养殖水体的盐度变化，在血淋巴内镁浓度最低，氯浓度最高。雌性种虾血淋巴内的钠浓度有 3 个盐度水平，但盐度为 10 和 20 时，血淋巴内的矿物质浓度高于养殖水体的矿物质浓度（处于高渗状态）。当养殖水体盐度为30的情况下，血淋巴内的矿物质浓度和养殖水体的矿物质浓度相似（处于等渗状态），这种情况有利于卵巢成熟、产卵、孵化以及幼体发育。

2）温度

斑节对虾成虾生活的自然海域虽然是热带温暖海洋，但是由于其栖息地在30～60 m甚至更深的海底，据钟振如在海南省斑节对虾产卵场的调查，水温变动在17～29℃范围内，常年大部分时间温度在22～26℃。表明斑节对虾维持正常生理活动的适宜温度范围很广。有关温度对雌性对虾种虾性腺发育影响的研究做得并不太多。虽然33℃以下的温度范围内胚胎发育、幼体发育随着温度升高发育加快，然而种虾性腺发育要求的温度，多数人认为应该在26～28℃。过高的温度并不总是有利。Perez-Velazquez等于2000年研究温度对凡纳滨对虾种虾精子质量影响的报告指出，48.0 g的雄虾在26℃、29℃和32℃培养42 d。结果，26℃条件下，雄虾精子平均高达1 860万个，其中只有36.7%不正常。29℃条件下，雄虾只有10万个精子，而且99.7%的精子不正常。32℃条件下的精子不发育。这个事例提醒大家不适当的高温对于对虾性腺配子发育是有害的，特别是在养殖池塘养殖种虾，经常会遇到32℃以上的高温。

3）光照

光线对对虾类的行为及生理有重要影响。20世纪80年代以后许多学者（如Beard和Wickins及Emmerson等）已经注意到弱光以及光周期的变化可以有效地调控对虾的繁殖。Primavera于1992年比较系统地研究了光照对斑节对虾繁殖的影响，认为适宜的光色和光强与切眼柄相配合，可以减轻切眼柄的负面影响，增强斑节对虾的繁殖性能，如增强繁殖力、提高繁殖率和孵化率等。试验表明，不切眼柄的雌虾在绿色的光线下，可以取得最好的繁殖性能，增加成熟产卵尾数达25%，显著地高于对照组和其他光色组，同时每尾虾的产卵量、无节幼体量也是最高，其次是天然光较好。自然光条件下孵化率最高。在白色光和蓝色光条件下，所有的繁殖特性最差。如果在红色光、蓝色光条件下，不切眼柄的种虾，即使成熟也很不完善，基本上不能产卵，只有切除眼柄，才可成熟产卵。在绿色光条件下比较切眼柄雌虾和不切眼柄雌虾的繁殖性能显示，切眼柄雌虾绝大多数可重复成熟产卵，不但总卵量多，而且每尾雌虾的产卵量也多，但是每尾雌虾的无节幼体数量和平均孵化率，两者无显著差别。对野生种虾雌虾切眼柄，雄虾不切眼柄进行自然光、绿色光、白色光3种不同光色对繁殖性能观察比较，结果发现，在自然光和绿色光两者的条件下，对虾的繁殖特性没有显著差异。但是在白色光条件下，对虾繁殖性能显著较差。

关于光强的效应，已经有众多研究。通常认为光线的强度对于雌虾性腺发育的影响，其重要性比光色更重要。在自然光源100 lx以下，或者人工光源40～70 lx，70 $\mu W/cm^2$情况下最有利于雌虾性腺发育成熟。

2.5 斑节对虾种虾、亲虾培育

传统的对虾养殖产业，虾苗的来源最初是捕捞野生虾苗，以后随着培苗技术发展，基本上使用人工培育的苗种，但是亲体来源依靠野生的成虾，即使使用人工养殖的成虾作为亲虾，也很少考虑亲体的遗传管理问题，只需要考虑亲虾（亲体）产卵前的短期培养，无须考虑种虾问题。随着对虾全人工养殖体系的建立，尤其是近年来凡纳滨对虾的无特定病原（SPF）苗种的培育及育种的进步，中国明对虾选育的成功以及斑节对虾的遗传选育研究开发工作取得进步，显示出人工培育种虾，开发选育良种乃是推进产业发展的必由之路。由于对虾生命史各个阶段生理生态的变化，需要相应的营养条件、环境条件，因此，需要提出种虾和亲虾的概念。对虾繁殖家养种虾实现产业化，必须建立繁育体系，繁育体系的核心工作是种虾的培育，需要建立规范化的种虾繁殖操作管理程序。斑节对虾亲虾培育已经积累了丰富的技术经验，但是主要是使用野生的种虾（成虾）作为培育对象。如果使用家养的种虾作为亲虾，也必须建立经济、实用、规范化的操作程序。

2.5.1 种虾和亲虾

对虾繁育体系内提出种虾和亲虾两个概念，是基于管理上的理由。由于斑节对虾生活史各个阶段要求的营养、生态条件不同，区分种虾和亲虾，更有利于繁育体系的管理和操作。

种虾是一个繁殖群体，其遗传特性相对一致和稳定。尚未人工驯化的野生对虾个体达到成年（成虾）后，绝大多数均可成为亲虾，参与繁殖后代。但是人工养殖的对虾绝大多数或者全部个体均作为商品（食品），只有少数个体为了繁衍后代作为种虾培养成亲体。在人工累代家养情况下，为了保存原种或良种的种质资源，需要对种虾按照遗传学规律、对虾健康标准进行专门培育和选择，按照种虾的规格及其生理生态要求在种虾养殖场专门培育。实际上种虾的培育从亲本的选择就已经开始，然后是受精卵、幼体培育、稚虾培育、幼虾培育、亚成虾培育、成虾培育等各个阶段均需按既定目标进行选择。种虾培育强调保持原种的遗传（种质）特征，包括重要经济性状、繁殖特性等。

亲虾指应用于繁殖的亲体或亲本个体，是生产配子的个体，是种虾的最后一个阶段，由成虾培育而成。使用野生亲虾时，由于斑节对虾产卵前已经交配，产卵时，无需雄虾同时参与，因此，狭义地说，野生亲虾往往就是指雌虾，或者是指纳精囊内具有精子的雌虾。但是在人工养殖培育种虾的条件下，需要注意雄性对虾的精子质量和交尾情况。亲虾培育着重于发挥种虾繁殖特性的遗传潜力，例如性腺易于成熟、多次产卵能力、交配率高、繁殖力高、受精率高、孵化率高等，特别是发挥繁殖力的遗传潜力。

2.5.2 种虾培育的主要管理内容

斑节对虾家养驯化，必须实现两个目标，才可认为实现和完成了家养驯化。首先是可以在人工控制条件下繁殖；其次是人工选择性状得以发展，至少原品种的优良种质得以保持。繁育体系内的种虾培育，理论上应包含三个分系统，新品种育种系统；原种或良种保种（包含引入种及本系统培育的品种）及扩增系统；商品用种虾系统。虽然各个分系统对隔离封闭以及遗传管理有不同的要求，但是对它们有共同的最基本要求。根据斑节对虾目前产业发展现状，有必要提出斑节对虾种虾培育的基本要求。

2.5.2.1 遗传管理及保护种质资源

保存良种或原种的优良经济性状的遗传基础，是种虾生产十分关键的工作。目前全球斑节对虾全人工繁殖及选种研究开发正在发展中，发现的每一个好的性状是否得以保存，累代家养的种虾是否可保留原种的优良经济性状，主要依靠通过利用准确、系统的生产性能测定技术体系，遗传评估技术和方法，进行遗传管理。家养一开始即进行培育新品种的研究和开发。

2.5.2.2 营养保证

营养问题乃是目前斑节对虾全人工养殖的瓶颈，尤其是在封闭型养殖系统内，缺乏天然饵料，对虾的营养要素几乎全部来源于人工饲料。斑节对虾家养种虾的营养问题主要表现在两个方面：种虾成虾阶段的营养饲料标准需要完善以及优良配合饲料的成本较高。对种虾营养进行全面深入研究是优良配合饲料生产的科学依据。只有营养全面的饲料标准，才能为充分发挥优良种质的遗传潜力提供物质基础，从而保证种虾的生理健康和抗病免疫力，保证种虾在适宜的时期内达到性成熟要求的体型，保证性腺正常充足发育。只有摆脱了生鲜饵料的依赖性，才能使斑节对虾家养化迈上一个新的层次。

2.5.2.3 控制疾病，尤其是流行病病原的控制

对虾白斑综合征在全球的暴发流行给人们留下了深刻的教训。近年来全球众多的对虾病毒性病原几乎均可在我国检出，有一些已经在我国对虾养殖区流行，对虾白斑综合征等传染病仍然是我国对虾生产的巨大威胁。因此，在种虾培育过程中，必须采取生物安全预防措施，在场地选择、养殖工艺确定、健康管理等方面综合防治，控制疾病发生，预防流行性传染病的发生。

2.5.2.4 生产环境控制技术

种虾生产要求的生态环境质量高于一般的商业性对虾养殖环境。简单地依靠降低养殖密度，虽然对改善养殖环境很有成效，但是不利于提高设备利用率，往往生产成

本过高。另一方面，为了预防病原入侵，建议种虾培养使用零交换水系统，维持该系统正常运转，必须应用各种水处理技术及饵料技术等环境控制技术，维持种虾培育要求的水质参数数值。

2.5.2.5 标准化的管理

生产管理不仅仅需要个人的创造能力和经验，还应更多地依靠制度的运作。遵守科学规律，运作过程受工序、程序控制。管理要量化，具有规范化和可行性。效益和成本应该是社会可以接受的。社会效益和环境效益是正面效益。养殖者需要理解规范的约束力。技术措施应注意配套性，也就是协调性。技术整合偏重于"体系"的完善。各种养殖模式需要建立相应的设施。技术整合是多方面的，要针对不同的技术，寻找出最先进、最可靠的解决方案，系统地加以解决，"系统化"是技术整合的内涵。设备技术的融合度越高，就越先进，使用的适合度也越高。加强设备的配置和相关技术的整合。而技术配套是解决工艺之间的结合问题，技术不配套是技术措施效率低的主要原因之一。技术不配套阻碍了新材料、新技术、新工艺的推广，也降低了生产效率，因此，要建立一些相关的标准和技术规范文件，不断完善配套措施。例如，在生产中往往可看到同样一项技术措施，有人应用很成功，有人就失败了，没有达到预期效果。原因是每项技术措施使用后能否达到预期的目标还要受其他条件、工艺措施制约，因此，存在如何应用这些经验和技术的问题。要利用好这些宝贵的信息和知识，必须结合每个地区、每个种虾养殖场的实际情况和条件，形成自己的健康养殖配套技术。例如使用抗生素、消毒剂，往往易导致生态失调，破坏生物多样性，为弥补生态失调这个负面影响，可以使用有益细菌、重新构建有利于保持生态稳定的多样性生物群落。因此，如何在同一个养殖池使用这两个措施，就有一个协调性问题。协调性和配套性在集约式养殖中尤为重要，这是因为在粗放的养殖环境条件下，养殖密度较小，自然水体较大，自然生态功能相对比较完整和稳定，偶然的人为失误或干扰，容易通过自然生态功能自动弥补。而在集约式的条件下，许多生态功能要依赖人为的措施和干预才能实现，要不断地使各项生产环节中的物质、能量投入和输出技术实现科学化、工程化。

技术措施要量化。每项技术或措施要有科学依据，要有严格的试验数据作依托。每一项工艺、技术的技术参数要准确，该措施的实施对对虾的生理影响、对养殖环境影响要明确，逐步从经验变成科学的规范。

2.5.3 种虾培育的方法

目前的斑节对虾种虾培育方法尚不规范，必须依据上述种虾培养的几点要求，分别从技术措施、实施程序上落实。从已有的资料分析，认为目前较好的种虾培育技术及其管理可以分为两类。一种类型是以保存现有斑节对虾种质资源（保种）为目标，这是比较初级的种虾培养方法，其种质的遗传管理及配套的水系统，均为开放式的养殖系统。另外一种类型是以选择育种为目标的高健康种虾培育方式，其种质的遗传管理为闭锁式，该方式配套的水系统为封闭式零交换水系统。两种类型的种虾培养在管理上有很大的差异，不但涉及种虾遗传管理的差异、水处理系统的不同，而且对病原处理的方式及病原存在的水平也有很大的差异，还涉及营养管理的差异等。

2.5.3.1 开放系统的种虾养殖

开放系统的种虾养殖是指在现有商业养殖条件下，种虾来源于天然水域或养殖水域，种虾种质资源处于交流开放状态，基本上没有固定的人工选择目标和指标。

1）种质管理

种质资源处于开放状态下的虾种质管理，主要是防止原有种质资源退化，故在独立的小型养殖场，在全人工养殖条件下，如何预防养殖对虾种质退化，是选种、配种管理的重要内容。对虾的产卵量巨大，每尾亲虾可以产卵数十万，有时一尾雌虾多次产卵量达到百万粒以上，加上良好的培育苗种技术，育出仔虾的成活率可达 60%～70%。如此高的繁殖力，多数育苗者往往只需保留极少数亲体繁育虾苗，即可满足商业养殖需要。如果多年自繁自育，不按数量遗传学规律留种，就有可能发生近交退化问题。这是因为如果在一个闭锁的无种质交流的繁殖系统内，亲体太少，或者留种不当，必然导致基因杂合度下降。究竟保留多少个群体的种虾，才可将近交系数降低到人们能接受的程度，要考虑有效产卵群体的大小。养殖者的愿望是，能保留养殖品种原有的优良性状，进而不断地选择、保留对人们有利的新出现的经济性状变异。实际情况是，由于对虾在人工护养下繁殖，基本上失去自然选择压力，使一些突变出现的对人不利的性状基因容易保留，如果不被及时淘汰，就可能逐代遗传。如果在一个闭锁的小群体内世代保留亲体，有可能出现不良经济性状的隐性基因型纯化，也就是通常所说的品种退化。种质退化的原因十分复杂，但是，养殖者经常会遇到的原因有如下几个：留种不当或有效繁殖群体太小造成的近亲交配；长期不良养殖条件造成的负选择；亲体质量差，例如为了降低成本，长期使用低龄亲体依靠促熟技术繁殖，长期使用低规格低质量亲体，甚至使用有明显遗传缺陷的亲体繁殖；过分依赖促熟技术，而不注意亲体的培育技术等。如果大家正确地依据遗传规律保留和选择对虾亲体，就可以预防种质出现问题。

早期的数量遗传学研究已经表明，生物生理性状的平均表现型由于近交而减低时，称作近交衰退。连续的近亲交配必然导致近交系数加大，而近交率与有效繁育群体大小成反比。相同量的繁育群体中，只有繁育群体的雌雄数量完全相等时，才能保证有效群体最大。近交系数与繁育群体中每个雌性亲体产生或留种的后代数量有关，留种数量不平衡影响有效繁殖群体，从而增加近交系数。因此，只有每代保留同样数量的亲体，而且雌雄性比为1:1才可使有效群体最大。

第 2 章 斑节对虾种虾、亲虾培育生物学

根据以上原理,为防止对虾种质退化,至少应该做到如下几个方面的工作。

(1) 尽可能保留比较大的有效繁殖群体。

从技术上讲,保留较大的繁育群体难度并不大,主要是经济上要合适。根据前述原理,保留的有效群体,雌雄虾亲体数量分别达到 100 尾以上,理论上近交系数在 0.002 5 以下。

1970 年 Crow 和 Kimura 提出杂合度水平和亲体数量相关的数学模型为如下关系式:

$$H_t = H_0 \prod_{r=1}^{t}(1 - \frac{1}{2N_r})$$

式中:H_0——最初的原始杂合度;

H_t——t 世代的杂合度;

N_r——有效群体数。

根据这个关系式,笔者认为,理论上每代选留对虾雌雄亲体各 100 尾,到第十代,尚可保留原杂合度 98% 以上。

依据上述理论,每个对虾繁育单位保留雌雄各 100 尾对虾作为亲体并不难,难度在于这雌雄各 100 尾对虾,应该来自尽可能多的群体或不同批次的育苗池。虽然每尾虾的产卵量很大,但是绝对不能只保留少数几尾虾作为亲体。至少应有几百尾雌性亲体的后代,而且以性比为 1∶1 的比例保留。交尾季节,混群交尾,由其随机交配。

(2) 按数量遗传规律留种,减少近亲繁殖。

种虾养殖池内的对虾,应来源于亲缘关系较远的不同亲体的后代,进行养成,并完成交配。或者从不同的养殖池选择相同数量的后备亲虾,按照雌雄性比 1∶1,混合在同一水体内完成交配。坚持选择留种,适当引入异地种群杂交。

(3) 应在良好的养殖条件下养殖和培育种虾,提高亲体质量。

亲体要求体型大,而且一定要求达到种虾的成熟月龄,也就是至少应达到 10 月龄以上。雌虾体质量要求在 120 g 以上。首次选择种虾应使用优良的野生群体斑节对虾,要求健康,不携带特定病原,雌虾体长 25~30 cm,体质量为 200~320 g,雄虾体长 20~25 cm,体质量为 100~170 g。

2) 养殖管理

从斑节对虾的虾苗养成种虾,可分为几个阶段。一般情况下,采取分阶段,不断选择的方法。即使养殖条件较好,为了便于选择符合条件的种虾,也需要更换养殖水池或水槽。只有在比较大的水体,例如渔塭等粗放养殖,可以在同一个养殖池内完成种虾培育。

养殖期间必须注意以下事项。

① 选择应在各个阶段进行。主要是实施体型和病原选择。选择健康的、无潜在

白斑综合征病毒病原感染的虾苗。在养成期不同阶段（苗期、放苗初期、稚虾期、亚成虾期、成虾期、亲虾期）进行白斑综合征病毒检测。

② 养殖池严格消毒。用水经严格处理，最大限度降低病原密度。尽可能预防携带白斑综合征病毒的生物或白斑综合征病毒的宿主潜入。

③ 使用优质配合饲料。

④ 养殖池面积要小，一般为 $1\ 333.4 \sim 2\ 000.1\ m^2$，池深为 $2.5 \sim 3.0\ m$。

⑤ 其他养殖管理要求，按斑节对虾健康养殖管理要求进行，水环境应达到最适要求。

种虾培育第一阶段，从虾苗开始，需要养殖 4 个月。培育的仔虾（$PL_{15 \sim 20}$）以 $10 \sim 15$ 尾/m^2 密度在土池养殖 120 d，体长达到 15 cm 以上，体质量 40 g 以上。第二阶段，选择生长快的大型个体放到其他养殖池，养殖密度分两次降到 $0.5 \sim 1.0$ 尾/m^2，养殖 $5 \sim 6$ 个月，雌虾体质量应达到 $80 \sim 100$ g。对虾达到 $10 \sim 12$ 月龄后，从其中选择优良个体作为亲虾。其间的饲料使用人工配合饲料或鲜饵。该阶段可以在养成池养殖，也可在粗放型的养殖池挑选。但是为了更好地预防白斑综合征病毒感染，通常在独立的养殖养成系统养殖比较理想。养成管理需要注意的重点是保证种虾营养需要，日生长量应达到 0.2 g/尾以上。对虾达到亚成虾后，养殖水环境的盐度值调整至 $30 \sim 33$。

2.5.3.2 封闭系统种虾培育

封闭系统种虾培育是指在核心育种场或良种选育场，按照严格的育种和配种方案，进行人工累代选择培育种虾。除必要的遗传资源引入以外，通常种质资源只允许由核心育种场向下级扩繁场流动，而不允许扩繁场向核心育种场流动。

1）种虾选育与遗传管理

搞好种虾的选种工作，是科学养虾的重要组成部分，是提高种虾生产水平的关键技术之一。如果能够选出优秀的群体留作种用，种虾的品质就会提高，越选越好，在相同的饲养管理条件下和同样的时间内，获得的经济效益就高。长期坚持选种不仅能起到保持良种的作用，还可以选育出新的良种。相反，如果不选种，有缺陷的、生产性能低下的个体也留作种用，对虾种群的品质就会越来越低劣，获得的经济效益越来越差。因此，养殖种虾必须坚持严格选种。

早在 1998 年，为了斑节对虾的健康持续发展，东盟（Association of Southeast Asian Nations，ASEAN）委托水产专家提出了开发"斑节对虾高健康种虾的实践指导手册"。由于无特定病原（SPF）种虾难以在亚洲地区开发，提出用"高健康种虾"的概念，代替"无特定病原种虾"。高健康种虾被定义为提高了成活率、生长速度，同时没有特定病原或抗特定病原的种虾。成活率、生长速度的首先提高降低了生产成本，其次提高了饲料转化效率，提高了对多种环境类型的耐受能力。这里着重介绍该手册的内容，并结合我国情况，作了少量修改。

一旦建立家养的繁育体系，不可避免地开始了对对虾种虾高强度的人工选择。因此，也就开始建立高健康对虾种虾的选种育种计划。种虾选种是指选择品质优良的符合种用要求的个体留作种用，把不符合种虾要求的个体淘汰。种虾选种的目的在于提高种虾种群的品质和生产性能，并使种虾的优良性能稳定地遗传给后代，保持高健康种虾种质的完整性，并预防近交繁殖造成的种质衰退。

种虾的选种和其他动物的选种基本一样，要防止盲目选择，虽然选种要经过个体选择，但是不可把着眼点只放在个体的体质、外貌和生产力上，更要重视家系，考察家系群体繁殖性能的实际效果。对于产卵量较大的对虾，目前生产中较为常用的主要有个体选择和家系选择两种。

个体选择，可用于从原始野生大群体中根据个体本身表型值的高低选留种虾。这种方法简便易行。在一般情况下，当性状遗传力较高，个体本身有这种性能表现时，个体选择效果较好。对于遗传力较小的数量性状或活体上不能度量的性状（如出肉率、虾肉的质量、繁殖力和成活率等性状），个体选择法不适用，须应用家系选择。因为遗传力低的性状，其表现值的好坏受环境因素的影响较大，如果只根据个体选择准确性较差，采用家系选择法能比较正确地反映家系的基因型，选择效果较好。

家系选择需要准确地确立母系亲体杂交。根据家系均值的高低决定留种或淘汰。家系选择可采用同胞、半同胞测验等。同胞、半同胞主要是指同父同母的全同胞家系或同母异父的半同胞家系。采用同胞、半同胞测验进行家系选择所需的时间短、效果好。虾的生命史较短，利用年限为1~2年，采用同胞、半同胞测验的选择方法，在较短时间内就可得出结果，优良的种虾就可留种繁殖。

选择的基本工作就是筛选。高健康种群建立的主要工作是确立检疫和筛选方案、育种策略，建立每个程序措施的设施，制订育种中心和繁殖站的管理方案。

制订选种方案首先要进行的工作是对现有国内斑节对虾种群进行调查，使用先进的分子生物学手段作不同斑节对虾种群的遗传差异性的评估。每个种虾繁育中心至少需要建立3~4个种群，每个种群又需要建立10~12个家系，作为种虾培育的基本种虾种质数量。

2）种虾选育的基本设施

种虾培育场是一个相对封闭的运转系统。要在系统内完成对虾的生命史，并且向外界输送高健康种虾或亲虾。因此，需要建立3~4个种群的各自的10~12个家系的配套设施，包括亲虾成熟设备、产卵水槽、幼体培育的系列配套设备、稚虾培育设施、种虾养成设施、种虾标志设备、病原检测设备等。

每个繁育场需要相对独立的两个部门，首先是核心育种中心，从事选择育种，需要严格的隔离设施并做好检疫；第二个部门是繁扩部门，核心育种中心的仔虾经胁迫测试筛选、检验放在该部门，为培育高健康种虾而培育高健康仔虾。因此，该部门必须有能力使种虾在 10~12 个月的时期内，把病原排除在外，使对虾处于高健康状态。该部门需要的设施至少应容纳 3~4 个种群，40 多个家系的种虾；由繁扩部门供应商业用种虾。

3）种虾的选育过程

首先建设核心育种中心和繁扩单位。在核心育种中心建设产卵和育苗设施。从不同地区选择野生种虾，并作遗传评估。

（1）初级（原始）种虾的生产过程。

选择野生种虾（HH~F_0）：原始野生亲虾促熟产卵孵化为幼体。为培养 HH~F_0 种虾，对其 PL_{15} 选择也属于计划的内容之一。首先养成之前要最大限度限制环境变异对生长的影响。在养殖池培养 HH~F_0，养殖至 PL_{15}。饲养 HH~F_0 120 d（每 30 d 抽样测量生长率），120 d 后根据体型和表观选择 HH~F_0。按雌雄比 1:2 饲养 HH~F_0 直到 7 月龄（混养和按家系养）。选择 7 月龄的 HH~F_0（大小和表观）。为了得到 HH~F_0 种虾，培养 7 月龄的 HH~F_0 到 10~12 月龄雌雄比为 1:2。

使用野生种群选择育种至少需要三个种群，10~12 个家系。分别使用标记材料标记种虾。选择的野生种虾的个体，雌虾体质量要求在 120 g 以上，雄虾体质量要求在 70 g 以上。具有完美的表现型，体表健康无损，体表和生殖腺无传染病感染特征，经对特定病原检测为阴性。雌虾最好是未交配者。

由野生亲体培育的仔虾（$PL_{15~20}$）以 10~15 尾/m² 密度，在土池养殖 120 d。选择生长快的个体放到另外的养殖池，养殖密度分两次降到 0.5~1.0 尾/m²，将其作为 F_0 代的种虾，F_0 代种虾培养完成，开始建立家系，可以使用野生对虾种群雌性家系 1、2、3……10 个和随机的雄虾 1、2、3……10 个配种，生产后代（F_1），交配采用自然交配或人工授精。从不同地区收集 40 对种虾，分别放在隔离的室内池使之适应 7 d，其间的饲料使用人工配合饲料或鲜饵。饲料要做病原监测控制。雌虾作单侧眼柄切除，性腺发育后，产卵虾单个放在一个圆柱状的水槽产卵。产卵后统计卵量。卵子被消毒后的海水冲洗后，转移到同样大的孵化水槽，使用同样消毒过的盐度为 28~30 的海水孵化。记录每一个雌虾的繁殖参数（生殖力、受精率、孵化率、无节幼体数量和质量）。每一个家系的每一个雌虾产的无节幼体，以 50 个/L 的密度放在 3~6 t 的水槽培养，一直培养到 $PL_{15~20}$。记录每批的成活率。仔虾转移到 6~10 t 的水泥池或水槽，生长直到可以标志。标志的幼虾被集中放在水泥池或土池养殖 120 d。体质量测量精确至 0.01 g，体长测量精确至 0.1 cm。30 d、60 d、120 d 分别进行形态特征测量和非形态特征测量。记录成活率、食物转化率、体长体质量变异系数、性腺发育及交尾情况，120 d 后，记录每个家系后代和种群的雌雄比例。监测不同种虾亲体后代生长差异的显著性。生长最快的种虾作为初级（原始）种虾，用以作为斑节对虾进一步遗传驯化生产 F_1 的亲虾。每一个生产环节（种虾培养、培苗、养成）均要监测病原。

选择 10 月龄的 $HH \sim F_0$（$HH \sim F_0$ 种虾或最初的种虾），生产 $HH \sim F_1$ 幼体。

在繁殖中心，为了生产 $HH \sim F_1$、$HH \sim F_2$、$HH \sim F_3$ 的种虾，重复以上程序。

为了比较选择效果，应该设立未经选择的对照组，比较育种选择三代后的效果。

（2）种虾配种设想方案。

配种也称选配，目的是控制基因型杂合体减少或增加。配种就是按照生产目标，采用科学的方法，指定雄、雌种虾的交配，有意识地组合后代虾的遗传基础，以达到培育和利用良种对虾的目的。在进行种虾选择的同时，还要搞好配种。选种是配种的基础，配种则是选种的继续，是提高虾群品质和发挥良种效应的重要技术措施。

配种的方法通常应用同质选配。同质选配就是将性状相同或性能表现一致的优秀雄、雌虾进行交配，以期把这些性状在后代中得以保持和巩固，使优秀个体数量不断增加，群体品质得到进一步提高。例如，为了提高体质量和生长速度，就应选择生长速度快、体质量大的雄虾和雌虾进行配种，使所选性状的遗传性能进一步稳定下来。

如下交配计划建议应用在每一个世代。

① 从 10～12 个家系的每一个家系中取 4 尾雌虾和 4 尾雄虾，放到成熟水槽中（建议使用 3 t 水槽）。

② 7～10 d 后，收集所有交尾雌虾（为了排除同一尾雄虾重复交尾）。对于没有自然交尾的家系，可以使用移植精荚人工随机交配。

③ 每一个家系至少应该有一尾雌虾产卵，放在单独的培育水槽培养幼体。记录每一尾雌虾的繁殖性能，例如产卵数量和大小、受精率和孵化率、无节幼体数量和质量。

④ 每一个家系的无节幼体均应该分开在 1～3 个水槽培养至 $PL_{15\sim20}$，每一个家系的 $PL_{15\sim20}$ 应在适当时候在室外水槽或土池培养至 4 个月或 120 d。

⑤ 120 d 后，每一个家系应选择标志 5%～20% 生长快的雌虾和雄虾。其余小虾舍弃。

（3）种虾的选择与检测及种虾培育过程中的质量评估。

育种必须注意几个遗传参数，例如个体的育种值（基因相加效应），亲本与后代的相关性，全同胞和半同胞后代的遗传获得量。选择压力可以维持在 5%～10%。斑节对虾经济性状的选择指标通常是成活率、生长速度，但是笔者认为繁殖力及雌虾的成熟率、成熟天数也应该作为选育目标。这些参数基本上均在工作结束后评估。在日常生产过程中应不断地淘汰不合格的个体，评估项目基本上是表观的体型特征及病原与检测。在仔虾阶段可以使用胁迫试验。这些检测的具体方法在对虾培苗及养成技术中将要介绍。

(4) 应用零交换用水系统。

根据生物学安全概念，针对以传统的对虾养殖技术为代表的海水池塘养殖中出现的弊病，应用近代发展的许多控制水环境的技术，例如高效安全的消毒技术、应用微生物的水处理技术等，为养殖循环用水奠定了技术上的可行性。高健康种虾培育必须使用生物学安全—零交换水（biosecurity – zero water exchange）系统。该系统在遗传选择，培育高健康虾苗中应用，可以极大地提高生产的安全度，使得无特定病原等概念引入对虾养殖得以实现。同时，在环境对策方面，体现了环境友好（environmentally friendly）。零交换水，是指整个养殖系统（独立的养殖系统）养殖过程中不与系统外的水源进行水交换。养殖系统内的水循环使用，无须从海湾进行频繁的水交换，限制了水的滥用；节约了能耗；防止了疫病传播；防止劣质基因外逃造成的基因污染。系统的核心技术是水处理技术（包括微生物降解技术）、控制病原发生及传播的技术（包括有益微生物、微藻生态功能调控）、饵料控制技术等。

该系统是高健康种虾的配套生产技术。培育无特定病原虾苗，切断了病毒的垂直传播途径，而生物学安全—零交换水系统，切断了病毒的水平传播途径。该系统的核心技术内容为在一个相对封闭的系统中，彻底清除养殖系统的一切生物，特别是病原生物及携带病原的生物，然后重新构建定性、定量控制的藻类、微生物群落。零交换用水系统的水循环使用，使养殖系统内极少从系统外补充水源，防止了系统外病原的传入。可以靠系统内的微生物及单细胞藻类生物相的生态功能，满足对虾需要的部分氧气、一些必要的营养要素及生物代谢及蛋白质降解产生的氨氮等有害物质的消除。正常情况下，养殖系统内培养的藻类为单体角毛藻、扁藻、金藻（$Isochrysis$ sp.）等。

零交换水系统主要的技术措施包含如下内容：采用循环用水，建立严格的消毒隔离措施，控制病毒密度及其传播途径；建立实用、灵敏、准确的病原检测程序；使用高健康虾苗；建设小面积养殖池塘，池塘结构的工程技术要求养殖池的单池面积为 666.7~2 000.1 m^2，池周边高出地面 0.5 m，池深应达 2.5~3.0 m，池塘保水性能好，排水可彻底自流排干，池底无积水，养殖池底及池壁不渗漏水，如有渗漏，必须加防渗漏材料。例如可用塑胶膜铺设池底和池壁，为防止池坝坍塌，土质含砂量较多时应护坡；应用蓄水池，水处理技术，包括蓄水、过滤、消毒；使用增氧机、水质改良剂、有益微生物、调控单细胞藻类、使用优质配合饲料等技术措施，以保持良好稳定的水质，预防应激发生。循环使用排出的养殖池水，经过蓄水池沉淀、净化处理后进入养殖池。根据养殖废水污染状态、病原情况，使用物理、化学生物等不同方式处理后排出。

建立病原预防与排除系统：生物安全的核心内容为，在生产中，当依照某一个系统的生产养殖设施和管理时，会确保降低养殖系统内形成病毒性病原的潜在危险和限制养殖系统内病毒的传播。尤其是在食物链中，要降低所有环节被病原感染的危险。

预防引进潜伏病原体到养殖场从而降低养殖场发生疾病的可能性。废弃物处理要严格，特别是死亡的鱼虾，尽可能远离养殖场处理，预防潜伏在已经死亡个体内的病原体转移。池塘淤泥清除后，应及时消毒处理，预防病原传播。

生物安全作为系统的状态，也可分为不同子系统。例如可分成无生命的养殖设备系统（养殖场地、水、池塘、水槽、配合饲料、器具、车辆等）及有生命的系统组成（养殖动物、浮游生物、底栖生物、人员、有害的鸟兽等）。

生产养殖场所，例如水系统，养殖池和输水管道相对处于封闭、隔离状态，与病原及携带病原的生物、载体隔离。育种场设立地点要远离其他养殖场。一般认为育种及遗传改良单位应该远离商业养殖生产场区。理想的距离是不使用同一个水源，通常是封闭型用水系统。避免养殖场被潮水或洪水淹没。生活用水勿侵染养殖区。人员在场区内交流应尽量被限制。在疾病发生的场所应被严格限制。不应让一般访客进入育种养殖场。控制养殖场内运输车流量。所有外单位车辆应尽量在养殖区外接待。

需要具有安全的消毒设施和消毒程序。养殖场的消毒，使用有效的清洁及消毒是减少病原体密度及疾病发生概率的重要措施，也是加强生物安全的重要内容。有效的清洁及消毒只有在饲养前才可能彻底进行，才能让消毒产品有足够接触时间，达到消毒目的。清洁及消毒工作应包括和养殖生物接触的所有设施、器具及水体。一般在循环过程中供水系统的消毒是必要的程序。例如使用臭氧、紫外线、氧化剂、含氯消毒剂等，对水系统、养殖设施、饲料、运输工具等实施定期的消毒处理，杀灭病原及传播媒介。

具备快速、灵敏、准确病原检测设备，具有对各生命史阶段的对虾、病原载体、饲料等检测是否带有病原的条件和操作规范。

2.5.4 亲虾培养方法

2.5.4.1 开放系统的亲虾培养方法

斑节对虾繁殖使用的亲虾，不论是来自捕捞的野生亲虾还是来自养殖的亲虾，均需要进行雌性性腺促熟培育阶段。

我国海域野生的斑节对虾产卵群体比较小，不能满足全国生产需要。目前，我国繁殖用的斑节对虾亲虾多数来源于进口。进口的雌性对虾，或者在海南岛附近捕获的雌虾，虽然多数已经交配，雌虾的纳精囊已有精子，但是雌虾的性腺发育缓慢，多数虾性腺外观不明显。为了在短时期内使亲虾批量集中产卵，需要性腺促熟培养。该阶段的主要技术措施是切除对虾一侧眼柄。同时配合其他的措施。

1) 亲虾挑选、运输要点

购买捕捞的野生斑节对虾亲虾，妥善运输，认真选择，可以减少对对虾的胁迫影响，并提高对虾成活率，保证亲虾质量。挑选时，首先应做健康状况检查，尽可能进行白斑综合征病毒病原检测。外观要求体色正常、附肢完整、鳃部清洁。观察亲虾性腺发育成熟与否，观察时，使用透光，光源从腹部照射，观察对虾背部。在外观上雌性亲虾的性腺发育可分为 5 期，Ⅰ期，性腺外观难以辨别；Ⅱ期，性腺已可明显可见，但是较窄；Ⅲ期，外观性腺占对虾背部大部，但是对虾第一腹节处的性腺未向两边下垂；Ⅳ期，卵巢已经成熟的亲虾，卵巢大，几乎充满整个头胸甲及背部，第一腹节处的卵巢向两侧下垂，色泽为暗绿或墨绿色，即将产卵时，甚至可见卵粒分离状，已成熟的卵巢质量占体质量的 11%～15%；Ⅴ期是指产完卵尚未恢复的形象状态。

亲虾需要远距离长时间运输时，不应选择性腺已经发育为Ⅳ期者，以免途中产卵。亲虾由养殖池提供时，近距离运输，可放入桶中，用小型空气泵充气，进行运输。长途运输时，亲虾颚角应套乳胶管，预防扎破运输袋。每个体积为 20 L 的塑料薄膜袋中，放 1/3～1/2 海水，装 3～5 尾亲虾。袋外加碎冰保持水温在 18～21℃，进行充氧运输。亲虾进繁殖场后，可直接连袋一起放入培育池，然后把产卵池的水慢慢地注入薄膜袋中，使对虾缓慢适应新环境。

2）促熟培育的养殖环境

一般都采用在室内建造水泥池，作为亲虾促熟培育池，通常采用育苗室的相对独立大型水泥池或大型玻璃钢水槽。池四周应方便人员操作，一般不与其他池相连。在室内上方设置黑色可以拉动的遮光帘。室内排水沟上覆盖的水泥板或木板要平稳，人员走动时不应有大震动。四周墙壁上的窗设置暗色窗帘，可调节光强。亲虾培养池内水深 1 m，设置加温管，水温保持在 27～28℃，盐度 30～32，pH 值为 8.0～8.3，总氨氮含量小于 0.6 mg/L，溶解氧在 5 mg/L 以上，使用过滤海水。

3）亲虾交配

已经交尾的斑节对虾雌虾纳精囊具有精子，精子可在纳精囊内保持较长时间。斑节对虾的交尾方式和中国明对虾基本相同。斑节对虾的雄虾没有明显交尾季节，只要雌虾进入亚成虾期，雄虾即可和雌虾交尾。但是如果雌虾性腺未发育，进入纳精囊的精荚，也会随着雌虾蜕皮发育而丢失。只有雌虾性腺发育进入繁殖期，性腺快速发育前最后一次蜕皮，此时和雄虾交尾才有效。交尾后，没有太大的刺激，雌虾不再蜕皮，纳精囊的精子不易丢失。待产卵后，再次蜕皮后再交配。因此，选择亲虾时，一定要适量选择体型较大、精荚发育良好的雄虾，同池养殖，以保证雌虾纳精囊有足够的精子。商业性繁殖场可按雌雄性比为 3∶1 或者 4∶1 养殖。良种场通常可按照雌雄性比 1∶1 养殖。

4）切除眼柄

捕捞的野生群体雌性亲虾，进入亲虾池后，经过 3～5 d 的恢复，即可进行单侧眼柄切除手术，促进性腺成熟。虽然切除眼柄的方法很多，但是比较好的方法是镊烫法（彩图 2-36）。手术过程为：左手拿亲虾，右手拿长柄镊子，镊子头部宽 2～

3 mm，将镊子头部一侧在酒精灯上烧成微红后，用镊子头部未烧的另一侧挑起对虾一侧眼柄，在靠近眼球的眼柄部位相挤捏烧，使眼柄组织死亡，但不应使眼球掉下。该方式可提高手术后的成活率。手术一般应在亲虾池旁进行。术后的亲虾应迅速放到准备好的亲虾促熟池中。

5）日常管理（彩图 2-37 和彩图 2-38）

（1）饲料与喂食。

该培育阶段通常以鲜活饲料为主。饲料种类为鲜活或冰冻的贝类、墨鱼、鱿鱼、沙蚕等。较大的贝类、墨鱼等，投喂前应切成小块，洗净。每天投喂饲料 3~4 次，每次投饵前均应捞去残饵。

（2）换水。

开放式养殖系统应每日换水，操作时，尽量减轻对亲虾的扰动。换水量一般不超过 1/2，添加的新水水温与亲虾培养池水温应尽量一致。循环用水系统应加强水质要素检测。

（3）性腺成熟观察。

野生亲虾切除眼柄后，一般在 3~5 d 后即有部分亲虾达到性腺成熟。每天应注意性腺发育观察。为了减少对亲虾的干扰，一般采取养殖人员下水，应用水下灯光从虾的侧面或腹面透射，观察虾的背面性腺发育状态。性腺发育达到四级阶段已成熟的亲虾，应及时捞出安排产卵池产卵。通常养殖培育的亲虾，如果雌虾卵巢尚未发育，切眼柄后，卵巢发育需要较多的时间。尤其是对虾月龄不足，营养条件不好，即使切除眼柄，卵巢也难以发育。因此，切眼柄促熟前的营养保证以及足月龄的培养，是提高养殖亲虾质量最为重要的管理内容。

2.5.4.2 封闭系统的亲虾培养方法

由于斑节对虾雌性亲虾难以批量成熟，因此，亲虾培育阶段重点是雌性对虾性腺促熟和及时的交配，获得纳精囊具有精子的亲虾。种虾养殖后期配种以后的群体，进入亲虾阶段培养，直到雌性亲虾性腺开始快速发育，该阶段养殖时间需要 30~45 d。要求该培育阶段搭配一定数量的雄虾，以备有些雌虾蜕皮失去精荚，再重新交配。但是本阶段主要目标是促进对虾卵巢发育所需物质的积累。为预防白斑综合征病毒感染，本阶段尽可能在室内养殖。在营养上，要求增加能促进卵巢发育的物质。养殖水系统采用循环用水。前期水温控制在 27~28℃，后期水温控制在 27℃，盐度为 31~32。每日光照周期为自然节律，光照强度为弱光，低于 100 lx。池内水透明度在 1 m 以上时，室内晴天中午光照强度不宜超过 1 500 lx。

雌性对虾性腺促熟的主要手段也是切除对虾一侧的眼柄。目前较好的方法是使用镊子捏烫眼柄，眼柄组织死亡，但是并不断离。

前文已经强调，虽然斑节对虾可以利用切割眼柄促进性腺成熟，但是如果对虾发育月龄不足，营养不足，体型大小不够，环境条件不能满足，即使使用切眼柄手术，也不能达到预想的效果。因此，亲虾培养阶段中最为关键的管理措施是，满足对虾营养和养殖到足够的月龄和体型。注意斑节对虾的成熟月龄至少应该是在 10 个月以上。笔者认为，比较理想的养殖雌性对虾性腺成熟最适月龄为 12~18 个月，体质量达 100~150 g。营养条件好、月龄足的雌虾，交配率高、产卵量大、卵子直径大、卵子孵化率高。

目前的人工配合饲料虽然可以将对虾养殖到食用商品规格，但是不足以满足亲虾的营养需求，因此，需要配制特定的可以满足雌性亲虾性腺发育要求的人工饲料。目前使用生鲜的贝类、多毛类、乌贼、卤虫成体等和配合饲料相配合。从营养要素分析，除了在蛋白质、脂肪、碳水化合物、矿物盐、维生素等方面应满足需要外，尚需要适量的甾醇类、萜烯类、亚油酸、亚麻酸、花生四烯酸、高度不饱和脂肪酸、卵磷脂蛋白、虾青素等脂溶性营养成分，以满足斑节对虾性腺发育所需要的营养要求。

陈秀南于 1993 年通过使用相同月龄、同一个池塘培育的头胸甲长为 54~63 mm 的种虾，在繁殖场内，切除雌虾眼柄，试验比较各种环境要素对亲虾繁殖特性的影响。饲料试验结果表明，虽然使用生鲜饵料，但是使用多种饵料的亲虾繁殖特性，在亲虾成熟率、成熟虾第一次产卵数量、卵径、孵化率等参数，均好于使用单一的饵料组。温度试验表明，亲虾成活率，21℃组最高为 93.8%，33℃组最低，为 62.5%。较低的温度和较高的温度对亲虾性腺发育均有不利影响。21℃和 33℃组均无对虾成熟。其中 27℃组亲虾成熟率平均为 15%，最高达 53.6%，24℃组其次，平均为 12%。亲虾第一次产卵量及孵化率，以 24~27℃组最高。盐度试验表明，低盐度影响亲虾成活率及成熟率，盐度高有利于对虾成活和成熟。30~35 的高盐度可以增加对虾第一次成熟的产卵量、孵化率以及卵径。试验表明光照的长短对亲虾发育及成活无太大影响，但是光照强度对亲虾性腺发育、亲虾成活率均有影响，高于 2 000 lx 的强度，即可产生严重不良影响。饲养亲虾密度也会对亲虾的成熟与成活率产生影响，饲养密度过高显然不利于亲虾成活及性腺发育。此外还注意到雌雄虾混养有利于对虾成熟和交配。

第3章 高健康繁育体系的基础理论

从全球范围来看，对虾养殖及相关产业尽管每年为全球带来上百亿美元的经济效益，但是建立对虾繁育体系，最近几年才引起人们的注意，例如美国在创立凡纳滨对虾繁育体系取得的成果，不但创立者受惠，而且对世界养虾业产生了很大影响。建立每个地区的对虾繁育体系越来越受到人们的重视。我国作为对虾养殖大国，产量多年来处于世界首位，但是对虾养殖方面的现代养殖核心技术，其中包括对虾繁育体系尚不完善，这也是我国对虾养殖产品质量不高的重要原因之一。

和其他养殖动物一样，一旦对虾开始家养驯化，必然有两个经历，即需要实现人工繁殖，以及在保种、留种的同时，也发生有意识或无意识的遗传选择。虽然家养对虾的繁殖和育种是两个不同的生产过程，但是养殖动物繁育体系是一个完整的系统，繁殖在体系内是育种工作的一部分，育种必须通过繁殖来完成和实现既定的目标，在对虾繁殖过程中进行选择和培育。通过人工控制对虾繁殖过程实现对虾育种目标。对虾繁殖育种体系的研究和构建，对对虾养殖业健康、持续的发展意义深远。

建立斑节对虾繁育体系的过程中，笔者接受了传统的畜牧养殖、鱼类养殖多年来形成的繁殖体系必需的组织体系、技术体系框架。但是对虾养殖和鱼类养殖相比，尤其是和畜牧业相比，还是一个年轻的产业，尤其是斑节对虾全人工繁殖系统尚需要完善，种虾培育还有大量的研究需要不断深入，育种的技术体系刚刚开始探索。可持续发展的对虾养殖的健康种虾繁殖体系，应该包含5个方面的系统及相应的配套技术体系：病原预防与排除系统；对虾高健康种虾繁殖系统；高效有限水交换的对虾种虾健康养殖系统；繁育育种系统；相应的种虾培育过程中需要的幼体、种虾、亲虾饵料（饲料）保障系统。

当前病毒性疾病是斑节对虾各个生产环节的重大威胁，因此，最为迫切的管理内容是，建立斑节对虾繁育体系必须引入生物安全的概念、无特定病原及高健康种虾概念，并建立相应的技术支持部门。

本章着重介绍繁育体系的生物安全原理和繁育育种基本理论以及有限水交换系统的管理原则，而种虾养殖及繁殖技术等则另立章节介绍。

3.1 斑节对虾繁殖的生物安全及疾病预防理论：建立生物安全观念，保障繁育体系的可持续性

3.1.1 生物安全的内涵

美国在20世纪80年代末90年代初，由于畜禽养殖疫病流行，提出生物安全这一新概念，是指保持养殖动物健康的一套防疫措施，尤其着重在切断病毒性病原传播的措施，尽可能使养殖品种保持在无特定病原状态，主要技术措施为接种疫苗、使用益生素、严格的隔离条件、控制养殖密度、严格的消毒机制、遗传选育等。20世纪90年代，由于病毒性疾病在对虾养殖中的广泛流行，特别是白斑综合征疾病使全球对虾养殖遭受巨大损失。为了彻底摆脱病原的危害，许多水产养殖科学家将生物安全观念应用于对虾养殖，并就生物安全的定义、涉及的内容、必要性和应用等方面的问题进行了讨论。科学家们认为：随着国家间水产品交换和国际贸易的迅速发展，为了保证水产品安全和避免动植物疫病的大规模流行，建立地区、国家和国际间的生物安全机制，已经势在必行。生物安全概念在陆基养殖的对虾养殖系统应用已经具有可行的技术基础，在以往研究的基础上，应用并建立了大规模健康对虾养殖系统，实施病毒性疾病监控，培育高健康或培育优质、无特定病毒病原对虾的亲体和虾苗等技术，在预防对虾病毒性流行病控制中，已经在商业性生产中取得很好效果。

近年来，生物安全问题引起了联合国粮食和农业组织的高度重视，2001年、2002年，该组织的农业委员会分别召开了专门会议讨论这一概念和有关国际组织之间可能的合作和信息交流机制，提醒各国加强对生物安全重要性的认识，探讨了在发展中国家执行生物安全的方式。2003年1月该组织在曼谷又召开了一次国际性生物安全技术磋商会，有38个国家和8个国际组织，包括食品法典、国际植物保护、国际兽疫局和生物多样性等组织参加了会议。2003年3月农业委员会再次在罗马召开第17届会议，重点讨论粮食和农业的生物安全问题。

由于"生物安全"这一观念目前在世界上广泛应用，使其含义出现了不确定性。联合国粮食和农业组织的17届农业委员会对该词在粮食和农业方面的应用作了如下的解释和说明：建议确认联合国粮食和农业组织在粮食和农业管理系统方面应用卫生、植物检疫和动物检疫措施时，为更好地保护人、动物和植物生命及健康，使用术语"生物安全"。联合国粮食和农业组织认为，生物安全描述了粮食和农业有关的生物风险过程和目标的总体管理（最广义的"农业"，包括农艺学、畜牧、林业、渔业及环境等有关方面）。

生物安全是个总体化战略，其中包括食品安全、动物生命和健康及植物生命和健

康方面的风险以及有关环境风险。生物安全涉及植物有害生物、动物有害生物及病害和动物寄生虫病的传入、遗传修饰生物及其制品的传入和释放以及外来入侵品种和基因型的传入和管理。生物安全是与农业可持续发展、食品安全、环境保护及生物多样性直接相关的一个整体概念。因此，可认为以往的食品安全法、动植物检疫和农药管理等均可包含在生物安全概念中。例如，生物安全主要是指，涉及遗传修饰生物的传入、释放和使用对人类和环境、生态的安全。近几年来，人们日益认识到生物安全对环境保护的重要性。在一些国家中，生物安全计划正在扩大到包括自然生态系统，包括森林和海洋生态系统，包括进一步审查动植物病虫害防治方法等。

从上述生物安全的概念及其内涵中，可以看出"生物安全"具有广泛的包容性，从水产养殖产业来说，要求养殖水体不仅是养殖生物的载体，而且是可以全面满足养殖生物要求的环境，目的是创造一个最好的池塘养殖管理系统。生物安全新概念的提出，是早期畜禽养殖业（特别是猪、禽饲养业）集约化条件下进一步发展的产物，它是以往综合防治和常规防治措施的系统化和模式化。这一新概念主要表现在两方面，一方面，该模式强调重视生产全过程、不同生产环节之间的联系和对生产安全的影响，重视养殖环境对病原的控制，目标是高生产性能、高经济效益。另一方面，针对疾病发生的三要素，即病原、易感动物、环境条件三者的关系（Snieszko，1974），完善养殖设备、切断病原传播；完善养殖环境，避免不利环境要素发生；满足营养要求，提高生物生理体质，提高生物自身免疫力；全面防疫，全方位监测，预防疾病发生。此概念应用于水产养殖，特别是针对对虾养殖，应使养殖生物（对虾）的载体——水环境参数处于最适状态，杜绝病原在水体的传播。近年来 Browdy 和 Pruder 等人针对对虾病毒病，尤其是白斑综合征高发生、暴发流行，应用对虾养殖的生物安全—零交换水系统的思想，杜绝病原传播和减少环境应激，最大限度地利用水源，减少养殖池和大环境水交换，取得了很好的实验结果。零交换水，是指整个养殖系统（独立的养殖系统）养殖过程中不与系统外的水源进行水交换，养殖系统内的水循环使用。初步的研究已经显示可期望达到如下目标：可以在有限的土地上进行集约式养殖；无需从海湾进行频繁的水交换，限制了水的滥用；节约了能耗；防止了疫病传播；防止劣质基因外逃造成的基因污染；池底污泥清出处理，可再作为有机肥源，土壤改良后，可再回填使用。该系统体现了环境友好思想，核心技术是水处理技术（包括微生物降解技术）、控制病原传播及发生的技术（包括有益微生物、微藻生态功能调控）、饲料控制技术等。

3.1.2 生物安全概念在对虾繁育体系的应用

近 10 年来，人们在研究控制病毒性虾病的过程中，基于对虾、水环境和病原三者和发生疾病的关系，在预防和控制病毒传播的过程中，依据可持续发展战略的要求，针对以现代对虾养殖技术为代表的海水池塘养殖出现的弊病，利用近代发展的许多控制水环境的技术，例如高效安全的消毒技术、应用微生物的水处理技术等，为养殖循环用水奠定了技术上的基础。以全新的观点，建立新的养殖工艺，创造很多好的池塘管理系统。在用水系统方面，提出生物安全—零交换水系统。在提高对虾抗胁迫能力方面，提出遗传选择，培育和应用高健康虾苗。在环境对策方面，应体现环境友好。

3.1.2.1 系统内生产工具及生产设备，具有应对病原预防与排除功能

生产养殖场所中的输水系统、养殖池和输水管道应具有消除病原及消除携带病原的生物、载体的功能，例如消毒、过滤或隔离。需要具有安全的消毒设施和消毒程序，例如使用臭氧、紫外线、氧化剂、含氯消毒剂等，对水系统、养殖设施、饲料、运输工具和生产工具等实施定期的消毒处理，杀灭病原及传播媒介。

具备快速、灵敏、准确检测病原的设备，具有对各生命史阶段的对虾、病原载体、饲料等检测是否带有病原的条件和操作规范。

3.1.2.2 建立预防对虾白斑病毒虾苗培苗系统

推荐无特定病原斑节对虾养殖模式。推广无特定病原虾苗生产技术，包括无感染对虾白斑综合征斑节对虾种虾筛选、无感染对虾白斑综合征斑节对虾种虾的培育及无感染对虾白斑综合征亲虾的人工催熟，使用无特定病原虾苗，切断了病毒的垂直传播途径。开发无感染对虾白斑综合征的微藻、生物饵料，在一个相对封闭的系统中，彻底清除养殖系统的一切生物，特别是病原生物及携带病原的生物。然后重新构建定性、定量控制的藻类、微生物群落。依靠系统内的微生物及单细胞藻类生物相的生态功能，满足对虾需要的部分氧气、一些必要的营养要素，消除生物代谢及蛋白质降解产生的氨氮等有害物质。

3.1.3 无特定病原虾的培育

世界上第一个无特定病原对虾群体是1989年由美国海虾养殖计划（US marine shrimp farming program，USMSFP）培养出来的，现在全球对虾养殖产业已经对开发无特定病原对虾在对虾产业上的巨大商业价值给予了充分的肯定。目前已经有商业性的多种对虾的无特定病原对虾种苗、种虾养殖公司。根据美国海虾养殖计划开发的有关文献（Lotz et al，1997；Moss et al，2003；Lightner，2003）简要综述无特定病原对虾培育涉及的有关问题。

3.1.3.1 无特定病原对虾的定义

对虾养殖产业引入无特定病原概念作为生物安全策略之一，对遏制对对虾产业具有巨大破坏力的烈性传染病的流行起了重要作用。由于繁殖体系涉及核心育种场，对

虾养殖者必须对无特定病原的定义有明确的认识。

无特定病原这一概念来源于畜牧业及实验动物学。通过病毒学、微生物学监控手段，对实验动物按微生物控制的净化程度分类，实验动物可分为无菌动物、悉生动物、无特定病原动物和清洁动物四类。其中，无特定病原是指动物体内无特定的病毒、微生物和（或）寄生虫存在。从严格的意义上来说，无特定病原动物是由转移到屏障系统内饲养的无菌或悉生动物所繁殖的后代。它所指的是动物与病原关系中的一种状态，而不是动物遗传上的一种基因型或表现型。因此，无特定病原是一个病原控制概念，而不是遗传学概念。与动物的种、品种、变种或品系等遗传学概念存在本质的差别。此外，要在实际中发挥无特定病原状态的优越性，需要长期进行连续性的家系保持，建立和保持某个动物家系或群体的无特定病原状态，必须将病原控制技术与遗传育种技术紧密结合起来。根据上述概念，笔者认为无特定病原对虾是指无特定病原的对虾，它是指对虾与特定病原的一种状态，是否是无特定病原取决于生物安全水平的变化。

无特定病原对虾具有如下的特征：具有证明文件，表明其生命史中没有携带过列为无特定病原指定的病原清单上的特定病原。种虾可以来源于不同的场所，因此列出的特定的病原可能不同。列为无特定病原病原清单的病原体必须满足以下条件：病原诊断确切；是对虾身体上的病原，对产业上有重要意义，不是来源于设备上的。

对虾养殖过程中的生物安全水平，决定无特定病原的状态。可称为无特定病原虾，仅指保持在生物安全设施中的对虾，诸如核心育种中心，并且要有两年以上的疾病测试结果，支持对虾呈无特定病原状态。因此，无特定病原对虾等同于高度生物安全。无特定病原对虾由核心育种中心转移到中等程度的生物安全设施（例如繁扩中心）中以后，就失去了无特定病原状态，因为增殖中心（扩繁中心）等同于中等程度生物安全。对虾转移到低生物安全的生产设施中或室外养殖池，就成为商用对虾。商用对虾等同于低生物安全。

无特定病原虾并不是天生具有抗病或抗感染能力，因此，无特定病原虾不等于抗特定病原虾（specific pathogen resistant，SPR）。但是，无特定病原虾可以被培养成抗特定病原虾，这时，就成为 SPF/SPR。无特定病原状态不能遗传，不能由亲代传递给子代。无特定病原状态是可变化的，随对虾病原的状态和养殖的生物安全水平而变动。

3.1.3.2 无特定病原虾培育技术路线

早期无特定病原凡纳滨对虾的选育基本上采用了图 3-1 所示的技术路线。捕获野生亲虾，在捕获后的 2~5 个月时间内，应用母系独立进行产卵培育苗种，并经初级检疫观察以决定是否满足候选的第一步无特定病原虾的要求，对满足要求的候选者，在接下来的 5~12 个月内进行养成和第二级筛选，符合无特定病原虾要求者，将进入核心育种中心（NBC）成为首选无特定病原虾。

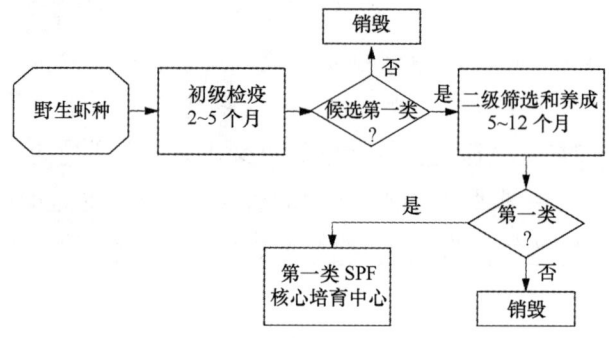

图 3-1 核心培育中心的第一类无特定病原虾选育技术路线（Carr，1994）

对于核心育种中心的第一类无特定病原虾，仍将受到进一步的病原监测（图 3-2），通过监测者将作为无特定病原的亲虾，再在接下来的育苗过程中进行病原监测，以决定是否作为无特定病原虾苗，以上监测不合格者将被销毁。无特定病原虾苗在检测后，将根据检测结果的不同情况处理，对于合格的虾苗，将用于进一步的无特定病原虾养成，从而形成一个完整的无特定病原虾的生活史，这一循环的无特定病原成虾，选择部分将进入核心培育中心，进行无特定病原虾的第二代培养。也可在长成后投向市场，供应商品无特定病原种虾。在无特定病原虾的多代培育中，病原检测工作将始终按计划进行。

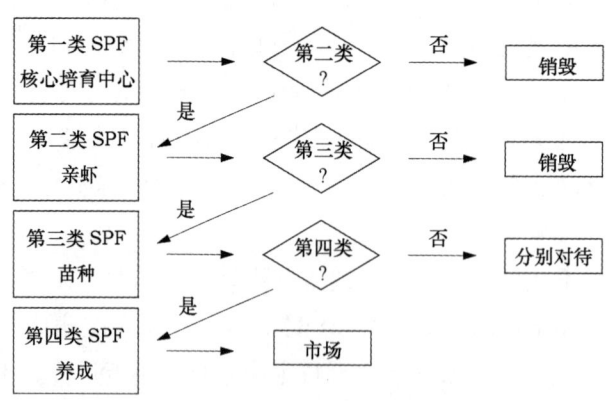

图 3-2 无特定病原对虾生产的技术路线（Carr，1994）

3.1.3.3 无特定病原虾培育的技术要点

完整的无特定病原虾培育系统实质上也是一个现代化的对虾繁育系统，因此无特定病原虾培育不仅仅是育苗的一个环节，而且需要所有养殖环节相配合，需要多方面的配套技术，当然最重要的是在病原检测与控制以及养殖过程等方面应有关键性的生物安全技术措施。

1）病原的评价分级

对病原的评价分级是无特定病原虾培育的基础，对于对虾致病性病毒、支原体、立克次氏体、纤毛虫、微孢子虫等以对虾为特异性宿主，营专性寄生生活，存在垂直传播的能力，应作为第一类病原，必须严格排除。一旦某批对虾中存在这类病原，该批对虾将不具备无特定病原虾的资格，应立即销毁。对于自然界中普遍存在的病原、条件致病病原，如在环境中的大多数弧菌等，将根据具体情况而定，多数情况下，应尽量将该类病原在环境中的数量控制在完全不能致病的最低范围。

2）无特定病原虾苗、种虾培育体系

一旦开始起步工作，即需同时开始选择育种。目前主要是采用家系选育，建立独立的母系家系。对于每批候选对虾，建立独立的母系家系是无特定病原选育必须采用的技术，对于优良品系选育是十分重要的。母系家系是无特定病原选育操作的最小单位，一旦在某一母系家系抽样中发现有病原存在，或有劣质遗传特性，该家系将被销毁。

3）病原监测方法

病原监测方法包括各种目前可用的病原检测和诊断技术。在有多种选择的情况下，应采用在稳定性、灵敏度、专一性、易用性、可行性等各方面具有最好品质的技术作为标准技术。其他技术可作为辅助手段。目前，对于不同的病原，可采用常规组织切片的苏木精—伊红染色、核酸探针杂交、单抗 ELISA、PCR 技术等。

4）病原监测的样品采集

根据对虾不同生活期建立系统性的标准采样方法对于无特定病原虾的病原监测是至关重要的。对于一个群体来说，标准采样方法的抽样数量需具有统计学意义。表 3-1 指示对于不同群体的不同病原流行率具有 95% 可信度的抽样数目。从表 3-1 中可知对于有 100 000 尾仔虾的群体来说，在 60 尾样品中查出 3 尾阳性，则该群体存在 5% 带毒率的结果具有 95% 的可信度。

请注意表 3-1 中的数据是指实际被有效分析数，对于幼体来说，所采集到的样品不一定都能分析到，在这种情况下则需要采集更多的样品。

采用核酸探针、单抗 ELISA、PCR 技术等进行检测时，成年个体及亲虾可采用非致死性的样品采集方法，如剪取附肢或抽取血淋巴等。

5）隔离病源，切断病原传播途径

除母系家系独立而起到病源隔离作用外，在无特定病原虾的整个生活史均应通过生产设施、技术手段、管理措施等实现严格的隔离病源和切断传播途径目的。

6）建立足够的基因池

当开始建立原始的基础育种种群，应从地理上相距较远的地区或不同越冬场来源的野生亲虾，收集各批对虾，不仅为在病原方面选择候选无特定病原群提供了更多的选择机会，更重要的是为建立足够大的基因池提供了基础。足够大的基因池为对虾的优良品质的遗传选育提供了尽可能多的来源，从而可避免在全人工条件下进行长期累代育种时可能发生的种质退化。

表3-1 群体中假定不同病原流行率下病原检测95%可信度的抽样数量（Lightner，1996）

群体大小	不同流行率的抽样数量						
	2%	5%	10%	20%	30%	40%	50%
50	50	35	20	10	7	5	2
100	75	45	23	10	9	7	6
250	110	50	25	10	9	8	7
500	130	55	26	10	9	8	7
1 000	140	55	27	10	9	9	8
1 500	140	55	27	10	9	9	8
2 000	145	60	27	10	9	9	8
4 000	145	60	27	10	9	9	8
10 000	145	60	27	10	9	9	8
≥100 000	150	60	30	10	9	9	8

7）测定遗传变异性

在监测无特定病原虾的病原状况的同时，也必须对各母系家系的遗传变异性进行监测。可采用的分子标记技术包括限制性片段长度多态性（RFLP）、多态性DNA随机扩增（RAPD）、微卫星DNA分子标记（SSR）以及扩增片段长度多态性（AFLP）等技术，这些技术均能用于评价一个群体内不同家系之间的遗传差异。通过这些分子标记技术对大量家系的比较，还可建立不同家系的特异性遗传标记，这对于遗传育种工作来说是非常有用的工具。

8）无特定病原培育系统

进行无特定病原对虾培育，必须在人工条件下完全控制对虾的生活史处于无特定病原状态。

9）配偶的选择和控制

在对虾生活史完全控制的基础上，人工选择交配的雌雄对虾，是良种选育工作的基础。配偶的选择要求雌雄双方在生长速度、健康状态、性成熟程度、生产能力、抗病能力等各方面特性的优势均居于群体的25%以内。此项工作在长期累代保持对虾的无特定病原状态中是非常重要的。

3.2 斑节对虾健康繁育体系及遗传管理

建立对虾健康繁育体系是现代对虾养殖业的发展方向，标志着一个国家或一个地区养殖对虾产业的发达程度。在现代对虾养殖生产中，建立健康对虾的繁育体系，不但使斑节对虾驯化、全人工养殖得到组织上和技术上的保证，有利于遗传管理，而且能使斑节对虾的种质资源不断提高；有利于斑节对虾种虾保障供应；有利于对虾提高品质，降低养殖成本，提高饲料利用率，提高养殖成活率；有利于优良对虾品种的选育提高和繁殖推广。在良好的组织管理条件下，建立健康对虾繁育体系能充分利用品种的种质优势，提高产品数量和质量，取得高额的社会经济效益。

3.2.1 对虾繁育体系的组织结构

育种效益有滞后性，在产业发展的初期必须由政府来组织开展对虾的育种工作。行政管理部门（从组织上可分为政府角色的水产行政部门，原、良种管理委员会）监督贯彻落实国家各种水产品种管理条例的实施，依法管理种对虾及其使用。同时，管理好种对虾场的供种业务，定期评估种对虾场的标准执行情况，核准并颁发种对虾经营许可证。

对虾的繁育体系是将种虾的培育、选育和商品对虾苗种的生产结合起来，其中对虾育种是繁育体系内的核心内容。体系中的各部分内容在明确的分工组织下，建立承担不同任务、不同规模的对虾种虾场，各对虾繁育场之间密切配合，形成一个统一完整的繁育体系。理论上，种虾繁育体系至少应具有核心育种场、种虾扩繁场及商用对虾繁殖育苗场3个子系统。各个子系统相对独立，但是又有密切关联，因此要相互配套。根据当前我国养殖对虾产业发展状况，繁育体系内的人工选育和保护原种同样重要，对现有的野生斑节对虾种群要合理利用，要做好野生种群的种质资源保护。

3.2.1.1 核心育种场

该系统对繁育体系内对虾群的遗传改良起到核心和主导作用，因此也可以称这部分种对虾群为核心繁育群。核心育种场的主要任务是选择基因，改变对虾基因频率，控制基因杂合度。根据繁育体系和育种方案的要求，进行种虾引种驯化、遗传操纵、改良、选择育种，为生产提供可推广应用的优良虾种。当前，斑节对虾的核心育种场的主要任务是选择和建立高健康斑节对虾家系，向繁殖场提供优良品系或品种的扩繁雌雄种虾。该系统应该是一个相对封闭的管理系统，因此在种虾培育过程中，必须采取生物安全预防措施，在场地选择、养殖工艺确定、健康管理等方面，综合防止控制疾病发生，更不应有流行性传染病的发生，尤其是病原的隔离、防护，基本上做到无特定病原状态。为此它必须建立自己的病原检测、遗传选择、监测设施，开展细致的测定和严格的选择，以期获得最大的遗传进展。在控制生产环境时，建议使用零交换水系统，维持该系统正常运转，必须应用各种水处理技术及饵料控制技术等环境控制技术，维持种虾培育要求的水质参数数值，并且应具有营养保证，防止不良营养及不良环境因素对品种选择的负面影响。

核心育种场和繁殖用种虾扩繁场所做的严格测验和精心选择工作最终是为对虾商业养殖场服务的，因此，整体对虾养殖产业必然受益于繁殖体系，从而可以避免商业养殖场自己盲目根据养殖群体表现型留种自繁。

3.2.1.2 对虾种虾繁殖场（扩繁场）

对虾种虾繁殖场为种虾繁育体系的二级结构，其主要任务是扩繁生产高健康雌雄对虾种虾，保护和维持对虾原种的种质资源质量，为商业对虾虾苗繁殖场提供繁殖虾苗使用的种虾或亲虾，保证生产一定规模商业生产虾苗用对虾所需的种源，故繁殖群选种的重点应放在保护种虾的遗传性能及繁殖性能上。繁殖场更新所需的后备雌雄对虾应来源于核心育种场，非特殊情况，不允许从商品养殖场留取种虾对虾，也不应该由商品养殖场向核心群提供种对虾。

在该系统的配套管理措施中，营养问题乃目前斑节对虾全人工养殖的瓶颈，尤其是在封闭型养殖系统内，缺乏天然饵料，对虾的营养要素几乎全部来源于人工饲料。家养种虾的营养问题主要表现在两个方面，斑节对虾种虾成虾阶段的营养饲料标准需要完善以及优良配合饲料的成本较高。对种虾营养全面深入的研究是优良配合饲料生产的科学依据。只有营养全面的饲料标准，才能为充分发挥优良种质的遗传潜力提供物质基础，从而保证种虾的生理健康和抗病免疫力，保证种虾在适宜的时期内达到性成熟要求的体形，保证性腺正常充足发育。只有摆脱了对生鲜饵料的依赖性，才能使斑节对虾家养化迈上一个新的层次。

控制疾病，尤其是对流行病病原的控制。对虾白斑综合征在全球的暴发流行给人们留下了深刻的教训，而且近年来全球众多的对虾病毒性病原几乎均可在我国检出，有一些已经在我国对虾养殖区流行，其中对虾白斑综合征等传染病对我国对虾生产始终是巨大威胁。因此在种虾培育过程中，必须采取生物安全预防措施，在场地选择、养殖工艺确定、健康管理等方面，综合防止控制疾病发生，尤其要防止流行性传染病的发生。

种虾生产要求的生态环境质量高于一般的商业性对虾养殖环境。简单地依靠降低养殖密度，虽然对改善养殖环境很有成效，但是不利于提高设备利用率，往往导致生产成本过高。此外，为了预防病原入侵，建议种虾培养使用零交换水系统，维持该系统正常运转，必须应用各种水处理技术及饵料控制技术等环境控制技术，维持种虾培育要求的水质参数数值。

3.2.1.3 高健康斑节对虾繁殖育苗场

该场的任务是应用扩繁场的高健康种虾,培育为繁殖虾苗需要的种虾、亲虾,进行育苗,供应对虾商业养殖生产用虾苗。商业性对虾养殖场(生产群)处于繁育体系的底层,生产优质商品对虾虾苗,为市场提供优质的对虾。在商业养殖场内不做细致的选择和测定,工作重点应放在提高对虾群的生产效率和改进养殖技术上,保证对虾群体的质量和健康。

3.2.2 斑节对虾育种概论及对虾遗传管理的基本要求
3.2.2.1 对虾繁育体系实施遗传管理的意义

提高水产养殖生产水平与效益,最根本的问题是要解决作为生产主体的养殖生物的遗传性能,提高食物转化率,使之适应人工养殖条件,改进人们需要的经济品质。根据联合国粮食和农业组织及发达国家对畜禽养殖业生产作出的科学评估,品种对产业的贡献率是35%~60%,平均为45%。美国农业部(USDA)对美国近50年来畜牧生产中各种科学技术所起作用的总结中,品种改良的作用居各项技术之首,即遗传育种的贡献率达40%,其次是饲养饲料技术类的贡献率占20%,这就是为什么发达国家对动物遗传育种作出大力度科技投入的根本原因。也就是说有了良种就能够在同样的投入条件下有更大的产出,同时饲养良种还会减小为了满足市场需要而导致的数量的增加给生态环境带来的压力。满足水产养殖生产的优良品种来源的途径主要依靠不断地培育新的品系或品种,为此,我国将良种繁育体系建设作为农业七大体系建设之首。但是,在我国养殖的主要海水种类中,虽然海带和紫菜曾经做过比较系统的人工选育和遗传育种研究,中国明对虾已经培育出"黄海1号",但是其他养殖对象都是未经选育的野生种,海水甲壳类养殖的遗传育种研究基本上还仅仅处于起步阶段。实践证明,品种问题已成为制约我国海水养殖业稳定、健康和可持续发展的首要因素。

建立对虾繁育体系,对种虾实施严格的遗传管理并实施品系或品种选育,是繁育体系的核心工作。对虾家养驯化,在人工条件下实施全人工养殖,对虾种群不可能无限地增大。在相对较小的群体中,种群累代繁殖,不可能维持种群基因频率和基因型频率的平衡。现实中,影响频率变化的因素有迁移、突变、选择、遗传漂变和交配。人工控制条件下,必然发生有意或无意的遗传选择,必然要发生基因漂变,也就是发生选择基因、改变对虾基因频率、影响基因杂合度的事件。如果无遗传管理,最常见的现象就是近交衰退和遗传漂变。对虾的经济性状,往往以人的利益为标准判断好与坏。因此,种虾培育过程中,必须依据人们对对虾经济性状的要求,实现最大限度的遗传人工操纵,致使有关不良经济性状的基因能逐代消除或处于隐性状态,培育出具有优良经济性状的品种或品系，并且优良经济性状有关的基因库能世代保留。由于原种群基因库的基因保存于群体内各个个体，只要和优良经济性状相关联的所有基因都保住了，这个优良品种的种质也就保住了。与此同时，大家同样应关心野生斑节对虾种群的原种的种质保护，原种的遗传多样性保护，使斑节对虾种群的多态性和杂合度保持在较高的状态。对虾品种和品系是构成养殖生物多样性的重要形式，一个品种中汇集了各种各样的基因，可以在一定的环境中发挥作用，从而使品种表现出各种为人们所需要的特性。一个品种、品系就是一个相对独立的特殊基因库，是培育优良品种和利用杂种优势的良好原材料。因此，种虾家养化的同时，需要进行原种种质保护和品系、品种不断的选育。如此才能达到高健康对虾的要求，因为高健康种虾被定义为被遗传改良的对虾，具有较高的成活率、较快的生长速度，对虾体型整齐度较好，同时不得携带特定病原或抗特定病原的种虾。

3.2.2.2 对虾育种概论及遗传管理

1）对虾的育种理论及遗传管理，必须遵循动物育种及遗传管理中最基本的一些规律

虽然虾类的育种是近10年来的事，但是遗传学的发展、畜禽产业的遗传育种科学技术的发展，以及鱼类养殖育种技术的进步，已经提供了丰富的育种理论和育种方法，可供虾类育种借鉴（Bartley，1995；吴常信，2004；师守堃，1992；Tave，1993；王清印等，2002）。当前对虾选育进展最有效益的是凡纳滨对虾家系选育，Argue 于2002年、Plastow 于2004年的研究表明，凡纳滨对虾的家系选育显示了优良的品系在产业上的美好前景。在我国养殖的主要海水虾类中，中国明对虾已经培育出生长性能优良的"黄海1号"新品种，为对虾育种提供了许多经验。许多的其他养殖对象事实上也曾经进行过许多遗传操纵的试验及杂种优势的利用，尤其是鱼类育种积累了丰富的经验，其育种原理和方法完全可供对虾育种借鉴参考，例如鲍鱼的杂交优势利用、牡蛎的三倍体养殖等。但是甲壳类人工选择育种培育的可在生产上应用的养殖品系很少，大都是未经选育的野生种，遗传育种基础性研究虽然做了不少实验工作，应用于产业的新品种选育，基本上还仅仅处于起步阶段。

育种工作的成败决定于3个因素：一是遗传理论是否正确；二是育种方法是否科学；三是根据育种目标所选用的种质资源（遗传资源）是否恰当（吴常信，1999）。从遗传学观点观察，斑节对虾具有共同的基因库，是由两性交配个体所组成的繁殖群体。对虾种群属于孟德尔群体，适应于常规的育种原理。对虾个体繁殖力高、生命周期短、世代交替快，野生群体通常杂合度低，在人工养殖条件下偶然出现近亲交配，不易发生严重的生长衰退和繁殖力下降现象。从经济角度考虑，培育出每一个个体亲虾成本较少，且具有成熟的繁殖育苗技术。这些特性，有利于遗传改良研究取得快速的进展。

动物育种原理和方法，其理论根据完全是建立在遗传学理论之上的。遗传学理论决定着动物育种方法的发展。指导育种的遗传学内容主要是孟德尔遗传学、群体遗传学、数量遗传学和分子遗传学。育种的本质是改变基因频率和基因型频率。因此，原则上说，凡是所有的可以改变基因的操作均可以应用于动物育种。由于遗传学理论的发展，分子生物学、生物技术的进步，动物育种方法的发展通常可分为传统的育种技术（如家系选育、杂交选育等）和现代育种技术（如染色体操纵、基因操纵等分子生物学育种等）。

常规育种方法如选择、杂交技术，以数量遗传学原理为指导，使用数量遗传学方法分析检测育种效果，是建立在数量遗传学基础之上的育种方法。以数量遗传学为基础的目前所有的各种选择育种方法，基本上是从表型来推断基因型，从表型值来估计育种值，只能利用表型和系谱信息，这就存在相当大的抽样误差，影响选种的准确性（吴常信，2004）。

随着生物技术的飞速发展，即利用生物技术方法和分子遗传标记方法进行的现代动物育种的新技术，形成新一代育种技术。生物技术育种基于如下几个基本的原理：第一种是由于基因组学的发展和对功能基因的认识，使科学家可以应用基因组分析，准确地选择功能基因、标志功能基因，使用生物技术把基因最理想的特性表达出来；第二种是由于遗传密码的通用性，可以实施基因转移，实现基因在品系、品种、种类之间跨界转移，将遗传信息引进另一个生物体，并可稳定地遗传，从而使其功能在另一个个体被表达；第三种是基因修饰，例如基因打靶技术。

两类育种技术各有所长，但是由于现代分子生物学技术在操作上仍有许多不完善之处，当前动物育种中在经济上发挥重要作用的品种，绝大多数是依靠传统的育种方法获得的，其中也包括凡纳滨对虾、中国明对虾新品系的培育。许多学者认为生物技术是常规育种的辅助手段，不可能代替常规育种。对于控制质量性状的单个基因，应用基因工程技术相对容易转移，但对于由多个基因控制的数量性状，则很难应用生物技术的方法来转移。基因操作技术对于数量性状来说，其主要困难是此类性状所涉及的基因数目多，而每一单个基因对性状的影响小，以至于对单个基因的效应很难识别，从而也无法对基因本身进行识别、分离和克隆。然而，分子生物学和DNA重组技术的发展为现代生物技术应用于动物育种创造了条件，其途径之一是用可施以操作的标志基因或DNA片段，通过连锁分析，来标记不能直接识别的微效基因，从而对这些基因加以鉴别和选择（吴常信，2004）。

研究对虾性状的遗传规律是进行对虾育种的基础。正像其他动物的遗传性状一样，根据受控基因的多寡，可分为质量性状与数量性状两大类。根据育种目标性状的遗传特性，选择适当的育种手段。

质量性状的遗传，在表观上界限清楚，容易区别，在遗传上主要受一对或少数几对等位基因控制，性状的表现取决于显性基因的有无，不易受环境影响而发生变异。性状在遗传方式上明显受三大遗传规律支配，即基因控制的性状受独立分离定律支配，各对同源染色体上等位基因的分离彼此独立，互不干扰；非等位基因以自由组合构建配置基因型的自由组合定律支配；当两对基因位于同一对染色体时则受连锁遗传规律支配。外观的质量性状多数是体态性状。

动物的数量性状遗传，受许多基因控制。这些基因没有显、隐性关系，每一个相关的基因，对表现型的作用一般很微小，同时具有累加性，故称微效多基因。数量性状的特点是表观无明显的界限区别或截然不同的特征标准，其变异是连续的，表现为量的多少或程度不同，数量性状受环境的影响较大，受遗传的影响则较小。数量性状大多属于经济性状，例如生长速度、成活率、繁殖力等。

2) 对虾育种方法

首先，确定育种目标。根据当前和未来市场需要的经济性状，育种需要改进对虾的哪些性状、这些性状的发展方向、需要改良的程度。要考虑现有育种群的状况、产品性能，以可获得较好的经济效益为目标。由于将育种目标确定在经济效益基础之上，因此，要用经济评估的方法确定数量化的育种目标，即用综合育种值指导数量化的育种目标。综合育种值是一个线性函数，它应包含对对虾生产性能起作用的生产性状与次级性状，并根据各性状的经济重要性分别给予加权，育种群要有足够的数量规模。

然后，制订育种方案。搜集育种素材，建立育种基础群；根据选育性状和目标，制定育种方案；收集和建立对虾育种遗传参数，例如选育性状的遗传力、育种值等。对于对虾数量性状，目前可选择群体选育和家系选育方法；建立家系，进行纯系选育，使基因纯合，提高单项性能；选择最佳交选配组合，确定同种异系交配套模式；将参与配套的各纯系、家系繁殖扩群、制种推广到商业性生产。对于质量性状的育种方案，由于是一对或少数几对基因控制性状，关键是如何识别显性基因和隐性基因个体，可利用侧交区别显性纯合体和显性杂合体以及可引起基因频率改变的方法。

动物育种从理论上讲，包括选种、选配、品系繁育和杂交改良；在实际应用中，则根据动物的不同特点及所选性状的不同，侧重于不同的育种策略和育种方法，以达到最佳的改良效果。从育种的目标要求，可以实行单个性状选择和多个性状选择。单个性状选择就是在某个时期内只重复选择某一性状，如专门为提高对虾生长速度、繁殖力等的选择。这对改进该性状来说可能是有利的，但往往会出现负遗传相关的性状。如果在育种过程中，同时改进几个性状，就要作多个性状选择。这就要求根据性状的遗传力、遗传相关、经济重要性等参数制订复杂的育种方案。

根据目前对虾育种进展以及畜牧业育种有效的技术进步，建议斑节对虾良种选育可应用如下技术方案。

（1）选择育种。

建立在数量遗传学基础之上的选择育种技术的基本原理是认定经济性状（如生长速度、抗逆能力等），是由多个微效基因决定并受环境条件影响而相互作用的结果。在进行性状的选择时，首先需要建立遗传变异丰富的基础群体，利用全同胞和半同胞家系估算该性状的遗传力，尤其是由多个基因的加性效应所产生的遗传力，在此基础上确定选育参数。通过选育每代所获得的进展称作遗传获得量。选育的目的实际上是将有利的性状（基因）进行"累加"，利用加性遗传效应即选择，逐步地提高经济性状的表现值。在遗传变异水平较低的情况下，通常采取的措施有诱变、建立纯系或直接利用自然遗传资源进行杂交等。依据数量遗传学原理进行的选择育种技术仍将是其他技术代替不了的技术。一是由于每一种生物的基因数目庞大，要想从一个基因组中将决定经济性状的所有基因辨别清楚，然后剔除有害基因，将有益基因有效地组合并生产出优良性状的品种来，是任何其他技术在短期内都难以做到的，而选择育种技术则可以在5个或稍多的几个世代的时间内快速、准确地将绝大多数的有益基因组合到优良品种中。二是因为选择育种技术是符合我国海水养殖实践的技术，我国海水养殖对象绝大多数仍然处在野种家养的状态，对养殖种类的遗传基础了解甚微，遗传育种的研究工作没有开展或刚刚起步。因而，品种的培育工作只能从最基本的野种家驯开始，先了解海养生物的遗传资源，建立家系，利用遗传学原理有效地开发其遗传资源（王清印等，2002）。

一般动物育种将选择育种概括为两种方式，即群体（个体）选种和家系选育两种基本方式。现在的养殖场或繁殖场，特别是小型的养殖户，往往也存在着比较原始的留种方式，也可以认为是一种初级阶段选种形式。这种初级阶段的留种、选种，往往只注意把体形较大、健康的个体保留下来，种虾的选种依据外在表型特性，把符合种用要求的个体留作种用，把不符合种虾要求的个体淘汰。但是选种的指标不太明确，主观性很强。这种原始的、粗放的留种方式，虽然在生产上也起一定作用，然而由于缺少严格的育种程序，实际上很难达到主观的预想目标。搞好种虾的选种工作，是科学养虾的重要组成部分，是提高种虾生产水平的关键技术之一。种虾选择的目的在于保持原种的性能，或者提高种虾种群品质和生产性能，并使种虾的优良性能稳定地遗传给后代，并预防近交繁殖导致种质衰退。如果能够选出优秀的群体留作种用，种虾的品质就会提高，越选越好，在相同的饲养管理条件下和同样的时间内，获得的经济效益就高。长期坚持选种不仅能起到保持良种的作用，还可以选育出新的良种。相反，如果缺失选种程序，不选种，将有缺陷的、生产性能低下的个体也留作种用，对虾种群的品质只会越来越低劣，获得的经济效益就差。因此，养殖种虾必须坚持严格选种。对虾的选种和其他动物的选种基本一样，要防止盲目选择，不可把着眼点只放在个体的体质、外貌和生产力上,还要重视家系,考察家系繁殖群体性能的实际效果。目前生产中较为常用的主要有群体选择(个体选择)和家系选择两种。

①大群选育(也称个体选育)选种方法。简单的个体选择,可用于从原始野生大群体中根据个体本身表型值的高低选留种虾。这种方法简便易行。在一般情况下,当性状遗传力较高(一般遗传力大于0.3)时,个体选择效果较好。对于遗传力较小(一般遗传力小于0.3)的数量性状或活体上不能度量的性状(如出肉率),个体选育法不适用。该方法选种通常应用于尚未进行选种的野生群体(或者是随机交配的大群体)内,选择表型性状最好的个体,混合在一起随机交配生产第一代子代,再从子一代选择最好的个体繁殖子二代。经多代选择形成新的品系或品种。由于水产养殖品种大多数处于野生驯化不久,而且繁殖力很大,世代较短,因此,已经应用该方法培育了几个重要的养殖品种,在生产上发挥了显著的经济效益。例如,中国明对虾"黄海1号",就是应用该选择技术获得的新品种。1997年王清印等应用已经交尾得到的6尾野生中国明对虾的后代,按雌虾体长大于14 cm,雄虾体长大于12 cm,选择亲虾繁殖后代,按照选择压力1%~3%进行选择,第六代后,新品种与原始未选择的群体比较,体长增长10%~20%,体质量增长20%~40%。

②家系选择方法。以家系作为选择和淘汰的单位,根据家系均值的高低决定留种或淘汰的选择方法称为家系选择。家系选择适用于一些遗传力较低的性状,如繁殖力和成活率等。因为遗传力低的性状其表现值的好坏受环境因素的影响较大,如果只根据个体选择准确性较差,采用家系选择法能比较正确地反映家系的基因型,选择效果较好。家系选择在管理上最为重要的一点是预防家系间的混杂,要有很好的标记或隔离,同时各家系养殖环境尽可能保持一致。

家系选择可采用同胞、半同胞测验。同胞、半同胞主要是指同父同母的全同胞家系或同母异父的半同胞家系。采用该种方式进行家系选择所需的时间短、效果好。虾的生命史较短,利用年限为1~2年,采用同胞、半同胞测验的选择方法,在较短时间内就可得出结果,优良的种虾就可留种繁殖。进行同胞、半同胞测验时,遗传力愈低的性状,同胞、半同胞数愈多,测定效果就愈好。

选配方案是选择育种的关键,选种是选配的基础,选配则是选种的继续,是提高虾群品质和发挥良种效应的重要技术措施。选配的作用是保证繁殖的子代的遗传特征符合育种者的要求。选配就是按照生产目标,采用科学的方法,指定雄、雌种虾的交配,有目标地组合后代虾的遗传基因,以达到培育和利用良种对虾的目的。

通常,选配方法应用同质选配。同质选配就是将性状相同或性能表现一致的优秀雄、雌虾进行交配,以期把这些性状在后代中得以保持和巩固,使优秀个体数量不断增加,群体品质得到进一步提高。例如,为了提高体质量和生长速度,就应选择生长速度快、体质量大的雄、雌虾进行配种,使所选性状的遗传性能进一步稳定下来。在同质选配时，为了选择优秀的雄、雌虾进行交配，尤其是针对多个性状的综合选育时，最佳的方法是利用多性状育种制定选择指数法进行选择。选择指数方法包括性状育种值标准化和选择指数的制定。通过最佳线性无偏预测法（best linear unbiased prediction，BLUP）计算出个体或者家系每个性状的育种值后，对个体或者家系每个性状的育种值进行标准化，然后按照每个性状在育种目标中的重要性进行百分比加权赋值，每个性状标准化育种值与其百分比加权值的乘积，即为选择指数。以选择指数为标准，快速、准确、有效地进行家系或者个体的选择，能显著提高选择的进展速度。最佳线性无偏预测法是按照最佳线性无偏的原则去估计线性模型中的固定效应和随机效应。线性是指估计值是观测值的线性函数；无偏是指估计值的数学期望等于被估计量的真实值（固定效应）或被估计量的数学期望（随机效应）；最佳是指估计值的误差方差最小。最佳线性无偏预测法育种值估计方法的优越性表现在以下几个方面：充分利用多种亲属的信息；能消除由于环境造成的偏差；能校正由于选配所造成的偏差；能考虑不同群体、不同世代的遗传差异；当利用个体的多次记录时，可将由于淘汰所造成的偏差降到最低。

此外，在进行生产性培育种虾时，应防止亲缘选配。相互有亲缘关系的种虾之间的选配称为亲缘选配，也称为近亲交配，简称近交。近交只限于对虾品种或品系培育核心育种中心。一般的生产场和专业户，应尽可能避免（尤其是全同胞、亲子之间或半同胞交配），防止近交衰退。

（2）杂交育种与杂种优势的利用。

杂交可以使生物基因重组。早在19世纪，孟德尔现代遗传学的3个遗传学定律和达尔文已经阐明了杂交优势的存在和利用杂交优势的可能性，为动植物的育种、改良遗传品质开辟了道路。杂交的特征是利用非加性遗传效应，利用显性（包括超显性）效应和上位效应。显性效应是构成杂种优势的主要因素。上位效应也与杂种优势的大小有密切关系，繁殖性状的非加性效应显著，可以获得明显的杂种优势。因此，杂交技术和其他育种技术相互结合应用于商业育种生产，在产业上已发挥了巨大作用，目前仍然是生物育种最基础的技术。例如，合成系选育。合成系是由两个或多个品系或品种杂交，经基因重组选育出具有某些特点并能遗传给后代的一个群体，其特点是突出主要经济性状，保持性状间的综合平衡，育种中必须考虑养殖品种各种性状间的相关，保持性状间的合理平衡。有时经杂交和一、二代自繁选即可形成一个合成系，甚至一代杂种（F_1）即可作为合成系利用。第一代合成系的亲体多用纯系，才能产生强大的杂种优势。

（3）现代育种技术。

以传统的数量遗传学为基础的上述所有的选择方法，基本上是从表型来推断基因型，从表型值来估计育种值，这就存在相当大的抽样误差，影响选种的准确性。如果能准确操纵生物表型性状的基因，或进行染色体操纵，如利用分子生物学手段实施转基因、修饰基因、倍性操作、性别操纵、分子标记等，则称为现代育种技术。例如，澳大利亚海洋科学研究所（Australian Institute of Marine Science）和澳大利亚联邦科学与工业研究组织（Commonwealth Scientific and Industrial Research Organization）合作进行构建斑节对虾基因遗传图谱计划，就是一个理想的现代育种设想。目的是将来进一步研究斑节对虾的抗病毒能力的遗传基础以及生长等特性的连锁基因，期待可以利用分子遗传标记作为遗传选种的工具，来筛选出优质种虾。当前，已筛选出大量的斑节对虾雌、雄虾微卫星分子标记，经扩增这些标记表现出丰富的多态性。目前在已表达序列标记（EST）研究方面，Li 和 Wilson 于 2004 年建立了以斑节对虾的消化组织、游泳足及眼柄等组织依据 cDNA 库所制备的 EST 数据，并已将所有的 EST 序列公布登记在基因库。

3.2.2.3 斑节对虾繁殖群体遗传性能的保护

不论是野生繁殖群体或者是人工家养的优良品种、品系，从遗传学角度理解，均是一个相对独立的基因库。保护遗传多样性，也就是保护决定优良性状的基因群不丢失，其中繁殖群体的保护是遗传管理、保种的重要环节。虾类遗传多样性对对虾养殖产业的持续发展具有非常重要的意义，它不但可以保护现实的养殖种类优良的适应环境的能力，也是今后培育优良品系、品种和利用杂种优势的良好原材料。

1）繁殖群体遗传管理的意义

对于自然野生群个体而言，保种就是保护该种的原有基因库及其遗传多样性；而对于人工培育的品系、品种，保种就是由优良基因组成的基因库中所有的基因不丢失。对虾遗传多样性保护就是要尽量全面、妥善地保护现有的对虾遗传资源，使之免遭混杂和灭绝。无论这些基因目前是否有利用价值，其实质就是使现有的基因库中的基因资源尽量得到全面的保存，简称保种。

群体保种是以群体为单位保存动物遗传资源，要求在相当长的时间内，维持群体的基因频率基本不变，使群体的遗传结构得以保持。繁殖群体遗传资源保存的传统方法要求尽量保存一个群体基因库的完整，由于自然界中不可避免地存在选择、突变、迁移和遗传漂变等因素，人工繁殖挑选亲体往往出现人为的选择、疾病的影响、人工环境造成的亲体死亡。由于经济原因对亲体数量、性别的控制等因素，要想使基因库的每一个基因都不丢失是难以达到的。为此，根据群体遗传学理论，保种不但需要一个大的群体数量，并且需实行随机交配，使之尽量不受突变、选择、迁移、遗传漂变等影响，而且需要考虑在实际的保种群体中影响近交系数增量的主要因素，例如群体大小、性别比例、留种方式、交配系统以及世代间隔等影响。

2）保种的原理和方法

虽然从理论上说保种有各种方法，例如建立基因库、超低温保存配子、胚胎等，但是最现实、最重要的保种实践是对现有正常生活着的种群的保护,是对其繁殖群体的遗传性能的管理,其中最为关键的管理措施是增加繁殖群体遗传有效群体数量和预防近交繁殖。

保种可以产生巨大的经济效益和社会效益,但是,在我国水产养殖产业尚属于分散的小、中型经营单位为主的生产方式,水产品种遗传资源的管理需要较大的资金投入,需要从业人员具有高度的社会责任感和长期的社会奉献精神,保种基本上是公益性行为,因此,当前保种主要是政府行为,不可能让企业单位担当如此重任,所以要设立专门的管理机构。保种是一项长期复杂的工作,需要坚实的群体遗传学基础作理论依据和现代新技术作支撑,因此需要开展水生生物保种的遗传资源基础理论研究和先进技术开发研究。根据具体品种和具体遗传资源状态制定保种规划,例如提出具体的目标、种群的量化指标。

在具体保种措施上,根据不同的繁殖群体状态,措施的着重点有所区别。目前斑节对虾的繁育群体可分为3个类型:天然繁殖场或种虾(亲虾)栖息地的野生繁殖群体;人工培养条件下培育的,但是未经选育的繁殖群体;经人工选育已经形成品系或正在培育品系的繁殖群体。

(1)天然繁殖场或种虾(亲虾)栖息地的野生繁殖群体。

主要措施应是保护野生斑节对虾繁育群体,增加天然群体资源量;逐步停止在海南岛斑节对虾繁殖群体集中的天然产地商业性捕捞野生斑节对虾繁殖群体作为食用虾;控制斑节对虾繁殖场需要的野生种虾或亲虾捕捞数量,提高野生种虾、亲体的利用率。慎重对待斑节对虾的人工放流,一般情况下,不应向斑节对虾产卵场、索饵场放流人工培育的虾苗。保护斑节对虾产卵场、索饵场的生态环境。保护的目的是为了利用,不仅要考虑到当前的可利用性,而且也要考虑到以后的可利用性。对一些目前零散的繁殖种群,如果每年确有一定数量,在条件许可的情况下,尽可能保护其资源量,切勿使资源枯竭。

(2)人工培养条件下培育的,但是未经选育的繁殖群体——斑节对虾原种的遗传保护。

我国斑节对虾野生种虾资源缺少,为了生产需求,需要培育大量的斑节对虾繁殖群体。在人工条件下由于经济上的原因,中、小型养殖场很可能形成封闭的小群体繁殖群体,极易发生遗传变异,其中最为重要的变异是近交衰退和遗传漂变。人工养殖培育的繁殖群体的保种关键措施包括如下内容:① 为了预防形成封闭的小群体繁殖群体,需要建立种虾培育中心;② 供应商业性食用虾繁殖需要的亲虾,保种在种虾培育中心进行;③ 须注意预防改变原有群特有的杂合性,预防近亲交配,尤其预防同胞、半同胞近亲交配,防止由于进行近亲交配使近交系数上升,导致群体基因纯合以及丢失杂合基因,致使群体的遗传特性发生改变。种群在世代繁殖过程中均会发生遗传变异，而影响遗传变异的三大要素是"瓶颈"效应、近交衰退和遗传漂变。这3个要素均与种群参与繁殖的个体数量有直接的密切关系。

种群大小通常被理解为一个群体内的个体总数。群体的基因频率或基因型频率的变化只发生在世代繁殖过程中，也就是说，从遗传学的观点来看，种群大小所包含的个体应该是指那些参与生殖过程的个体。为比较和说明各种实际群体数量在遗传漂变效应上的差异，Wright于1931年应用理论二倍体种群模型提出了有效种群含量的概念，即与实际群体具有相同基因频率方差或相同杂合度衰减率的理想群体含量。对于大多数动物实际群体而言，其有效含量都小于实际含量，这是因为实际群体不能满足理想群体的群体数量结构的条件，如群体中的两性数目不等、个体的繁殖率不等、世代间个体数不等与亲本贡献的差异等。有效种群含量的变化除了有来自群体数量结构的影响外，当前群体内个体间所存在的亲缘关系和一些个体所具有的一定近交程度，致使由个体产生的配子不独立，因而也不能满足理想群体的条件，因此也影响群体的有效含量大小。研究表明，相同数量结构的保种群，个体间亲缘关系越近和个体的近交程度越高，群体的有效含量就越小；相反，个体间亲缘关系越远和个体的近交程度越低，群体的有效含量就越大。数量遗传学家用3个数量结构要素的数学模型描述了它们对有效群体数量的影响。

① 性比：繁殖群体有效数量和性别比例密切相关。根据有效群体数量和性别关系的数学模型，设定 N_e = 有效群体数量，其中 N_m 为参与繁殖过程的雄性个体数目，N_f 为参加繁殖过程的雌性个体数目，则有如下关系：

$$N_e = 4N_m N_f / (N_m + N_f)$$

根据该数学模型，显然同样亲体数量下，只有当性比相同时，有效繁殖群体才最大。

② 繁殖群体中个体繁殖数量的不均等性。有效繁殖群体数量和子代群体中配子分布在新繁殖群体中所占比例的方差关系的数学模型为

$$N_e = (4N - 2)/(\sigma^2 + 2)$$

式中，N 为子代群体数量。

由模型可见个体生殖的不均等性或者说家系含量的方差越小，则有效繁殖群体就越大。因此均衡保留子代，可提高有效繁殖群体数量。相反，家系含量方差加大，则降低有效群体数量。

③ 累代养殖中，各代群体数量。根据种群容量随累代养殖时间的推移，有效繁殖群体数量与每一代的繁殖群体数量关系的数学模型为

$$N_e = i/(1/N_1 + 1/N_2 + \cdots + 1/N_i)$$

其中 N_i 为第 i 个世代的种群数量。

模型表明长期有效的种群大小，由每一个世代种群容量的调和平均数（数值倒数

的平均数的倒数）来计算。由此可见，只要有一个世代数量变小，则会极大地影响总的有效群体量，即通常所说的"瓶颈"效应。

有效繁殖群数量 N_e 从字面上容易理解，数学模型也并不复杂，然而在自然状况下这个数值的计算非常困难，只能对其进行估计。但是在养殖可控条件下，正确地使用这个概念就可以在有限经济条件许可的情况下，加大有效繁殖群体数量，对于保种工作十分有益。

等位基因的频率随机变化的过程称随机遗传漂变，或简称为遗传漂变，所以通常以基因杂合度度量遗传漂变程度。数量遗传学家以如下的杂合度和种群数量相关的数学模型表述遗传漂变和繁殖群体数量的关系。

设 H_t 为世代 T 的杂合度，H_0 为起始种群的杂合度，N_e 为有效群体数量，N 为群体数量。则有如下关系：

$$H_t = H_0[1 - 1/(2N \cdot N_e/N)^t]$$

依据此模型，为了防止杂合度下降的遗传漂变，最有效的措施应为：① 尽量增加对虾繁殖群体的 N_e/N 值；② 起始种群应选择杂合度最大的群体；③ 减少世代等。但人工养殖繁殖群体的数量常受人力、物力的限制，不可能太大。一般情况下，高繁殖力、繁殖周期短的动物，N_e/N 值估计在 50% 以下。事实上由于对虾巨大的繁殖力及繁殖周期较短的特性，商业性的培苗生产并不需要大量的亲体。而且根据我国目前小型养殖场较多的实际情况，要绝对阻止近交系数上升，几乎是不可能的，故现在要求种虾养殖场，科学地保留繁殖群体数量和科学地安排交配方案，尽力减少每代近交系数的上升和遗传漂变发生，是制定保种计划首先要考虑的问题。

根据上述群体遗传学的基本原理，为了在整体上保持家养野生斑节对虾的遗传结构，建议应采取以下的措施。

① 建立斑节对虾保种繁育基地。在该基地建立种虾繁育群，以及在保种繁育基地中建立足够数量的原始保种群。可根据保种资金、管理能力、设备等因素确定保种群的规模。

② 原始种群来源于多种地理群体，增加原始种群的杂合度和遗传多样性。

③ 采用各家系等量留种。在每一世代留种时，实行雌雄同等比例留种，并且尽量保持每个世代的群体规模一致，避免保种群体出现"瓶颈效应"。

④ 制定合理的交配制度。在保种群体中尽量避免全同胞、半同胞交配的不完全随机交配制度，降低群体近交机会。还可以采用分亚群养殖，将群体分成若干小群，在繁殖后代交配时，把不同小群中的雌雄进行随机交配。如果亲体可以标记，则按预定配种计划实施。

⑤ 在保种群中一般不进行选择。但是可适时补充野生群体种虾，增加保种群体的遗传多样性。

⑥ 养殖种虾环境条件应保持良好状态，营养全面，控制病原，杜绝流行病的发生。

⑦ 有效群体数量维持在500尾以上。

（3）人工选育已经形成品系或正在培育品系的繁殖群体。

由于选育和保种在对待遗传变异上有相反的要求，在技术措施上往往相对立，所以对待人工选育的群体保种应该采取保护与改良相结合，有选择地保护，及时评估主要经济性状的基因型的变化。

在选育品种时，为了加快选择效果，往往提高选择压力，要求保留偏离群体平均数的少数个体或家系，一般情况下保留的亲体较少，留种率低，这样往往导致近亲交配，有时甚至是全同胞近亲交配。事实上遗传漂变也总是发生在育种过程中，关键是如何控制有害的遗传漂变的速度，控制在人们可接受的范围内。因为选择是有目的、有计划引导对虾遗传基因频率发生有利于人们需要的变化，往往排除很多等位基因和使等位基因频率发生变化，同时也可能发生相关的连锁基因随着变化。所以也要考虑不应损害选择育种的总目标。而在保存优良品种群体过程中，为了保证有足够的有效群体大小，应适当增加留种的数量，也就是要增加有效繁殖群体数量，预防不必要的近亲繁殖。要求各种性状的基因频率尽量处于平衡状态，不要求对某些性状有过高的选择压力而影响其他性状的稳定状态。良种选育过程中的保种手段关键是保留有效繁殖群体和制订合理的交配方案。为了减少有效亲体数量的保存，通常是采用标记技术。交配采用同种异系交配以及小群体相互轮转交配方式，可有效地预防近亲交配衰退和遗传漂变。保种与选种应该相互配合，对保种群的选择必须和保种目标相一致，尽量发挥优秀个体和家系的繁殖能力和提高使用机会，使其留下更多的子代。无论是在保种还是育种过程中，要随时注意新的遗传变异的产生，开始时新的遗传变异只是在少数甚至是个别的个体中被发现，而这些变异往往是育成新品种的素材。

把品系群体划分成小群有利于保种实践。在小群间实施隔离养殖的情况下，可以保持品种或遗传资源的多样性，交配采用小群体间相互配合交配，可以有效地延长保种世代数而不发生退化。

3.3 斑节对虾种虾健康养殖的有限水交换系统的管理原理及营养保障

在建立斑节对虾繁育体系的过程中，注意到对虾养殖和鱼类养殖相比，尤其是和畜牧业相比，还是一个年轻的产业，尤其是斑节对虾全人工繁殖尚需完善，种虾培育还有大量的研究需要不断深入，其中建立对虾高健康种虾繁殖以及种虾培育过程中需要的水环境系统的管理以及幼体、种虾、亲虾饵料（饲料）保障系统等占有重要位置。

对虾高健康种虾繁殖、种虾养殖培育系统的水环境配套管理措施以及营养问题乃目前斑节对虾全人工养殖的瓶颈。尤其是在有限水交换、封闭型养殖系统内，容易缺乏天然饵料。传统的交换水系统，投喂饲料和水环境保持良好状态，两者往往处于对立的状态。传统的池塘养殖，养殖者历来重视水色的管理，水色历来是对虾养殖成败的关键要素，已经阐明了优良的养殖水色实际上是养殖池的优良藻相与微生物相的反映。即使是对虾精养系统，养殖池内的微生物群落和浮游生物群落结构，也是养殖成败的关键因素。优良的藻相和微生物群落在生态上的作用主要表现为：增加水体溶解氧；降低水环境中有毒物质如离子态重金属、氨氮、H_2S、悬浮的颗粒等的含量；促进有机废物降解矿化，参与碳氮磷循环；直接为对虾提供和补充营养要素；抑制丝状藻类、水草生长；抑制有害病原如弧菌的增长，例如，陈骝于1995年的研究表明，良好的单胞藻培养系统能为对虾提供稳定的隐蔽环境，而且检测不到弧菌。自从养殖对虾疾病日益严重，人们注意到在养殖生态系统，微小生物群落的变动和对虾的疾病发生有密切关系。养殖池中的浮游植物种类十分复杂，而且随时存在变动，初步明确了有益的藻相绝大多数情况下为单体的硅藻类、绿藻类、金藻类等，有益的菌相为有益微生物，明显有害的藻相为蓝藻类以及丝状藻类，有害菌相主要是病原微生物。

3.3.1 传统的对虾养殖系统水环境的单细胞藻相及微生态相

长期以来，由于对虾养殖池浮游植物、浮游动物与微生物在种类和数量上波动很大，难以就其本身作出具体的水质指标，通常以与其有密切关系的水色和透明度作为指标。养殖者近年来已经认识到，在养殖的水体介质内的藻类和细菌群落在原位处理废水，也是活的营养源。Pruder 于 2001 年的研究表明，如果对虾全部生命史选择在优良藻相和优良菌相的水环境内生活，则可健康生长。如果系统内的各个组分能够平衡协调，则可使养殖动物（虾）的生长速度，比之在清水内的生长增快 100% ~ 500%，而且生产成本下降，产品质量好，无疾病发生，达到商业要求。

3.3.1.1 优良藻相

藻相是虾池水体理、化、生物因子的综合反映，尤其是反映出水中浮游生物的种类和数量。对虾养殖生产中通常以池水的颜色、透明度的大小来衡量池水水色的好坏，良好的藻相反映出的硅藻和绿藻成为优势种群的水色，应是绿色、黄褐色、黄绿色，给人的感受是水肥而清爽。悬浮有机物较少，藻类的生物量适中，透明度为 30~40 cm。

对虾养殖池塘，最优良的藻相是单体微型硅藻，例如单体角毛藻、单细胞绿藻如扁藻、金藻为优势群落。如果没有增氧机，它们在水体中的密度控制在每毫升 10^4 个细胞数量级较为合适。

3.3.1.2 优良菌相

由于对虾病毒性疾病流行，人们注意到微生物区系以及微生态在健康养殖中的作用，控制养殖池内微生物区系内的异养菌数量及病原微生物的数量，例如，养殖池水体、底泥的异养菌总数和弧菌总数虽然在养殖过程中波动较大，但是仍然可以反映出水体生态状态，特别是动物性饲料对水域的污染状态。正常养殖水体异养菌总数在 10^5 cfu/mL 数量级以下（2216E 培养基，平板计数），弧菌数在 10^2 cfu/mL 数量级以下（TCBS 培养基，平板计数）。如果异养菌数达到 10^7 cfu/mL、弧菌数达到 10^4 cfu/mL 数量级，则为控制阈值。

3.3.2 应用微生态原理，开发应用微生态制剂（或称有益微生物制剂）及其在对虾养殖中的应用

近年来，益生菌制剂被广泛应用于水生动物的健康养殖中，因此，对水生动物微生态制剂的研制和机理研究渐受关注。我国现在在水产养殖特别是在对虾养殖中使用的所谓的有益微生物制剂，包含两个类别的产品。一种是微生态制剂，通称益生菌（Probiotics），它被定义为：在动物微生态理论指导下，采用已知有益的微生物，经培养、发酵、干燥等特殊工艺制成的用于动物的生物制剂或活菌制剂，例如乳酸杆菌。它强调的是正常微生物和宿主（动物）的关系。关于益生菌的含义，科学家有不同的定义，例如，Fuller 于 1998 年对益生菌的定义表述为：能够促进肠内菌群平衡，对宿主起有益作用的活的微生物制剂。另一种类型的产品是微生物环境改良剂，其定义是在微生物生态学理论指导下，应用非病原微生物技术处理污水、降解有害物质。应用的细菌可以是从自然界分离选择的，也可以是工程菌，大家比较熟悉的是光合细菌、枯草芽孢杆菌（*Bacillus subtilis*）等。其他各类的有益微生物产品日益增多，而且产品的质量也不断改进，逐渐由单一细菌群发展为几种或十多种微生物的复合种类（如 EM 剂，即有效微生物制剂），商品名称也不相同。

虽然许多微生物均有分解有机物净化水质的功能，但是在对虾养殖系统占优势的种群群落应该具有如下特性：这些微生物不是病原菌或潜在的病原菌，不会对人类和野生动物造成危害；具有清除水内有机污物、有害物质的好氧习性的好氧菌群。为了补充有效微生物种群，可以对养殖水体添加益生菌，改善宿主相关或周围微生物群落，提高饲料营养值，增强宿主对疾病的抵抗力，提高水质。养殖池可利用的益生菌有数十种，比较典型的益生菌是枯草芽孢杆菌。它是一种短杆状、无荚膜能运动的革兰氏阳性细菌，能产生芽孢，一般为严格好氧。枯草芽孢杆菌生命力极强，对环境适应能力强，不易变异，胞外酶系多，生理代谢产物无毒。枯草芽孢杆菌作为微生态制剂的一种，在动物肠道酸性环境中具有高度的稳定性，可使肠道 pH 值及氨浓度降低，能产生较强活性的蛋白酶和淀粉酶，促进水产动物的消化，并且能提高动物的免疫力、抑制部分病原菌，具有一定的防治疾病的功能。该菌种生理代谢旺盛，能在水体中迅速繁殖，并产生大量的胞外酶类，可利用、消耗池塘中的残饵和动物排泄物等

大分子有机物。大分子有机物被分解为小分子有机酸、氨基胞内产物等物质，同时也为水体中其他微生物细菌、藻类等提供营养。芽孢杆菌产品适合于产业化大规模生产，技术成熟，生产稳定，产量高，周期短。尤其是芽孢的休眠体耐酸碱、耐干旱高温，可以长期贮存。但是当前使用的几类有益细菌，多数是革兰氏阳性菌种，难以持续性地维持种群优势。

有益微生物的使用，有多方面的功能。第一，人们注意到在污水处理、环境生态功能的恢复上使用微生物方法是最优良的方法，它很少产生二级污染，对有机污染物的处理中，在分解有机物、矿化作用、消除其他有害物质等方面起着核心作用。第二，这些有效微生物中有多种可以释放出生物物质，抑制病原菌的繁殖，或者它们可促进某些放线菌的繁殖，从而抑制一些病原细菌的繁殖，减少空白的"生态位"，增加物种多样性。第三，这些有益微生物可以作为重要的饲料营养要素，它可以提供一些微量的可提高对虾免疫能力的营养物质。第四，某些有益的微生物的微生态功能，利用有益微生物直接补充对虾体内体表缺少的正常微生物种群或促进正常微生物种群的建立和恢复，特别是消毒以后，这方面的功能尤其突出。第五，应用有益微生物更有利于促进有益的藻类繁殖，抑制不良藻类（例如蓝藻）的繁殖。

国内微生物制剂、活菌以及同类产品已经在生产上得到应用，特别是光合细菌、芽孢杆菌的应用已十分普遍。据文献报道，其他活菌及微生物产品，例如芽孢杆菌、乳酸杆菌、酵母、光合细菌等作为畜禽饲料的添加剂已大批量生产。作为环境改良剂的有益微生物在国外应用已十分普遍，国内亦有许多公司积极推荐。例如，最近几年，中国水产科学研究院南海水产研究所开发的以芽孢杆菌为主导菌的微生物制剂——加强型利生素、利生活菌（彩图 3-1，彩图 3-2）已经在对虾养殖生产上开发应用，该产品对池塘水质、藻相、菌相以及对虾的生长状况，均是正面影响，施用后芽孢杆菌为优势的菌种，高峰时可以占到异养菌数的 50%，如果继续不断地强化施用，能显著改善水质条件，池塘底层溶解氧增加显著，降低池底氨氮和亚硝酸盐的含量，改善池塘富营养化状态，实验证明，试验组分别比对照组改善 30%~50%。此外，中国水产科学研究院南海水产研究所还开发了一系列的以芽孢杆菌、光合细菌为主导菌的微生物制剂（彩图 3-3 至彩图 3-6）。

芽孢杆菌为主导菌的微生物制剂有利于良好藻相发生，从而提高对虾生长速度和抗应激能力。更有意义的是，李卓佳于 2000 年研究报道，发现在对虾胃肠道内有芽孢杆菌，有可能改善动物消化道的微生态环境，平衡微生物种群，抵御有害细菌，该菌通常能分泌高活性的胞外酶，如蛋白酶、脂肪酶、淀粉酶和纤维素酶等。这一类物质对提高对虾养殖环境质量、增加对虾对疾病的抵抗能力均能起一定作用。

此外，直接给水产动物投喂微生态制剂，越来越受到人们的关注，并在各种水产动物养殖中有一定的作用。Rengpipat 等于 1998 年报道投喂益生菌株的斑节对虾吞噬细胞水平明显提高，在遭受病原菌袭击时，成活率显著高于对照组；投喂添加微生态制剂饲料的斑节对虾的生长和成活率显著高于对照组。在其他虾类，如中国明对虾（吴垠等，1994）和凡纳滨对虾（黎建斌，2004）也有相似的作用。

近期，笔者也研究了有益菌及微生物制剂在斑节对虾养殖中的作用，主要研究了芽孢杆菌对斑节对虾饲料表观消化率、消化酶以及对虾体内血清中免疫因子的影响，取得了较为理想的结果（於叶兵等，2007）。

3.3.2.1 芽孢杆菌对斑节对虾饲料表观消化率的影响

实验使用健康且大小均匀的斑节对虾，平均体质量为（11.5±1.5）g，在室外水泥池（1 m×1 m×1 m）分组进行实验，每组实验设3个重复，每个重复养殖40尾虾。

实验饲料使用人工配合饲料，实验饲料以不同的芽孢杆菌添加量，分为六组。饲料1、饲料2、饲料3、饲料4、饲料5和饲料6中芽孢杆菌的添加量分别为0、1.0 g/kg、2.0 g/kg、3.0 g/kg、4.0 g/kg和5.0 g/kg基础饲料，各组饲料中芽孢杆菌添加量的差额以等量的麸皮替代。

基础饲料组成见表3-2。芽孢杆菌（*Bacillus* sp.，10^9 cfu/g）为中国水产科学研究院南海水产研究所饲料与健康养殖开发中心的产品。以 Y_2O_3 为指示剂，添加量为0.01%。饲料原料粉混匀后加40%自来水搅拌均匀，用F-26（Ⅲ）型双螺杆挤条机（广州华南理工大学科技事业总厂）制成粒径为2.0 mm的颗粒，晒干后于-20℃冰箱中保存备用。

表3-2 基础饲料组成

成分	质量分数/%
秘鲁鱼粉	27.0
豆粕	20.0
花生粕	28.0
小麦麸皮	14.4
虾头粉	5.0
鱼油	3.0
高稳维生素 C[a]	0.1
混合维生素[b]	0.5
混合矿物质[c]	2.0

注：[a] 高稳维生素 C：150 mg V_C/kg。[b] 1 000 g 混合维生素含：V_{B_1} 5.0 g，V_{B_2} 5.0 g，V_{B_6} 4.0 g，$V_{B_{12}}$ 0.01 g，V_K 4.0 g，V_E 4.0 g，V_A 5.0 g，V_{D_3} 4.8 g，V_{B_5} 20.0 g，泛酸钙 10.0 g，V_H 0.6 g，叶酸 1.5 g，肌醇 200.0 g，纤维素 622.99 g。[c] 100 g 混合矿物质含：$Ca(H_2PO_4)_2 \cdot H_2O$ 12.287 g，乳酸钙 47.424 g，$NaH_2PO_4 \cdot 2H_2O$ 4.203 g，K_2SO_4 16.383 g，$FeSO_4 \cdot 7H_2O$ 1.078 g，柠檬酸铁 3.826 g，$MgSO_4 \cdot 7H_2O$ 4.419 g，$MnSO_4 \cdot H_2O$ 0.033 g，$CuSO_4 \cdot 5H_2O$ 0.022 g，$CoCl_2 \cdot 6H_2O$ 0.043 g，KIO_4 0.002 g，NaCl 3.233 g，KCl 6.575 g。

营养成分以及氨基酸和脂肪酸组成分别见表 3-3、表 3-4 和表 3-5。

表 3-3 实验饲料芽孢杆菌添加量与营养组成

成分	饲料 1	饲料 2	饲料 3	饲料 4	饲料 5	饲料 6
芽孢杆菌添加量/（g·kg^{-1}）	0	1	2	3	4	5
水分/%	9.40	8.50	8.70	9.50	9.50	9.20
粗蛋白/%	40.30	40.10	40.60	39.70	40.20	40.20
粗脂肪/%	6.56	6.62	6.60	6.40	6.46	6.54
磷/%	1.58	1.50	1.50	1.48	1.55	1.66

表 3-4 实验饲料氨基酸组成（%）

氨基酸	饲料 1	饲料 2	饲料 3	饲料 4	饲料 5	饲料 6
苏氨酸（Threonine）	1.43	1.47	1.44	1.43	1.46	1.49
缬氨酸（Valine）	2.30	2.37	2.32	2.32	2.35	2.40
蛋氨酸（Methionine）	0.93	1.00	0.95	0.94	0.96	0.98
异亮氨酸（Isoleucine）	1.95	2.01	1.98	1.96	2.00	2.02
亮氨酸（Leucine）	3.31	3.35	3.34	3.31	3.39	3.44
苯丙氨酸（Phenylalanine）	2.07	2.16	2.13	2.13	2.18	2.21
赖氨酸（Lysine）	2.55	2.58	2.58	2.44	2.56	2.59
组氨酸（Histidine）	0.96	0.94	0.94	0.86	0.89	0.90
精氨酸（Arginine）	3.09	3.18	3.13	3.11	3.18	3.24
必需氨基酸（Essential amino acids）	18.59	19.06	18.81	18.50	18.97	19.27
门冬氨酸（Aspartic acid）	4.20	4.25	4.21	4.18	4.26	4.33
丝氨酸（Serine）	1.39	1.48	1.46	1.43	1.50	1.53
谷氨酸（Glutamic acid）	6.45	6.58	6.51	6.45	6.64	6.72
脯氨酸（Proline）	1.88	1.95	1.90	1.89	1.93	1.99
甘氨酸（Glycine）	2.60	2.63	2.62	2.6	2.66	2.71
丙氨酸（Alanine）	2.34	2.39	2.37	2.35	2.40	2.44
胱氨酸（Cystine）	0.18	0.18	0.17	0.18	0.18	0.18
酪氨酸（Tyrosine）	1.01	0.98	1.03	1.07	1.04	1.11
非必需氨基酸	20.05	20.44	20.27	20.15	20.61	21.01

表 3-5 实验饲料脂肪酸组成（%）

脂肪酸	饲料1	饲料2	饲料3	饲料4	饲料5	饲料6
C 12：00	0.21	0.22	0.21	0.21	0.2	0.19
C 14：00	0.03	0.03	0.03	0.03	0.03	0.03
C 16：00	1.22	1.28	1.22	1.24	1.24	1.26
C 18：00	0.27	0.28	0.28	0.27	0.27	0.26
饱和脂肪酸（∑Saturates）	1.73	1.81	1.74	1.75	1.74	1.74
C 16：01	0.27	0.28	0.26	0.28	0.27	0.28
C 18：01	1.46	1.53	1.57	1.47	1.5	1.55
单不饱和脂肪酸（∑Monounsaturates）	1.73	1.81	1.83	1.75	1.77	1.83
C 18：02	1.27	1.38	1.38	1.32	1.31	1.36
C 18：03	0.80	0.80	0.80	0.80	0.80	0.80
C 20：05	0.43	0.42	0.46	0.43	0.41	0.43
C 22：06	0.94	0.92	0.86	0.89	0.99	0.89
多不饱和脂肪酸+高度不饱和脂肪酸[∑（PUFA+HUFA）]	3.44	3.52	3.5	3.44	3.51	3.48
总计（Total）	6.90	7.14	7.07	6.94	7.02	7.05

注：饱和脂肪酸包括C 12：00、C 14：00、C 16：00、C 18：00；单不饱和脂肪酸包括C 16：01、C 18：01；多不饱和脂肪酸+高度不饱和脂肪酸包括C 18：02、C 18：03、C 20：05、C 22：06。

实验取得如下结果，见表 3-6、表 3-7 和表 3-8。

表 3-6 各实验组干物质、粗蛋白、粗脂肪和磷的表观消化率（%）

饲料	干物质	粗蛋白	粗脂肪	磷
1	74.35 ± 0.12^a	87.29 ± 0.28^a	87.94 ± 0.54^{ab}	35.83 ± 1.38^a
2	74.79 ± 0.18^a	87.51 ± 0.34^{ab}	87.79 ± 1.08^a	35.87 ± 1.40^a
3	75.84 ± 0.27^b	88.06 ± 0.19^{bc}	89.69 ± 0.64^b	38.90 ± 2.59^{ab}
4	77.89 ± 0.39^c	89.01 ± 0.26^d	88.16 ± 1.06^a	44.17 ± 1.96^c
5	75.53 ± 0.59^b	88.12 ± 0.35^c	86.46 ± 0.55^a	41.00 ± 2.26^{bc}
6	74.52 ± 0.43^a	87.49 ± 0.40^{ab}	87.48 ± 1.65^a	36.50 ± 1.71^a

注：同列数据上标字母不同者之间表示存在显著差异（$P<0.05$）。

在饲料中添加不同量的芽孢杆菌能够对斑节对虾干物质、粗蛋白、氨基酸和磷的表观消化率产生显著影响。

饲料中添加芽孢杆菌，基本上不影响脂肪表观消化率。但是对干物质、粗蛋白和磷的表观消化率有影响，随着饲料中芽孢杆菌添加量的增大，干物质、粗蛋白和磷的表观消化率均先上升后下降，饲料4组即添加芽孢杆菌3.0 g/kg时，表观消化率最高（$P<0.05$）。

表3-7 各实验组氨基酸的表观消化率（%）

氨基酸	饲料1	饲料2	饲料3	饲料4	饲料5	饲料6
苏氨酸	88.82±0.0^a	89.44±0.19^c	89.71±0.08^c	90.70±0.20^d	89.41±0.20^{bc}	89.09±0.25^{ab}
缬氨酸	89.41±0.22^a	89.88±0.19^{ab}	90.11±0.17^b	91.13±0.14^c	90.36±0.40^c	89.83±0.43^{ab}
蛋氨酸	88.69±0.38^a	89.51±0.20^b	89.57±0.10^b	90.71±0.15^c	89.63±0.16^b	89.49±0.56^b
异亮氨酸	89.86±0.18^a	90.25±0.21^{ab}	90.50±0.22^b	91.60±0.27^c	90.67±0.33^b	89.98±0.39^a
亮氨酸	91.14±0.22^a	91.20±0.19^{ab}	91.54±0.09^{bc}	92.45±0.16^d	91.79±0.26^c	91.21±0.19^{ab}
苯丙氨酸	89.51±0.26^a	89.92±0.19^b	90.19±0.11^{bc}	91.34±0.15^e	90.82±0.30^d	90.31±0.07^c
赖氨酸	92.46±0.39^a	92.23±0.18^a	92.69±0.23^a	93.23±0.27^b	93.43±0.29^b	92.63±0.31^a
组氨酸	92.27±0.51^b	92.29±0.11^b	92.89±0.35^{bc}	93.06±0.16^c	92.75±0.60^{bc}	90.84±0.35^a
精氨酸	93.72±0.28^a	93.80±0.13^a	93.98±0.09^a	94.68±0.10^c	94.34±0.19^b	93.97±0.03^a
必需氨基酸	93.01±0.22^a	93.11±0.13^{ab}	93.36±0.10^b	94.04±0.12^d	93.65±0.20^c	93.15±0.03^{ab}
门冬氨酸	90.72±0.19^a	90.92±0.17^{ab}	91.20±0.10^{bc}	92.08±0.10^d	91.42±0.25^c	91.00±0.25^{ab}
丝氨酸	89.55±0.11^a	90.32±0.15^b	90.76±0.28^c	91.32±0.24^d	89.66±0.17^a	89.62±0.15^a
谷氨酸	93.72±0.13^a	93.92±0.13^{ab}	94.12±0.07^{bc}	94.70±0.09^d	94.24±0.20^c	93.95±0.20^{ab}
脯氨酸	89.48±0.42^a	89.84±0.22^a	90.00±0.14^{ab}	90.90±0.10^c	90.71±0.37^c	90.41±0.39^{bc}
甘氨酸	85.04±0.17^a	85.46±0.33^{ab}	85.92±0.09^{bc}	87.27±0.15^d	86.43±0.71^c	85.52±0.32^{ab}
丙氨酸	89.17±0.15^a	89.54±0.23^{ab}	89.85±0.11^{bc}	90.89±0.05^d	90.05±0.34^c	89.54±0.30^{ab}
胱氨酸	85.15±0.36^a	86.33±0.59^b	86.73±0.63^b	87.79±0.44^c	86.11±0.35^b	86.69±0.55^b
酪氨酸	93.61±0.59^a	93.89±0.28^a	94.13±0.16^a	95.03±0.41^b	93.67±0.21^a	94.21±0.45^a
非必需氨基酸	91.05±0.16^a	91.41±0.17^{ab}	92.01±0.66^c	92.42±0.06^d	91.75±0.24^{bc}	91.40±0.22^{ab}

注：同行数据上标字母不同者之间表示存在显著差异（$P<0.05$）。

表3-8 各实验组脂肪酸的表观消化率（%）

脂肪酸	饲料1	饲料2	饲料3	饲料4	饲料5	饲料6
C12：00	91.57±0.64^b	92.83±1.51^b	91.55±1.53^b	92.67±1.15^b	88.60±1.19^a	91.42±1.03^b
C14：00	88.35±1.20	87.83±1.93	88.61±1.05	88.13±2.73	86.35±3.62	88.32±1.31

续表

脂肪酸	饲料1	饲料2	饲料3	饲料4	饲料5	饲料6
C 16：00	87.09±1.52^{ab}	89.25±2.24^{b}	88.39±1.37^{ab}	86.72±0.74^{ab}	85.89±1.23^{a}	86.52±0.49^{a}
C 18：00	88.32±2.59	90.24±3.02	90.25±0.92	87.95±0.71	87.67±1.02	88.04±2.47
C 16：01	88.02±1.73	87.95±2.49	89.32±2.05	89.20±1.09	86.73±1.21	88.85±1.81
C 18：01	91.90±0.55^{a}	92.43±1.59^{ab}	94.08±0.67^{b}	91.77±0.74^{a}	91.07±1.31^{a}	91.85±0.85^{a}
C 18：02	91.49±0.52^{ab}	92.30±2.04^{ab}	93.48±0.97^{b}	91.95±1.56^{ab}	90.51±1.22^{a}	91.83±1.03^{ab}
C 18：03	91.76±2.10	88.84±1.75	92.08±2.85	91.96±3.85	90.31±3.86	90.75±3.96
C 20：05	88.30±0.75^{a}	89.45±1.39^{ab}	92.07±0.25^{c}	90.81±1.44^{bc}	88.27±1.68^{a}	88.72±1.04^{ab}
C 22：06	85.96±2.61^{ab}	82.24±1.68^{a}	87.38±0.48^{b}	84.79±0.93^{ab}	84.27±1.17^{ab}	85.26±3.62^{ab}
SFA	88.41±0.46^{ab}	88.90±1.50^{b}	89.95±0.66^{b}	88.64±0.95^{ab}	86.88±0.65^{a}	87.99±1.48^{ab}
MUFA	91.29±0.68^{a}	91.66±1.58^{a}	93.40±0.49^{b}	91.36±0.50^{a}	90.39±1.25^{a}	91.39±0.95^{a}
PUFA + HUFA	89.09±1.31^{ab}	88.46±1.13^{a}	91.32±0.72^{b}	89.43±1.23^{ab}	87.97±0.87^{a}	89.20±1.88^{ab}

注：同行数据上标字母不同者之间表示存在显著差异（$P<0.05$）。

氨基酸的表观消化率的变化趋势与粗蛋白质表观消化率相似，随着饲料中芽孢杆菌添加量的增加，氨基酸的表观消化率均先上升后下降。饲料4组中绝大部分氨基酸的表观消化率最高，并且与其他组相比差异显著（$P<0.05$）。必需氨基酸总和的表观消化率大于非必需氨基酸总和的表观消化率。

脂肪酸表观消化率的变化趋势总体与粗脂肪表观消化率相似，但单个脂肪酸的消化率是变化的。除C 12：00和C 16：00外，饲料3组中其余各脂肪酸的表观消化率均最高，而饲料5组中除了C 18：03外各脂肪酸的表观消化率最低。除饲料2组外，各组饲料脂肪酸表观消化率的排列顺序由高到低依次为MUFA、PUFA + HUFA、SFA。脂肪酸的表观消化率的变化趋势，可能是因为脂肪酶对某些脂肪酸的活性高而对有些脂肪酸低，从而导致不同脂肪酸之间的消化吸收存在差异，另外脂肪酸的消化率受到脂肪链的长度、不饱和度、脂肪酸的含量与组成以及脂肪酸的熔点等诸多因素的影响（Gunasekera et al, 2002）。饲料脂肪影响肠道中微生物，特别是乳酸菌的数量，PUFA可能改变脂肪酸组成，从而用来提高肠道有益微生物的作用（Bomba et al, 2002）。

蛋白质是虾类生长的最关键的物质，也是饲料成本中最大的部分，使用消化率高的配合饲料是减少饲料物质对养殖水域环境污染、降低疾病发生率的有效途径之一（Lin et al, 2004）。在饲料中添加适量的芽孢杆菌制剂能够促进凡纳滨对虾的生长和提高消化酶活性（丁贤等，2004），提高饲料的消化率（Lin et al, 2004）。本实验在饲料中添加芽孢杆菌在 0～3.0 g/kg 范围内时，随着饲料中芽孢杆菌含量的增加，干物质、粗蛋白、氨基酸和磷的表观消化率逐渐上升，可能是因为在饲料中添加适量的芽孢杆菌可以提高肠道有益菌的数量和改善肠道菌群平衡（王红宁等，1994；陈勇等，2001），增强消化酶的活力（丁贤等，2004；Wang 等，2006），从而提高饲料的消化吸收率。

3.3.2.2 芽孢杆菌对斑节对虾消化酶的影响

实验使用健康且大小均匀的对虾，平均体质量为（10.0±2.0）g，于室外水泥池（1 m×1 m×1 m）分组进行实验，每组实验设 3 个重复，每个重复养殖 40 尾虾。

实验饲料按照添加不同剂量的芽孢杆菌，分为 6 个实验组，分别为饲料 1（对照组）、饲料 2、饲料 3、饲料 4、饲料 5 和饲料 6，各组的芽孢杆菌的添加量分别为 0、1.0 g/kg、2.0 g/kg、3.0 g/kg、4.0 g/kg 和 5.0 g/kg 基础饲料，各组饲料中芽孢杆菌的添加量的差额以等量的麸皮替代。基础饲料组成、营养成分分别见表 3-9、表 3-10。芽孢杆菌（10^9 cfu/g）为中国水产科学研究院南海水产研究所饲料与健康养殖开发中心的产品。

表 3-9 基础饲料组成

成分	质量分数/%
秘鲁鱼粉	27.0
豆粕	20.0
花生粕	28.0
小麦麸皮	14.4
虾头粉	5.0
鱼油	3.0
高稳维生素 C[a]	0.1
混合维生素[b]	0.5
混合矿物质[c]	2.0

注：[a] 高稳维生素 C：150 mg V_C/kg。[b] 1 000 g 混合维生素含：V_{B_1} 5.0 g，V_{B_2} 5.0 g，V_{B_6} 4.0 g，$V_{B_{12}}$ 0.01 g，V_K 4.0 g，V_E 4.0 g，V_A 5.0 g，V_{D_3} 4.8 g，V_{B_5} 20.0 g，泛酸钙 10.0 g，V_H 0.6 g，叶酸 1.5 g，肌醇 200.0 g，纤维素 622.99 g。[c] 100 g 混合矿物质含：Ca$(H_2PO_4)_2 \cdot H_2O$ 12.287 g，乳酸钙 47.424 g，$NaH_2PO_4 \cdot 2H_2O$ 4.203 g，K_2SO_4 16.383，$FeSO_4 \cdot 7H_2O$ 1.078 g，柠檬酸铁 3.826 g，$MgSO_4 \cdot 7H_2O$ 4.419 g，$MnSO_4 \cdot H_2O$ 0.033 g，$CuSO_4 \cdot 5H_2O$ 0.022 g，$CoCl_2 \cdot 6H_2O$ 0.043 g，KIO_4 0.002 g，NaCl 3.233 g，KCl 6.575 g。

表 3-10 实验饲料芽孢杆菌添加量与营养组成

成分	饲料 1	饲料 2	饲料 3	饲料 4	饲料 5	饲料 6
芽孢杆菌添加量/（g·kg^{-1}）	0	1	2	3	4	5
水分/%	9.20	8.90	8.50	9.30	9.10	9.20
粗蛋白/%	40.30	40.10	40.60	39.70	40.20	40.20
粗脂肪/%	6.56	6.62	6.60	6.40	6.46	6.54

结果见表 3-11、表 3-12。

芽孢杆菌对斑节对虾肝蛋白酶活性的影响见表 3-11。在整个实验周期中，对照组的蛋白酶活性总是最低；第一周、第二周时分别与饲料 3 组、饲料 5 组和饲料 6 组存在显著性差异（$P<0.05$）；第三周和第四周时与其他实验组相比不存在显著性差异（$P>0.05$）；第五周与其他各实验组均存在显著性差异（$P<0.05$）；各实验组蛋白酶达到最高峰的时间也不一致，总体说来在第五周时均较高；在整个实验周期中，饲料 5 组的肝蛋白酶活性较高。

表 3-11 芽孢杆菌对斑节对虾肝蛋白酶活性的影响（U/mg）

时间/周	饲料 1	饲料 2	饲料 3	饲料 4	饲料 5	饲料 6
0	9.50±0.63	9.50±0.63	9.50±0.63	9.50±0.63	9.50±0.63	9.50±0.63
1	9.94±0.93^a	9.95±0.09^{ab}	11.72±0.62^b	11.30±1.22^{ab}	10.91±1.06^{ab}	10.44±0.69^{ab}
2	9.09±1.25^a	9.12±0.06^a	10.48±0.34^a	10.07±0.76^a	12.74±0.65^b	12.10±0.93^b
3	9.93±0.23	10.93±0.38	10.77±0.67	11.11±1.04	10.19±1.01	10.24±1.16
4	9.75±0.16	10.77±1.18	10.03±0.71	10.35±0.93	10.36±1.23	10.00±0.68
5	9.93±0.23^a	11.17±0.91^b	11.03±0.78^b	11.59±0.45^b	12.92±0.27^c	11.58±0.49^b

注：同行数据上标字母不同者之间表示存在显著差异（$P<0.05$）。

芽孢杆菌对斑节对虾肝淀粉酶活性的影响见表 3-12。从第一周至第五周，实验组之间的淀粉酶活性不存在显著性差异（$P>0.05$）；基本上各周淀粉酶活性均最低。

表 3-12 芽孢杆菌对斑节对虾肝淀粉酶活性的影响（U/mg）

时间/周	饲料 1	饲料 2	饲料 3	饲料 4	饲料 5	饲料 6
0	10.73±0.65	10.73±0.65	10.73±0.65	10.73±0.65	10.73±0.65	10.73±0.65
1	12.99±0.65^b	11.56±0.81^{ab}	10.43±1.35^a	10.15±0.20^a	10.20±1.53^a	10.06±0.78^a
2	9.33±1.30	9.11±1.18	9.56±0.85	10.61±1.92	10.83±0.10	9.47±0.60
3	10.53±0.67^b	9.33±0.45^{ab}	8.53±1.40^a	10.02±1.41^{ab}	9.49±0.46^{ab}	8.51±1.16^a
4	9.97±1.10	10.01±0.78	9.63±1.77	9.43±0.36	9.27±0.77	9.19±0.83
5	11.25±1.03	10.88±0.33	11.21±1.64	10.89±0.37	11.77±0.84	9.87±0.28

注：同行数据上标字母不同者之间表示存在显著差异（$P<0.05$）。

水产动物的胃和肠道的菌群受外部环境的影响较大（Austin et al, 1982; Sugita et al, 1998），细菌从水和饲料中不断进入体内。杨莺莺等（2006）发现凡纳滨对虾摄食含芽孢杆菌的饲料后，其肠道内的芽孢杆菌成为第二优势菌群，仅次于副溶血弧菌。芽孢杆菌胞外产物具有蛋白酶活性（曹煜成等，2005; Pinar et al, 2002），刘小刚等（2002）发现在饲料中添加适量的芽孢杆菌可以提高异育银鲫肝胰腺蛋白酶的消化活性。肝胰腺是对虾消化酶分泌的最重要的器官，本实验中，从第一周到第五周，投喂饲料的对照组对虾的肝胰腺蛋白酶的活力始终最低，尤其在第五周与其他实验组相比均存在显著性差异（$P<0.05$）。有研究显示酶制剂可以促进异育银鲫本身加快分泌内源蛋白酶（刘文斌等，2007），本实验组斑节对虾肝胰腺蛋白酶活力的提高，究竟是芽孢杆菌分泌的蛋白酶增强了机体蛋白酶的活性，还是由于芽孢杆菌引起的肝胰脏蛋白酶分泌适应性增加，抑或是两者共同的结果，仍需要进一步的研究。饲料6组的芽孢杆菌含量最高，但蛋白酶的活力始终不是最高的，这与杜宣等（2006）在饲料中添加0.5%的芽孢杆菌组的鲤鱼消化酶的活力反而没有0.1%和0.2%组的高的结果类似，推测其原因：一是在正常情况下，动物肠道微生物种群及其数量处于一个动态的微生态平衡，添加过多的芽孢杆菌会使这种平衡被破坏，导致体内菌群比例失调（华雪铭等，2001）；二是因为过量的芽孢杆菌产生过量的胞外产物有可能影响机体内源酶活性或者抑制内源酶的分泌（王爱民和刘文斌，2006；刘迎春，1996），在饲料中添加过量的外源酶对鸡内源酶有抑制作用。

微生态制剂的作用可能受到其自身的特性或者其他因素的影响，另外菌株成活率和稳定性，使用剂量和频率，动物的健康和营养状况、年龄和遗传学因子以及不同种类可以导致效果的变化（Bomba et al, 2002）。实验中各实验组蛋白酶达到最高峰的时间也不一致，总体说来在第五周时均较高。同一饲料组在不同取样时期，其蛋白酶、淀粉酶活力会出现周期性波动，这除了芽孢杆菌的作用外，还可能与采样时的环境因子如水温（潘鲁青和王克行，1997）和光照强度（王芳，2006）有关，另外消化酶分泌量与活性的大小不仅与消化系统自身相关，而且与机体的整体代谢调控水平相适应（吴垠等，2003）。蛋白质是对虾生长最关键的物质，也是饲料中成本最大的部分。饲料中添加适量的芽孢杆菌可以提高对虾的蛋白酶活力，这具有很重要的实际应用价值。

3.3.2.3 芽孢杆菌对斑节对虾血清中免疫因子的影响

实验使用健康且大小均匀的对虾，平均体质量为（10.0±2.0）g，于室外水泥池（1 m×1 m×1 m）分组进行实验，每组实验设3个重复，每个重复养殖40尾虾。

实验饲料按照添加不同剂量的芽孢杆菌，分为6个实验组，分别为饲料1（对照组）、饲料2、饲料3、饲料4、饲料5和饲料6，各组的芽孢杆菌的添加量分别为0、1.0 g/kg、2.0 g/kg、3.0 g/kg、4.0 g/kg和5.0 g/kg基础饲料，各组饲料中芽孢杆菌的添加量的差额以等量的麸皮替代。基础饲料组成、营养成分分别见表3-13、表

3-14。芽孢杆菌（10^9 cfu/g）为中国水产科学研究院南海水产研究所饲料与健康养殖开发中心的产品。

表3-13 基础饲料组成

成分	质量分数/%
秘鲁鱼粉	27.0
豆粕	20.0
花生粕	28.0
小麦麸皮	14.4
虾头粉	5.0
鱼油	3.0
高稳维生素C[a]	0.1
混合维生素[b]	0.5
混合矿物质[c]	2.0

注：[a]高稳维生素C：150 mg V_C/kg。[b]1 000 g 混合维生素含：V_{B_1} 5.0 g，V_{B_2} 5.0 g，V_{B_6} 4.0 g，$V_{B_{12}}$ 0.01 g，V_K 4.0 g，V_E 4.0 g，V_A 5.0 g，V_{D_3} 4.8 g，V_{B_5} 20.0 g，泛酸钙 10.0 g，V_H 0.6 g，叶酸 1.5 g，肌醇 200.0 g，纤维素 622.99 g。[c] 100 g 混合矿物质含：Ca（H_2PO_4）$_2$·H_2O 12.287 g，乳酸钙 47.424 g，NaH_2PO_4·$2H_2O$ 4.203 g，K_2SO_4 16.383 g，$FeSO_4$·$7H_2O$ 1.078 g，柠檬酸铁 3.826 g，$MgSO_4$·$7H_2O$ 4.419 g，$MnSO_4$·H_2O 0.033 g，$CuSO_4$·$5H_2O$ 0.022 g，$CoCl_2$·$6H_2O$ 0.043 g，KIO_4 0.002 g，NaCl 3.233 g，KCl 6.575 g。

表3-14 实验饲料芽孢杆菌添加量与营养组成

成分	饲料1	饲料2	饲料3	饲料4	饲料5	饲料6
芽孢杆菌添加量/（g·kg^{-1}）	0	1	2	3	4	5
水分/%	9.20	8.90	8.50	9.30	9.10	9.20
粗蛋白/%	40.30	40.10	40.60	39.70	40.20	40.20
粗脂肪/%	6.56	6.62	6.60	6.40	6.46	6.54

实验取得如下结果，见表3-15、表3-16、表3-17和表3-18。

芽孢杆菌对斑节对虾血清酚氧化酶（PO）活力的影响见表3-15。除第四周饲料6组的血清酚氧化酶活力低于对照组外，其余各周对照组的血清酚氧化酶活力均最低。对照组的血清酚氧化酶活力在第二周与饲料4组存在显著性差异（$P<0.05$），其余各周不存在显著性差异（$P>0.05$）。各实验组血清酚氧化酶活力达到最高峰的时间并不十分一致，总体说来后两周的血清酚氧化酶活力高于前两周，在整个实验中饲料4组和饲料5组血清酚氧化酶的活力相对较高。

表3-15　芽孢杆菌对斑节对虾血清酚氧化酶活性的影响（U/mL）

时间/周	饲料1	饲料2	饲料3	饲料4	饲料5	饲料6
0	1.85±0.35	1.85±0.35	1.85±0.35	1.85±0.35	1.85±0.35	1.85±0.35
1	1.90±0.10	2.20±1.00	2.10±0.34	2.02±0.20	2.60±0.70	2.10±0.40
2	1.74±0.14^a	2.50±0.94^{ab}	1.85±0.63^a	3.00±0.62^b	2.20±0.30^{ab}	2.00±0.10^{ab}
3	2.70±0.14	2.86±0.19	2.85±0.16	2.96±0.62	3.4±0.10	3.3±0.60
4	2.23±0.34^{ab}	2.38±0.29^{ab}	3.65±0.29^b	3.73±1.00^b	3.00±1.50^{ab}	2.10±0.2^a
5	2.58±0.45	3.00±0.44	3.50±1.79	3.79±1.89	3.60±0.8	2.80±0.5

注：同行数据上标字母不同者之间表示存在显著差异（$P<0.05$）。

芽孢杆菌对斑节对虾血清酸性磷酸酶（ACP）活力的影响见表3-16。从第一周到第五周对照组的血清酸性磷酸酶活力均最低，但与其他实验组相比差异不显著（$P>0.05$）；除饲料3组外，各组血清酸性磷酸酶活力均在第三周达到最高峰；在整个实验中饲料5组的血清酸性磷酸酶活力相对较高。

表3-16　芽孢杆菌对斑节对虾血清酸性磷酸酶活性的影响（U/mL）

时间/周	饲料1	饲料2	饲料3	饲料4	饲料5	饲料6
0	6.14±0.71	6.14±0.71	6.14±0.71	6.14±0.71	6.14±0.71	6.14±0.71
1	6.25±0.35	6.48±0.08	6.59±0.49	6.35±0.60	6.84±0.21	6.62±0.14
2	6.05±1.12	6.11±0.33	7.03±0.94	6.62±0.39	6.84±1.07	6.45±1.16
3	6.55±0.44	6.75±0.86	6.85±0.52	6.65±0.54	7.52±0.4	7.28±0.24
4	6.09±0.81	6.41±1.18	6.16±0.86	6.30±0.23	6.65±0.24	6.36±0.62
5	6.05±0.59	6.58±1.19	6.14±0.83	6.35±0.13	6.40±0.26	6.50±0.89

注：同行数据上标字母不同者之间表示存在显著差异（$P<0.05$）。

芽孢杆菌对斑节对虾血清过氧化物酶（POD）活力的影响见表3-17。从第一周到第五周对照组和实验组的过氧化物酶活力都在较小的范围内波动，两者之间始终不存在显著性差异（$P>0.05$），表明对虾饲料中添加芽孢杆菌并不对过氧化物酶活力产生明显的作用。

芽孢杆菌对斑节对虾血清超氧化物歧化酶（SOD）活力的影响见表3-18。第一周至第五周对照组的超氧化物歧化酶活力均最低；第一周和第二周，随着饲料中芽孢杆菌剂量的增加，超氧化物歧化酶活力逐渐上升，饲料6组的超氧化物歧化酶活力最高，对照组的超氧化物歧化酶活力与饲料4组、饲料5组和饲料6组相比，存在显著性差异（$P<0.05$）；第三周到第五周，超氧化物歧化酶活力开始随着饲料中芽孢杆菌剂量的增加先上升后下降，饲料4组的超氧化物歧化酶活力最高；第五周时对照组

的超氧化物歧化酶活力仅与饲料 4 组存在显著性差异（$P<0.05$）。饲料 2 组、饲料 3 组、饲料 4 组的超氧化物歧化酶活力均在第五周达到最高峰，而饲料 5 组和饲料 6 组的超氧化物歧化酶活力在实验的中期就达到最高峰。在整个实验周期中，饲料 4 组的超氧化物歧化酶活力相对较高。

表 3-17　芽孢杆菌对斑节对虾血清过氧化物酶活性的影响（U/mL）

时间/周	饲料 1	饲料 2	饲料 3	饲料 4	饲料 5	饲料 6
0	1.10±0.1	1.10±0.1	1.10±0.1	1.10±0.1	1.10±0.1	1.10±0.1
1	0.98±0.06	1.03±0.20	0.97±0.07	1.01±0.13	1.12±0.12	0.96±0.09
2	0.99±0.12	1.07±0.12	0.98±0.06	1.11±0.14	1.14±0.14	1.00±0.08
3	1.10±0.19	1.02±0.17	1.03±0.01	1.09±0.17	1.01±0.04	1.19±0.18
4	0.97±0.12	1.01±0.08	0.99±0.14	1.03±0.06	1.04±0.10	1.02±0.04
5	0.98±0.05	0.98±0.08	0.97±0.03	1.00±0.12	0.99±0.02	0.94±0.16

注：同行数据上标字母不同者之间表示存在显著差异（$P<0.05$）。

表 3-18　芽孢杆菌对斑节对虾血清超氧化物歧化酶活性的影响（U/mL）

时间/周	饲料 1	饲料 2	饲料 3	饲料 4	饲料 5	饲料 6
0	369±13	369±13	369±13	369±13	369±13	369±13
1	347±10^a	347±8^a	344±10^a	368±7^b	377±11^b	385±5^b
2	357±16^a	364±9^a	375±3^{ab}	391±18^{bc}	396±10^{bc}	404±12^c
3	338±3^a	352±15^{ab}	360±23^b	411±20^c	400±13^c	402±14^c
4	342±11^a	351±13^a	371±22^{ab}	391±18^b	375±30^{ab}	405±20^b
5	366±19^a	379±27^{ab}	402±21^{ab}	423±20^b	398±42^{ab}	381±16^{ab}

注：同行数据上标字母不同者之间表示存在显著差异（$P<0.05$）。

提高对虾非特异免疫力，增强抗病能力，是人们在寻求新的对虾病害防治措施中出现的研究热点，国内外的学者对该领域的研究都予以了极大的关注。田黎和刘光友（2001）发现海洋芽孢杆菌胞外抗菌蛋白对病原菌尤其对病原真菌具有强烈的抑制作用；黄汝添等（2006）发现枯草芽孢杆菌的分泌物具有较好的抑菌效果；郭文婷等（2006）发现在饲料中添加芽孢杆菌能够提高牙鲆的非特异性免疫因子的活力。Himanen et al（1993）研究发现枯草芽孢杆菌的脂磷壁酸和肽聚糖—磷壁酸复合物均具有很强的免疫佐剂的作用。本实验结果显示，在饲料中添加适量的芽孢杆菌可以显著提高对虾超氧化物歧化酶的活力（$P<0.05$），提高了对虾血清酸性磷酸酶和血清酚

氧化酶的活力，但对过氧化物酶的活力没有影响。

酚氧化酶原（proPO）系统是对虾的重要防御和识别系统，是对虾体内参与免疫反应的主要酶类之一。血清酚氧化酶以酶原的形式存在于大颗粒细胞和小颗粒细胞的颗粒中（Hose et al, 1987），可被 β-葡聚糖（Smith and Soderhall, 1983）、脂多糖（Sung et al, 1996）和肽聚糖（Sribunyalucksanak, 1999）等激活，释放到血浆中，在丝氨酸蛋白酶的作用下转变成有活性的 PO，PO 可将酚催化成黑色素，黑色素及其中间产物可将一些病原杀死。但也有研究表明 PO 在血清中不以 proPO 形式存在，正常状态下对虾血清中 PO 活力保持相对稳定，维持在一定的水平（王雷等，1995），这与本实验结果相似。PO 除在黑色素化过程中有抗菌杀菌活性之外，还参与包囊作用，并在异己识别系统中充当一定角色（孟凡伦等，1999）。本实验结果证实，在饲料中添加适量的芽孢杆菌可以一定程度地提高对虾血清中的 PO 活力，表明芽孢杆菌作为饲料添加剂对提高对虾 PO 活力具有一定的效果。

SOD 是一种广泛存在于生物界的金属酶，是抗氧化应激酶系中的重要成员，也是生物体内仅有的以超氧阴离子（O^{2-}）为作用底物的酶（袁勤生，2001）。它将超氧阴离子歧化为 H_2O_2 和 O_2，然后 H_2O_2 经过氧化氢酶或过氧化物酶分解或利用，避免氧化损伤（刘存歧等，2005），在防止机体衰老及预防生物分子损伤等方面具有极为重要的作用（牟海津等，1997）。罗氏沼虾受莫格球拟酵母感染致病后，肝胰脏中 SOD 会显著降低（蔡完其，1996），刘恒和刘光友（1998）用免疫多糖作饲料添加剂饲喂凡纳滨对虾后其血清 SOD 活性高于对照组，虾体的免疫力升高。本实验中，在饲料中添加适量的芽孢杆菌可以显著提高对虾血清中的 SOD 活力，说明芽孢杆菌作为饲料添加剂对提高对虾 SOD 活力具有显著的效果。

ACP 是巨噬细胞溶酶体的标志酶，是溶酶体的重要组成成分，在甲壳动物血细胞进行吞噬和包围化的免疫反应中，会伴随有 ACP 的释放（Cheng，1978）。隋大鹏等于 2001 年发现，在饲料中添加微生态制剂可以显著地提高南美白对虾血清的 ACP 活力。在本实验中，在饲料中添加适量的芽孢杆菌可以提高对虾血清中的 ACP 的活力，但效果不显著。

POD 普遍存在于动物、植物及微生物中，是生物体中重要的酶类之一，参与多种生理代谢反应（齐放军等，1993）。刘树青（1999）研究发现经免疫多糖刺激后，中国对虾血清中的 POD 活性明显增高，认为可以通过提高动物血液中过氧化物酶活性，减少自由基对正常细胞的损伤，清除细胞生理代谢过程中产生的活性氧，提高机体的解毒免疫功能和防病抗病能力。翟秀梅等（2007）认为把微生态制剂加到水中可以提高南美白对虾的过氧化物酶的活性，但本实验中，发现添加芽孢杆菌对斑节对虾血清中的 POD 活力没有影响，这可能和菌种与养殖对象有关，另外可能也受到养殖对象的生理和营养水平的影响。

饲料中添加肽聚糖只对部分体液免疫因子产生积极影响，而且对不同免疫因子的最佳作用剂量有差别（王秀华等，2004）。本实验也清楚地表明，在饲料中添加芽孢杆菌，能够显著提高斑节对虾 SOD 的活力，对 PO 和 ACP 活力的提高也有一定的效果，而对 POD 活力却没有影响，且各免疫因子的最佳作用量也不一致，具体原因有待进一步研究。对虾免疫机能的评估将对养殖对虾的健康状况和疾病的监控起到积极作用。酚氧化酶活性、酸性磷酸酶活力、超氧化物歧化酶活力和过氧化物酶活力都分别能从一个角度去说明对虾的免疫机能状况和健康状况。相对于高等动物较多的健康评价标准，还不能界定哪种免疫指标对对虾的健康和对疾病的抵抗力来说最为重要，在生产实践中应该考虑各种免疫指标，以便对对虾的免疫机能状况进行综合评定，以期能最大限度地准确了解对虾的健康状况。当然由于受取血条件限制，对虾无法像其他动物那样，连续取样测定，并且由于对虾体质差异较大，影响了对其规律性的阐明。总体说来，斑节对虾饲料中添加适量的芽孢杆菌能够提高斑节对虾的免疫酶的活力，从而提高其免疫力，添加量以 3.0～4.0 g/kg 基础饲料为宜。

3.3.3 生物絮团技术在对虾养殖系统中的应用

上述依据传统的水色管理池塘虽然在对虾养殖发展历史上发挥过重要作用，至今仍然是许多养殖者易于接受的方法，但是这种控制水环境的方式，缺少定量方法，更多地依赖长期的实践经验，难以科学规范。使用益生菌确实可以起到改善水质的作用，但是水环境菌相缺少多样性，只能发挥少数细菌的生态功能。人们已经注意到，养殖水体内，尤其是对虾和罗非鱼养殖水体，微生物群落具有显著的重要作用。近年来兴起的水产养殖系统的生物絮团技术，实际上是水产养殖系统的微生物控制技术，它也是微生物在系统中对营养源的再利用技术。所谓的生物絮团技术，其特点是利用生物絮团本身就是一个有生命的生物处理结构，它既可以调控水质，又是鱼虾可利用的营养物，它使饲料的营养物质反复循环利用，从而可以提高饲料蛋白质的利用率，达到传统养殖系统的两倍。生物絮团具有多种生态功能，它和养殖生物生活在同一个水体，是养殖系统的组分之一。该技术通常应用在零交换水或有限水交换精养系统，也可将控制微生物絮团的原理用于传统的半精养、粗放养殖系统。

虾类是咀嚼式摄食，破碎饵料不但增加了水溶的表面积，而且丢失浪费严重，加剧了对水体的污染。虾类对人工饵料的蛋白质利用率比鱼类低，通常虾类的蛋白质利用率在 20% 以下，鱼类在 25% 以下。饵料 70%～80% 的氮素被排放到水环境中，而成为有毒的氨态氮。但是幸运的是，这些多余的废物（残饵和对虾为主的生物的粪便）可以为微生物分解和利用，而这些微生物以及养殖水内的单细胞藻类可以进入对虾的食物链。由于水体内的悬浮颗粒物形成的弱光照（低于 200 lx）环境，恰好又是对虾生长所需要的光照强度。因此，在一个封闭的系统内，在一个正确的操作管理的系统内，上述的种虾养殖系统，依赖水质改良剂、有益微生物、调控单细胞藻类、使用优质配合饲料等技术措施，以保持良好稳定的水质，减少气象变化对水环境的影响，预防应激发生。特别是一些微型生物，不仅为对虾提供营养要素，而且能提高水环境自净能力、调节透明度，高温期缓解池水温度升高、降低氨氮浓度，光合作用和细菌处理沉积物、氨等有害物质，维持正常的生态自净功能，通过异养细菌和自养细菌，降解残饵和对虾的排泄物，经过细菌消化和藻类同化可以进入池内的食物链。生物安全——零交换水或有限水交换系统，减少了营养要素流失到系统外的环境，不但减轻环境负担，而且增加了池内的饲料源，重新加入对虾的生物量中，对虾对氮素的利用率可提高到25%，甚至有些能达到40%（Jory，2001）。

近期的研究表明，对虾在有限水交换或"零交换"水系统内不但可以得到所要求的生态参数状态，而且可以减少对虾的环境应激和提高生理健康。这是因为零交换水养虾系统形成的独特生态结构符合了对虾的生理要求。Pruder（2000）、Boyd and Clay（2002）等许多科学家详细地表述了这一系统的特征，认为如果经过正确的生物操作，整个养虾池就是一个良好的"生物反应器"。它具有如下特性：位于原池内的单细胞藻类、细菌等生物群落，在充足的溶解氧条件下，承担着处理池内残饵、有机物碎片、对虾粪便等代谢产物以及有毒成分的分解和利用等工作；与其同时生产着对虾需要的具有活性功能的营养要素。其结果是，微生物和藻类调节生物地球化学循环和养殖环境，并且在原位进行，解除了养殖池的环境压力，促进了对虾的增长和成活率的提高。

这些微型生物群落基本上可分为三类：第一类属于行使光合作用的浮游植物藻类的生物合成。以消耗水内氨态氮和硝酸态氮作为氮源，并消耗水内的二氧化碳和碱度，形成藻类组织。根据平均的藻类组织化学元素组成比例 $C_{106}H_{263}O_{110}N_{16}P$ 推算，消耗1 g 氨态氮的氮素，或者说，合成1 g 氮素的组织，需要消耗18.07 g CO_2 和3.13 g 以 $CaCO_3$ 为标准的碱度。与此同时可合成15.85 g 藻类组织的可挥发的有机物以及15.14 g 氧气。适宜的光照强度和无机营养盐组分是调控藻类繁殖、选择优势藻类群落的最主要因素，因为藻类的能量来源是太阳光辐射。藻类净化养殖池水，调节养殖池水质参数的最主要困难或者说不足之处是，优良的藻类种群不易调控，由于营养盐增加促使藻类密度增加，但是由于藻类密度增加影响了光照强度，反过来又影响藻类的生理、生态功能，通常养殖池初级生产力利用氨氮的能力最大为 0.7（g·m²）/d，产生 O_2 4（g·m²）/d。藻类生理代谢对气候、盐度变化敏感，容易发生整个群落的衰变死亡（俗称倒藻），所以只有在有机物较少的情况下，藻类的调节才可发挥较好的效果。

第二类属于行使自养的细菌类的生物合成，以硝化细菌为代表。以消耗水内氨态氮作为氮源，并消耗水内的氧和碱度，形成细菌组织。根据平均的细菌类有机体化学

元素组成比例 $C_5H_7O_2N$ 推算，消耗 1 g 氨态氮的氮素，或者说合成 1 g 氮素的细菌有机体，需要消耗 4.18 g 氧和 7.05 g 以 $CaCO_3$ 为标准的碱度。与此同时可合成 0.20 g 细菌有机体的可挥发有机物、0.976 g NO_3-N 以及 5.85 g 二氧化碳。

第三类属于行使异养作用的细菌类的生物合成。以消耗水内氨态氮作为氮源，并消耗水内的碳水化合物、氧和碱度，形成细菌类有机体。根据平均的细菌类有机体化学元素组成比例 $C_5H_7O_2N$ 推算，消耗 1 g 氨态氮的氮素，或者说合成 1 g 氮素的细菌有机体组织，需要消耗 15.17 g 葡萄糖形式（$C_6H_{12}O_6$）的碳水化合物，4.71 g 氧和 3.57 g 以 $CaCO_3$ 为标准的碱度。与此同时，合成 8.07 g 细菌类有机体的可挥发有机物及 9.65 g 二氧化碳。异养细菌的繁殖，需要大量的碳水化合物，促进自养细菌的繁殖，加速氨态氮向硝酸态、亚硝酸态转变，同时吸收水内有毒的氮的代谢产物（Ebeling et al, 2006；Avrimelech, 1999, 2000）。

实际上，虽然每一个养殖池内上述几种形式的生物过程会同时存在，但是在有限水交换或零交换水系统内，养殖前期基本上以藻类的繁殖为主，而在养殖中后期，池内有机物大量积累以后，则是以异养菌生物过程为主。这是因为维持各类生物反应所需要的条件各有不同，所需要的原料、资源各不相同。

3.3.3.1 什么是生物絮团

生物絮团是养殖水体中由好氧的微生物为主体的有机体和无机物，经生物絮凝形成的团聚物。该絮团是以菌胶团、丝状细菌为核心，附着微生物胞外产物胞外聚合体和胞内产物聚 $-\beta-$ 羟基丁酸酯、多聚磷酸盐、多糖类等以及二价的阳离子，附聚的异养菌、消化菌、脱氮细菌、藻类、真菌、原生动物等生物形成的絮团。絮团的大小范围，从几微米到几百微米甚至数千微米，比表面积为 $20\sim100\ cm^2/mL$。絮团内的活的生物体占 10%~90%，因此，它具有自我繁殖能力。生物絮团系统内的对虾能量消耗来源于两个，外源投入的配合饲料和内源产生的微生物絮团。微生物絮团是个复杂的生物混合体，包含细菌、藻类、原生动物、后生动物、轮虫、线虫、腹毛类（Bratvold and Browdy, 2001；Tacon et al, 2002）。

生物絮团中的生物类群差别和水体盐度有密切关系，也与絮团的"年龄"有关。目前研究较多的是对虾和罗非鱼养殖的水体，基本上是盐度为 20 以下的水体或淡水的生物絮团。海水或盐度较高的水体的生物絮团研究得不是很多，但是生物絮团的基本结构相似，尤其是细菌及附着的胞内、胞外产物种类基本相似，生物类型相似，但是其他后生生物差异加大。

3.3.3.2 生物絮团的生态功能

Avrimelech（1999，2000）认为，在对虾精养系统中，好氧的细菌的活性，对控制养殖水系统的水质有重要作用。和传统的对虾养殖系统主要依靠藻类改善养殖水质相比较，细菌的能量来源为有机物，因此更适宜用在有机物积累较多的有限水交换系统或零交换水系统。细菌通常对光不敏感，适应性较广，在氧气充足的条件下，不易发生类似倒藻那样的菌群衰落。在实际操作中，比藻类更容易调控，由于平均的组成细菌蛋白质的碳/氮之比为（4~5）：1，当异养细菌同化一份碳，需要消耗约4份有机碳，按照这一转化比例，微生物吸收利用一份氮时，大约要消耗20~25份有机物。异养菌摄取的有机物主要是碳水化合物，它们从水中吸取氨氮合成细菌蛋白质，据此粗略估计，转换水中的1 g氨氮，需要20~25 g碳源的碳水化合物。在适宜的条件下，细菌将氨氮转变成菌蛋白，这个过程相当快，可以在1~3 d时间内快速降低氨氮水平。可以使用碳/氮比值较大（例如比值在15~20以上）的糖渣或谷类面粉，增加好气性异养细菌繁殖，调控水中的氨氮吸收。好气性自养菌、异养菌，仅仅受限于基质浓度和降解速度常数（例如硝化细菌繁殖速度较慢）。

养虾池内溶解的和颗粒状的物质形成大量的絮状物，其主要组成物以细菌、老化的藻类及藻类碎片为主，较大的絮状团往往有大量的原生动物及微型底栖生物，它来源于对虾残饵、对虾粪便等代谢产物、浮游生物和细菌的复杂加工组合。以细菌为基础的絮状物可以作为对虾饵料源，提供部分营养，补充配合饲料不足的营养，从而间接提高对虾对饲料蛋白质的利用率。不但许多人在实验室证实了这个结论，而且在生产性对虾养殖池，饵料氮的利用率为39%，远高于常规的养虾池的15%~25%（Boyd and Clay, 2002），但是对于虾池内菌藻团为主要形式的絮状物的营养价值，在细节上仍然是一个"黑箱"。

养殖对虾池内的微生物不但通过循环的食物链提高了营养要素的利用率，而且提高了对虾生长速度和体质。实验发现，养殖池内有机碳颗粒的数量和对虾的生长有关，当达到6.98 mg/L以上时对虾生长速度最好。Prader于2001年的研究声明，养殖池内的有机悬浮物为0.5~5 μm时，对虾增长提高53%；而大于5 μm，仅增长36%；小于0.5 μm的有机颗粒，包括溶解态的有机物并不对对虾生长起作用。

Moss et al（2001）对生长在富营养（浮游植物和细菌群落丰富）池塘的凡纳滨对虾与生长在贫营养井水（清洁水）内凡纳滨对虾的消化道内的酶类的活性作比较，发现丝氨酸蛋白酶、胶原蛋白酶、淀粉酶、纤维素酶、脂肪酶、酸性磷酸酶等，大多数酶活性高于两倍以上，而脂肪酶高于6倍。

细菌形成的有机颗粒和絮状物所形成的浊度阻碍了光线，可以预防浮游植物过度生长，减少了由于浮游植物种类及其数量波动对水质参数的影响，有利于水环境的稳定。

生物絮团系统可形成丰富的微型饵料生物，养殖池内可以供对虾摄食的微型、小型生物或细菌基团，包括可以被对虾摄食的小型微型多毛类、寡毛类、线虫、贝类幼体、昆虫幼体、有益微生物、有机碎屑附着的细菌、微藻胶团等，它们作为饵料，营养丰富，含有许多活性物质，对强化对虾营养、弥补人工配合饲料所缺少的营养要素、提高对虾免疫力有重要作用。

生物絮团的营养价值较高，生物絮团不但具有鱼虾需要的营养成分，而且还具有抗菌物质。生物絮团含有的细菌和藻类具有某些拮抗分子，可以破坏病原常规的致病敏感性，使信号分子失活。例如使用发光弧菌感染卤虫，应用生物絮团，则可提高卤虫的成活率。Defoirdt等分别于2004年、2005年、2007年研究发现，使用无菌卤虫做试验生物，加上足量的PHB（聚 $-\beta-$ 羟基丁酸酯），可以保护生物（卤虫）不受发光细菌的致病影响。Mcintosh和McNeil分别于2000年对化学分析生物絮团营养组分的研究表明，各种生物絮团的组分相似，而且与水处理的活性污泥基本相似。Tacon（2002）分析了生物絮团的营养成分，其中粗蛋白质为35%～50%；蛋白质稍微缺乏精氨酸、赖氨酸和蛋氨酸；粗脂肪为0.6%～12%；灰分较高，为21%～32%。

生物絮团是主要的池内颗粒物，通常池内的颗粒状物多半是对虾的营养源，Trott和Alongi于2001年研究发现，对虾养殖池排出的颗粒状物，很大部分是对虾的营养要素，其中的氮素占80%～90%，磷占60%～80%，碳占50%～70%。由于生物和物理相互作用的结果，使这些颗粒状物极易沉降。生物絮团是蛋白质、必需氨基酸的来源，也是n-3必需脂肪酸、矿物质、微量元素以及B族维生素的来源。絮团对对虾的消化酶起积极影响，也对对虾肠道的定居菌团起正面影响（Moss et al，2001）。

第4章 斑节对虾种虾养成健康管理及实践

养殖对虾种虾，首先要保证种虾的生理健康。众所周知，全球对虾养殖经历了白斑综合征病毒引起的对虾白斑综合征流行病的浩劫，使人们对控制对虾疾病原及其流行病，有了新的认识和进步，特别是以白斑病毒综合征为代表的病毒病，在预防途径和改进养殖技术上，已经有了显著的进步，主要体现在6个方面：应用遗传育种技术，改良对虾遗传特性；使对虾在稳定的环境下、非胁迫性条件下养殖；满足对虾营养需求；应用生物安全观念，使用零交换水或有限水交换系统；使用驯化的无特定病原的对虾群体；应用生物絮团技术，使用有益细菌等。本章依据第3章提出的种虾养殖原理，并结合近代养殖对虾技术进步，探讨具体的种虾养殖操作。

斑节对虾的种虾养殖管理，区别于一般的商业性食用虾的养殖。种虾养殖阶段的养殖管理，包含健康管理亦即生物安全和遗传管理两方面的内容。根据对虾各生命阶段养殖生理和繁殖生理的需要，种虾养成可分为3个阶段：第一阶段是从仔虾养殖到发育为亚成虾的过程，管理重点是实现健康养殖管理；第二阶段是从亚成虾发育为成虾的过程，主要的管理内容为如何满足对虾性腺发育的生态条件和营养条件，使养殖种虾达到种虾要求的质量标准，提高种虾的收获量；第三阶段重点是培育繁殖用亲体，促进性腺同步成熟发育，以及根据育种和遗传管理需要的配种（交配）管理。

按照正常的种虾培养过程，由仔虾养成亲虾，一般至少需要12月龄以上的养殖期。根据斑节对虾的不同生命阶段以及我国养殖斑节对虾地区的气候特点，将种虾培育的3个阶段分节叙述，内容包括每个阶段需要的主要设备、培育参数、培育方法等。

根据我国气候特征，南方地区斑节对虾的种虾养殖，第一阶段以室外养殖为主，室外最适养殖期设计为6~7个月，室内最适养殖期设计为5~6个月。室外养殖完成仔虾至亚成虾阶段的发育，对虾体质量达到40~60 g/尾。第二、第三阶段在室内养殖，体质量达80~100 g/尾，对虾发育达到性成熟，交配产卵。

4.1 斑节对虾种虾养成的生物安全健康管理：仔虾发育为亚成虾的养殖

本阶段从虾苗开始，需要养殖6~8个月，要求对虾平均体质量达到80 g以上。该阶段可以在养成池养殖，也可在粗放型的养殖池养殖。但是为了更好地预防白斑综合征病毒感染，通常在独立的养殖系统养殖比较理想。在目前经济基础下，生物安全的技术路线，只有在室内循环水系统或者在室外小面积精养池塘才可以全面贯彻。

我国对虾养殖的小面积池塘精养系统的成功经验及其好的技术管理实践和其配套的养殖设施，基本上可以满足每种对虾的生态参数和生理要求，具有预防白斑综合征成功率高、经济效益高的特点。该养殖方式的健康管理及其主要的关键技术措施是：养殖的全过程需要经常检测对虾和养殖池环境的重要病原，切断病原传播途径；采用有限量水交换系统；使用小面积深水养殖池塘；使用健康虾苗；使用增氧机、水质保护剂、有益细菌、培育和控制养殖池单胞藻等技术措施，改善和保持水环境要素的相对稳定；使用优质饲料，饲料中增添可提高对虾抗胁迫能力、免疫力的添加剂；控制水环境的病原微生物数量；养殖废水排放入海区前做净化处理等。

4.1.1 对虾种虾养殖场址的选择

对拟选场址应先进行地质地貌、水文、气象、淡水资源、生物相、生物资源等综合调查，同时对养殖场的安全、建场后生态环境影响及对其他产业发展的影响进行评估。由于种虾养殖绝大多数情况下要有繁殖育种部分，因此，选址也应考虑培苗繁殖场的需要。根据国家和地方政府的政策、法规框架，提出设计方案，经过可行性论证，报有关部门批准后实施。

4.1.1.1 地质地貌条件

由于对虾种虾培育包含遗传改良与世代连续培养，保证种质资源不丢失，不在天然水域扩散，避免发生对天然水域基因污染，原则上应选择沿海位置较高的地区建场，避免风暴潮、暴雨、洪水可能发生的淹没。一般考虑安全因素、投资效益，应选择在高于高潮线以上、地形较高的地区建场。对虾养殖池应考虑：① 虾池建成后，易自动排干池水，方便收获和处理池底；② 养殖池应接近取水点；③ 应避开林地、红树林及耕地；④选择地势平坦交通方便的地区；⑤必须对地质作详细勘探，进行土壤、底质化学分析，特别是在沙质地区、酸性土壤或潜在酸性土壤建池，需建预防养殖池水渗漏、酸化的工程设施。

4.1.1.2 水文与水质

选择潮流通畅、海水盐度一般不高于35、最低不低于25的海区，水源应避开工农业生产排污的影响，主要水质指标应达到《中华人民共和国国家标准 渔业水质标准》和《无公害食品 海水养殖用水水质》的要求。种虾场建设区,最好有可用于养殖使用的地表淡水资源,如河流、水库等,方便调节养殖池盐度。

4.1.1.3 气象条件

尽量选择雨量适中、每日的日照时数较多的地区建场。

4.1.1.4 社会条件

建场主要的社会条件包括:具有全天候的道路及通信工具,以便于运输生产资料及产品,保障与外界的联系方便;有充足的电力供应,种虾养虾场还应有备用的发电机组、社会治安良好、生活用水方便等生活条件。

4.1.1.5 原有商用对虾养殖场的改造

根据种虾养殖场硬件要求,可以对原有的地形较高的对虾养殖场或养殖池改造。重点是按生物安全要求,改造建设物理隔离屏障。按照循环用水要求及小面积池塘精养要求,对原有开放式用水系统及不适于精养的养殖池进行改造,要求达到如下标准:用水系统为封闭式有限水交换或零交换水系统;养殖池单池面积为 2 000.1 ~ 3 333.5 m^2;池水深应达 2.5 ~ 3.0 m;池塘保水性能好,排水可彻底自流排干;按生物安全健康养殖管理要求配置设备或设施。

4.1.2 种虾养殖场、养殖池及其配套建筑设计要求

4.1.2.1 种虾养殖场的设计依据(原理)

种虾养殖场的设计,应考虑社会安全、自然安全、生物安全,适宜斑节对虾幼体以及成体生态生理需要,满足种质保存、育种遗传管理要求。

由于对虾病毒性病原的传播主要依赖对虾摄食的宿主或宿主的组织碎片,更由于对虾白斑综合征病毒的宿主或携带者以节肢动物为主,它们十分广泛地存在于养殖池和近岸海域,对对虾养殖生产过程中的生物安全造成很大威胁,因此要求在整个生产系统,在对虾养殖生产全过程及加工、贸易、交换生产过程中,采取一整套卫生防御、病原检测、隔离等技术和管理措施。

预防病毒性病原的养殖系统具有如下特征:具有坚实的物理隔离屏障的众多矩形或方形小型养殖池塘及附属设施组成紧凑的养殖场,可以阻隔病原宿主或陆源携带病原,同时也减小了进排水管道长度,有利于减少病原存在空间,也方便消毒、清洁处理;应用循环用水系统,因此需要具有高效处理用水设备,如蓄水池、水过滤设备、消毒设施等;完善的充气或增氧机械设备。

排除包括一切外来病害生物和水产生物的病原传播,但是这也带来巨大的负面影响,尤其是对生物多样性的破坏,以及养殖池生态系统的生态功能的破坏。因此,种虾养殖场的硬件设计以及管理的目标就是如何实现既要杜绝病原,又要建立新的生物

群落并发挥其有效的生态功能，保证对虾健康生长。当前，遍布于全球以及我国各地的一大批应用生物安全措施的高产量、高效益的对虾养殖典型事例，显示了生物安全观念的技术可行性，如果应用得当，可以取得良好的经济效益和生态效益。主要的设施及技术措施包含如下内容：养殖用水系统采用零交换水或有限水交换系统；建立严格的消毒及物理屏障隔离措施，控制病毒密度及其传播途径；建设实用、灵敏、准确的病原检测设备，建立病原检测程序；使用无特定病原健康虾苗；建设室外小面积养殖池塘及室内种虾养殖池；建设蓄水池及多种水处理设备，行使蓄水、过滤、消毒程序；使用充气增氧设备。

4.1.2.2 养殖池

依据育种及遗传管理需要，一个独立的斑节对虾种虾养殖场至少建设 30~50 个养殖池。池塘结构的工程技术要求达到如下标准：养殖池的单池面积为 666.7~3 333.5 m^2，一般不超过 3 333.5 m^2；池深应达 2.5~3.0 m；室外池水深为 2.0~2.5 m；结构坚固、无渗漏，可用塑胶膜铺设池底和池壁；室外土池壁陡，坡度应为 45°以上；池水要求可以自行排干；池塘保水性能好，排水可彻底自流排干，池底无积水；养殖池圆形或方形切角，如果为长方形，长宽比不应大于 3∶2；池底平整，向排水口略倾斜，比降 0.2%，建议在池中心建排水设施；养殖池进水通常采用管道或渠从池坝上进水，紧贴池壁修导流槽，以免冲刷堤坝；养殖池进水口处设两道闸槽，一个用于设滤水网，另一个设挡水板；池坝上部从池坝顶部向下 40~50 cm 处，设排水管或排水口，同样设置两道闸槽，一个用于设滤水网，另一个设挡水板，以备暴雨时自动排出表层淡水。为了养殖池的安全，预防暴雨、洪水淹没造成种虾死亡或向天然水域扩散，养殖池堤坝应高于场区地平面 1 m 以上。

4.1.2.3 水泵

种虾养殖场位置较高，日常取水以及循环用水均依靠多种类型的水泵提水，通常根据用水方式、用水量及扬程选择水泵形式。例如，池内水循环流动可采取气升泵，场内水流动可选用轴流泵，水源提水为了缩短纳水的时间，尽可能在较短的时间内多纳入水质较好的水，适当使用功率较大、流量大、扬程高的混流泵型水泵，可选择日提水量达到养殖池总蓄水量 10%~20% 的水泵。

4.1.2.4 过滤设备

养殖用水需要经过网滤或沙滤的经济、可行的方式对水源水进行过滤处理。从操作的可行性要求而言，一般可采用两次过滤，第一次为粗滤，使用 40 目（350~500 μm）以下网具，阻挡水生动物及大的固体碎片。第二次过滤以生物安全要求为目标，采用 150~250 μm 网目规格的网滤乃至沙滤，一般能隔绝病原携带者，阻挡或过滤水内的悬浮物及一般生物。但是对游离的病毒性病原粒子，只能部分排除。在水源比较混浊、悬浮物较多、浮游生物丰富的情况下，取水过滤不但可以使水质清洁，清除绝大多数病原，而且清洁的水有利于水消毒处理。

4.1.2.5　消毒处理设备

杀灭病原微生物是消毒的主要目的。因此，消毒是预防疾病管理的重要内容，也是生物安全程序之一。员工的卫生措施可以应用消毒手段去除病原，可以减少对虾发病率。单纯的消灭病原的手段很多，需要针对不同的对象，从安全、经济及操作的可行性方面考虑，可以采取不同的方式。应用在对虾种虾培育等生产环节上的策略，大体上可分为几类，分别为：养殖用水消毒；大型养殖器材，如水槽、养殖池、水渠、管道等消毒；运输工具，如车辆、盛虾水槽等消毒；养殖操作工具、器皿消毒；饵料消毒等。消毒手段包括使用含氯消毒剂、碘伏、福尔马林、石灰（氧化钙、氢氧化钙）、臭氧、过氧化氢等化学剂；紫外线照射、加热、干燥、灼烧等物理手段。

4.1.2.6　蓄水池

建蓄水池的目的是为了存储养殖用水，并兼有沉淀、净化、降低病原微生物数量，改善水质的物理、化学、生物因子参数的功能，使水质达到对虾需要的养殖池用水标准。当水源水质经常发生变化，如水源水质较差，水源水供应较为困难，需要调配盐度，或采用循环用水，蓄水池更是必需设施。通常蓄水池水容量为总养殖水体的 1/5~1/3。为处理水方便，3~5 个养殖池可配备一个蓄水池。

蓄水池必须有排水闸，保证能完全排干，以利每年清污消毒。蓄水池应设渠道或管道与养殖池相通，用水泵向养殖池供水，水泵的功能应与渠道或管道配套。外源水应过滤、消毒后进入蓄水池。

4.1.2.7　沉淀池

采用零交换系统或有限水交换系统用水，养殖过程中因暴雨造成的养殖池溢水、排出的淤泥污水、养殖后排出的废水等，应集中于沉淀池，经沉淀处理、净化处理后，进入蓄水池。如果采用循环用水方式，养殖池的水排出后，也应先进入沉淀处理池，颗粒物沉淀后，再进入生物处理池、蓄水池。

4.1.2.8　生物处理池

生物处理池主要处理沉淀池沉淀后的污水。水池内培养浮游植物、有益细菌等，净化改良水质，达到养殖用水要求。

4.1.2.9　增氧设备及必备的分析仪器

养殖系统的充气、增氧能力是安全养殖的最主要限制要素，依赖机械增氧以及维持需氧的异养细菌的生态功能是有限水交换系统或零交换水系统的重要特征。Boyd（1998）认为在一个精细养殖系统内，最适宜的充气能力，负荷 500 kg 对虾生物量，至少应该使用 1 个千瓦功率的充气机械。

增氧机可选用水车式增氧机和射流式增氧机相搭配，使池内水体缓慢上下、水平循环对流。通常按每千瓦负荷666.7~1 333.4 m² 养殖池配置，增氧机应正确安装使用，注意用电安全。如果放养对虾密度较大，为预防增氧机械伤虾，也可采用充气方式充氧。每个养殖场必须设置备用发电机，保证全天候不断电。

应备有环境因子检测分析室，必须配置的仪器及设备有：生物显微镜、盐度计（或比重计）、水温计、溶解氧测定仪器、酸度计、透明度盘。有条件的养殖场还可设置氨氮、总碱度、生化耗氧量等检测仪器、微生物培养设备、病原检测的染色液、试剂盒等。

4.1.2.10 设置预防病原宿主进入养殖池的隔离屏障

独立的种虾养殖场应设立物理隔离设施，预防人及其他动物、运输工具等可能携带病原的材料，随意进入养殖地区。在滩涂蟹类比较多的地区，为防止携带白斑综合征病毒的蟹类进入养殖池，传染病毒，可在每个养殖池堤上，围置高30~40 cm的光滑塑料膜或薄板，作为防蟹隔离墙。

4.1.3 养殖水系统

零交换水系统或有限水交换系统，实际上是一种封闭式的水循环系统。其特点是放苗前，向养殖池注满清洁的基本上没有病原的养殖用水后，或养殖池注满水经消毒清野处理以后，在放苗后的养殖过程中不再进行大水量换水，仅补充蒸发、渗漏、排除沉积物损失的池水。该用水系统降低了病原传播概率，只要彻底消除第一次进水的水源病原，建立适宜的物理隔离设施，即可最大限度地杜绝病原进入系统，因此可以满足生物安全操作的需要。

零交换水系统或有限水交换系统，养殖用水一般的流程为：水源→过滤→消毒（化学剂如氯化物或臭氧、紫外线等）→蓄水池→养殖池→积污池→废水处理池→综合养殖池→蓄水池（或排入海域）。养殖期保持水位，只添加蒸发、渗漏、排除沉积物损失的池水。应用循环用水，调控、改良、保持养殖水环境。主要的水质调控措施为使用增氧机、水质改良剂、有益微生物、调控单细胞藻类等措施，保持良好稳定的水质。必须换水时，使用蓄水池水，少量添加、少量排放，每日换水量不超过养殖池水量的5%。根据养殖使用水源的水质特性，可做物理、化学等不同方式处理后，确认无病原，符合养殖水质要求后，才容许进入养殖系统。一种经济简单的循环用水模式流程为：水源→过滤→消毒→蓄水池→养殖池→集污沉淀池→生物净化→养殖池。在盐度较低的海区可利用冬季病原微生物比较少的季节储蓄海水，在蓄水池长期沉淀蓄水净化。在地表淡水丰富的地区，可利用淡水调节养殖用水盐度，如图4-1所示。

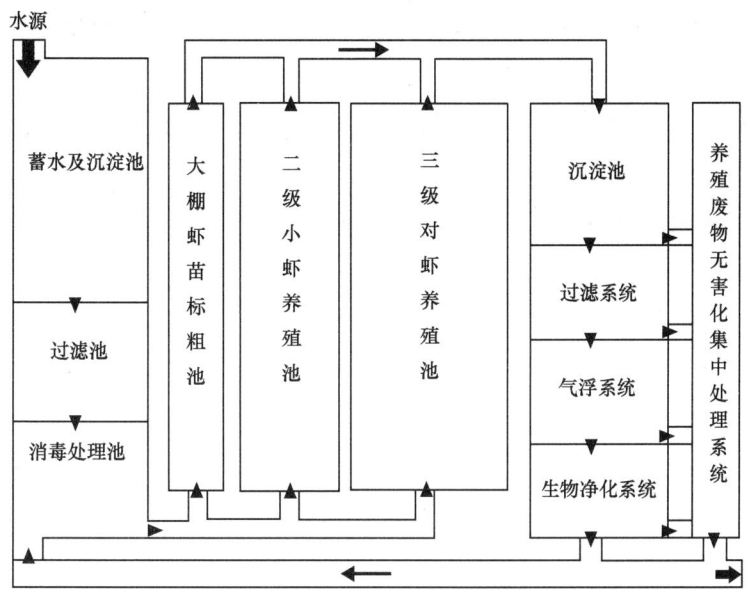

图4-1 水系统示意（曹煜成等，2006）

4.1.4 养殖放苗前的准备工作

4.1.4.1 清污整池

对虾全部收获之后，有塑胶衬底的养殖池清污比较简单，一般使用高压水枪清除衬底上的淤泥、附着的藻类等生物。一般的土池，应将养殖池及蓄水池、沟渠等积水排净，封闸晒池，维修堤坝、闸门，并清除池底的污物杂物，特别要清除丝状藻。沉积物较厚的地方，清除后应翻耕曝晒或反复冲洗，促进有机物分解排出池外。翻耕池底需要达20 cm深，如此才可能使曝晒干燥池底达到10 cm以上。清污整池也需要包括清除不利于对虾的敌害生物、致病生物及携带病原的中间宿主等，尤其注意对白虾、穴居甲壳类，如蟹类、美人虾的杀灭工作。该程序至少应该在养殖进水前10～15 d完成。

4.1.4.2 消毒除害

对养殖池、蓄水池及所有沟渠进行消毒，清除病原细菌、病毒及其他有害微生物。消毒药物可选用含氯消毒剂、含碘消毒剂、氧化剂等，药物严格按使用说明应用。严禁使用易引起人畜中毒的药品。消毒方法通常采用水溶液消毒，可将池内注水10～20 cm，药物溶入水后，搅拌均匀，并将药物泼到药水溶液浸泡不到的堤坝等地方。经常使用的药物有以下几种。

（1）生石灰。用量为 1～2 kg/m³，均匀撒入池中，可杀灭鱼、虾及微生物。如果池底为酸性土壤，可酌情加大生石灰使用量。

(2) 漂白粉。加入含有效氯 25% ~32% 的漂白粉 50~70 g/m³，可杀灭原生动物、病毒、细菌等病原生物，主要作为消毒药物使用。

4.1.4.3　纳水及繁殖基础浮游单细胞藻类、有益细菌群落及微型饵料生物

根据水源及水处理条件决定蓄水时间，水源比较清洁时虾池进水前几天进行蓄水即可，但是如果水源水质复杂，则需要向蓄水池早进水。对虾养殖池水源经粗滤，再经沙滤或 150~250 μm 的网目筛网过滤。养殖池消毒结束 1~2 d 后，消毒药物失效，可开始纳水，繁殖微型生物饵料、微藻及有益细菌，主要措施是施用肥料、有益细菌制剂；繁殖优良单细胞藻类及有益细菌、小型底栖生物，塑胶衬底以及新建的养殖池可施有机肥，如发酵鸡粪、厩肥，每 666.7 m² 施肥 15~20 kg（干质量）。水色开始变浓，添加水至 1.5 m。使用过的土虾池可施用化肥，氮磷比为 5∶1，多次施用，首次加氮肥量为 2~4 g/m³，以后每 2~3 d 施一次，用量是首次的 1/2。可施有利于单细胞藻繁殖的微量元素肥料、复合化肥等。放苗前池水透明度应达到 40~50 cm。浮游植物繁殖后，如果水色又变清，应查明原因，重新肥水。肥水期间可加入有益细菌，每 666.7 m² 的适宜用量依据菌种、菌液中的含菌量而定，如使用光合细菌，活菌量如果不低于 8 亿/mL，则每 666.7 m² 至少施用 10 L，主要撒播在池底，以后定期每 20 d 施用 1 次。施用其他有益细菌，按产品的生产单位规定方法使用。肥水期间，每天可在中午开动增氧机 1~2 h。

纳水及繁殖基础浮游单细胞藻类、有益细菌群落及微型饵料生物，水温 20℃ 以下，至少需 20~30 d；在水温 20℃ 以上时，通常 10 d 左右，水色及透明度达到放苗要求，即可放苗。但是适当增加繁殖基础饵料的时间，对增加池内基础浮游单细胞藻类、有益细菌群落及微型饵料生物数量有重要作用。

4.1.5　虾苗的选择和放苗

4.1.5.1　虾苗选择

使用无特定病原（SPF）或高健康虾苗，购苗前，应对苗源进行病毒等重要病原检疫，重点检测对虾白斑综合征病毒，使用 PCR 技术检测病毒。选择检测无特定病原的健康虾苗。

肉眼观察，健康虾苗应有以下特征。

（1）体长要求。对虾虾苗体长应达到 1.3~1.5 cm 及以上。

（2）外形。群体发育整齐，体形肥壮，身体呈半透明状态，形态完整，无断肢损伤与畸形，体表光滑，无外部寄生物及附着污物，尾扇显著分开。

（3）活动状态。活动强壮有力，对外界刺激反应灵敏，触动有弹跳反应，如不活动时，轻轻触动则有快速反应。虾苗游动活泼，游泳时身体平直；对水流刺激，逆

流能力强。

（4）外观身体内部状态。腹节肌肉饱满透明，外观清亮；肝胰腺饱满；全身色素细胞成褐、黑色星状分布；附肢色素细胞深棕色、褐色；胃肠充满食物，肠道直。

例如，观察虾苗身体瘦弱、无游泳顶流能力、肝脏和消化道白浊、肠道弯曲或过粗、体表有附着物、寄生物、体色发红、白浊者，均属不健康虾苗。

4.1.5.2 虾苗计数

虾苗计数可采用无水称重法或带水称重法，也可采用干容量法计数，具体如下。

（1）无水称重法：用60目筛网做一个直径20 cm的网盘，用网盘捞取虾苗，待不滴水时称质量，去掉网盘湿质量，算出纯质量，计量每克尾数后按质量求得总虾苗数。每次称苗不要太多，以免虾苗相互挤压伤苗。注意操作敏捷。

（2）带水称重法：先取少量虾苗，用药物天平称取净质量，计算单位质量尾数。用10 L塑料桶，加6~7 L水，称质量。然后用捞网捞入虾苗，倒入虾苗时，捞网应以不滴水为准。称塑料桶总质量，计算纯苗质量。注意称量对虾苗的密度不可太大，时间不可拖得太长，预防对虾虾苗缺氧死亡。称量的虾苗量，每桶次数不得超过500 g。

（3）干容量法：用一个底部为筛网或具多孔的小杯，捞取一杯虾苗，计量杯内虾苗数。然后以此杯为量具捞苗计数。

4.1.5.3 虾苗运输

尼龙袋运输：使用容量为10 L的尼龙袋，装水1/3，可运输体长为1 cm的虾苗1万~2万尾。充入氧气，在20℃左右的气温下，可经受10~15 h运输。

运苗应避开中午高温时间，避免阳光直晒。

4.1.6 养成池放苗

4.1.6.1 放苗条件

（1）养成池水深应达1 m以上，养殖池内的微藻以绿藻、硅藻、金黄藻类为主，水色为黄绿色、黄褐色、绿色。透明度在40 cm左右。

（2）虾池日最低水温应在22℃以上。

（3）养殖池盐度为32以下。池水盐度与虾苗培养池盐度差不应超过5。养殖池盐度与育苗池盐度（或中间培育池盐度）差大于5，应逐步调节育苗池或中间培育池盐度，使虾苗驯化适应。通常24 h内应逐渐过渡的盐度差不超过3~5。

（4）养殖池水pH值为7.8~8.6。

（5）大风、暴雨天不宜放苗。

4.1.6.2 放苗密度

室外池，通常每666.7 m² 放养体长1.3~1.5 cm的斑节对虾虾苗1万~2万尾。

4.1.6.3 放苗注意事项

(1) 放苗前必须先对养殖池水水质进行分析，确认符合养殖水质条件，方可放苗。

(2) 为了使虾苗购进后适应虾池的温度和酸碱度，可将装有虾苗的塑料袋浮放在养殖池水面。使袋内外温度达到平衡，打开塑料袋，向袋内缓慢加入池水直到袋内水外溢，使虾苗逐步散入池中。

(3) 放苗点应在池水较深的上风处。

(4) 每个养殖池应一次放足同一规格的虾苗。

(5) 为了观察放苗后的急性死亡情况，可在养殖池放网箱，放100尾虾苗观察24 h。网箱内可适量投饵。

网箱观察期内，应用显微镜观察对虾如下内容：对虾肠胃饱满情况，是否摄食投喂的饵料，如果不摄食，应分析原因；触角和附肢是否有黏附的污物，健康虾不应有黏液和污物；健康虾游泳足和尾节肌肉应是透明的，有少量色素斑，如果受到胁迫，尾节肌肉白浊；观察对虾体形是否畸形，蜕皮后是否正常；对虾在网箱内游泳是否正常；死亡情况，相互残食情况。24 h后成活率在85%以上为正常。如果低于70%以下，则应再观察24 h，直到死亡率相对稳定。如果死亡严重，需要分析原因，重新补充放苗。

4.1.7 养成期的日常检查

养虾技术人员应每日凌晨及傍晚巡池一次，仔细观察养殖池环境变化、水色、对虾活动、安全状况，并做好记录。检查的主要内容如下。

(1) 养成期应经常作病原生物检测，重点作白斑综合征病毒和弧菌检测。对虾白斑综合征病毒检测，通常使用核酸探针、PCR技术。如果发现对虾WSSV潜伏感染，最主要是保持水环境稳定，强化对虾营养；如果难以控制病情发展，应及时收虾。对养殖池水环境中的弧菌，应用弧菌选择性培养基——TCBS平板培养计数，作环境中的弧菌数量变动监测。养殖池水环境的弧菌数量控制在样品中含有的细菌群落总数在10^3 cfu/mL以下。

(2) 检查养虾池周围的隔离设施，预防蟹类、鼠类进入。

(3) 测量水温、溶解氧等水质要素。每日日出之前及16：00测量溶解氧、水温、pH值。每日测一次透明度，不定期测池水盐度变化，经常检测池内浮游生物种类及数量变化，检测氨氮等其他水质要素的变化。

表4-1中水环境指标适用于我国的对虾健康养殖。

表4-1 我国的对虾健康养殖水环境指标

环境参数	适宜指标	变化范围
溶解氧	5 mg/L 以上	短时间不得低于 4 mg/L
总碱度	80~120 mg	—
pH 值	7.8~8.6	日波动不得大于 0.5
氨	非离子态小于 0.1 mg/L	总氨氮不得大于 0.6 mg/L
透明度	20~30 cm	20~40 cm
盐度	10~30	2~35，日波动不大于 5

养殖池内溶解有机物量较多时，水受搅动，易发生泡沫，因此增氧机开动后，水面不形成大面积泡沫堆积，可作为水质良好的重要指标。

（4）观察对虾活动及分布。正常情况下，对虾在池底索食。如果对虾沿池边定向游动，则属于不正常情况，可能缺饵料或池底不适。少数虾在池表层水面无方向缓慢漫游，时沉时升，应捞出检查是否发生疾病。注意发现病虾及死虾，发现少量病虾、死虾及时捞出。检查病因、死因。

（5）每 5~10 d 测量一次对虾生长情况。可测量对虾体长，也可测量对虾体质量。对虾体长是指从对虾眼柄基部到尾节末端的长度，每次测量随机取样不得少于 50 尾。测量体质量可捞取不少于 50 尾的对虾，一次称总质量，再计算平均每尾质量。对虾生长速度，因对虾大小、种类、水温、饵料有较大差别，斑节对虾每旬体长生长应该在 1.2 cm 以上。可利用体长、体质量的相关关系考察对虾的肥满情况，表 4-2 可供参考。

表4-2 斑节对虾体长与体质量换算（吴琴瑟和叶妃轩，1992）（$W = 0.015\,6 L^{3.009\,67}$）

体长/cm	体质量/g	kg/万尾	尾/kg
1.0	0.015 6	0.156	6.41 万
1.5	0.052 9	0.539	1.89 万
2.0	0.125 6	1.256	0.796 万
2.5	0.245 9	2.459	0.407 万
3.0	0.425 7	4.257	0.239 万
3.5	0.677 0	6.770	0.147 7 万
4.0	1.011 9	10.119	988
4.5	1.442 4	14.424	693
5.0	1.980 6	19.810	505

续表

体长/cm	体质量/g	kg/万尾	尾/kg
5.5	2.638 6	26.386	379
6.0	3.428 5	34.285	292
6.5	4.362 4	43.624	229
7.0	5.452 4	54.524	183
7.5	6.710 7	67.107	149
8.0	8.149 4	81.494	122
8.5	9.780 7	97.807	102
9.0	11.616 6	116.166	86.0
9.5	13.669 4	136.694	73.0
10.0	15.951 2	159.512	62.0
10.5	18.474 3	184.743	54.0
11.0	21.250 7	212.507	47.0
11.5	24.292 7	242.927	41.0
12.0	27.612 4	276.124	36.0

（6）观察对虾摄食及饲料利用情况。

（7）定期估测池内对虾尾数。体长 3~6 cm 的小虾可使用已知面积的小抬网，在池内多次多处抬网捕虾，凭经验估测存池尾数；体长 6 cm 以上的对虾，可用旋网捕捞，抽样定量。在池内多点打网，按池内对虾分布抽样。根据捕到的虾数，利用如下公式，求全池虾数。

全池对虾尾数 = ［每网平均对虾数/旋网撒开面积（m²）］×虾池面积（m²）

（8）注意闸门、沟渠、池坝安全。增氧机运转是否正常，雷雨天注意用电安全。

4.1.8 养殖期的水环境管理

4.1.8.1 保持水位及换水

养殖前期，每日少量添加水 3~5 cm，直到水位达 2 m，保持水位。此期间如果盐度达 32 以上，盐度还继续升高，又无淡水可加，每日可少量排出池水，加入蓄水池的水。养殖中后期，根据透明度及藻相变化，如透明度过低（低于 20 cm），或透明度较大（大于 80 cm），有害的单细胞藻过量繁殖等，均需酌情换水，采取少换缓换的方式，勿大排大灌。缓慢进水加到池塘水上层，日换水量控制在 5~10 cm，排水后，加入蓄水池水之前，养殖池应先加入粒度为 80 目以上的沸石粉，每 666.7 m² 用量为 20 kg。

整个养殖期要保持水位在 2 m 以上，严防养殖池渗漏。如果有可用的淡水资源，可适量使用淡水,使养殖池保持适宜的低盐度,调节并维持养殖池在较低的盐度,对防病有重要作用。虽然对虾可以在较大幅度变化的盐度水域内生长,但在盐度为15～25的条件下,有益的单细胞藻,如绿藻、硅藻等为主的藻类容易繁殖和控制,藻相稳定,对稳定水环境有重要作用。

4.1.8.2 使用增氧机

零交换水系统或有限水交换系统必须使用增氧机械。增氧机的功能不单是为了增加水体的溶解氧,而且由于水的流动和生物絮团的悬浮,也有利于池内有机碎屑、粪便、藻渣、残饵的集中。综合考虑经济适用,建议在用电方便的地区使用水车式增氧机或叶轮式增氧机,这两种增氧机还与射流式增氧机混合使用,发挥其各自的优势。无电的地区,可使用柴油机带动的长臂水车式增氧机。增氧机的开机时间可根据溶解氧需要和池内对虾密度决定,但在正常情况下,放苗以后的30 d 内,每天开机两次,在中午及黎明前开机 1～2 h;养殖30～60 d 后可根据需要延长开机时间。养殖90 d 后,由于水体自身污染加大,对虾总质量增加,需要全天开机。此外,在阴天、下雨条件下均应增加开机时间和次数,使水中的溶氧量始终维持在 5 mg/L 以上。增氧机放置数量及放置增氧机的位置应依据池形、面积决定。通常每池设 4 台,设置在池的四角。设置点离开池坝 3～5 m,相互成一定角度,有利于形成同方向水流,集中残饵、污物。

对虾投饲时应减少开机台数,或停机 0.5～1.0 h,以利对虾摄食。

4.1.8.3 维持稳定的单细胞藻相

在养殖全过程中,培养以单细胞藻为主的水色和保持适宜的透明度是非常重要的管理内容。这是因为浮游植物在养殖池内可起到调控重要生态因子的作用。应控制单细胞藻过度繁殖,预防"倒藻"。要求以绿藻、硅藻、金黄藻等微藻为优势的藻相形成的绿色、黄绿色或褐绿色。养殖前期,透明度控制在 30～40 cm,养殖中、后期,透明度控制在 20～30 cm。预防透明度急剧变化的主要措施如下:①控制丝状藻大量繁殖,养殖前期,经常少量地补充单细胞藻繁殖必需的营养盐,适量施肥,或搅动池底,促进微藻快速繁殖。保持水深在 1.5 m 以上,降低池底光照强度,是维持藻相稳定的重要措施。②养殖后期,如果微藻繁殖过度,可能引发微藻大量死亡,需要适量增大水的循环流动量。增加益生菌,加大细菌分解池内有机物力度。低盐度养殖池易培养有益的单细胞藻,但也易引发轮虫暴发性繁殖,造成单细胞藻大幅度波动,所以需经常检查浮游生物情况。水色变红、变黑、白浊等,通常是有害藻类或有害原生动物、有害微生物大量繁殖所致。需要针对性地用药物杀灭。③连阴天、暴雨降水,均极易造成藻类下沉,应加强水的搅动(开启增氧机)。藻相不良时,或透明度过大,可及时向养殖池引入其他藻相较好的养殖池的藻液,施肥,调节营养盐的使用方法。经常使用含有芽孢杆菌等有益细菌的制剂，有助于良好藻相的维持。

4.1.8.4 使用水质保护剂

使用水质保护剂，目的是改善溶解氧，稳定藻相的波动，减少pH值的波动，降低氨氮，降低有机物及其分解产生的有害物质，降低异养菌数量。

每半月加沸石粉或以沸石粉、过氧化钙为主要成分的水质保护剂。沸石粉的使用量，在正常情况下，每 15~20 d，每 666.7 m^2 加 20~30 kg，或按产品销售使用说明使用。也可使用麦饭石粉，使用量同沸石粉。

适当使用石灰石粉（$CaCO_3$）或白云石粉[$CaMg(CO_3)_2$]，可以维持养殖池水总碱度，预防pH值的大幅度波动。施用方法：在养殖过程中，每半月施用一次，每 666.7 m^2 用量为 10~20 kg，或每 2~3 d 用一次（每 666.7 m^2 用量为 1~2 kg），石灰石粉或白云石粉的粒度应在80目以上，要求池水总碱度达 120 mg/L。目前，市售的水质保护剂类型很多，可以酌情使用。

4.1.8.5 应用生物絮团技术原理，调控有机碳和可溶态氮数量比例，控制养殖池异养菌数量，改善水质

1999年，以色列的 Avnimelech（1999）系统提出了养殖水体内的 C/N 比例对养殖系统水质调控作用的反应机制和理论依据，开了将该技术应用于实际生产的先河。美国的 James M. Ebeling 等人近几年对水产养殖池水清除氨氮等有害物质的3个主要机制（藻类、自养微生物、异养微生物）进行的化学计量分析，为生物絮团的管理奠定了理论基础。

依据第3章3.3.3中阐述的异养细菌在养殖池内的生态作用原理，Avnimelech（1999）提出可利用增加池内碳水化合物的数量，提高池内总有机碳和总溶解态氮的比值，调控养殖池水质的实用技术。经大量的研究及生产性试验，证明可行，效果很好。

1）生物絮团系统的特性

由于该系统的生物耗氧量（BOD）保持较高的稳定性，因此，系统需要消耗较多的氧气，系统必须有充足、可靠的充气或增氧设施。充气有4个作用：满足高生物量生物呼吸需氧的要求；使生物絮团悬浮；搅动水流不形成死角；使二氧化碳挥发。一般情况下，每公斤饵料需要消耗 1.0~1.2 kg 的氧量，因此，当生物耗氧量负荷超过 4 km/m^2 时，必须补充氧气。系统内细菌的生物量生产率很高，有机氮氨化以及无机氮同化作用，致使细菌生物量生产率高，细菌每克 NH_4-N 的总可挥发生物量（VSS）可以达到 8.1 g。过多的总悬浮固体物，往往使水质不稳，耗氧量增加，二氧化碳产量高，通常使水的pH值偏低。由于异养菌每 20 min 至 2 h 内，生物量可增加1倍，营养的变动使水质快速反应，所以水质参数呈波动性。注意生物絮团老化（活性淤泥），往往会产生大量的原生动物，原生动物大量摄食异养菌，降低该类菌的数

量，也降低了异养菌的功能，而原生动物反而要产生氨氮、二氧化碳，消耗氧气。絮团老化增加淤泥的积累量。

2）C/N值的含义

C/N值是指水体内，总有机碳和总溶解氮的数量之比值。总有机碳（TOC）是溶解态的有机碳（DOC）加上颗粒状态的有机碳（POC）之和。总溶解氮（TDN）是溶解的有机氮，包括少量的尿素加上溶解的无机氮［总氨氮（TAN）、硝酸态、亚硝态（NO_x）氮］。总有机碳是指能够被异养微生物利用作为能源的碳源有机物，该有机物应该具有含碳比例高、易分解的特性。溶解态的总氮，实际上意味着该部分氮最终可转化为无机氮——氨氮的数量。因此，养殖水体内的C/N值，反映了养殖水体环境内依靠何种机制为主要功能清除养殖产生的总氨氮。例如，当C/N值很小，主要依赖自养微生物、藻类，消耗较多的总碱度，清除无机氮；当C/N值为8~10，通常是人工饵料提供适当数量的有机碳，主要依赖自养微生物和异养微生物共同作用，清除无机氮；当应用大量的碳水化合物，使C/N值达到15以上，则可以基本上依赖异养微生物清除无机氮。

3）C/N值对异养菌利用氮的效率的影响

当养殖系统的C/N值小于10，反映养殖系统异养菌主要利用有机氮源，氮的氨化作用导致氨氮的增加。只有当C/N值大于10以上时，养殖系统有机氮和无机氮均可利用，氨可以被净消耗。事实上真实的养殖系统，没有一个是纯粹的自养微生物系统。养殖系统的微生物构成取决于许多因素，包括光强、输入饵料的C/N值、淤泥移出的速率、硝化菌定居的固着表面积、重碳酸盐表示的总碱度等。这些因子中的任何一个被控制，就可影响微生物的优势群落。

如何促进生物絮团的发育？主要是3个方面：减少养殖池水体交换直至零交换；强有力的充气；使用C/N值高的饵料。

4）使用C/N值高的饵料的策略（Avnimelech，1999）

① 减少饲料的蛋白质含量，增加碳水化合物的含量，可以提高C/N值。通常商品鱼虾人工配合饲料的蛋白质含量为35%，C/N值为8.9；蛋白质含量为30%，C/N值为10.4；蛋白质含量为25%，C/N值为12.5。② 使用标准成分的配合饲料，补充碳水化合物来源。例如，添加糖、糖蜜、富含淀粉的谷物粉（玉米粉、木薯粉、小麦粉等）。

通常，生物絮团系统使用的饲料中蛋白质含量为25%~40%，低于常规系统的饲料蛋白质含量。低蛋白、高碳水化合物的饲料有利于维持生物絮团。实验表明凡纳滨对虾养殖的生物絮团系统，可以使蛋白质的利用率提高两倍（Avnimelech，1999）。低蛋白的生物絮团饲料需要强化高水平的维生素和矿物质。

Ebeling et al（2006）提出，养殖池的有机碳和可溶态氮数量比例数值，可以控制在 12~14，根据对虾配合饲料的蛋白质含量，决定池内补充的碳水化合物的使用量，如果饲料粗蛋白质量为 35%~40%，则需要补充的碳水化合物是饲料使用量的 49%~60%。补充的碳水化合物，可使用制糖的甘蔗渣、谷物粉、薯粉等。池内有效微生物繁殖，在消耗氨氮的同时，也大量消耗水内总碱度、溶解氧，应注意保持溶解氧含量及使用白云石粉。

4.1.8.6 使用有益细菌制剂

有益细菌在对虾养殖上的应用，是控制水质的重要技术手段。当前在我国经常使用的作为环境保护剂的有益的微生物制剂，包括利用光能的光合细菌、以硝化细菌为代表的自养菌，另一类是有益的化能异养细菌。产品包括单一菌种产品和少数几种混合的产品以及十多种品种混合的产品。

光合细菌：目前在养殖生产上应用较多的是红螺菌科的菌种，该类细菌能利用光合色素，在厌氧、光照条件下进行光合作用，但是不产生氧，有别于微藻的光合作用。基本上利用小分子有机物作供氢体，也能利用硫化氢作供氢体。光合细菌在池塘底部，能很好地利用池水及底泥中的氨氮、硫化氢、有机酸等，因此可以迅速净化水质。但是该类菌基本上不能很好地利用大分子有机物，如蛋白质、淀粉等。虾池使用的光合细菌，应该使用培养基的盐度和养殖池盐度接近的光合细菌，活菌量不低于 10 亿~15 亿/mL，每 667 m^2 至少施用 10 L。主要撒播在池底，以后定期每 20 d 施用一次。

化能自养细菌和异养细菌：在环境保护、水质净化、环境修复方面应用比较多。可用于对虾养殖的市场上常见的菌种有芽孢杆菌属（*Bacillus*）、硝化杆菌属（*Nitrobacter*）、亚硝化单胞菌属（*Nitrosomonas*）等。这些细菌为好氧性细菌，能分解蛋白质、糖类、脂肪等大分子有机物、酚类、有机酸等，分解为小分子，进一步矿化成无机盐，将有毒的氨态氮转化为硝酸盐并能利用氨态氮。如果这些细菌大量繁殖，成为优势群落，占领生态位，还可以进而抑制病原微生物的滋长。

有益细菌制品使用方法应按生产厂家规定的使用方法使用。例如，以枯草芽孢杆菌（*Bacillus subtilis*）为主要菌种的一种环境改良剂——利生素，产品（干）含菌量达 20 亿个/g，对虾池投放虾苗后 3~5 d 开始使用。李卓佳于 2001 年的研究表明，养虾池每立方水体首次施用 1.5 g，以后每 15~20 d，再施用一次，用量减半，效果较好。需要注意的是，使用活菌制剂，不能同时使用消毒药品、抗菌药品。

4.1.8.7 病原的检测及控制

病原检测及控制是达到健康养殖目的的重要手段，要在养殖全过程各个环节控制病原数量。

1）养成期的日常检查及检测

对虾养成期，必须经常检测对虾、饵料、水环境生物中的 WSSV 及其他经常发生的病原菌，如弧菌等。养殖前期主要检测虾苗及池内饵料生物的 WSSV，养殖中后期应注意对虾的 WSSV 感染率，如果确实难以控制，可提前出池，减少生产损失。养殖中后期，如果检测发现细菌病及其他非病毒性病，应及时治疗，以预防对虾发生多种病原合并感染。病毒性病原检测可以使用 T-E 染色法、H-E 染色法、核酸探针法、PCR 法等各种检测技术。灵敏、准确的核酸探针检测试剂盒及 PCR 等检测技术已在生产上得到推广应用。细菌等其他微生物病原生物的检测，可按相关的指导手册进行。经常检查池内致病性弧菌数量变化及病毒病原，对安全生产有重要指导作用。

2）适当使用消毒剂及有针对性使用抑制病毒、细菌、纤毛虫等病原微生物的药物，控制水环境中的病原体数量，并预防对虾多种病原合并感染

对虾体长达 5~6 cm 以后，特别是水温较高的 7—8 月份，如果发现病毒、细菌、纤毛虫等病原微生物，为预防水环境中的病原微生物数量扩增，可以使用漂白粉（0.5~1.0 mg/L），或二氧化氯及其他含氯消毒剂杀灭病原微生物，如果对原有微生物群落造成不良影响，需重新繁殖有效微生物群落。药物须按生产单位提供的使用说明使用。可适量使用药饵，建议使用抗菌抗病毒的中草药，如大蒜素等为主要药物成分的药饵。

4.1.8.8 暴雨后的处理措施

暴雨后由于淡、海水分层，易产生养虾池藻类下沉死亡，并因此而产生其他问题，如缺氧、氨氮增高、总碱度下降等，因此暴雨前后均应采取措施，暴雨前要做好表层排淡水准备，下雨前应使池水达到排水闸的排淡水挡板下沿，提起挡水板，在下雨过程中使池内雨水自流外泄。雨停后，及时使用沸石粉或麦饭石粉，开动增氧机。如果雨量一般，可在降雨时开动增氧机，预防水分层和盐度剧烈波动。

4.1.8.9 养殖池溶解氧的管理

养殖池的溶解氧管理并维持水环境高溶氧量达 5 mg/L，是维持养殖池内生态平衡、健康生态功能的首要条件，也是对虾养殖预防疾病的最重要手段，所以需要单独对溶解氧作比较详细的讨论。在对虾养殖中对水质参数的要求，不仅是维持对虾的生命，而且要使对虾处于最适宜的生存条件。通常情况下，水中的溶解氧水平可以决定水环境质量。因为溶解氧水平的波动是具体反映水生生物代谢活动的最主要的指标。氧气影响着对虾的生理功能，如溶解氧处于 1.5~3.5 mg/L 状态下，对虾一般不会死亡，但是如果长期在这种条件下，对虾则生长缓慢、饵料系数增加、血细胞数下降。氧气影响着环境中许多物质的化学状态，当水中氧气含量较低时，许多物质从氧化状态到还原状态，如在有机物多的环境中，抑制好氧菌的繁殖，极易产生厌氧微生物，从而产生对对虾有很大毒性的非离子状态的氨和硫化氢。

影响水溶解氧量的因素有很多。① 水温增高，溶解氧下降。② 盐度增高，溶解

氧下降。因此，同样情况下淡水的溶氧量高。③ 水中的绿色植物，包括微藻是溶解氧的主要来源，如果水不搅动，往往可以使表层水溶解氧达过饱和状态，最高时可达到 20 mg/L，但是底层水，由于缺少光照，溶解氧极低，甚至为零。正确使用增氧机可以很好地利用这些过饱和氧，但是如果不会管理，则使这些宝贵的氧气白白逸散。④ 养殖池塘内溶解氧主要来源于浮游生物的光合作用，但是仅依赖藻类的光合作用有很大的局限性，首先是藻类过度繁殖反过来抑制光照强度，影响了溶解氧的释放量。另外气象条件，如连续的阴雨天可造成溶解氧快速下降。因此使用机械增氧，是最主要的增加溶解氧措施。增氧机可以使养殖池持久保持高溶氧状态，不受气候影响，不受阳光影响，不受池底、池表位置影响。⑤ 恰当安置增氧机，增氧机虽然主要功能是为了充氧，但是另一个功能是使池内水水平、垂直循环流动。养殖池水体的上下对流对溶解氧的利用十分有利。养殖池塘溶解氧的主要消耗者是底泥、细菌以及浮游生物，约占溶解氧总量的 70% 以上，实际上养殖主体对虾消耗的溶解氧量有限。在一个静水养殖池，水深达 1.5~2.0 m，如果透明度为 30~40 cm，即使在晴天，池底部的微藻也难以发生光合作用产生氧气，如果池底有机物较多，即使池表层水的溶解氧达到饱和，但是接近池底几厘米的水层的溶解氧往往是零。在这种状态下不但水体自净过程受阻，而且对对虾蜕皮时暂短在池底停留，也十分不利。因此，增加养殖池内水体垂直流动的技术措施，对于保持水质、维护对虾健康尤其重要。水体的垂直流动，可以使水体产生适宜的循环，有利于絮状物的悬浮，控制浮游生物密度。水体水平循环流动可以使沉积污物集中于排污口，按时排污。

4.1.9 保证对虾营养需求及投喂技术

整个养殖阶段，保证对虾的营养需求是健康养殖的关键性技术。应使用优质配合饲料，以及培养和利用好池内天然繁殖的生物饵料及其产物，如单细胞藻类、小型、微型底栖动物、生物絮团等。也可适量使用清洁的，经检测白斑综合征病毒为阴性的活蓝蛤、淡水枝角类及盐池活卤虫等。

4.1.9.1 使用优质配合饲料

配合饲料的质量标准，通常是依据营养成分分析。但是决定对虾生长速度的营养要素，有一些目前还未被人们所认识，因此，对于养殖者，首先要观察对虾摄食该饵料后的生长指标及对虾的健康程度，如旬生长速度、甲壳的硬度、旬蜕皮的次数、每一次蜕皮后的生长量等。比较简单实用的评价对虾饲料质量的方法是采用水泥池或玻璃钢水槽饲养观察对虾生长。使用过滤海水，养殖体长 4~6 cm 的对虾，水温维持在 27~28℃，盐度为 25~30，养殖 30 d。优质饵料的饲料系数不超过 1.5，斑节对虾旬生长速度应达到 1.2 cm 以上。对虾甲壳光滑手感较硬，能正常蜕壳，4~5 d 蜕皮一次，每次蜕皮的生长量较大。

1）斑节对虾配合饲料的常规主要营养成分应达到如下要求

虽然研究人员对斑节对虾在营养要求方面进行了很多研究，但是每个研究人员的结论有许多差异，对于斑节对虾的非常确切的营养物质需求及其相互作用，还有争议。特别是在生产性应用中，由于种质资源、生理状态、环境条件、试验饲料的原料质量、池内基础饵料种类和数量的差异、饲料使用技术等因素的干扰形成的误差，远远大于这些营养要素细微变化形成的差异。但是根据以往的研究及生产经验，仍然可以提出实用的配合饲料的主要营养要素的数量及其配料组成。这里认为下述的营养要素组成的配合饲料，可供生产应用。

斑节对虾饲料的能量值：每100 g饲料的总可代谢能量为1.386~1.680 kJ；蛋白质：每100 g饲料中应有35~40 g；粗脂肪：每100 g饲料中应有6.0~7.5 g；糖类：每100 g饲料中应有30~35 g；纤维素及矿物质：每100 g饲料中应有10~15 g；水分：每100 g饲料中应有10 g。

2）建议如下成分也达到指标

饲料的粗蛋白质中，10种必需氨基酸应该齐全，包括：蛋氨酸、精氨酸、苏氨酸、色氨酸、组氨酸、异亮氨酸、亮氨酸、赖氨酸、缬氨酸、苯丙氨酸。必需氨基酸总量应达到蛋白质含量的40%。饲料中6%~7.5%的粗脂肪内，对虾对脂类的要求取决于最基本的脂肪酸和磷脂的含量，其中有4种脂肪酸是对虾所必需的，它们是十八-碳二烯酸（18：2n-6）、十八碳三烯酸（18：3n-3）、二十碳五烯酸（20：5n-3）、二十二碳六烯酸（22：6n-3），一般在植物油中十八碳二烯酸和十八碳三烯酸的含量高，海洋动物油脂中二十碳五烯酸和二十二碳六烯酸的含量高。磷脂含量要求一般是2%，如果使用卵磷脂（磷脂酰胆碱），要求可降低至1%。对虾需要亚油酸（18：2n-6）2.16%、亚麻酸（18：3n-3）0.87%（王树森，1993），也应有2%鱼油，为的是使不饱和脂肪酸20：5n-3和22：6n-3分别达到0.4%，磷脂达1%。钙含量为1.5%，磷为1.7%~2.5%，铜为35 mg/kg，钴为10 mg/kg，硒为1.0 mg/kg，有效维生素C为0.05%~0.10%（如果使用LAPP形态的维生素C，应达0.4%；如果使用90%含量的包膜维生素C，应达到0.1%），维生素E为0.05%，肌醇为0.4%，氯化胆碱为0.4%~0.6%，胆固醇为0.3%。

3）配合饲料的物理性能

植物性原料需膨化后使用，或制粒后熟化。饲料粒径和对虾口径一致。饲料颗粒表面光滑，在水中2 h不破碎。

4.1.9.2 饲料原料的选择

对虾有饥不择食的习性，但是并非任何食物或饵料原料都适合对虾摄食。据试验观察，一般以水生动物作为饵料要比陆生动物好。尤其是水生无脊椎动物（如甲壳类、贝类等），一般均是对虾最优良的饵料。估计与这些生物的蛋白氨基酸组成、脂肪酸组成与对虾消化吸收生理的能力有关。同样对虾对于植物性饵料在利用程度上也有很大差别。根据对虾对多种饵料源消化率的观察（季文娟，2001）以及养殖实验观察，蛋白质源的原料以大豆粕、花生粕、鱼粉、虾糠、小麦面粉、麦麸、干的贝类等为好，脂肪源的原料以鱼油、大豆、花生等为好，糖类的原料以谷物淀粉为好。

1）饲料添加剂

选用饲料添加剂，首要考虑的是安全性。为了提高对虾的生长速度、抗病能力，人们往往在饲料中添加抗生素、激素等物质。但是目前人们已经认识到，滥用抗生素使人类的病原菌出现抗药菌株。抗生素破坏正常微生态菌群，微生态失调导致病原体的易感性。许多实验已经证明，益生菌作为饲料添加剂，不但能作为抗生素的替代品起到抑制病原菌的作用，预防疾病，而且可促进对虾生长，对虾摄食后没有药物残留问题。在对虾配合饲料中添加较多的有乳酸菌、芽孢杆菌、光合细菌等。在饲料中添加微生物及微生物产物可以提高饲料的利用率，并增强对虾的免疫功能。例如，饲料强添加 $\beta-1,3$ 葡聚糖、肽聚糖等多糖类物质，能明显改善对虾的免疫功能，促进对虾健康生长，应用方法可按照产品说明添加使用。

2）配合饲料的安全性

根据农业部《无公害食品 渔用配合饲料安全限量》（NY 5072—2002）标准的要求，对虾养殖必须按要求选购使用饲料。

饲料原料不得使用受潮、发霉、生虫、腐败变质及受到石油、农药、有害金属污染的原料；大豆原料应经过破坏抗营养因子的热处理等。饲料中的有害物质容许量及卫生指标，按照渔用饲料中有害物质及微生物的允许量：铅≤5.0 mg/kg，汞≤0.5 mg/kg，无机砷≤3 mg/kg，镉（虾类饲料）≤3 mg/kg（其他渔用饲料≤0.5 mg/kg），铬≤10 mg/kg，氟≤350 mg/kg，游离棉酚（温水性杂食鱼类和虾类饲料）≤300 mg/kg（冷水性鱼类和海水鱼类饲料≤150 mg/kg），氰化物≤50 mg/kg，多氯联苯≤0.3 mg/kg，异硫氰酸酯≤500 mg/kg，噁唑烷硫酮≤500 mg/kg，油脂酸价：渔用育苗配合饲料≤2 mg/g、渔用育成饲料≤6 mg/kg、鳗鲡养成饲料≤3 mg/kg，黄曲霉毒素 B_1 ≤0.01 mg/kg，六六六≤0.3 mg/g，滴滴涕≤0.2 mg/kg，沙门氏菌不得检出，霉菌每克样品中含有的细菌群落总数≤3×10^4 cfu/g 等。

不得过量添加微量元素和不按规定使用饲料药物添加剂。防止饲料在加工、生产、运输、储存过程中化学物质对饲料的污染；防止饲料霉变而降低饲料的营养价值和导致霉菌的代谢产物；防止病原微生物如病毒等微生物污染；提高生产和使用优质饲料的意识，杜绝生产和使用营养不均衡、配比不合理、利用效率低的饲料，减轻养殖水环境污染。

4.1.9.3 配合饲料的投喂方法及饲料量的控制

1）投喂次数及方法

斑节对虾放苗后的第一个月，通常日投喂次数可安排 2~4 次，分别为每日

06：00—07：00、10：00—11：00、15：00—16：00、20：00—21：00。以后随着对虾增长，投饲料量加大，可以增加投喂次数，每日投喂6次，从06：00—22：00，大约每3 h投喂一次，下午以后的投喂量约占全天投喂量的60%。养殖初期，对虾活动范围小，应全池投喂。随着对虾的生长，可选择虾经常聚集处、无污物区投喂。同时投饲应力求均匀，以利于对虾摄食。使用配合饲料，须注意其生产日期，配合饲料从出厂至投喂，存储期不应超过3个月。

2）投喂数量

对虾生长需要由物质和能量作保证。能量来源就是摄食饵料。但是饵料又是水环境最重要的污染源。因此，科学地使用饲料，就成为养殖健康管理中的重要内容。人们研究投饵量和对虾生长的关系的实验表明，每一种饵料对虾摄食后有一个最大的增长量。当饵料量不足，或者说投饵量少于对虾的最大摄食量时，对虾的增长量，是随着饵料量的增加而增加。超过对虾摄食的数量的投喂量，只能起污染水质的作用。在对虾的摄食量范围内投饵，通常投喂量在摄食量50%以内时，对虾的生长和投饵量密切相关，但是投喂量超过摄食量50%以上时，对虾的生长量除了与饵料量有关外，还与环境有很大关系。因此，在养殖过程中，发现对虾生长缓慢时，首先应考虑水环境因素，千万不要盲目增加投喂量。

每一种饲料生产厂家均列出了按对虾体质量计算出的投喂量，可供参考。影响对虾每日摄取食量的因素十分复杂，投喂量最重要的参数是池内对虾的存池量。可以用打网及经验估计池内对虾的存池量。

一般较好的配合饲料，可以按照饲料系数1.5，设计整个养殖期饲料总需求量。如果使用优质饲料，掌握投饵技术，池内基础天然饵料利用较好，饲料系数可降至1.2~1.3。

一般根据下列因素确定投喂量。首先应准确估测池中对虾的尾数，除前述的估测方法外，尚可根据经验推算成活率。根据估测的对虾尾数及平均体质量、体长，参考对虾投饲量表，计算出理论投饲数量，再根据对虾前一天摄食情况、天气状况，估计使用量。

投饲后，根据对虾摄食情况，调节投饲量。如果投饲后很快被吃光，就应增加投饲量。反之，如果在下次投饲之前池内仍有较多余料，就应减少或暂停投饲。

根据对虾生长情况控制饲料质量及数量。斑节对虾每日体长生长速度应达1.0~1.2 mm。如果达不到上述速度，而水质又无问题，则可能是饲料质量问题。对虾群体内个体体长大小相差较大，大小分化可能是长期投饲量不足。

当水温超过32℃以上，溶解氧低于3 mg/L，氨氮含量超过1.0 mg/L以及水温低于22℃时，斑节对虾摄食大幅度下降，一般均达不到正常摄食量的50%，应相应减少投饲量直到停止投喂。

斑节对虾的投饲量的估计，可以使用饲料盘。饲料盘可用细筛网制作，以饲料不漏失为准。每个面积约 0.5 m²，方形或圆形，周边有高 5 cm 的框边。通常每 6 670 m² 放置 4~5 个。据饲料盘中饲料量摄食情况，估计全池投饲量是否合适。计算方法如下：饲料盘放置的饲料量根据对虾大小而变化，对虾体长 5 cm 以下可按本池每次总投饲量的 2% 放置饲料；对虾体长 6~8 cm，可按本池每次总投饲量的 2.5% 放置饲料；9~12 cm，可按本池每次总投饲量的 3.5% 放置饲料。检查时间为下次投饲料前 1.5~2.0 h。基本吃完表示投喂量合适。如果有剩余表示投饲量多；如果投饲后 0.5~1.0 h 全部吃光，表示不足。这个估计方法，经验很重要。

4.1.9.4 提高饲料利用率

如何用最少的饲料生产出数量最多、质量又好的对虾，如何提高饲料利用率？笔者认为有 3 个途径：养殖放苗量合理、饲料投喂量要合理、保持良好水质。

1）养殖放苗量要合理

单位水体养殖的对虾数量和产量密切相关，因此，人们总是希望多放苗。苗多以后必然要多投饲料，但是多投饲料首先遇到环境容量问题，从而影响环境因子，进而影响对虾对饲料摄食和吸收利用。总产量随着放苗量增加而增加，达到最高值后，即开始下降，出现放苗量的反馈，其机制是通过饲料分配量、水质恶化、发生疾病等起作用。理论上，对虾养殖池的环境容量是一个很复杂的变量。但是在当前的技术投入及经济水平条件下，对于每一种对虾来说，实际存在着一个期望值。对于我国目前养殖的斑节对虾种虾，目标是在合理的密度条件下，尽可能地增加生长速度，生产个体比较大的种虾。在同一个养殖池塘，由于天然饵料以及水环境的影响，饵料系数和放苗密度基本上呈线性关系，也就是放苗太多必然提高饲料系数。如果放苗太多，则难以保证对虾质量。

2）饲料投喂量要合理

虽然对虾最大限度地摄食，可以取得最大的生长量，但是对虾摄食后，最高的饵料效率出现在对虾摄食量为 80% 时。饱食后的饵料效率并非最佳。考虑到养殖池有许多天然饵料可以利用，因此，实际投饵量以对虾饱食量的 70%~80% 为佳。

3）保持良好水质

几乎所有的水质要素均对饲料利用率产生影响，所以保持环境要素达到对虾要求的最佳值，是提高饲料利用率最优措施。

4.1.9.5 利用鲜活蓝蛤及卤虫的注意事项

我国许多地区有蓝蛤及卤虫资源，经调查，它们虽然偶尔也有白斑综合征病毒阳性检出，但检出率甚低。有条件的地方适当地使用这些饵料生物作为对虾饲料，对提高养殖对虾的体质以及抗病能力有重要作用，但使用这些生物应注意其鲜度，不但投喂前应冲洗干净，而且应小心地剔除其中的蟹类、虾类等甲壳类生物，一定要使用活体。一般情况下，每日的投喂量不超过对虾当日摄食量的 1/3。卤虫也同样注意其新鲜度，并且经常抽样作白斑综合征病毒病原检测，检出阳性者不应使用。做到当天采捕当天投喂，不过量使用。

4.1.10　种虾养殖第一阶段结束，转入室内第二阶段养殖

根据我国气候特征，南方地区霜降以后冷空气活动频繁，斑节对虾的种虾养殖，室外最适养殖期可维持 6~7 个月，每年 12 月以后，应转入室内养殖期，再养殖 5~6 个月，体质量达 80~100 g 可作为亲体使用。室外养殖完成从仔虾发育至亚成虾阶段的发育，对虾体质量达到 40~60 g/尾。为预防气象突然变化，适时收获转移至室内，是种对虾养殖关键的一环。

一般采取扳罾网或拉网收虾的方法。选择质量合格的对虾，转移到室内继续养殖。选择对虾时，应戴手套，轻拿轻放。

4.1.11　养虾池排放水及养殖污物的处理

在对虾精细养殖系统中，对虾饲料中很大一部分营养物质变成废物随水排放而流入自然水域，引起环境富营养化等。经过养殖的富营养化废水以及养殖池清出的淤泥，如果不加以处理即排入海区，必然会造成海区局部污染，池底淤泥如果直接排入公共河道也会造成严重的污染。有些地方，在淡水区养殖凡纳滨对虾，还会发生将养虾盐水排入淡水水域的问题。因此，作为无公害养殖，有必要对对虾养殖的排水处理作出以下一些规定。

（1）不得将养殖对虾的咸水排入淡水水域。

（2）虾池排水应经过沉淀沙滤池再流进天然海域。沉淀沙滤池面积不得少于总养虾实用面积的 10%。

（3）病虾池的水应先用漂白粉 30~50 mg/L 消毒后再排入公共水域。

（4）养殖池的淤泥等污物放入集污池，不得排放到河道及海滩上。

（5）虾塘排放出的废水 BOD 不得超过 10 mg/L。

污水处理方法：虾场排出废水的营养物质和悬浮物，可使用物理、化学和生物的方法减少悬浮物，如通过沉淀池或经过较长的渠道自净去除。

使用常用消毒剂处理虾塘排出的废水，降低虾病暴发的风险，通常使用的漂白粉浓度一般是 25~30 mg/L。

生物处理技术是最好的污水处理办法，主要包括生态综合养殖，如虾场混养海藻、贝类、鱼类、海参等。海藻作为初级生产者，主要用于去除可溶性的氮、磷等营养物质，如江蓠由于其广泛适应性，使其成为我国南方一种十分适宜对虾混养的品

种。牡蛎、缢蛏、扇贝、蛤类等对于养虾废水的净化已为多次实验所证实，将来可用于在大规模的养虾场去除水中的藻类和悬浮物。遮目鱼、鲻鱼、罗非鱼3种草食性鱼类在循环用水系统被放养在蓄水池中，不但减少浮游植物的密度，而且对预防对虾白斑综合征有积极作用。

4.2　斑节对虾种虾养成的生物安全健康管理：由亚成虾养殖至成虾

本阶段的主要技术措施为：从第一阶段养殖群体中，按照雌雄性比1∶1.2，挑选健康、体形较大，个体体质量达到40 g以上的个体，进入第二阶段培养。由亚成虾养殖至成虾，直到雌性亲虾性腺开始快速发育前。养殖时间需要5~6个月。要求该培育阶段将亲虾体质量培育到80~100 g及以上。本阶段主要目标是进一步增加对虾体长和体质量，促进对虾卵巢发育所需物质的积累。为了保证适宜对虾生长所需要的水温、适宜的饲料，以及对虾能按正常生长速度生长，如果没有特定需要，雌性、雄性应分别培养。为预防WSSV等病毒性感染，本阶段应更严格地采取生物安全措施，在塑料大棚或其他形式的温室内养殖。尤其是雌性对虾培养，在营养上要求增加能促进卵巢发育的物质。养殖水系采用有限水交换系统或零交换、循环用水系统。水温控制在27~28℃。盐度为31~32。每日光照周期为自然节律，室内光照强度应达10 000~20 000 lx及以上。

虽然斑节对虾可以利用切割眼柄促进性腺成熟，但是如果对虾发育月龄不足，营养不足，体形大小不够，环境条件不能满足，即使使用切割眼柄手术，也不能达到预想的效果。因此，第二阶段中最为关键的管理措施是，满足对虾营养和养殖到足够的月龄。

为预防冬季气温下降对对虾生长发育的影响、WSSV感染，本阶段尽可能在室内养殖。在营养上，要求增加能促进卵巢发育的物质。养殖水系统采用循环用水。前期水温控制在26~27℃，后期水温控制在27~28℃，盐度为31~32。每日光照周期为自然节律，水内光照强度为弱光，仍然使用浊度较大的"绿水"培育种虾，因此，池内透明度在1 m以上时，室内晴天中午光照强度不宜超过1 500 lx。

按照我国对虾养殖的节律，通常是春天培育苗种，在北方地区，秋天的末期收获商品虾，而南方地区，则往往可以养殖两茬商品虾，收获两次。与商品虾养殖不同，种虾养殖需要12个月龄以上，但是为了与商品虾养殖相一致，需要春季育苗，由于种虾养殖期由仔虾阶段养殖到亚成虾阶段基本上需要5~6个月，即每年的5月份至11月份，又由于我国的气候特性，南方地区养殖池塘可维持在最低水温25℃以上，该阶段可以在室外养殖池完成。为了对虾可在一个稳定的适宜生长的25℃以上的水温中生活，种对虾由亚成虾养殖至成虾在12月份至第二年的4—5月份的5~6个月的养殖期，必须在室内养殖完成。

4.2.1　由亚成虾养殖至成虾的养殖设施

根据上述关于本阶段种虾的养殖生物学要求，本阶段虽然在室内养殖，但是用水系统仍然是遵循生物安全要求，采用有限水交换系统或零交换水养殖系统，基本上依照第一阶段的养殖管理原则行事。其主要设施包括：温室或塑料大棚、水处理设施（过滤设备、沉淀池、生物处理池、紫外线消毒设施等）、通风设施、养殖池加温设备等。

4.2.1.1　温室或塑料大棚

在我国由于冬季及春季气温较低，尤其是冷空气侵入，水温波动较大，因此种虾需转入室内养殖。室内养殖，也就是温室养殖。现行温室采用的建筑结构系统类型繁多。为了增加使用面积和操作方便性，水产养殖多用圆拱形屋面的温室。但目前尚不存在室内对虾养殖普遍适用的结构形式。因为温室的建筑结构形式地域性很强，尤其是针对特定的材料或结构技术而言，与当地的自然气候条件密切相关。因此，一般均需根据各地不同的要求和条件进行具体设计。例如，圆拱形屋顶，这类温室的跨度可达 $8.0\sim12.8$ m，特别适合于柔性塑料薄膜作采光材料，同时也适合于硬质塑料板。它也具有良好的通风性能。

我国南方夏季气候炎热，而冬季经常受到冷空气入侵，因此，在考虑建养殖温室时，对温室的夏季通风降温和冬季保温节能问题是事关温室效益的两个关键。如何兼顾温室的冬季保温和其他季降温以及确保室内环境，可以说是设计使用温室养殖斑节对虾取得经济效益必须考虑的问题。

我国在水产养殖培育苗种使用和建设养殖温室车间方面，已经积累了丰富的经验，但是作为种虾培育的养殖场所，仍然需要开发适宜的温室结构，以达到最基本的几个性能。例如，温室的透光性能，与使用覆盖温室的屋顶材料密切相关，通常要求透光率达到60%以上；温室的保温性能和排风能力；温室的抗大风、抗暴雨、抗暴雪能力及耐久性，尤其是抗台风能力及耐腐蚀能力。由于海水养殖使用的温室，长期处于高盐度海水、高温、高湿环境下，构件的表面防腐蚀能力就成为影响温室使用寿命的重要因素之一。钢结构温室，受力主体结构一般采用薄壁型钢，自身抗腐蚀能力较差，在温室中采用，必须用热浸镀锌表面防腐处理，镀层厚度达到 $150\sim200$ μm 及以上，可保证15年的使用寿命。对于木结构或钢筋焊接桁架结构温室，必须保证每年做一次表面防腐处理。

依据当前养殖者的经济技术条件，建议在广东、海南、广西等地，使用塑料大棚的温室形式，主要考虑经济实用，基本上在无台风季节使用，以弥补其抗风能力的不足。

塑料大棚是目前较为经济实用的保护设施，就是采用农业早已采用的拱式塑料大棚结构温室。温室是一种人工控制小气候的设施，在我国农业生产应用中已经积累了相当成熟的经验，要求塑料大棚具有良好的采光、增温、保温、通风能力和一定的抗风能力。棚内光照强度应达到棚外的50%~70%。在工程要求上，已经有建筑设计的国家标准可以遵循。根据《日光温室和塑料大棚结构与性能要求》（JB/T 10594—2006），塑料大棚的结构及规格如下。

（1）大棚的跨度和高度构成大棚的规格，大棚的跨度宜为6~14 m，高度宜为2.3~3.5 m。大棚的规格如表4-3所示。

表4-3 大棚规格　　　　　　　　　　　　　　　　　　　　　　　单位：m

跨度	高度						
	2.3	2.5	2.6	2.8	3.0	3.2	3.5
6	*	*	*	*	—	—	—
8	—	—	*	*	—	—	—
9	—	—	—	*	*	—	—
10	—	—	—	—	*	*	—
11	—	—	—	—	—	*	*
12	—	—	—	—	—	—	*
14	—	—	—	—	—	—	—

注：① *表示推荐选用的规格参数。② 特殊气象条件的地区或特殊用途的大棚，其规格可以不受此限。

（2）大棚长度。范围可选择在20~80 m，其中以30~60 m为宜。

（3）大棚肩高。大棚两侧肩高以1.2~1.5 m为宜。

（4）大棚拱架的固定要求。对跨度超过8 m的大棚，立柱或拱架埋深应不小于40 cm，同时在立柱或拱架的基部应铺垫砖层或其他建材。在季节性风、雪载荷比较大的地区建设的大棚，应浇铸混凝土基础，混凝土基础的深度应不小于40 cm，横向尺寸不小于10 cm。立柱、拱架与土壤直接接触的部分应采用薄塑料管在现场热套装密封或其他防锈措施，以降低锈蚀速度。

（5）大棚压膜线的固定基础。可采用混凝土基础（地锚）或其他固定形式。采用混凝土基础时，预埋深度应不小于30 cm，横向尺寸不小于8 cm。

（6）大棚骨架技术要求。大棚骨架的管径应按以下数值选用：19 mm、20 mm、22 mm、25 mm、32 mm、42 mm、51 mm，所有零件应按设计图样规定的尺寸、材料和技术要求制造。

（7）用钢管制造的零件应符合的要求。钢管壁厚在2 mm及以下的，均需进行内外壁热镀锌。镀锌前、后的钢管不得有裂缝、烧伤及其他影响强度的缺陷。钢管壁厚大于 2 mm 时，允许采用外壁表面涂防锈漆的处理方法。涂漆前应除油、除锈，并应有完整的涂漆层，不得漏涂。

（8）大棚性能。大棚采光性能：早春或晚秋季节，晴天中午前后 2 h 内，大棚的平均透光率应大于 70%。早春或晚秋季节，晴天一日内，棚内辐照度日总量均匀度应大于 80%。塑料大棚有明显的增温、保温效果。白天大棚的热量主要来自太阳直射光。太阳短波辐射在大棚的表面（包括紫外线），一部分被反射，一部分被吸收，大部分进入棚内（60%~70%），致使大棚积聚大量的热能，使棚内的空气、地面、水体接受大量热能，空气、池壁、池水升温。夜间大棚得不到太阳辐射，地面、空气、水面的热能，反而在棚内以长波形态向外辐射，少部分热能碰到薄膜又返回棚内，因此，可以使棚内减少热量散失，也减少了池内水温的散失。也就是所谓的"温室效应"。但是，塑料大棚内的温度变化也有不利的因素，因为棚内的热能进的多，散失的少，春、秋季光照如果持续较多，棚内室温最高可达 40℃，甚至可达 50℃，因此必须设置较好的排风、通风设备及遮阳设施。棚内一天内最高室温多出现在 12：00—13：00，每天 14：00—15：00，棚内室温开始下降，最低室温出现在 06：00。可以依据此规律调整控温设备的作业时间。

4.2.1.2 室内养殖池

室内布局，除保留必要的操作通道或操作平台外，养殖设施大约占室内面积的 80% 以上。其中，养殖池面积约占 2/3，淤泥沉淀池、生物处理池、紫外线处理设备等占用 1/3。

为了尽量增加养殖水体，便于池内水循环流动，对虾种虾养殖池为砖石水泥结构，采用方形或矩形，每个池子的 4 个直角抹成弧形。设置中央排污孔。养殖池以半埋式为宜，室内走道平面低于虾池上沿 0.5~0.6 m。养殖池底按 2%~3% 向排污孔倾斜。池深 2 m，单池面积为 50~100 m²。

养殖池排水及排污，应用直立套管式调节水位并排污。

4.2.1.3 供水设施

与第一阶段相同，室内养殖的供水设施仍然使用原有供水系统，无需另建。但是由于用水量较少，如果条件允许，可以使用沙滤海水。

该系统主要是把经钻孔或包埋处理的抽水管深埋在沙滩内，把进水口端延伸至海区的低潮线以下，在进水管与抽水泵相连处则设置沙井，抽水时利用沙滩的沙滤作用对抽取水源进行初级过滤以提高水源质量。从沙井抽出的水源在条件许可的情况下可进行二级沙滤后引入养殖池。也可直接将海水引入大型蓄水消毒池中，对水源集中消毒处理，然后沉淀、过滤再将水源引入各养殖池内。

4.2.1.4 沙滤取水设施的结构与装置

底埋式沙滤架可由不锈钢条焊接成直径为 100~150 cm、长度为 150~200 cm 的空心圆柱体，其外包裹两层 100~150 目的厚质纱绢网布。

在空心圆柱体中央处，设计一固定接口，利于抽水管深入其中，接口口径稍大于进水管即可，进水管可选用口径为 20~30 cm 的厚质 PVC 管。

沙井可设置在潮间带之上，沙井直径可设为 150 cm 左右，深度一般可设为 3 m 左右，但沙井的具体大小及深度可根据实际情况进行改变。

4.2.1.5 蓄水塔池

规格可设置为 2.5 m×2.5 m×1.3 m，底部可铺设 30 cm 左右的细碎石或粒径稍大的珊瑚砂。此外，还可根据需要在蓄水塔池上配置一个直径为 100 cm、长度为 150 cm 左右的不锈钢转桶式网滤机，对所提水源进行进一步的过滤处理。至于蓄水塔的高度则可根据各个养殖场的实际情况，以成本最小化、效益最大化为根本原则进行设置。

消毒蓄水池可根据养殖用水体积、养殖换水频率、水源质量状况等实际情况进行合理配置，可按 1:4、1:8 或 1:16 的比例进行设置。

4.2.1.6 充气增氧设施

增氧系统是室内种虾养殖系统中最核心的组成部分之一。在实际运行中，提高光照强度和光照时间，充分利用池水内浮游植物的生物资源产生氧气，光照充足的时候有效利用养殖水体中的浮游植物进行光合作用产氧，以达到生态增氧的效果。但是由于养殖中后期水质的浊度较高，必须使用增氧机械，达到维持好氧的环境。

在面积较大的养殖池内多装配适量的水车式增氧机和射流式增氧机，该种方式增氧效率高、使用方便，既可使养殖水体产生流动，又可起到增氧的效果。中小型养殖池则多装备罗茨鼓风机、旋涡式充气机和拐嘴气升泵增氧，以充气式增氧机供氧具有较好的平稳性，具有动水及增氧的双重效果。一般要求供气量达到养殖水体的 0.5%~1.0%。

在高溶解氧条件下更有利于养殖动物的生长繁殖，因此，近年来一些新的增氧设施也在高密度的养殖中加以应用，如纯氧发生装置及一些高效气水混合设施也逐渐配备在增氧系统中。

养殖池水的增氧系统，应要求在每 1 000 m² 配备功率 0.75 kW 水车式增氧机和 1.5 kW 潜水式增氧机，在虾池四周相间分布，调整安装位置和方向，使之开动以后形成循环水流，一方面将上层水的充足氧气交换到底层水，一方面有利于物质循环和集污。据 Young and Timmons（1991）实验，认为水体内固体颗粒物可以被水流移动的最低速度，与沉积物颗粒物的相对密度、直径有密切关系。相关的经验关系式为：

$$V \geqslant \frac{1}{2} d^{\frac{4}{9}} (G-1)^{\frac{1}{2}}$$

式中：V——最低水流速度（0.304 8 m/s）；

G——沉积物的相对密度；

d——沉积物的直径（mm）。

据此公式计算，如果设定残饵或对虾的粪便的相对密度为1.19，残饵的直径为1.6 mm，推动其移动，最小的水流流速应达到约8.2 cm/s，残饵/粪便的直径如为0.1 mm，则流速应达到0.28 cm/s；直径0.002 mm的淤泥，则需要0.1 cm/s的流速；直径0.05 mm的细沙，则需要4 cm/s的流速。由此可见池内的循环流速对集中污物、保持絮状藻—菌团的悬浮具有非常重要的作用。

4.2.1.7 紫外线消毒设施

用水消毒可根据设备能力及消毒要求选用紫外线消毒器或臭氧发生器。紫外线对致病微生物具有高效、广谱的杀灭能力，且所需的消毒时间短，不会产生负面影响。紫外线能穿透致病菌的细胞膜，使得其核蛋白结构发生变化，还可破坏其DNA的分子结构，影响其繁殖能力从而达到灭菌的效果。一般将柱状紫外灯管置于水道系统中，以230~270 nm波长的紫外线照射流经水道的水体，照射厚度控制在20 mm内，时间大于10 s，照射量为104 mV/（s·cm^2）。

4.2.1.8 臭氧发生器

臭氧发生器主要是依靠所产生的臭氧对水体灭菌消毒。臭氧具有强烈的氧化能力，能迅速地令细胞壁、细胞膜中的蛋白质外壳和其中的一些脂类物质氧化变性，破坏致病菌的细胞结构。此外，还可氧化水体中的一些耗氧物质，使COD、亚硝氮、氨氮的负面影响降到最低限度。一般在养殖过程中的臭氧使用量控制在0.2~1.0 mg/L。

4.2.1.9 增温系统

在条件较好的地区，一般应配备一套增温系统以确保养殖生产不受温度条件的限制。一般较常使用的是锅炉管道加热系统、电热管（棒）系统，在条件允许的地区还可充分利用太阳能、地热水等天然热源，这样既可有效利用天然资源，又可降低能源消耗成本。在南方热带、亚热带海域由于水温处于低温的时间相对较短，对于室内的养殖池可采用电热加温。

4.2.1.10 淤泥及废水处理系统

养殖池内淤泥的来源主要是残饵、粪便、对虾的蜕皮等代谢产物、分解的动植物组织以及泥沙等无机物。这些物质大小、密度不同，由悬浮物沉积而成，粒径一般大于100 μm，通常小于100 μm粒径的颗粒物呈悬浮状态，只有在水中长时间处于静止状态，才下沉。过多淤泥给养殖水体环境会带来负面影响。因此，需要及时清除。这些设施包括淤泥沉淀池、生物处理池、沙滤池等。

简单的固、液分离设施，可使用安装斜板（管）沉淀器或沉淀槽，利用颗粒物比水重而发生沉淀的原理，促进颗粒物自动沉降，沉降后的上层水，进入生物处理设备，净化后回流到养殖池。具体的沉淀时间要视养殖废水中大型颗粒物的数量而定。分离的淤泥移出室外，做进一步净化处理。

4.2.2　由亚成虾养殖至成虾的养殖管理

该阶段的种虾管理继续依据上阶段的对虾生长管理，同时依据保种、育种程序，实施更多的遗传管理内容，主要涉及养殖环境、营养要求、种虾选择等。中心内容是保证对虾的高成活率、较高的生长速度。要求对虾在室内养殖至少 5~6 个月，对虾体质量需要增加 1 倍，雌性对虾的个体质量达到 80~100 g，平均每旬生长 2.5 g 以上。

4.2.2.1　种虾的选择与转移

第一阶段养殖结束后，应该转移入室内养殖。向室内转移对虾实在是无奈之举，即使将对虾的死亡率降到最低限度，但是由于对虾的搬运，仍然影响对虾的生长率，因此，对虾的转移，是一项十分慎重的管理工作。根据保种或者选择育种要求，将雌、雄虾分别分成小群安排进养殖池，这样不但有利于配种，增加对虾养殖容量，而且对雌虾尽可能地增大个体质量以及性腺发育对营养要求差异的管理有益。

室内养殖的种虾选择标准：虾体健康，表观身体饱满，具有鲜亮的色彩，鳃部和身体表面清洁。附肢完整，没有任何损伤。雌虾体质量达 35 g 以上，雄虾体质量达 30 g 以上。不携带特定病原。

由室外养殖池向室内养殖池转移时的操作注意事项：首先应作病原检测。转移过程中，尽力减轻对种虾产生的胁迫感，预防伤害，防止其可能感染病原。常规的注意事项：选择种对虾应尽量减少操作处理及搬运次数，移动对虾使用小抄网等工具，避免人手直接接触对虾，必须用手检查时，应戴棉线手套，缩短握虾时间。盛虾桶或袋内的海水保持高溶解氧。近距离转移，使用原池过滤水；远距离搬运，运输必须使用经过滤和紫外线或臭氧消毒处理的与原养殖池盐度、温度一致的海水。为了避免对虾在搬运或处理过程中相互碰伤，假如可能，挟持处理种虾，应以单个或很少数几条为单位。即使是很平稳的短距离转移，也应如此。

所有必需的设备（水槽、水桶、通气管、气石、网具等）每次使用前、后均应完全彻底消毒。长距离使用的塑料袋只应使用一次。

注意工作记录，种虾的挑选、测量、养殖池号等均应详细记录。应保留原来的养殖原始记录。

4.2.2.2　室内养殖池放虾前的准备工作

放虾前 10 d，应清洁、消毒养殖池。安置增氧设备，或气升泵等充气设施。由于本阶段对虾养殖水体仍保持"绿水"状态，所以应繁殖必要的微藻和微生物群落。先注入水深30~40 cm的过滤、消毒后的海水，然后施用硝氨、磷氨肥，接种优良单细胞藻、有益微生物等，重新构建定性、定量控制的藻类、微生物群落。适量使用白云石粉，增加总碱度。斑节对虾养殖系统内培养的理想藻类为：单体角毛藻（*Chaetoceros gracile*）、扁藻（*Tetraselmis* sp.）、金藻（*Isochrysis* sp.）等。每日少量逐步添加水，水深达1.2 m，透明度达50 cm以内，可开始放虾。放虾时，应注意池内水温、盐度与对虾原养殖池一致，保持溶解氧在5 mg/L以上。

4.2.2.3 控制对虾放养密度

对虾雌、雄分养，雌性对虾放养密度低于10尾/m^2，雄性对虾按照12~15尾/m^{2}放养。

4.2.2.4 养殖阶段水质参数要求

一般情况下要求，盐度：28~35；温度：（28±2）℃；pH值：（8.0±0.2）；每日光照周期：基本上维持自然昼夜光照节律；水中溶氧量：5 mg/L以上；总碱度：80~150 mg/L（$CaCO_3$量）；总氨氮：0.4 mg/L以下；透明度：25~35 cm。

为了符合对虾生长需要，最初进入室内养殖池，维持较低的盐度26~28，水温度维持在28~30℃。准备产卵繁殖前2~3个月，水温下降，盐度提高，温度维持在26~27℃，盐度提高为32~35。

4.2.2.5 日常管理

种虾养殖同样应遵循对虾养殖的常规日常养殖管理。主要内容有以下两个方面。

（1）准确地控制投饵数量，提高饵料利用效率。养殖污水的污染源，主要源自使用的饲料。因此，原则上使用符合对虾营养需要的优质饲料，精确地估计对虾每日的摄食量就可解决问题。但是实际操作却十分复杂和烦琐，尤其是对虾摄食量的变化涉及的因素复杂，如水温、对虾体质量、对虾总生物量、各种水质因素等。掌握饲料的每日投喂量，目前最常使用的方法是使用饵料盘靠经验观察。评估饵料质量，最为可靠和直观的办法是观测对虾的生长速度。

（2）养殖安全、健康监测。包括每日定时检测常规的水质参数（温度、盐度、pH值、溶解氧、总碱度、透明度、水色等）。定期取样作对虾健康、病原检测。测量对虾生长速度。

4.2.2.6 水系统环境管理

室内水泥池的有限水交换系统或零交换水的"绿水"养殖对虾系统，维持可持续健康生态功能的主要环节是维持单细胞藻类和微生物群落的生长繁殖。因此管理内容首先是对虾粪便及残饵可溶性成分的快速降解，降解过程中产生的氨氮等有毒物质即时消除。另外是系统内形成的固体颗粒物集中并移出系统外。因此，水环境管理以生物絮团技术为主，培养好氧的异养微生物和开发处理沉积的固体颗粒物为中心内容。

1）添加使用多种功能的各类有益细菌

虽然在有限水交换系统、零交换水系统中去除氨氮以异养菌为主体微生物种群，但是实际上依然存在藻类光合作用，自养菌、异养菌以及其他方式的综合净化作用。在好氧条件下，目前技术比较成熟，经济实用的有益细菌有两类，即自养性的硝化细菌和异养性的枯草芽孢杆菌。

（1）硝化细菌是一类好氧细菌，能在有氧气的水中或各种基质中生长，它在氮循环水质净化过程中扮演着重要的角色。它们包括形态互异类型的细菌，属于自养性微生物类，包括两个完全不同的代谢种群：① 亚硝酸菌属（*Nitrosomonas*），在水生态系统中可以将氨氧化，生成亚硝酸盐的细菌类；亚硝酸菌属细菌，因其生物合成菌蛋白需要的氮素化学成分来源于水体的氨，具有去除水体氨的重要功能。② 硝酸菌属（*Nitrobacter*），该类细菌生物合成菌体蛋白需要的氮素来源于亚硝酸盐，是将亚硝酸盐氧化再转化为硝酸盐的细菌类，因此，硝酸菌属细菌可以将大量的对对虾类有毒性的亚硝酸盐，转化为基本上没有毒性的硝酸盐。因为这些硝化细菌能将水中有毒的化学物质（氨和亚硝酸）加以分解去除，所以有净化水质的功能。硝化细菌在水质pH值中性、弱碱性的环境下发挥效果最佳。

（2）芽孢杆菌属等异养菌类，能够分泌多种胞外酶，快速分解大分子有机物，如将淀粉、脂肪、蛋白质等分解成小分子有机物，它利用氨和简单的碳水化合物作为氮源和碳源，合成自身菌体蛋白质。该类细菌目前已经可以产业化生产，产品经济实用。由于该类细菌繁殖的速度极快，而且可以利用碳源和氮源数量比值（C/N），调控其成为优势种群。因此，该类细菌是养殖对虾水体中优良的生态种群，可以按时定量施用，调控水质。

由于微生态制剂菌种的不同，其优势各不相同。在降低 NO_3-N 含量方面每3 d使用一次的EM与芽孢杆菌组效果较好；在降低 NH_4-N、NO_2-N 方面，处理组EM与芽孢杆菌和EM与光合细菌的效果较好；但是在 PO_4-P、COD含量方面各处理组均无良好效果。对比各组，每7 d使用一次的EM与光合细菌改善养殖水质的效果最好。

2）及时清除沉积的固体颗粒物

养殖池沉积的固体颗粒物需要定期（3~5 d）由排污孔排入沉淀池，并及时补充排污损失的池水，恢复至原有水位。

4.2.3 由亚成虾养殖至成虾的营养要求及饲料管理

如果对虾发育月龄不足，营养不足，体形大小不够，环境条件不能满足，即使使

第4章 斑节对虾种虾养成健康管理及实践

用切割眼柄手术，也不能达到预想的效果。因此，第二阶段中最为关键的管理措施是，满足对虾营养使对虾正常生长，达到足够的体形，并且高成活率地养殖到足够的月龄。

该阶段根据不同营养结构的饵料可分为两个时期，将从室外移入室内的前3个月作为第一个时期，人工配合饲料的营养要素组分基本上和养成期相同，但是，人工配合饲料的蛋白质含量应该上升为45%～50%，为了提高生长速度和增加成活率，配合饲料中增加虾青素，或红辣椒粉也是必要的，红辣椒粉的添加量为2 g/kg，虾青素的添加量为0.1 g/kg（或雨生卵球藻粉3 g/kg）。此外，也应强化一些饲料添加物，如维生素A 0.2 g/kg、维生素C 2 g/kg、维生素E 0.2 g/kg。饲料中使用益生素也有非常好的效果。适量使用生鲜饵料，如成体卤虫、蓝蛤等低值贝类，但是为了预防病毒性病原，需要专门的养殖池塘供应，经过净化处理后再投喂。

成虾室内养殖后2个月，种虾逐步进入亲虾状态，一般情况下，性腺在短时间内快速成长，种虾营养要求重点是保证对虾性腺发育需要。目前，种虾的人工配合饲料，虽然可以将对虾养殖到繁殖的体形规格，但是不足以全面满足亲虾的营养需求，因此，需要配制特定的可以满足亲虾雌性性腺发育要求的人工饲料。需要养殖者使用生鲜的贝类、多毛类、乌贼等和配合饲料相配合。从营养要素分析，除了在蛋白质、脂肪、碳水化合物、矿物盐、维生素等方面应满足需要外，尚需要适量的甾醇类、萜烯类、亚油酸、亚麻酸、花生四烯酸、高度不饱和脂肪酸、卵磷脂蛋白、虾青素等脂溶性营养成分，以满足斑节对虾性腺发育所需要的营养要求。

参考目前亲虾培养使用的人工配合饲料实验以及商业上出售的亲虾专用饲料分析的数据及Wouters et al（2001a）对斑节对虾亲虾饲料的研究结果，提出斑节对虾亲虾培育的人工饲料营养参数建议如下。

粗蛋白50%～54%；粗脂肪10%～12%；水分：干饲料小于11%，半湿的软饲料为50%～75%；纤维素4%；灰分10%～17%；磷脂3%；胆固醇1%；二十二碳六烯酸（22∶6n-3）1%；二十碳五烯酸（20∶5n-3）1%；花生四烯酸（20∶4n-6）0.3%；虾青素（干饲料）250 mg/kg［使用雨生血球藻（*Haematococcus pluvialis*）的藻粉应为饲料的4%～5%］；维生素混合物（干饲料）：维生素A 20 000 IU/kg或7 mg/kg，维生素B_1 100 mg/kg，维生素B_2 100 mg/kg，维生素B_6 300 mg/kg，维生素C 3 000 mg/kg，维生素D_3 8 000 IU/kg或0.2 mg/kg，维生素E 800 mg/kg；无机盐混合物（干饲料）3%，其中：K_2HPO_4 7 g/kg，$Ca_3(PO_4)_2$ 9.5 g/kg，$MgSO_4 \cdot 7H_2O$ 11 g/kg，$NaH_2PO_4 \cdot 2H_2O$ 2.8 g/kg。

优良的饲料及饲喂程序是对虾成熟培育的关键操作内容。应用鲜冰饵料每日的投喂量应达到亲虾体质量的20%～30%；应用配合饲料每日的投喂量应是亲虾体质量的2%。实际上，投喂量每天应不断调整。

4.3 斑节对虾亲虾培养技术及管理

亲虾是种虾培育的最终目标，对于达到亲虾规格的种虾应格外珍惜。这种种虾不但成活率高，而且质量也好，应使其尽量发挥繁殖能力，实现多次产卵，卵子达到高受精率、高孵化率。

对于家养人工培育的种虾，多数人的实验认为达到亲虾的标准是斑节对虾的成熟月龄至少应该是在 10 个月以上。人们认为，养殖的雌性对虾性腺成熟最适月龄为 12～18 个月，体质量最小宜达到 75 g 以上，最好应达 100～150 g 及以上。营养条件好、月龄足的雌虾，交配率高、产卵量大、卵子直径大、卵子孵化率高。

由于亲虾培养和对虾产卵孵化操作十分密切，对虾在此阶段需要完成交配、性腺促熟。更为重要的原因是便于人工操作管理，该阶段的养殖亲虾需要在"清水"中培育，这和前两个阶段种虾培育要求在"绿水"中培育，有很大的不同。在传统的对虾培育虾苗孵化场，往往将亲体培育作为育苗的前期管理工作，但是在种虾家养化条件下，亲虾培育是一件承上启下的管理工作，所以，人们仍将该阶段的培育技术，作为种虾培育最后阶段的内容。

4.3.1 斑节对虾亲虾培育的设施

亲虾培育在室内进行，而且需要清洁的清水，水体透明度极高，因此，要求室内光照强度在 500 lx 以下，专用的亲虾培育室无须设置透光屋顶，是对虾育苗场的主要生产设施之一。其主要设备如下。

亲虾培育池或水槽：直径 6 m 的圆形水泥结构或 4 个角抹成弧形的方形池，或半径 2 m 的玻璃钢水槽，池深 1.2 m，中心排污，池四周应方便人员操作，一般不与其他池相连。如果是屋顶透光的车间，在室内上方设置黑色可以拉动的遮光帘。室内排水沟上覆盖的水泥板或木板平稳，人员走动时不应有显著震动。四周墙壁窗设置暗色窗帘，可调节光照强度。亲虾培养池内水深 1 m，设置加温管。

污物沉淀池：使用斜板式或斜管式沉淀池，清除较大的固体颗粒物。

过滤设备：使用沙滤池或压滤式过滤罐。去除粒径 10～15 μm 及以上的悬浮物。

生物净化设备：一般使用填料充气式微生物净化设置，如浸没式过滤净化器，其净化效率取决于填料的比表面积。采用相对密度大于水的滤料（生物膜载体），通常是沙、碎石、多孔陶瓷棒、成型塑料等。在滤料上附着净化（硝化）作用生物膜。该设置可设计为上进水下出水的下向流式或下进水上出水的上向流式。依据净化水池的位置，可节约能量。因硝化作用微生物为好氧微生物，浸没式净化滤器需要充氧，或进水中需保持一定水平的溶解氧浓度。其处理效率依水力停留时间、采用的填料的比表面积等不同而不同。由于硝化细菌增殖生长缓慢，即使在适宜条件下也需要 20 d

以上，生物膜才可培养成熟，才能达到预期净化效果。一般可以按照亲虾养殖面积和养殖对虾亲虾数量计算需要的净化池体积。

紫外线消毒设备、充气设备、加温及控制温度设备、亲虾饲料加工等设施与室内种虾养殖设施基本相同。

如果条件允许，可以设置 Biofish 水槽再循环系统，更有利于疾病控制和环境控制（Eikebrokk，1990）。

4.3.2 亲虾培育水环境管理

4.3.2.1 培育用水系统为封闭式循环用水系统

一般的情况下，每日的循环水交换量为200%～300%。投饵3 h后，清除残饵、对虾粪便等污物。亲虾培养池设置4个气升泵，供应溶解氧，利用气升水流推动池水旋转流动。用水程序为，亲虾培育（养殖）池→沉淀池→过滤池（罐）→生物净化→紫外线消毒→亲虾培育池。

要求的水质参数：盐度32～35；水温（28±2）℃；溶氧量≥5 mg/L；总氨态氮≤0.4 mg/L；亚硝酸态氮≤0.02 mg/L；水清澈透明。

其他环境因素：亲虾培养要求安静的环境，避免突然的噪声惊动，尤其注意防止地面突然震动。室内光线较强时，应以暗色网帘遮挡培养池顶部。光照强度应小于500 lx，光照周期维持自然光照节律或控制为14 h光照、12 h黑暗节律。

4.3.2.2 人工水草净化养殖水系统

人工水草的净化原理是利用纤维样的柔软基质，在其表面培植可处理污水的生物膜，利用生物膜的藻类、细菌等微生物降解水中的污染物，净化水质的技术。由于人工水草具有巨大的比表面积，在原位设置的净化设施中，其净化效率远高于同体积的其他设施。优秀的人工水草具有如下品质：水草用高分子惰性材料制成，其基质不会二次污染水质；纤维丝、网状结构，仿水草枝叶，比表面积大，能在水中一定的范围内自由漂动，形成三维立体结构，可安置在不同深度水体中。基质形成的生物膜，具有好氧、厌氧和兼容性微生物固定的结构层次。由于对虾活动基本上在池底，同时也为了池底便于集污，因此，人工水草通常悬置于水体上、中部。根据每种人工水草的降解污水能力，设置使用量。

通常在养殖池壁四周内设立附着微生物的网帘或人工水草。水泥池池壁光滑，和土池相比较，比表面积小，缺少对净化水质有重要作用的微生物、藻类等生物体的附着面积。设置网帘或人工水草，使用一定的基质，如人工水草提高比表面积，使微生物在其较大的比表面积上生长、固定，成为生物膜，因此，提高了生物量，增强微生物活性，减少悬浮在水体中的微生物量，不但增加微生物净化功能，达到高效降解水中的有机质、氨氮、亚硝氮、磷酸盐等污染物的目的，而且可以使池水保持较高的透明度。另外，池周设置柔软的网帘，可以预防对虾弹跳时发生撞伤。

4.3.3 亲虾培养管理

对虾繁殖孵化场使用的斑节对虾的亲虾，可以来源于3个方面：本繁殖场自己家养培育的种虾继续培育为亲虾；来自捕捞的野生亲虾；或者来自其他种虾培育养殖场的种虾继续培养为亲虾。三者的培养目标均是为了培育出可以繁殖的亲体，均需要进行雌性性腺促熟培育，提高亲虾成活率、繁殖力、产卵率、亲虾交配率以及卵子受精率、幼体孵化率。但是由于种虾来源不同，种虾的健康状态不同，种虾在转移运输、检疫要求等方面及管理等级上也有很大的不同。这里重点记述在繁殖场自己家养培育的种虾继续培育为亲虾的管理。虽然对于野生亲虾的管理，已经有许多文献可供参考，但是仍然从实际应用出发作一些简要的介绍。

4.3.3.1 外源系统的亲虾管理方法

我国海域的斑节对虾野生产卵群体比较小，目前繁殖用的斑节对虾亲虾多数来源于进口。进口的雌性对虾，或者海南岛附近捕获的雌虾，虽然多数已经交配，雌虾的纳精囊已有精子，但是雌虾的性腺发育缓慢，多数虾外观性腺不明显。为了在短时间内使亲虾批量集中产卵，需要进行性腺促熟培养。该阶段性腺促熟的主要技术措施是切除对虾一侧眼柄，同时配合其他管理措施，如选择适宜于亲体应用的饵料，控制养殖亲体的水环境参数稳定等。

1）亲虾挑选、运输

亲虾选择标准：挑选时，首先应做健康状况检查，身体健康，表观身体饱满、具有鲜亮的色彩，体色正常、附肢完整，没有任何损伤，腮部和身体表面清洁。雌虾体长19~20 cm、体质量达150~160 g及以上，雄虾体长15 cm以上、体质量达50 g以上。无携带特定病原。尽可能进行白斑综合征病毒（WSSV）、桃拉综合征病毒（TSV）、黄头病毒（YHV）、传染性皮下及造血组织坏死病毒（IHHNV）、斑节对虾杆状病毒（MBV）等病毒性病原检测。

观察亲虾性腺发育成熟与否。观察时，使用透光，光源从腹部照射，观察对虾背部。从外观上雌性亲虾的性腺发育可分为4期，Ⅰ期，性腺外观难以辨别；Ⅱ期，性腺已明显可见，但是较窄；Ⅲ期，外观性腺占对虾背部大部，但是对虾第一腹节处的性腺未向两边下垂；Ⅳ期，卵巢已经成熟的亲虾，卵巢大，几乎充满整个头胸甲及背部，第一腹节处的卵巢向两侧下垂，色泽为暗绿或墨绿色。即将产卵时，甚至可见卵粒分离状。已成熟的卵巢质量占体质量的11%~15%。亲虾需要远距离长时间运输者，不应选择性腺已经发育为Ⅳ期者，以免途中产卵。

购买捕捞的野生斑节对虾亲虾，必需妥善运输，认真选择，尽力减少对对虾的胁迫影响，这样才能提高对虾成活率，保证亲虾质量。因此，亲虾的转移，是一项十分慎重的管理工作。亲虾由养殖池提供时，近距离运输，可放入桶中，用小型空气泵充气，进行运输。长途运输时，亲虾额角应套乳胶管，预防扎破运输袋。每个体积20 L 的塑料薄膜袋中，放 1/3～1/2 海水，装 3～5 尾亲虾。运输需保持低温，袋外加碎冰保持水温在 18～22℃，进行充氧运输。亲虾进繁殖场后，可直接连袋一起放入培育池，培育池内的温度和盐度应该与装有亲虾的袋内水温、盐度一致，封闭的装有亲虾的袋子，漂浮在水槽内，然后把产卵池的水慢慢地注入薄袋中，用 30～60 min 慢慢地让空气和水槽的水进入袋中。为使对虾缓慢适应新环境，以每小时 10℃ 的速度，逐步升高到正常水温。

运输转移时的操作注意事项：转移过程中，尽力减轻对亲虾产生的胁迫感，预防伤害，不使其感染病原。选择亲虾应尽量减少操作处理及搬运次数，移动对虾使用小抄网等工具，避免人手直接接触对虾，必须用手检查时，应戴棉线手套，缩短握虾时间。盛虾桶或袋内的海水保持高溶解氧。近距离转移，使用原池过滤水；远距离搬运，运输必须使用经过滤和紫外线或臭氧消毒处理的与原养殖池盐度、温度一致的海水。24 h 以内的运输过程中不必喂食。只有当亲虾或种虾的甲壳处于坚硬状态，才允许运输，并且要在额剑上套上乳胶管。为了避免对虾在搬运或处理过程中相互碰伤，假如可能，挟持处理亲虾，应以单个或很少数几条为单位。即使是很平稳的短距离转移，也应如此。所有必需的设备（水槽、水桶、通气管、气石、网具等）每次使用前、后均应完全彻底消毒。长距离使用的塑料袋应只使用一次。

2) 亲虾对新环境的适应性驯化，隔离检疫的必要性及方法

根据联合国粮食和农业组织 2003 年形成的渔业专家提出的文件，"对虾培苗操作与管理"提出的建议，要求对虾孵化、育苗场，对使用外来亲虾，应建立繁殖亲体隔离检疫的程序，繁殖亲体的隔离单元应当在实体上与孵化场的其他设施相隔离。应当对废物的处置和流出物的处理给予特别的关注。不应允许在这一区域工作的员工随意进入其他生产部分，而且他们应当一直遵守卫生方面的规定。

亲虾、种虾病原状态的检疫确认，需要一段时间的等待，因此，外源亲虾或种虾正式进入亲虾培育池之前，需要将亲虾或种虾存在的潜在病原，控制在隔离状态，直至亲虾或种虾的健康状况被确定。隔离检疫设施基本上是一个封闭的保持区域，在这里对虾被保留在独立的水池里，一直至病毒检疫结果确立。同时，检疫的过程也是种虾、亲虾适应异地新环境的过程。在被放养到成熟养殖池之前，繁殖亲体应当度过至少 7 d 的适应、驯化期。在此期间，隔离区域与成熟设施之间温度和盐度上的差别应当逐渐转变为一致。投饲的方式也应当逐步调整到对虾能够习惯在成熟设施中采用的方式。还要观察脱皮的进程，在合适的时候，应对两次蜕皮之间的硬壳雌性个体进行眼柄切除。

隔离检疫单元应当具有以下设施和方法。

在进入隔离区域时，亲体要经过聚乙烯吡咯烷酮碘剂溶液（20 mg/L）或福尔马林（50~100 mg/L）浸泡30 s。

需要具有基本的实验室设施（如显微镜，一定的微生物学检测设备等）开展常规的对虾健康检查。额外的更加复杂的设施，如开展PCR检测的设施，需要建立更加专一的设施以避免污染的可能。隔离检疫单元应当与所有培育和生产区域充分地隔离以避免可能的交叉感染。隔离检疫单元应当处于一个四周被围绕和有顶的建筑内，与外界无直接的通道。隔离检疫单元应当提供在单元入口和出口处使用的足浴盆消毒（使用大于50 mg/L活性成分的次氯酸盐溶液消毒）和手浴盆（使用聚乙烯吡咯烷酮碘剂20 mg/L或70%酒精消毒）消毒的方法。隔离区的进入应当仅限于专门在该区域工作的人员。隔离单元的员工应当通过一个更衣间进入，在更衣间脱去他们的生活服装，在进入另一个房间穿上工作服和胶靴之前进行淋浴。在工作轮班结束时，这一顺序被反向进行。在隔离间应当有足够数量的塑料桶或类似的容器以方便高效地每天经常地将对虾搬运进出该设施。隔离设施应当有独立的、具有单独处理和消毒系统的水与空气供应和一个处理排出物以防止病原进入环境可能性的系统。设施中使用的海水必须消毒，通常使用20 mg/L浓度的次氯酸盐溶液消毒。为安全起见，消毒30 min后，使用硫代硫酸钠（每1 mg/L氯残留用1 mg/L硫代硫酸钠中和）去除氯活性，并强烈曝气。必须将所有的废水收集到一个水池中进行消毒处理（如果使用次氯酸盐消毒，浓度不小于20 mg/L，处理时间不少于60 min），但是应注意，消毒后的废水在排放到环境中之前，消毒药物应失效。所有死亡或感染的动物必须被焚烧或以其他被认可的方法处理。使用过的塑料容器和软管在再次使用前必须用次氯酸盐溶液洗涤和消毒。所有在隔离单元内使用的工具必须清楚标记和应当保留在隔离区域。应当在每天工作结束时消毒所有设备的设施。

通常应使用PCR方法检测病原。亲虾隔离养殖2~3 d后，从每只对虾（如果单个暂养）或群体的一个样本（如果以一群暂养）取下一个腹肢用于分析。如果对虾被集体暂养，应当从每一个水池中进行随机取样来评价养殖在该容器内群体的总体状况。一批10只腹肢可作为一个样本进行分析。显示阳性结果的任何批次可以被放弃，如果是对虾被单个暂养时的集中样本，随后可以在单个水平上对对虾进行检测以确定和仅放弃阳性个体。感染的对虾应当用焚烧的方式或其他能够防止病毒可能扩散的方法处置。

在明确了解繁殖亲体的健康状况之前，它们不应从隔离设施中被取走。隔离检疫周期将随着完成健康检查程序所需的时间而变化。在任何情况下，对虾应当在观察中被暂养在隔离设施中，直至完成所有的检测，环境适应驯化需要10~20 d。

3）室内养殖池放虾前的准备工作

放养亲虾前20 d，即可开始准备室内亲虾养殖的前期工作，如池内应清洁、消毒。安置增氧设备或气升泵等充气循环用水设施。放养亲虾 15~20 d 以前，开始培养过滤处理器内的生物膜。

4）亲虾交配

购买的野生斑节对虾雌虾一般已经交配，纳精囊储满精子。精子可在纳精囊内保持较长时间。由于斑节对虾的雄虾成熟较早，可以多次形成新的精荚，多次交尾，只要温度适宜，没有明显交尾季节，只要雌虾进入繁殖期，性腺快速发育前最后一次蜕皮，即可和雄虾交尾。交尾后，如果没有太大的刺激，雌虾不再蜕皮，待产卵后，再次蜕皮后再交配。因此，选择亲虾时，一定要适量选择体形较大、精荚繁育良好的雄虾，同池养殖。商业性繁殖场可按雌雄性比（3~4）:1 养殖。良种场按照雌雄性比 1:1 养殖。

5）切除眼柄

捕捞的野生群体雌性亲虾，进入亲虾池后，经过 3~5 d 的恢复，即可进行单侧眼柄切除手术，促进性腺成熟。虽然切除眼柄的方法很多，但是比较好的方法是烫捏法。手术过程为：左手拿亲虾，右手拿长柄镊子，镊子头部宽 2~3 mm，将镊子头部一侧在酒精灯上烧成微红后，用镊子头部未烧的另一侧挑起对虾一侧眼柄，在靠近眼球的眼柄部位相挤捏烧，使眼柄组织死亡，但不应使眼球掉下。该方式可提高手术后的成活率。手术一般应在亲虾池旁进行。术后的亲虾应迅速放到准备好的亲虾促熟池中。

6）日常管理

饲料与喂食：该培育阶段通常以鲜活饲料为主。饲料种类为鲜活或冰冻的贝类、墨鱼、鱿鱼、沙蚕等。较大的贝类、墨鱼等，投喂前应切成小块，洗净。每天投喂饲料 3~4 次，每次投饵前均应捞去残饵。

性腺成熟观察：购买的亲虾为野生的产卵群体，切除眼柄后，一般在 3~5 d 后即有部分亲虾达到性腺成熟。每天应注意观察性腺发育的情况。为了减少对亲虾的干扰，一般采取养殖人员下水，用水下可用灯光观察。成熟的亲虾应及时捞出安排产卵。养殖培育的亲虾，如果雌虾卵巢尚未发育，切割眼柄后，卵巢发育需要较长的时间。对虾月龄不足，营养条件不好，卵巢也难以发育。因此，切割眼柄促熟前的营养保证以及足月龄的培养，是提高养殖亲虾质量最为重要的管理内容。

4.3.3.2 封闭的内源种虾养殖系统的亲虾培养方法

由于种虾养殖场是处于封闭型的生物安全状态，种虾的历史及健康状态清楚，由种虾过渡到亲虾培育，无须隔离检疫，但是正常的、阶段性的病原检测是需要的。由种虾培育自然直接逐步进入亲虾培育阶段的主要管理内容着重在种虾养殖后期配种、雌性亲虾性腺发育及保护雄性亲体的精荚质量。由于斑节对虾雌性亲虾需要批量成熟，因此，亲虾培育阶段重点是雌性对虾性腺促熟和及时的交配，在产卵季节，每天可以批量获得纳精囊具有精子、性腺成熟的雌性亲虾。亲虾阶段养殖时间根据育种需要安排，我国的斑节对虾商业性养殖通常安排在春末夏初，一般需要45～60 d。虽然切除眼柄对亲虾成熟起决定性作用，但是也要注意其他因素的管理，营养要素要求多元化，避免使用单一品种饲料，环境因子的温度、盐度力求稳定适宜，亲虾养殖密度适中。

1）亲虾挑选与转移

斑节对虾亲虾，需要从种虾养殖池选择、挑选，妥善地转移到亲虾培育池。挑选和转移操作时，尽力减少对对虾的胁迫影响，以提高对虾成活率，保证亲虾的健康和质量。种虾、亲虾的转移，是一项十分慎重的管理工作。根据保种或者选择育种要求、培苗数量以及根据雌性亲虾交配情况，选择雌、雄虾数量。

亲虾选择标准：挑选时，首先应做健康状况检查，确认无白斑综合征病毒、桃拉综合征病毒（TSV）、黄头病毒（YHV）、传染性皮下及造血组织坏死病毒（IHHNV）、斑节对虾杆状病毒（MBV）等特定病毒性病原。身体健康，表观身体饱满、具有鲜亮的色彩，体色正常、附肢完整，没有任何损伤。腮部和身体表面清洁。雌虾体长18 cm、体质量达100 g以上，雄虾体长15 cm以上、体质量达50 g以上。

运输转移时的操作注意事项：由于种虾、亲虾在本养殖场内近距离转移，可放入桶中转移。选择亲虾应尽量减少操作处理及搬运次数，移动对虾使用小抄网等工具，避免人手直接接触对虾，必须用手检查时，应戴棉线手套，缩短握虾时间。盛虾桶的海水保持高溶解氧。使用原池过滤消毒海水。为了避免对虾在搬运或处理过程中相互碰伤，假如可能，挟持处理亲虾应以单个或很少数几条为单位，即使是很平稳的短距离转移也应如此。所有必需的设备（水槽、水桶、通气管、气石、网具等）每次使用前、后均应完全彻底消毒。种虾的挑选、测量、养殖池号等均应详细记录。

2）亲虾养殖密度及交配

除育种需要外，无特殊需要情况下，亲虾培育池同时也是亲虾自然交配池。每平方米养殖10尾虾。为提高雌虾授精率，亲虾雌、雄比例按照1∶(1.2～1.5)搭配，该培育阶段要求搭配较多数量的雄虾是因为雄虾容易死亡，另外，雄虾数量多能够增加交配概率。

3）亲虾性腺促熟

家养条件下雄性对虾的精子、精荚容易自然成熟，无须特殊处理。但是为了增加精子数量，预防精荚坏死，雄性对虾要求在偏低的水温下（26～27℃）培育，尤其是交配前期或交配的水环境应保持清洁并使用消毒海水。雌虾促熟可应用前文已经描述过的切除对虾一侧眼柄的方式，进行雌性对虾性腺促熟。对虾切除眼柄后，受到较大的应激伤害，需要放入黑色帘幕遮盖的水池，使用严格消毒的过滤海水，避免噪声（尤其是突然间歇性的振动噪声），在十分安静的条件下，使其愈合伤口。必须对亲虾成熟促熟车间或水池的条件采取严密的控制,成熟期间应当保持较低的光照。光照周期应当维持自然光照周期。应当对进入成熟车间的人给予限制,将必要的操作活动和其他干扰保持在最低限度。亲虾促熟水池是内壁颜色为黑色、内缘光滑的圆形水池,水深通常为 0.5~0.7 m。对虾的放养密度大致为每平方米池底面积不多于 10 尾对虾。切勿再用手捕捉亲虾。2~3 d 后可用专用的水下照明灯具(俗称"追灯")观察性腺发育情况。观察亲虾性腺发育成熟情况时,使用透光,光源从腹部照射,观察对虾背部性腺形态及色泽,按前文已经描述的标准,判断性腺发育状态。成熟亲虾达到产卵状态的数量取决于管理水平,一般情况下,从切眼柄到第一次产卵,需要 4~25 d,通常,切除眼柄 1 个星期后,为对虾性腺成熟高峰期,每天有 10%~15% 的亲虾处于临产状态是比较理想的。通常成熟比较理想的亲虾,100 g 以上的雌虾,经单侧切眼柄,80% 以上可以成熟。每尾雌虾的产卵次数应该平均两次以上。每尾虾的总产卵量(繁殖力)为 20 万~100 万及以上。

4)亲虾的日常管理

进入本阶段的亲虾,均是 10 个月龄以上的种虾,十分珍贵,因此,在日常管理方面,不但要达到前述的水质参数,更主要是维持稳定的水环境,提供足够的营养全面的饲料,保证对虾高成活率,并且能促进对虾卵巢发育、精子发育所需物质的积累。而且对预防白斑综合征等病毒的感染予以足够的重视。

每日在养殖亲虾车间工作或检查每个池内对虾前,必须对用于捕捞种虾及成熟雌虾的设备用淡水冲洗,用于捕捞成熟雌虾、雄虾的抄网应当被保存在含有次氯酸盐溶液(20 mg/L 的活性成分)的容器中。

4.3.3.3 亲虾培养营养要求与饲喂管理

斑节对虾亲虾的营养要求,前人已经做了大量的工作,实验饲料的主要营养要素的基本量为:粗蛋白质 50%;粗脂肪 12%(其中磷脂为 3%,胆固醇为 1.0%~1.5%);淀粉 10%;纤维素 2%;矿物质(灰分)14%;水分 10%。生产用饲料也已经有商业用配合饲料出售。但是实际使用的效果目前仍不理想。生产性培育家养种虾、亲虾仍然需要使用一部分鲜活饵料和人工配合饲料相配合,才能取得预期效果。例如,使用生鲜的贝类、多毛类、乌贼、卤虫成体等和配制特定的可以满足亲虾雌性性腺发育要求的人工配合饲料相配合。从营养要素分析,除了在常量营养要素,如蛋白质、脂肪、碳水化合物、矿物盐、维生素等方面应满足需要外,尚需要着重注意适量的虾青素、甾醇类、萜烯类、亚油酸、亚麻酸、花生四烯酸、高度不饱和脂肪酸、卵磷脂蛋白等脂溶性营养成分,以满足斑节对虾性腺发育所需要的营养要求。本章所述的亲虾人工配合饲料营养要素的基本数量,可供生产上用饲料参考。可以采取人工配合饲料中增添营养添加剂,或者制作营养强化湿颗粒饲料,补充新鲜饲料的营养要素。例如,对人工饲料添加诸如维生素 C、维生素 E、免疫增强剂、虾青素、类胡萝卜素和多不饱和脂肪酸等添加剂。使用常规的对虾配合饲料磨成的粉和与上述的各种添加剂相混合，加上诸如藻酸盐或明胶等饲料黏合剂黏合，在常温下现场挤压而成。

每日投喂饲料量：生鲜饵料按对虾存池总质量的 10%~20%；配合饲料，按照对虾存池总质量的 2%~3% 投喂。每日投饵 6 次，每 4 h 一次。

亲虾培养以及成熟池虽然使用循环用水系统，必要时必须每天对养殖池内残留污物进行虹吸或定期清理，需要每天把水池中未吃掉的食物、粪便和脱皮虹吸清除。每个池应当具有独自使用的虹吸管软管。在虹吸污物前，用淡水洗涤软管。工作结束后，应当对软管进行洗涤并消毒。

鲜活饲料准备区应当与亲虾成熟间相邻，但不要在同一车间，应当备有各种加工工具（刀具、桶、切板、搅拌器和颗粒机等）和用于储存饲料的冷藏柜和冷冻柜。必须避免饲料准备过程中的交叉感染，饲料的准备应当按照良好的卫生标准进行。应当保持器具（刀具、工作台、搅拌器和颗粒机等）的清洁，在使用前用聚乙烯吡咯烷酮碘剂溶液（20 mg/L）洗涤和用清洁水冲洗。

鲜活饲料应当保证新鲜和被证实不带有重要的病毒或进行过消毒，在使用如鱿鱼、多毛类环节动物、卤虫、磷虾、贻贝、牡蛎和蛤类这样的新鲜饲料时，必须努力确保原料尽可能新鲜。为了保证新鲜饲料不是对生物安全性的一种威胁，在购买后进行 PCR 分析，确认 TSV、WSSV、YHV 等病毒为阴性，或可以对饲料进行消毒或巴氏法灭菌灭活任何病毒，但是这一过程往往会影响营养质量。

第5章 生物安全状态下斑节对虾的幼体培育技术

应用以往的传统对虾养殖繁殖技术体系进行斑节对虾繁殖培苗，已经取得很大的成功。20世纪70年代以后发展起来的现代对虾育苗技术，已经逐步规范化。虽然每种对虾的自然繁殖海域生态环境有差别，但是除了温度环境外，对虾胚胎发育、幼体发育所需要的环境基本相似。由于几种烈性病毒性传染病广泛存在，对虾又不具有特异性免疫机能，病毒性病原预防程序为育苗工艺增添了复杂性。规范的育苗工艺的科学依据不仅是对虾繁殖的生理生态要求，还有病原和宿主的微生态关系。目前仍然存在许多不规范的经验型的对虾育苗场，他们更多的是考虑生产成本，尽管也可以培育出虾苗，但在亲虾、饲料、药物使用等环节存在不少问题，一定程度上影响了虾苗的质量和数量。人们认为当代对虾培苗的技术基本上已经做到全人工控制。对虾育苗要求的环境参数及指标也已基本为人们所认识。下述的许多育苗生产工艺的参数已经为大量的书籍、文献引用，因此不再注明这些数据的来源。

但是自从1993年以后，以白斑综合征病毒为代表的病毒性病原广泛流行，使对虾养殖产业需要重新思考传统的对虾繁殖技术体系的严重缺陷，尤其是斑节对虾需要依赖野生亲体，更面临着严重的产业危机。经历了对虾白斑综合征病毒的暴发性流行，主要是通过在全球对对虾疾病防治的开发研究取得的经验，人们已经对控制对虾病，特别是对白斑病毒综合征的传播途径和发病规律有了深刻的了解，对虾的选择育种也有了很好的开端。目前，大多数人认识到，流行性虾病问题的最好解决方法是，不携带特定病原的健康虾苗的规范化育苗工艺，应该成为育苗工艺的主流。应用生物安全观念，建立稳定的对虾环境系统，将可能产生的胁迫因素降到最低限度，使用营养全面的配合饲料，使用驯化的全人工养殖的种虾生产的无特定病原的对虾幼体、虾苗以及高健康对虾群体。这也是对虾养殖产业的努力目标。

使用驯化的全人工养殖的无特定病原的对虾种虾，是在生物安全状态下培育无特定病原的对虾群体的虾苗的首要条件。为此，联合国粮食和农业组织从1999年至2003年以来，组织了一系列专家研讨会，最终提出了"对虾培苗操作与管理"，"活体水生动物（亲体、无节幼体和对虾苗）安全跨界运输所需的检疫和健康认证的地区性技术指南和标准"等文件。这些文件对建立斑节对虾繁育体系有重要指导意义，因此，下面引用了联合国粮食和农业组织2003年形成的渔业专家提出的文件中关于对虾孵化、培苗的一些保证生物安全的原则性建议。

5.1 育苗场地的选择与基本设施

育苗场地建设应合理设计，必须有够用的基本设施和设备，因为这些条件，对生产虾苗的数量和质量有重要的影响。育苗场的设计（或对于现有育苗场的改造）应当保证良好的生物安全性、设备使用安全性和高效性，有利于依照育苗标准操作程序的实施。对虾育苗场应当由几个单元组成，每个单元拥有适当的基本设施。设计良好的对虾育苗场应当包括不同生产设施物理上的分离或隔离和有效的周边安全。不同生产设施的物理分离或隔离是良好育苗场设计的特征。现有的缺少物理隔离的育苗场的改造内容之一，就是通过建造隔离物和实施生产过程与产品流动中实现有效的隔离。育苗场应当在所有物边界周围建有围墙或隔离栅栏，并具有足够的高度阻止动物和未经许可人员的进入，将有助于降低通过这种途径引入病原的风险以提高总体安全性。

为了降低引进新的种虾和活的饵料过程中带入病原的风险，应当有一个用于新繁殖群体的隔离检疫单元。对所有将要被引入育苗场新的生物的隔离检疫是一项基本的生物安全措施。在被输送到生产系统之前，必须对繁殖群体进行特定病原筛检［如通过多聚合酶链式反应（PCR）或其他灵敏、快速的分子检疫技术等］。只有病原检测为阴性的动物才可以被引入到育苗单元、饵料培育系统、成熟单元内。

对虾育苗场包括如下相互协调的四大系统：① 生产单元，诸如亲虾成熟、产卵，幼体培育，单胞藻培育，卤虫培育，轮虫或枝角类培育等；② 生产支撑系统，诸如病原检疫设施，常规的实验室，员工休息、娱乐场地，洗盥室，清理车间，库房，电机房等；③ 管理体系，诸如饲料的使用、好的管理操作、标准程序、员工的培训学习、工作记录及保存等；④ 基础后勤设施系统，诸如水处理设施，增温供热设备，供气（供氧）系统，供电及备用电源、水源及供水系统，污水及污物处理系统，运输车辆等。预防供水设备材料对水质的污染，严禁使用含铜、锌等重金属和含有毒物质的水泵、管道、阀门等部件。

5.1.1 育苗场地的选择

斑节对虾的育苗，繁殖场应建于气候温暖地区，可以节约能源，周年繁殖。育苗场址选择要求的基本条件：具有清洁的育苗水源，远离河口及污染水源。盐度 30～35；水温 20～30℃；溶氧量 ≥5 mg/L；总氨态氮 ≤0.4 mg/L；亚硝酸态氮 ≤0.001 mg/L；非离子态氨氮 ≤0.02 mg/L；pH 值为 7.8～8.3；化学耗氧量 ≤1 mg/L，水清澈透明。淡水供应方便。交通、通信方便。

理想的对虾育苗水源的水质指标,应该是远离陆地的不受陆地水源影响的大洋型水质。清洁、稳定的水源,是成功的育苗生产必备的条件。因此,近岸取水对水质的监测和处理要十分严格。在天然水源中本来存在许多有益的物质,如可供对虾幼体摄食的饵料生物、有益的细菌、微量元素等。但是为了净化水质,消除病原微生物,在水质处理过程中受到损害的要素,只能用人工技术措施加以弥补。常规监测项目包括:主要理化因子、病原微生物、有危害的重金属离子、溶解的有机物含量等(表5-1)。过滤和消毒有利于去除有机物、病原微生物等。通常育苗用水要求严格过滤,一般的沙滤措施,只能达到去除大于 100 μm 的颗粒。在特殊需要时,可用去除 $0.5 \sim 1.0\ \mu m$ 以上颗粒的过滤设备。杀灭病原用臭氧或紫外线消毒。

表5-1 对虾育苗水源可耐受的重金属及有机物含量　　　　单位:mg/L

项目	控制含量	项目	控制含量
汞离子	≤0.000 2	润滑油	≤0.5
镉离子	≤0.001	敌百虫	≤0.005
铬离子	≤0.01	内吸磷	≤0.002
铅离子	≤0.05	杀虫脒	≤0.3
铜离子	≤0.01	间苯二酚	≤1.0
锌离子	≤0.01	对苯二酚	≤0.05
镍离子	≤0.005	甲醛	≤0.3
砷	≤0.03	水合肼	≤0.01
马拉硫磷	≤0.000 5	滴滴涕	≤0.000 05
六六六	≤0.000 4	甲基对硫磷	≤0.000 5
五氯酚钠	≤0.01	乐果	≤0.1
丙烯腈	≤0.3	多氯联苯	≤0.000 02
挥发性酚	≤0.005	硫化钠	≤0.1
石油类	≤0.05	硒	≤0.02
氰化物	≤0.005	煤油	≤0.02
原油	≤1.0	轻柴油	≤0.7
汽油	≤0.1	—	

5.1.2 基本设施

繁殖培育间,包括亲虾培育池、产卵池、孵化池、幼体培育池;饵料间,包括单胞藻培育设施、轮虫或其他浮游动物培育设施、卤虫幼体培养设施;充气设施;供水系统；增温系统；水处理设施，包括储水沉淀池、过滤、消毒设施；备用发电机及其配电设备等。

5.1.2.1 繁殖培育间的要求

1）育苗室

育苗室的建筑必须满足对光线和通风的要求，为温室结构。育苗室内应增设遮光、保温设施。一般使用玻璃或透光率为70%以上的原色玻璃钢波形瓦覆顶，并开设天窗，使晴天10：00室内光强度最低在5 000 lx以上。室内房顶、窗，设遮光帘，以调节光照强度。设高而宽的窗户，以利于保温、通风、采光。

2）育苗池

育苗池宜为长方形或方形，水体为20~50 m³，池深在1.8 m左右。池壁顶面高于室内地面50~70 cm。池之四角抹成弧形，池底向排水孔以2%的坡度倾斜。排水孔的孔径随池子的大小而异，一般不应小于100 mm。每个育苗池都应设有输水、充气和加温管道，管道安装要坚固安全，便于操作、维修。在育苗池池底排水孔外要设置收集虾苗的水槽，即集苗槽，槽底应低于池底排水孔40 cm。集苗槽的大小可为1.2 m×1.0 m×0.8 m（长向垂直于育苗池壁），集苗槽的池壁底设一排水管（沟），管径（沟宽）不小于250 mm。

5.1.2.2 饵料培养室

饵料培养室包括植物性饵料培养室、动物性饵料培养室及卤虫孵化间，各个培养室均应是独立的生产车间。

植物性饵料培养室主要用于培养单细胞藻类，要求光照度在晴天时能达到10 000 lx以上。因此，须有玻璃或透光率强的玻璃钢波形瓦覆顶。培养室四壁须有较宽大的窗户，屋顶开设天窗。室内建有单细胞藻类藻种房间、二级培养池和三级培养池，池子的总水体数约为育苗池的20%。二级培养池面积可为1.5~2.0 m²，池深0.5 m左右；三级培养池面积可为10~15 m²，池深0.8~1.0 m。二、三级培养池均应有人工光源、增温及充气设备。藻类二、三级培养也可采用塑料袋吊挂式、立柱式及其他封闭方式培养方法。

动物性饵料培养室以培养轮虫、枝角类等为主。轮虫、枝角类培养池应独立设置，单池面积10~15 m²，池深1.5 m左右。池内必须有充气和增温设备。动物性饵料培养总水体数约为育苗池的20%，也可以在室外设置动物性饵料培养池，单池面积为50~100 m²。有条件可设塑料大棚，有利于保温挡雨。轮虫及饲喂的单细胞藻类饵料的培养也可在室外塑料大棚内进行。

卤虫冬卵的孵化要采用卤虫冬卵孵化器。所在车间，独立设置，远离藻类和轮虫培养间。一般为温室结构，采用防锈材料。温室顶部使用透光玻璃，通常应用黑色调光帘，调控光强。

5.1.2.3 亲虾培育池、交配池

亲虾培育池、交配池建在室内，为水泥结构，各池独立设置，池子上沿距地面 0.5~0.6 m，便于观察和操作。圆形或方形，池深为 1.2 m，面积 15~30 m^2。中心排水或边端排水均可。池底向排水孔稍倾斜。

5.1.2.4 产卵池

可使用多个大型玻璃钢水槽或者建多个水泥池。池深 1 m，圆形或方形，面积 5~6 m^2。池上沿距地面 0.5 m。中心排水或边端排水均可。池底向排水孔稍倾斜。

5.1.2.5 供水系统

1）蓄水池

储存育苗场全部所需的海水，同时具有沉淀净化海水的功能。蓄水池的水直接来源于水源。为保证水质，储水量为全场海水使用量的两倍以上。为了保证海水有24 h以上的沉淀时间，储水池应设置为两个，交替使用。

2）高位储水池

为了用水管理方便，通常设置高位水池。高位水池的池底，高于全场疏水管道及用水池的最高水位。高位水池储水量取决于蓄水池沉淀净化能力，是否需要再沉淀。如果用水需要再次沉淀净化，则高位池容积应该是全场每日用水量的 1 倍；如果蓄水池水质较好，高位池仅仅是通过式使用，高位池容积可设计为 50~80 m^3。

3）过滤设备或过滤池

比较经济的过滤设备是开放式的，使用不同粒径的沙层，利用水的重力过滤。过滤速度慢，需要经常人工冲洗沙层。如果过滤后的水质较好，也可使用密封加压反冲式过滤器，过滤速度快。

4）消毒设备

为预防病毒性病原，用水必须经消毒处理，可选择紫外线消毒设施或适宜的消毒剂。沙滤海水再经紫外线海水消毒器或精密滤器处理，或用药物处理即可作为亲虾培育、育苗、饵料培养和滤洗对虾受精卵用水。

5.1.2.6 充气设施

亲虾培育池、蓄养池、育苗池和动、植物饵料培养池等均应设充气设备，主要是鼓风机，供气能力每分钟应达到上述总水体的 2.5%。为能灵活调节送气量，可选用不同风量的鼓风机组成鼓风机组，分别或同时送气。同一鼓风机组中的鼓风机，风压应该一致。

在选用鼓风机时注意风压与池水深度间的关系，一般应选用风压为 3 500~5 000 mm水柱的风机。罗茨鼓风机风量大、压力稳定，气体不含油污，适合育苗场

使用。

充气支管可用塑料软管，管的末端装散气石。散气石宜为圆筒状，长 5~10 cm，直径 2~3 cm，一般用 80~10 号金刚砂制成。各育苗池所用散气石必须型号一致，以使出气均匀。每 0.6~0.8 m² 池底设置一枚散气石。此外，也可在池底安装硬质塑料管散气，管径 1.0~1.5 cm，管两侧每间隔 5~10 cm 交叉钻一孔径为 0.5~0.8 mm 的散气孔，各散气管间距 0.5~0.8 m。

5.1.2.7 增温设施

根据各地区气候和能源状况的不同，采用不同增温方式。可使用锅炉蒸汽通过管道增温，也可使用其他增温设施，如电热器、工厂余热和地热水等增温。

利用蒸汽增温，每 1 000 m³ 水体需用蒸发量为 1~2 t/h 的锅炉，蒸汽经池中加热管增温，通常可用耐腐蚀、基本无重金属离子污染的不锈钢管为加热管道。

5.1.2.8 发电机

增温、充气和供水都需有持续、充足的电力供应。因此，育苗场必须自备发电装置。

5.1.2.9 水质分析室及生物监测室

为了能随时掌握育苗过程中的水质状况及幼体发育状况，育苗场必须建有水质分析室和生物监测室，配备所需的测试仪器，如水温计、比重计、酸度计、溶氧测定仪、分光光度计、显微镜、解剖镜等。

5.1.2.10 病原检测室

根据无特定病原要求确定的病原种类，设立相关的快速、灵敏的 PCR 仪，试剂盒等配套设施。

5.1.3 对虾育苗用水的处理设施

根据各个生产单元的生物安全性水平，决定水处理要求，特别是在病原条件比较复杂的高危险地区使用独立的再循环系统来减少水的使用和进一步促进生物安全性。通常情况下，最主要的处理目标是去除水内的杂质、颗粒状悬浮物以及病原生物。在人类活动的近岸海区，海水的水质往往较为复杂，因此，尚需要对重金属离子及其他有害物质的危害性加以处理。海水被过滤处理可以防止可能存在于水源中的病原携带者和任何病原的进入。海水进入育苗系统的第一步处理是通过沙滩沙井、沙滤器（重力或压力）或过滤网袋的初级粗滤，然后进入蓄水池或沉淀池。在沉淀之后，经过初级的氯化物消毒，应该用细滤器再次对水进行过滤，然后用紫外光（UV）或臭氧进行消毒。多数情况下需要添加乙二胺四乙酸钠（EDTA）预防重金属离子的危害。有些情况下需要增加调节水温设施和适宜的清洁淡水和浓缩海水调节海水盐度。

所有从育苗场排出的水，特别是已知道或被怀疑受到感染（如来自隔离检疫区域的水）时，应当在被排放之前，被暂时保留和用高氯酸或其他有效的消毒剂进行处理，尤其是在水被排放到与提水相同的地点时，更应如此。育苗场的局部或整体所有从设施中排出到周围环境中的废水都应当不带有病原。更加具体的水处理方法将在相关的操作描述中详细讨论。

苗种培育的主要基本设施见彩图 5-1 至彩图 5-11。

5.2 建立 HACCP 管理体系和生物安全管理操作

5.2.1 育苗场 HACCP 管理体系的建立

对虾育苗场必须在生物安全性方面达标，因为它对于成功地生产无特定病原虾苗是必需的，对保证虾苗健康是重要的。虽然生物安全具有十分广泛的内涵，但是狭义的生物安全性，可被认为是对病原引入和传播的可控程度及其一系列技术设施。生物安全性程序的基本要素，包括预防育苗场发生流行性疾病的一系列必需的物理、化学和生物方法。这些方法有些是与疾病直接相关的，有些则是间接的，不但要考虑单纯的技术因素，还应该考虑到各项技术的配套性、管理和经济等方面的可行性。依据育苗场的设施、所涉及的疾病和病原的风险级别，采用生物安全性所需的不同水平和策略。负责任的育苗场运营也必须考虑到重要病原被引入到自然环境的潜在危险，对周围水域的水产养殖和自然动物群落的影响，因此应用危害分析与关键控制点（hazard analysis critical control point，HACCP）体系，是最主要的安全管理要求。

危害分析与关键控制点的基本原则是 1971 年提出的，在全球食品加工系统中被广泛使用以确定和控制对人类健康的风险。1992 年以后，国际食品标准委员会使其更加规范化，其核心控制的危害物是针对食品中的有害微生物及其他有害于人类健康的物质。重点是预防，其主要内容为：生产过程中找出潜在的危害，分析可能出现的风险；确定关键控制点群，确定能消除或减少危害的可控制工序；制定保证各关键控制点受到控制的判定标准；建立监控制度；制定当关键控制点失控时的纠正措施；制定验证程序；建立质量文件并保持记录（Huss，1994）。

对虾育苗生产管理，应用危险分析关键控制点方法，可以使生物安全性规定的制定和实施更加规范和容易操作。HACCP 方法是一种以危险分析为基础的预防性风险管理系统，它采取监测和纠正性的行动，采取控制手段，以防止、消除或减少生产系统的危害因素，并在关键控制点上确定了临界限度。HACCP 原理已经被用作控制对虾研究和生产系统中病毒性病原的一种风险管理工具（Jahncke et al，2001）。HACCP 也应当被应用于对虾生产，并以降低或防止病害危险为特别重点。

通过繁殖、培育虾苗和生产阶段的隔离可以实现对虾生产设施中最大限度的生物安全性（Jahncke et al, 2001）。具有高度隔离的良好设计能够帮助减少病原从亲本向它们的后代传播的危险。为对虾生产中成熟和育苗阶段确定的关键控制点包括：亲虾对虾、幼体、仔虾，饲料和水。实施标准操作程序和HACCP中应当覆盖的其他潜在危险为病害携带者（人类和动物）、设施和设备。

育苗场需要建立一个详细描述所有操作和对虾及幼体在整个生产系统中运动的流程图，对于从繁殖亲体的接收到成熟、幼体培育和育苗池的每个操作阶段（如果适用），所有潜在的危险、对幼体健康和质量的影响和病原的进入点都应当被确定。在这种系统的危险分析之后，关键控制点应当得到确定。必须为每个区域确定关键控制点。有必要为诸如隔离检疫、成熟、孵化、藻类培养和卤虫生产等不同的区域确定关键控制点。

下列阶段可以被考虑为关键控制点，虽然它们可能不是唯一的、而且可能随着地点的不同而发展变化。

设施的入口：在入口处对操作工人、管理职员、交通工具和其他疾病携带者进行控制以防止来自其他育苗场、养殖场和整个环境感染的传播。

水处理：必须对生产单位内的所有用水进行适当（依据阶段）的处理（氯、臭氧、过滤等）来杀死病原和它们的寄主。

亲虾成熟：隔离检疫引入的繁殖亲体；对鲜活饲料进行检查和消毒；清洗水池和水气管道；对繁殖亲体、卵、无节幼体和设备进行消毒。

育苗场：应用经常的阶段性的干燥期；建筑物、水池、过滤器、水气管道和设备的清洁和消毒；鲜活饲料的质量控制和消毒；每个房间、每个水池的工具的分离。

藻类：限制人员进入藻类实验室和水池设施；设备、水及空气消毒；藻类和使用的化学药品的卫生和质量控制。

卤虫：卵的消毒、幼体消毒、水池和设备的清洗和卫生。

对于每个关键控制点，都必须确定临界限度，而且确定一旦这些限度被突破时的适当纠正措施。一个关键控制点监测系统必须与良好的记录和文件资料系统同时被建立起来。

限制对虾育苗场核心生产区和各个区域的非生产人员进入：所有进入生产区域的员工和管理人员都必须遵守操作规范规定的程序。育苗场的工人必须被限制在他们特定的工作区域而不应该在未指定的生产区域随意走动。进行这方面管理的一种实用的方法是为各个区域提供不同颜色的制服。这将使得处在不应出现区域的人能够很快地被辨认出来。在进入和离开生产单元时，所有人员都必须采取适当的卫生防范措施，员工在生产区的时候必须穿橡胶的长筒靴。生产单元（孵化、成熟、藻类培养、卤虫培养等）必须只有一个入口、出口，以避免不必要的穿过性通行。入口处必须有一个洗脚池，池内有最终浓度不低于50 mg/L的有效成分的次氯酸钙（或钠）溶液。有效药物成分浓度不够时,应对消毒液进行更换。在进口门内,每个车间都必须有一个盛有 20 mg/L 的 PVP-碘(聚乙烯吡咯烷酮碘剂)溶液或 70% 的酒精的盆,进入或离开车间的人员必须在这种溶液中洗手。

必须对交通工具(人员或对虾运输车辆)给予特别的关注,因为这些交通工具在到达之前可能到过其他的孵化育苗场或对虾养殖场。所有车辆都必须经过一个车轮洗涤池,其大小应当足以保证车轮的完全洗涤。车轮洗涤池必须经常地添加有效的消毒溶液[如大于 100 mg/L 有效浓度的次氯酸钠(钙)]。

必须对潜在疾病携带者进入到孵化场内进行控制,某些对虾病毒在一定范围的陆生动物中被发现,如昆虫和鸟类(Lightner,1996)。所有进入设施的水应当被过滤和消毒,只要可能,所有的排水渠道应当安装滤纱或加盖以防止野生水生动物的进入。

5.2.2 化学药剂的使用及管理

在育苗场生产过程中,不可避免地需要使用化学药品(如消毒剂、水质改良剂,治疗性药物如抗生素、激素等),它们能够提高生产效率和减少其他资源的浪费。它们常常是诸如水池建造、水质管理、繁殖亲体、幼体和虾苗运输、饲料配方、操纵和促进繁殖、促进生长、疾病治疗和总体健康管理的基本物质手段。化学制剂的有效和安全使用与保存应当是育苗场标准操作程序整体的组成部分。

化学药品必须以负责任的方式使用,因为它们可能对人类健康、其他水生和陆生生产系统和自然环境带来潜在的危险。这些危险包括:① 对于环境的危害及潜在影响,如水产养殖中用的化学消毒制剂对天然水域的水质,尤其是对生物群落、天然水生生物群落多样性的干扰比较严重。② 对于人类健康的危险。例如,由于处理饲料添加剂、治疗药物、激素、消毒剂给水产养殖工人带来的危险;形成对人类药物中使用的抗生素具耐药性的病原品系的危险;由于食用含有不能接受的高水平化学残留的水产养殖产品给消费者带来的危险。③ 对于生产系统中其他家化品种的危险,如由于形成具耐药性的细菌可能导致家畜或家禽的疾病。

因此,必须对员工进行充分培训如何正确地操作化学药品(如数量、持续时间和处理条件)、在什么样的特定场合下使用化学品、什么是最适合的使用量、使用化学药品的目的、错误使用化学药剂的危害性等基本知识。

种虾培育场、育苗场生产过程中必须负责任地使用化学药品。必须特别注意提醒,由于我国生产渔用药物品牌复杂,有效药物的质量和数量并非一致,以下所述涉及育苗操作中提到的药物使用量,仅供参考,实际应用以前,对于所使用的化学药物一定要做药物的安全使用量试验。

关于对虾养殖和其他水产养殖系统中化学制剂使用的详细资料,2003 年,世界动物卫生组织(Office International des Epizooties,OIE)在其水生动物诊断检测和疫苗手册中，提供了对虾养殖中使用的各种化学药品和消毒剂可接受和建议的剂量。

5.2.3 幼体健康评价

经常性的对对虾亲虾、幼体的健康进行评价，应当是良好的对虾育苗场管理的重要内容。根据FAO/NACA于2000年和2001年提供的亚洲地区在以往水生动物健康管理活动中所取得的经验，将对虾育苗场的健康评价技术和手段划分为3类（级别）。第一类是粗放型，依靠人的经验，基本凭借肉眼或简易的放大镜观察（一级）；第二类凭借传统的微生物、病理检验技术（二级）；第三类应用现代分子生物学检测技术（三级）。目前，很多育苗场往往3种类型的技术同时应用。

一级评价：对动物和环境的观察。使用肉眼直接观察，根据粗略的特征进行检查。一级评价技术既适用于生产现场，又适用于检查繁殖亲体的总体健康状况、性别确定、确定性别发育的阶段、确定蜕皮的阶段、清除生病和垂死的个体。通过趋光反应选择幼体，根据对虾粪便条、幼体活动、虾苗的活动和行为的观察来确定溞状幼体、糠虾幼体、仔虾的投饲，应激试验。事实上，每一个育苗场均普遍采用该方式评价幼体、亲体的健康。因为生产现场进行大量幼体的详细检查是不实际的，育苗场经营者和技术人员经常使用肉眼直接观察、诊断来获得对幼体健康状况的初步感觉，并确定需要更详细的二级、三级检查的重点。一级观察对于作出一个孵化池或一批幼体的前景判断常常是足够的。例如，健康幼体的选择通常根据趋光反应特性就可以决定，而不需要更加详细的显微检查。如果一批幼体表现出很差的趋光性和很弱的游泳能力，如果是商业销售，实际上已经在无须进一步检查的情况下就被拒绝。

二级评价：使用光学显微镜和压片标本进行更详细的检查，可以采用或不采用染色和基本细菌学方法。通过显微镜检查虾卵的质量。例如，正常或垂死动物的细菌群落的检测，无节幼体质量的显微检查，幼体状况的虾苗质量的常规显微检查，检查育苗水体和幼体的细菌群落。二级评价技术在对虾育苗场管理的决策过程中也被频繁地采用。大多数（即便不是所有的）育苗场具有显微镜，以用于更详细地检查和观察对虾幼体各种状况与健康相关的直接特征（清洁、摄食行为和消化等）。许多育苗场还经常性地采用基本的细菌学方法来获得对水池中细菌群落的了解，当幼体变得虚弱或生病时确定可能的病原。然后，这种信息可以被用于决定是否应当将该池的幼体抛弃或对其进行治疗。

三级评价：采用更加精细、准确的方法，如分子生物学技术和免疫诊断方法（如PCR和点渍法等）。随着分子生物学诊断技术的发展，更加严谨、精细、准确的评价技术，越来越广泛地被育苗场和生产者接受，在对虾育苗场的使用正变得更加普遍。免疫诊断检验法、聚合酶链式反应（PCR）等灵敏、快速、准确的方法被用于针对病毒病的虾苗和繁殖亲体的筛检。

5.2.4 操作程序应规范化

每个育苗场应当制定适合它自身的一套规范化的操作程序。操作规范应包括生产周期的每一个阶段或过程的全部内容，关于生物安全性维护的培训应当是育苗场生产过程的一个重要组成部分。该规范应当包括所有关键控制点的详细情况和描述如何完成每一项任务以控制相关的危险。一旦适用于育苗场的规范形成了文件，应当被提供给所有的员工，并在适当的时间和地点，举行一个会议来介绍这一规范，并解释规范的内容和必要性。

5.3 斑节对虾幼体的营养与饵料管理

斑节对虾养殖产业发展推动了斑节对虾幼体培育的研究，已经有大量的文献报道对虾幼体的摄食习性和营养要求。事实上，在研究幼体摄食营养的同时，也关联到幼体培育环境中的生物多样性对幼体培养成功的决定性影响。一个明显的事实是，即使使用最优秀的对虾幼体人工配合饲料，培苗的总体效果仍然比不上使用活的生物饵料效果。这是因为在十分清洁的海水中，使用全部人工配合饲料，往往不能达到生物饵料的营养全面性，同时也缺少生物饵料的生态功能。这一事实，是对虾育苗程序中必须考虑的管理因素。

5.3.1 斑节对虾幼体阶段的营养需求

对虾幼体阶段在很短的时间内变态频繁，营养需求变化较大，所以幼体营养研究尚不完全细致。食性的变化一方面是由于口器对食物选择的原因，另一方面是由于营养需求。无节幼体期依靠体内卵黄等积累的物质提供能量，无口器。溞状幼体Ⅰ期具有口器，依靠滤食摄食，以摄食单细胞藻类为主。溞状幼体Ⅱ期以滤食为主，略具捕食能力，以单细胞藻类为主，可捕食小型浮游动物如轮虫等。溞状幼体Ⅲ期基本以捕食动物性饵料为主，辅以单细胞藻类。糠虾幼体期以捕食浮游动物为主。仔虾前期可捕食浮游动物，但很快即转为以捕食底栖生物为主，在缺乏底栖生物时，仍然对浮游动物有很强的捕食能力。幼体的食性转换，可以表现在幼体体内消化酶活性变化，随着幼体转化，胃蛋白酶、类胰蛋白酶活力逐渐增大，而淀粉酶活力呈下降趋势，纤维素酶和脂肪酶活力极微（潘鲁青和王克行，1997）。

对虾育苗期的标准饵料系列是：对虾无节幼体期的培育水体内，已经需要为溞状幼体开始繁殖开口饵料，在培育水体内首先添加单体硅藻类的角毛藻（*Chaetoceros sp.*），控制量为每毫升水体1万~3万个细胞。溞状幼体Ⅰ期，水体内的角毛藻量，至少应该达到每毫升5万~10万个细胞。扁藻应该在溞状幼体Ⅱ期开始使用，角毛藻可以提供适量的高度不饱和脂肪酸和蛋白质，而扁藻类的四鞭藻（*Tetraselmis* sp.），可以提供必需氨基酸及天然的类似抗菌素的物质。溞状幼体Ⅰ期至仔虾期，应用单体角毛藻（*Chaetoceros* sp.）、扁藻（*Tetraselmis* sp.）；溞状幼体Ⅱ期至仔虾期，增加轮虫；溞状幼体Ⅲ期至仔虾期，增加卤虫无节幼体；仔虾期以后可增加卤虫成体，但是在整个幼体培育期，水体内均需要单细胞藻类，即使是仔虾期，藻类仍然是维持幼体健康的重要因素。近几年，我国在对虾育苗中使用有光合细菌等有益细菌，对提高幼体成活率、幼体健康等方面，具有显著效果。

对虾幼体期对饵料中的最适蛋白质含量，尚未有确切数据，粗蛋白质通常需要占35%~55%。在一定范围内蛋白质总量并不是关键，而是不同的蛋白质源对幼体的利用有重要影响，必需氨基酸是否齐全和比例是否合理。对虾幼体阶段需要的必需氨基酸缺少资料，可以用幼虾营养需求的氨基酸组成参数作参考。对必需氨基酸总量要求较多，约占蛋白总量的49.8%。

对虾幼体对脂肪的营养要求研究表明，必需脂肪酸在对虾幼体营养中的作用应予以重视。幼体不具备合成长链ω-3高度不饱和脂肪酸的能力。在中国明对虾幼体发育过程中，脂肪酸组成的变化趋势是，饱和脂肪酸的比例逐渐减少，高度不饱和脂肪酸的比例逐渐增加，而高度不饱和脂肪酸需要从饵料中获取。此外，对磷脂和甾醇的营养需要研究表明，各种磷脂对日本囊对虾幼体的成活和生长作用，因磷脂的来源不同而有很大的区别。在日本囊对虾幼体饵料中，3%大豆磷脂含量、1%胆甾醇为最适含量（Kanazawa，1985）。另外，有研究表明，对虾幼体的配合饵料中必须添加维生素C、维生素A、维生素E等。

5.3.2 幼体饵料的管理

5.3.2.1 坚持使用高标准的生物饵料

所谓高标准，可以有多方面的理解，共同要求是饵料中不携带对虾病原生物。饵料的体积适宜于幼体口器摄食。对于单细胞藻类，要求使用高密度、处于指数生长期的单体角毛藻。藻液中无对虾病原体。活饵料（藻类、卤虫、轮虫及其他）属于关键控制点，因为饵料可能会因为不当的处置而遭受污染。应当从病原危险的角度去考虑所有活的、新鲜或冰冻食物的来源。

1）单细胞藻类

必须在微藻的培养过程中维持极高的卫生标准，坚持藻类培养程序，维持藻类的纯种培养。实验室阶段的微藻培养要求极高的卫生条件，包括对所有的水和空气供应进行彻底的消毒和过滤（至小于 $0.5\ \mu m$），通过使用杀菌器对所有的设备和水消毒，使用纯实验室标准的化学肥料。使用空调将温度维持在每种藻类的适宜温度。使用藻类最适的盐度培养。所有使用的藻类品种的纯培养的所有阶段（从实验室的琼脂和试管瓶培养到室外的大规模培养）都应当采用适当的卫生标准和微生物程序来保证培养的质量。应当避免以藻类为食的原生动物、其他藻类品种和细菌（特别是有害的弧菌）的污染。

在每次收获之后，必须对所有的藻类培养池进行冲洗和消毒。用次氯酸钙（钠）溶液（浓度 30 mg/L）对藻类培育池进行消毒后，应当用清洁的淡水或处理过的海水对培育池进行漂洗。

通常从无节幼体的最后阶段开始将浮游性藻类供应给幼体，这样一旦变态到最初摄食阶段（溞状幼体 I 期），幼体就能马上开始摄食。在整个溞状幼体 I 期到糠虾阶段，通常将藻类的密度维持在 80 000~130 000 细胞/mL。在虾苗阶段，藻类密度有所下降，因为幼体的肉食性更强，但是从维持水生态功能来看，仍然应该维持适当的密度，使水色保持黄绿色或褐黄色。

2）卤虫幼体

应当采取措施以保证卤虫幼体不会造成引入病原的危险。在购买卤虫卵时，都应要求有通过 PCR 分析表明不带有 TSV、WSSV 和 YHV 病毒的证明，或者自己检测这些病原。为了安全，尽量使用脱膜卤虫卵培养卤虫幼体。Hameed 等于 2002 年的研究表明，尽管卤虫卵可能不带有重要的病毒病原，它们肯定是细菌、真菌和原生动物疾病的重要来源。因此，卤虫卵的脱膜对于避免卤虫幼体培养水的污染和引起幼体培育水污染的可能性是值得推荐的。

卤虫卵脱膜方法：每千克卤虫卵，放入 4 L 海水中，每升海水加 300 mg 次氯酸钠。浸泡至卤虫卵呈橙红色，标志着成功脱膜，在含有已脱膜的卤虫卵虫的水中加入 100 g 硫代硫酸钠对余氯进行中和，然后可以用清洁的淡水对脱膜的卤虫卵进行洗涤。也可以不中和氯，多漂洗几次也可。最后保存在过饱和的盐水中，以备用于孵化卤虫幼体。

卤虫卵在充足的曝气条件下，以盐度为 15~40 的海水孵化 24 h 以上至完全孵化。收获卤虫幼体后，应当对卤虫孵化池进行彻底的清洗、消毒。

3）人工配合饲料

尽管人工饲料一般不会带来病原的危险，它们可以相当容易地保存，但是必须恰当地使用和储存它们。

人工饲料包括干藻、液体饲料、微囊饲料、薄片和粉碎的颗粒饲料、矿物质、维生素添加剂和强化剂。这些饲料按照幼体发育的阶段以各种规格使用和依据育苗场的偏爱、水质和营养要求以不同的组合使用。但是，它们通常主要用作活饵料的补充。通常，只要选择了优质的饲料，则将其储存在低温、干燥条件下，一旦包装容器被打开，就要迅速用完，不能过量使用（因为这可能导致水质问题），它们不应当带来任何与对虾健康相关的麻烦。

5.3.2.2 藻类和丰年虫培育场所的进入应当仅限于获得批准的人员

来自于藻类和丰年虫培育场所的人员应当不能进入其他生产区域。应当在每个车间的入口处放置一个含有消毒溶液［高于 50 mg/L 活性成分的次氯酸钙（钠）］的足浴容器。应当按需要的频度更换消毒液。与其他区域一样，应当在门口放置装有消毒液（20 mg/L 的聚乙烯吡咯烷酮碘剂或 70% 酒精）的容器，所有人员在进入或离开车间时都必须用消毒液洗手。

5.4 幼体培育的水环境管理

对育苗有影响的所有因素均是控制管理的目标，但下列主要水质要素，如盐度、溶解氧、酸碱度、重金属离子含量、氨态氮、亚硝酸态氮、病原微生物数量级等，是所有对虾繁殖场应列入监测的内容，也是环境控制的重要内容（表 5-2）。

表 5-2 斑节对虾胚胎及幼体发育最适的主要理化因子参数

项目	产卵	胚胎	无节幼体	溞状幼体	糠虾幼体	仔虾
盐度	27~35	28~33	28~33	28~33	28~33	20~30
温度/℃	28~30	28~30	28~30	28~30	28~30	28~30
pH 值	7.8~8.3	7.8~8.3	7.8~8.3	7.8~8.3	7.8~8.3	7.8~8.3
溶解氧/($mg \cdot L^{-1}$)	≥5	≥5	≥5	≥5	≥5	≥5
光照度/lx	暗	≤5 000	≤5 000	$10^3 \sim 10^4$	$10^3 \sim 10^4$	自然光照

5.4.1 盐度

包括斑节对虾在内的几乎所有对虾幼体培育的最适盐度范围是 27~36，对虾产卵、卵子孵化以及糠虾期以前的各期幼体，虽然可适应的盐度范围比较大，但是盐度基本上在 27~33。仔虾期以后则适应较低的盐度，仔虾 I~Ⅲ 期试验的适应范围是 11.08~43.48，但是最适范围是 20~30。对虾各个生命阶段适应这个变化幅度，需要有一个适应的时间过程，在适应范围内盐度的稳定很重要。24 h 内，盐度的变化幅度不应超过 0.5。通常从对虾产卵直到仔虾这一段生产前期，盐度控制在 28~30。在培苗过程中，对卵、幼体做处理时注意用水盐度的一致性。仔虾期 7 d 后，对虾在较低盐度水内生长较快，此外养殖池塘水的盐度一般在 28 以下，因此，仔虾期盐度应逐渐下降或按养殖要求调整。

5.4.2 水温

斑节对虾是属于热带温暖水域虾种，最适的繁殖温度是 27~29℃。虽然有些商业育苗场在30℃条件下育苗，但这里仍然建议在28℃条件下育苗，有利于虾苗的健康。育苗对温度控制的要点是24 h内变化幅度不超过2℃，尤其是对卵、幼体做操作处理时，水温要与原培育池温度保持一致。

5.4.3　pH值（酸碱度）

对虾胚胎及幼体发育期对pH值的适应范围很窄，可适应范围为7.8.0~8.6。海洋本来是一个有很强缓冲能力的系统，pH值保持在8.0~8.3。但是在育苗池中，该要素便成为一个容易变化的不稳定因子，尤其在使用单细胞藻类阶段，pH值往往高达8.7~9.0，或者高达9.0以上，造成对虾幼体大量死亡。因此，该要素是水环境质量的重要监测指标。酸碱度的变化一方面直接干扰了对虾幼体的生理功能，另一方面，它的变化也影响着其他环境要素的变化，如水内的非离子氨的含量和pH值存在严格正相关，在碱性条件下，提高了对生物毒性极大的非离子态氨的数量。影响育苗池水酸碱度的主要因素是浮游植物的光合作用和生物的呼吸作用。在光照合适时，浮游植物光合作用消耗大量二氧化碳，使池水pH值升高。无光合作用时，生物呼吸作用二氧化碳积累增多，使pH值下降。酸碱度的调控应针对发生问题的原因，如果水源的水质正常，主要是调节光照度。保持育苗海水的总碱度在120 mg/L以上，降低育苗室的光照强度，如维持低于1 000~3 000 lx光照度，有利于水质酸碱度的管理。

5.4.4　充气

由于使用充气设备，使育苗期间溶解氧的需要成为最容易控制的要素。充气作用形成的携带丰富氧气上升流可促进育苗池内溶解氧分布均匀及各种饵料悬浮、扩散，促进氨氮的硝化，避免硫化氢的发生，抑制厌氧菌发生。充气带动水流防止幼体过度密集。在我国由于采用的散气石孔径较大，平均每分钟的充气量为育苗水体的1%~2%。在产卵过程及胚胎期，气量要小，只要满足溶解氧需要，水微微流动使卵子浮动即可。气流过大，虾卵易破损。幼体发育后期，特别是幼体密度较大时，应加大气量达2%以上。

5.4.5　微生物及病原

由于育苗水体是高温、高生物量培养环境，大量的饵料投入及生物代谢产物，使水体成为微生物良好培养基。因此，控制病原微生物，特别是控制病原体数量，是育苗管理的重要内容。虽然应用消毒、过滤等措施可预防水环境携带的病原，对亲虾及卵子消毒可控制亲虾体表及产卵过程中带到卵子表面和水环境的病原，但在幼体培养过程中仍然要预防疾病的发生。预防和治疗疾病可以使用无公害药物，但主要还是加强幼体营养，减少环境应激，提高幼体免疫力。减少水体自家污染，增加水体微生物多样性，如添加培养有益细菌，使用优良单细胞藻种等生态学方法控制病原体数量。异氧菌可以覆盖绝大多数病原菌，弧菌多数是致病菌，因此监测和控制育苗水体异养菌（应用 ZoBell 2216E 海洋琼脂平板计数）小于 10^5 cfu/mL 样品中含有的细菌群落总数数量级；弧菌数量（应用 TCBS 弧菌选择性培养基平板计数）小于 10^3 cfu/mL 样品中含有的细菌群落总数数量级，可以作为有效地控制育苗期的疾病的指标。这个指标可能不太严格，因为有些弧菌并非病原菌。但基于下述原因，所有致病弧菌均可在 TCBS 培养基上生长，几乎所有的因弧菌致病发生疾病的育苗池，水中的弧菌均超过这个数量级。根据对虾育苗池菌相调查研究表明，凡是弧菌计数，在这个数量级以下，一般不会发生流行病。良好的正常水质菌相弧菌数量不会超过 10^2 cfu/mL 样品中含有的细菌群落总数数量级，因此它也是水质是否良好的标志，观察水环境中的弧菌量仍有指标意义。

在育苗水体中加入有益微生物（probiotics），能调节、改善其生态环境，同时也为对虾幼体提供适宜的活性营养物质，减少育苗期的疾病，正日益受到人们的重视。许多人报道，有益微生物可以促进对虾幼体的成活率、变态率，促进对虾幼体生长（Maeda and Liao，1992；Garriques and Arevalo，1995；Wang et al，2002）。使用 10^5 ~ 10^6 cfu/mL 样品中含有的细菌群落总数数量的有益细菌，可以竞争性地排斥对虾幼体的病原菌，为对虾幼体提供营养成分和消化酶，改善育苗水质等作用（Wang et al，2002）。

5.4.6 重金属离子

由于近代工业的发展以及人类其他产业活动的废物对环境的污染，水源多数会发生重金属离子超标的问题。微量的离子态重金属含量即可对水生动物幼体产生中毒作用。许多实验表明重金属离子含量超过 0.015 mg/L，就可能对对虾幼体产生极大的毒性（表 5-3）。不幸的是，我国沿海地区的水质重金属离子含量严重超标。这种现象需要在生产场址的选择、水处理等方面高度重视。

表 5-3 几种重金属离子对对虾无节幼体的毒性　　　　单位：mg/L

重金属离子	96 h 半致死量	计算安全浓度
汞（Hg）	0.009	0.000 9
铜（Cu）	0.034	0.003
锌（Zn）	0.047	0.005
铅（Pb）	0.50	0.05
镉（Cd）	0.078	0.008
银（Ag）	0.053	0.005

离子态重金属的毒性,主要在对虾卵子发育、无节幼体期比较敏感,仔虾期可耐受的重金属离子浓度,通常可比无节幼体期提高 1~2 个数量级。按各期对虾幼体对重金属离子的敏感程度排序,分别为无节幼体、溞状幼体、糠虾期幼体、仔虾期。但有些重金属,如微量的铜离子,当幼体培育的池水中,具有 $10^{-10.80} \sim 10^{-9.80}$ mol/L 的铜离子含量,可提高对虾卵子的孵化率。某些重金属,如锌离子,它的微量存在对对虾发育并非必需,但是 $10^{-7.6} \sim 10^{-11.0}$ mol/L 锌离子含量,可控制育苗池中的某些有害细菌、纤毛虫的发育(袁有宪和高成年,1993;高成年和曲克明,1995)。然而利用天然海水培育虾苗,有选择地控制重金属离子含量,在生产上,操作难度较大。比较简便、适用的方法,通常是选择金属离子螯合剂。目前使用的螯合剂乙二胺四乙酸二钠盐(EDTA),是在 20 世纪 50 年代应用于藻类培养,60 年代被应用于对虾育苗,发现可以提高对虾卵子孵化率、育苗成活率,有利于饵料生物的繁殖。1981 年,Lawrence 在研究铜、锰离子对细角滨对虾无节幼体的毒性试验研究中,明确了 EDTA 在对虾育苗中的有益作用是其对有毒金属离子的螯合作用,减少了游离的重金属离子浓度,降低了其毒性。该研究同时还提出使用 EDTA 的安全浓度,认为低于 0.3 mol/L(约 100 mg/L)对对虾幼体变态和成活均为安全浓度。此后,在对虾卵子孵化期,使用 10 mg/L 添加量的 EDTA,几乎成为对虾育苗产卵、胚胎发育、幼体前期发育各阶段的规范性措施。根据在我国沿海对虾育苗生产应用的水源中重金属离子含量,一般情况下,只要在产卵期、无节幼体期、溞状幼体前期,每立方水体使用 2~3 g EDTA 即可。事实上,溞状幼体以后,由于投喂饵料,许多大分子有机物如蛋白质等可以和金属离子络合,减小其毒性。

5.4.7 氨氮及亚硝酸态氮

育苗水环境的最主要自家污染因子就是对虾幼体的代谢产物和残饵的分解产物——氨。已有大量的实验数据证明,非离子态的氨及亚硝酸盐对水生动物甲壳类的致毒作用,特别是对对虾幼体具有致命的毒性。即使尚未达到致死的浓度,它的存在也会影响到虾的免疫力、生长率以及发生某些组织细胞的变性等病理变化。因此,人们最关心的是非离子态氨的安全浓度。斑节对虾幼体期(无节幼体期)NH_3-N 的安全量是 0.01 mg/L。亚硝酸态氮的安全浓度估计为 0.1 mg/L。由于非离子态氨的数量和 pH 值密切关联,因此,对虾育苗过程中控制总氨氮量在 0.4 mg/L 以下的同时,更为重要的是控制 pH 值不要超过 8.3。

5.4.8 其他影响育苗效果的因素

生产大量优质的幼体,育苗场必须要对幼体健康管理所涉及的诸多因素进行严格控制。

1）幼体培养放养密度

幼体的放养密度不应过高。放养过量可能会带来应激反应，而且在后期阶段可能导致自残和水质下降，特别是在成活率很高时。一般来说，幼体的放养密度应当在 50～100 只/L（100 000～250 000 只/t）。幼体密度太低，可以降低管理的难度，幼体变态一致，但是提高了育苗成本。

2）注意水体的水交换

投饲过量往往是引起水质恶化的主要原因之一，通常可以通过加大充气量或改变充气方向，以防止吃剩的食物和粪便沉积在池底。必要时要对池子进行经常性的虹吸以防止在池底形成厌氧的污泥。使用水交换可以改善水质。一般在达到糠虾阶段之前不需要进行水交换，虽然通常会在整个溞状幼体阶段提高水位，因为幼体常常放养在只有一半水的池子内。在糠虾阶段之后，依据放养密度和水质指标，通常每天要换水 20%～100%。应当注意保证用于增加水位或替换的水的温度、盐度和 pH 值与池子内的水相似，而且防止消毒剂过量而造成对于幼体的伤害。

3）控制投饲的数量、质量

投饲的数量、质量管理可能对幼体的健康和成活率产生重要的影响。疏忽使用优质饲料，往往导致幼体生长不良、死亡率高、互残行为增加、蜕皮变态困难、畸形和体表寄生物污着程度增加。仅仅使用配合饲料时，很可能出现上述这些情况。通常使用配合饲料和活体饵料相配合，采用增加投喂次数，每次少量投喂的方法，采用规格适当的饲料是重要的。建议饵料颗粒的直径，溞状幼体期为 10～50 μm，糠虾幼体为 100～200 μm，早期仔虾（虾苗）为 200～300 μm。建议每 2～4 h 投喂一次。数量不足或劣质的藻类也可能给幼体健康带来严重的后果。例如，溞状幼体阶段，幼体培养池内藻类的密度不应低于 80 000 细胞/mL。

5.5 培育幼体、虾苗操作

5.5.1 亲虾等待产卵前的管理

亲虾切割眼柄 3～7 d 后，雌虾的性腺开始快速发育，对虾接近成熟待产以及产后的亲虾，蓄养密度为每平方米 5～10 尾。蓄养期水温调控为 26～28℃，1 d 内温度波动不超过 1℃。光照度控制在 500 lx 以内。饵料以鲜活洗净的沙蚕为主，辅以贝肉。定时换水、清污，注意充氧。斑节对虾具有在一个繁殖季节内，性腺多次成熟的特性，在一个育苗期内，雌虾可以进行 3～8 次产卵，因此，要重视对亲虾产卵以后的培养工作，这样可以提高亲虾的利用率，增加每尾虾的产卵数量。在亲虾池应适量放养一些雄虾，以备雌虾蜕皮后重新交配。

每天用专用水下灯检查对虾性腺发育情况，自然水域捕捞的优质亲虾，通常在 5～10 d 内即可成熟产卵，人工养殖亲虾性腺成熟较慢，但是切割眼柄 30 d 以后，性腺仍不发育，通常应淘汰。应当对怀卵量、产卵率（每只雌虾产卵的数量）和雌虾保持在成熟池的时间进行监测，为了防止幼体质量的恶化，根据采用的投饲形式和产卵虾的健康状况，去除眼柄的雌虾通常应当最迟在 1~2 个月后或 8 次产卵后从成熟单元内取出。未去除眼柄的雌虾可继续作为亲虾培育，但是应当加以标记。

应当只在必要的时候搬运繁殖亲体，以避免对虾过度的应激反应。应当避免过多地追赶单个对虾。在把握繁殖亲体时，一定要戴棉线手套，握住对虾腹部，勿使其步足受伤，预防亲虾弹跳跌落。避免过长时间地将繁殖亲体保持在离水的状态下。例如，在将雌虾转移到产卵池内时，应当按要求的方法把握雌虾，同时将它们保持在装有成熟池池水的水桶中。

5.5.1.1 育苗池的处理

育苗池以及育苗有关的工具、水槽等，使用前必须浸泡和消毒并刷洗干净。新建水泥池需长时间浸泡、刷洗，以蓄水后不改变水的酸碱度为合格。也可使用 RT-176（氯乙烯—偏氯乙烯共聚乳液）涂料，将池壁、池底涂刷 2~3 遍。使池水 pH 值在 8.6 以下，并在短期内无明显变化时方可使用。

池子和管道刷洗干净后，用药品消毒，以杀灭细菌等有害生物。一般用 40~50 mg/L 漂白粉（含有效氯 25% 以上，以下同）溶液，或 20~30 mg/L 高锰酸钾溶液洗刷，经数小时后再用过滤海水冲洗干净备用。

为了实现优质幼体的稳定生产，为了保证生产设施维持在最佳状态，必须注意对设施进行维护，从而为对虾亲虾、幼体和虾苗的生长、成活和健康提供最优化的条件，将疾病暴发的危险性降到最低。为了有助于达到这些目的，育苗场的管理部门应当按照操作规范规定，作为标准化操作程序严格操作。育苗场的标准操作程序中应当包括每个培育周期（幼体培育）后或至少每 3~4 个月一次的清洁性干池程序，每次清洁后，干池的最短时间为 7 d。这有助于阻止病原从一个生产周期向下一个生产周期传播。应当对所有的设备进行经常性的彻底清洗，每次使用后进行清洗和消毒，并且在新的生产周期再次开始之前进行清洗和消毒。

用于亲虾产卵、虾卵孵化和容纳幼体和虾苗的池子每次使用后应当彻底清洗。用于清洗和消毒的程序基本上与所有的池子和设备相同。它包括用干净淡水进行擦洗和清洁剂清除所有的污垢和残渣，用次氯酸盐溶液（20~30 mL 的活性成分）或 10% 的盐酸溶液（pH 值为 2~3）消毒，用足量的净水漂洗以去除残留的氯或酸，其后干燥。池壁也可用盐酸向下擦洗，室外虾池可以通过阳光曝晒、干燥消毒。

5.5.1.2 育苗系统水质管理

育苗场必须设置对进水的适当清洁和消毒的处理设施或设备。进水在被分配到不同的生产单元（产卵、孵化、藻类培养、卤虫培育等）之前，应当通过氯处理和过滤进行清洁和消毒。用水设计应当避免交叉感染的危险。水、气分配系统的设计应当方便于消毒和完全干燥。

正常情况下，育苗场的成熟池和幼体培育设施应当建造在海水供应比较方便、地势稍高的不受风暴潮影响的安全地区。但是，有可能使用从其他地点引入的海水，建立封闭的循环用水系统，需要较为严格的水处理设施。用适当的过滤和消毒技术处理并非最理想的海水。从总体看，封闭的再循环系统比开放水系统具有更好的生物安全性，但是要求额外的生物和机械过滤和消毒资金来维持最佳的水质。

带有大量悬浮物及浮游生物的海水首先应当通过沉淀池或蓄水池以除去悬浮固体物质，在每日两次潮地区，蓄水池每天可以加注两次时，要求最低蓄水容量达到总容量的50%。蓄水池的水进入育苗系统前应当对进水消毒以消灭所有残留的病原，并使用螯合剂通过螯合作用去除存在的任何重金属。通常用次氯酸钙（钠）（30～40 mg/L的浓度，不少于30 min）或臭氧、紫外光对进水消毒。经过氯处理后，在使用前必须用正甲苯胺（5 mL水样中加3滴）对蓄水池内的水进行检查，以确保水中没有氯残留（显示为黄色）。一旦氯气已经消散或用硫代硫酸钠中和（1 mg/L氯残留用1 mg/L硫代硫酸钠），可以用乙二胺四乙酸钠螯合水中存在的任何重金属（数量取决于重金属的浓度和效用）。

我国许多地区使用的沙滩滤水井进行初级水过滤是一个经济的水处理方法。天然海水从大海进入育苗场时抽取沙滩过滤井的海水，海水在进入育苗场前得到初步过滤。该方式限制了污着生物、病原携带者、赤潮和一些病原的进入。

蓄水池后的水过滤系统应当由沙滤器、活性炭和其他过滤元件，如筒式过滤器或滤膜式过滤器组成，以用于需要细滤的用水。

沙滤器需要经常进行适当的维护。每天必须用足够的时间将沙滤器反冲至少两次（或按进水中悬浮固体颗粒含量的要求确定），以保证滤器的清洁。如果能够打开滤器检查通道和进行彻底的反冲是有益的。在每个生产周期开始时，必须事先用含20 mg/L活性成分的次氯酸钙溶液或10%的盐酸溶液（pH值为2～3）冲洗过的洁净沙子来替换原来的沙子。活性炭在每个育苗周期内至少被替换一次以保持其有效性。

筒式过滤器必须每天调换。在使用筒式过滤器时，必须有两套滤芯，这两套滤芯应当每天调换。用过的过滤器应当在含10 mg/L活性成分的次氯酸钙（钠）溶液或10%的盐酸溶液中洗涤和消毒1 h（有些过滤器材料对盐酸敏感，在使用这种消毒剂时必须特别小心）。然后用足量处理过的水漂洗过滤器并将它浸泡在含有10 mg/L的硫代硫酸钠溶液的容器中，以中和氯气（如果使用）。根据海水中悬浮固体物质的含量，每个育苗周期需要两套或更多的过滤器。

根据海水用途，建议使用的过滤器的粒径，应达到如下的规格（μm）：亲虾性腺成熟池水为15 μm以下；育苗幼体培育用水为5 μm以下；产卵、孵化用水为0.5～

1.0 μm；藻类培养（室内/纯种）用水为 0.5 μm。

如果使用再循环系统，应当使用额外的生物过滤设备。为了防止孵化场不同区域间的交叉感染，应当在每个需要的区域使用分开的再循环系统。水再循环系统是亲虾成熟效率最高的系统，因为它减少了水交换的需要和残留水的排放。再循环系统有助于维持水中稳定的理化因子，也有助于浓缩成熟过程中的交配激素，以及提供更好的生物安全性。如果孵化场的任何区域需要海水的再循环，需要有额外的生物过滤来除去溶解的有机物质。有许多种类的生物滤器都结合有净化水质的微生物相，如硝化细菌、反硝化细菌等，这些微生物必须在使用前培养或被"引入"（把额外的生物原料添加到过滤器中），这样，其效果在整个周期的所有阶段被最优化。它们也需要周期性的清洁，但要以不杀死其有益细菌栖息者的方式进行。

产卵池、孵化池和纯藻培养设施的用水最好具有相同的质量。产卵池、孵化池和纯藻培养设施应当得到和亲体成熟或幼体培育单元相同方式处理的水（如增加紫外光消毒和过滤到 0.5 μm 或 1.0 μm）。此外，针对孵化和产卵，通常需要添加 10 mg/L 的乙二胺四乙酸钠盐以确保重金属被螯合。

5.5.1.3 育苗水质、环境基本参数要求

温度 28~30℃；溶氧量 5 mg/L 以上；pH 值为 7.8~8.6；盐度 30~35；总氨氮含量不高于 0.6 mg/L。育苗室光照周期及光强：自然光周期，每天最强光照时间的室内光强为 5 000~10 000 lx。

5.5.2 亲虾产卵与孵化

准备当天晚上产卵的雌虾，应当在黄昏或傍晚转移到产卵池。因此，产卵雌虾的选择也应在此时进行。在选择产卵虾时，使用水下照明灯，通常称"追灯"或使用防水的手电筒来检查成熟池雌虾（具有发育最好的第Ⅳ卵巢）。选定雌虾后，使用抄网尽可能小心地捕获它和把它移到池边。然后检查雌虾和观察在其体外纳精器上是否有精荚。如果纳精囊饱满，则将雌虾放入容器内或转移到产卵场所；如果没有精荚，则将雌虾放入另一个容器并移到别处，在转移到产卵池前进行人工移植精荚授精。

亲虾产卵应当使用专用的产卵车间，与亲虾培育池、幼体培育池相隔离，以保持产卵区域的清洁和能够在不干扰繁殖亲体的情况下开展日常的水池清洗和消毒。产卵间建设设置产卵水槽及处理卵子的设施。

在核心育种场，对虾产卵应当单个雌虾在独立的水槽进行。扩繁育苗场可以安排多尾雌虾同时在一个产卵池产卵。如此操作虽然烦琐，除了育种的特殊需要外，主要是可以减少疾病在雌虾之间横向传播的危险。已经有研究结果表明，产卵过程中排出的组织和粪便可能含有较高水平的某些病毒（IHHNV、HPV、BP、MBV 等），而暴露在这些物质中，可能会导致集中产卵过程中健康雌虾的感染和卵子的感染。如果必须

进行集中产卵，每池中雌虾的数量应当尽可能少，以限制暴露在可能的感染中的雌虾数量（如每 500 L 水放一只雌虾）。

根据采用的单个虾或多个虾集中产卵的产卵方式，产卵池的大小可以在 5~10 m² 的范围内变化。产卵池底向排水孔倾斜，使得虾卵的收获更加容易和少受损伤。

产卵系统应当拥有尽可能好的水质，应当对产卵和孵化池的用水采取水净化处理。推荐的水处理方法包括紫外线处理、通过活性炭和直径小于 1 μm 的筒式过滤。水质与亲虾成熟池相同，一般维持在 28℃ 的水温和 30~35 的盐度。根据当地海水重金属含量，向产卵池水中添加 2~10 mg/L 浓度的乙二胺四乙酸二钠盐。

5.5.2.1 产卵前的产卵池准备

在准备对虾产卵的前一天或当天，预先向产卵池进水，使水深达到 1 m。光照强度小于 100 lx。进水经沙滤再经 150~200 目筛绢网过滤，并将水温调至和亲虾培育池一致，一般为 28℃。从进水开始就不间断地通气，每分钟通气量为总水体的 1% 以下，以池水面呈微波状为宜。如果池水中盐有毒重金属离子含量偏高时，应加入 2~10 mg/L 的乙二胺四乙酸二钠（EDTA 钠盐）。

5.5.2.2 产卵和集卵方式

亲虾多在夜间产卵，通常在当天 16：00—17：00 以后，开始挑选卵巢成熟度达到 Ⅳ 期的产卵亲虾。成熟虾的表观性腺特征是卵巢充满对虾背面的头胸节和腹节，在第一、第二腹节背面的卵巢向两侧下垂，卵巢外观草绿色，卵粒清晰可见。成熟亲虾选好后，经浓度为 100~200 mg/L 的福尔马林或浓度为 10~20 mg/L 高锰酸钾浸泡 3~5 min，再经消毒海水冲洗清洁，移入产卵池等待产卵，不投饲料。翌晨及时检查产卵情况，并且将亲虾捞回亲虾培育池。检查卵子受精情况，准备集卵。

5.5.2.3 受精卵的处理和孵化

收集受精卵，先经 40 目尼龙筛绢网箱（框）滤除杂物（残饵、粪便等），再用 80~100 目筛绢网箱（框）集卵，受精卵在消毒海水中冲洗（滤洗）3 min，再用 5 mg/L 浓度的漂粉精消毒 1~2 min，或者用 10~15 mg/L 的碘伏（有效碘量为 10% 的碘伏）消毒 1 min，消毒后再用消毒海水冲洗 2~3 min。按 15 万~20 万粒/m³ 的密度将受精卵放入育苗池中孵化。上述操作，均需注意水温、盐度的一致性。

斑节对虾的产卵量较大，与亲虾的体长呈正相关，变化幅度为 20 万~100 万粒，一般为 50 万~60 万粒，受精卵直径 300~330 μm。应当对受精和孵化率进行监测，在集卵后，虾卵被转移到孵化单元内的孵化池中。应当对所收集的虾卵取样检查来确定受精率和进行计数以便估计孵化率。单个亲体产卵的受精率应当在 90% 以上，多个亲体混合产卵的受精率至少在 75% 以上，一旦受精率低于 50%，应当考虑放弃整批卵并开始调查以确定问题的原因。

孵化池（300～1 000 L）底部向出水口倾斜，方便排水。具有适用的水循环和充气设施。孵化池大小的变化范围从数十升到1 t，每立方米水体可容纳200万～300万粒卵孵化。水质要求与产卵水质一样，应当保持在28～30℃的水温和32～35的盐度下。出于与产卵时相同的目的，通常向孵化池水中添加乙二胺四乙酸二钠盐（最大浓度为10 mg/L）。孵化池中需提供充足的曝气以保持虾卵在悬浮状态运动。孵化期间的水温调至28℃，轻微充气，经12 h左右，孵出无节幼体。正常情况下孵化率在90%以上，但不应低于70%。在这之后（通常12～15 h后），停止曝气来收获幼体。这时，需在孵化池上盖一个中央留有洞口的黑色布篷，在洞口上方悬挂一个灯泡，诱集幼体。这将使得健康的幼体能够在20～30 min的时间内集中到洞口的下方，然后用细密筛绢网或虹吸将幼体收集到另外一个桶或收集容器内，幼体在这个容器内被清洗和消毒后，被直接送到幼体培育设施。

无节幼体的冲洗。收获的Ⅳ期幼体用过滤和消毒过的水彻底清洗和在聚乙烯吡咯烷酮碘剂（20 mg/L）中浸泡30～60 s，随后用过滤消毒过的海水漂洗3 min。

无节幼体的选择。通过光线引诱无节幼体观察它们的健康状态和收取幼体。应当对幼体的活力和颜色进行评估并估计畸形的百分率。通常认为低于5%的畸形率是可以接受的。利用趋光习性对幼体的状况进行评估。进行这种检测时，幼体的样品被放入一个紧靠光源的半透明容器内，并对幼体的移动进行观察。如果95%或更多的幼体迅速地向亮光移动，表明这些幼体是优良的；如果70%或更多的幼体作出了反应，表明幼体的质量为中等；如果不到70%的幼体向亮光移动，表明幼体的质量差。根据每个孵化场的选择标准，质量差的批次可以放弃。

然后，将保留在孵化池中未孵化的虾卵和体弱的幼体丢弃并对孵化池进行洗涤和消毒。产卵池和孵化池要每天用次氯酸钙（或钠）溶液（30 mg/L的活性成分）洗涤，在重新加水之前用充足的处理过的水进行冲洗。

5.5.3 斑节对虾幼体培育

5.5.3.1 无节幼体期

无节幼虫刚出膜的体长为0.32～0.33 μm，具游动能力，趋光性强。此期不投饵，充气量小，水深0.7～1.0 m。光照强度为500 lx以下。培养密度控制在每立方米水体10万～20万无节幼体。无节幼体经6次蜕皮，变态为溞状幼虫，所需时间（当水温为28～29℃时）为30 h；该期成活率高达90%。为了选择体质优良的幼体，可以在无节幼体后期进行选优。具体操作方法：利用幼体趋光习性，在黑暗环境下，用灯光在幼体培育池表面诱集无节幼体，用筛网捞入溞状幼体培育池。沉在池底或不活泼的幼体被淘汰。

5.5.3.2 溞状幼体期

溞状幼体培育池可以在对虾准备产卵时进水，溞状幼体期的培育水温为28℃。并且少量施无机肥，按照1万~2万细胞/L的浓度，接种幼体摄食的单细胞藻类，繁殖溞状幼体的开口饵料。溞状幼体分3期，共蜕皮3次。第一期溞状幼体体长约0.9~1.2 μm，此时幼体已经开始摄食，具有摄食消化器官。溞状幼体的Ⅰ期、Ⅱ期阶段，食性以植物性饵料为主，摄食单细胞藻类、细菌以及微米级的有机碎屑等。斑节对虾溞状幼体期标准的优良饵料种类是单体的角毛藻（*Chaetoceros* sp.）、骨条藻（*Skeletonema costatum*）和扁藻（*Tetraselmis* sp.），饵料的单细胞藻密度应维持在$10×10^4 \sim 15×10^4$个细胞/mL左右。到溞状幼体Ⅲ期后，除了继续维持藻类密度为$10×10^4 \sim 15×10^4$个细胞/mL外，还需要增加动物性饵料，优良的动物性饵料种类是轮虫，每天投喂量按照育苗水体计算，维持量为10~15个轮虫/mL。

从溞状幼体1期开始每日在育苗水体添加光合细菌，每立方米育苗水体每日添加光合细胞浓度为$5×10^9$/mL的光合细菌5~10 mL。

溞状幼体期水温控制在28~29℃。光照强度为5 000 lx以下。溞状幼体Ⅲ期之前通常无需换水，每天只添补一定量新鲜海水。溞状幼体Ⅲ期后，可以少量换水，每天换水量10%以内。溞状幼体Ⅲ期后，幼体耗氧量增加，饵料量增加，水质下降，因此，充气量应加大，调至1.5%左右（充气处呈微沸腾状）。

在上述培育条件下，经3~4 d左右，溞状幼体发育成糠虾幼体。

5.5.3.3 糠虾幼体的培育

糠虾幼体期的食性转换为以动物性饵料为主，但是培苗水体的单细胞藻类饵料，还应保持一定数量。糠虾Ⅰ期，每个糠虾幼体每日投喂卤虫无节幼体10~15个/尾，培苗水体的单细胞藻类密度保持在2万~3万细胞/mL。糠虾幼体第二期至第三期，每个糠虾幼体的每日投喂卤虫无节幼体数量为20~30个/尾。培苗水体的单细胞藻类密度，保持在1万~2万细胞/mL。糠虾幼体期，每日在育苗水体添加光合细菌，每立方米育苗水体每日添加细胞量为$5×10^9$/mL的光合细菌5~10 mL。有条件的单位仍可继续投喂轮虫或投喂枝角类。每日数次检查幼体胃肠饱满情况和水中生物饵料数量。糠虾幼体期的每天换水量通常为20%~30%。充气量调至2.0%左右（充气处呈沸腾状）。在此期间培育水温应调至28~29℃。在上述条件下，需2~3 d，糠虾幼体发育成仔虾。

5.5.3.4 仔虾期培育

仔虾期应着重满足仔虾的动物性饵料。仔虾前期（$P_1 \sim P_3$）以投喂卤虫无节幼体为主，每尾仔虾每天的投喂量为70~100个。此后除继续投喂卤虫无节幼体或枝角类外，饵料不足时可投喂绞碎并漂洗干净的蛤肉（全喂蛤肉的日投喂量为10~15 g/万尾仔虾)。还可补充投喂微颗粒饲料等。根据仔虾胃肠饱满情况调整投饵量,来满足仔虾饵料要求。

本阶段每天换水量通常为30%～50%。充气量调至2.5%左右。培育水温为29～30℃。虾苗出池前2 d停止加温,以使水温逐渐下降,或使其与准备放苗的养殖池的水温一致。

苗种培育过程如彩图5-12至彩图5-15所示。

5.6 幼体健康状况管理

由于对虾发育生理变化较快,每日需要数次检查幼体的状况,并作出正确的评估。该项工作应当列为育苗的常规性重要工作之一。幼体状况的评估通常在早晨进行,根据幼体状况,立刻决定采取相应的措施。应当每天对每个池子内的幼体检查2～4次。开始时对幼体、育苗池内的水质状况和投饲进行目测检查,可以用烧杯或大口杯对幼体取样,然后用目测检查。通常需要对幼体的发育阶段、健康、活动、行为和饵料丰度和水中的粪便进行观察。可能还需要对水质指标和池内饵料数量进行观察并记录。然后决定是否进行更为详细、准确的二级、三级手段的检测。例如,将幼体样本带回实验室进行更详细的显微检查。这将提供关于发育阶段、状况、摄食和消化及出现任何疾病或体形上畸形的信息。在培育全过程中,还可一次或两次将样本送到PCR实验室进行病毒性疾病的分析和筛检。

5.6.1 目测的内容主要是观察幼体和水状况

5.6.1.1 幼体的行为

幼体的游泳行为,每一期均有其特点。Ⅰ期溞状幼体阶段,幼体利用附肢迅速地一直向前划动,通常在水中环游,滤食浮游植物。糠虾则是头朝下,通过其尾节的间歇性弹动向后游动,使身体垂立保持在水层中,通过视觉摄食浮游植物和动物。仔虾阶段又恢复到快速和持续地向前平游动,最初摄食浮游生物,至少从Ⅳ～Ⅴ期仔虾开始,转为底栖性。有时随着水流在水的中上层游动捕食。

幼体的趋光性随着幼体的发育阶段逐步减弱。无节幼体阶段趋光性最为强烈。溞状幼体仍然保持很强的趋光性。在检查这一特点时,将幼体的样本放置在紧靠光源的一个半透明的容器内,然后观察幼体的移动。

5.6.1.2 幼体粪便形态及肠道内含物

在溞状幼体Ⅰ期,溞状幼体几乎专门以藻类为食,可以观察到长粪便条从肛门被挤出,好像拖着一条尾巴。幼体大部分拖着粪便,90%～100%的幼体在整个肠道内有这种长而连续的粪便条贯穿其身体和延长至体外,则认为其摄食良好、正常。在幼体后期阶段可以观察到肠道的内含物。从幼体头部的肝胰腺开始，可以看到肠道是一条黑线，当幼体被放在烧杯或玻璃大口杯内透光观察，可以容易地观察到肠道。正常情况下，大多数幼体的肠道是充满的，不应出现空肠。

5.6.1.3 幼体发光

在黑暗的条件下，在幼体培育池内游泳发出闪烁的荧光，表明幼体可能被哈维氏弧菌这样的发光细菌感染。正常情况不应有发光现象。

5.6.1.4 幼体发育阶段的整齐性

正常情况下，幼体应该按照预期的时间变态，同批次产卵孵化的幼体，变态的整齐度一致，先后相差3~4 h。如果相差12 h以上，则属不正常。

5.6.2 常规的生物学实验观察

目测认为有可疑之处，需要应用以显微检查和压片标本为基础的生物实验手段进行。在必要抽样时，应从每个池子中至少随机取样20个幼体（较大的池子取样数量更多）。着重对幼体的肝胰腺、消化道的蠕动、内含物、肢体形态、体外是否清洁等各项指标进行检查。

5.6.2.1 肝胰腺状况和肠道

正常的健康幼体，使用放大40倍的解剖显微镜观察，肝胰腺饱满，肠道内充满了消化的食物，肠道有力的规律性蠕动。如果肝胰腺萎缩或肠道内无食物，蠕动慢而无力，则属于不正常或不健康幼体，要分析原因。

5.6.2.2 幼体躯体和肢体的完整性

正常健康幼体的躯体、附肢完整，无畸形，无残缺及坏死组织。不健康的无节幼体及溞状Ⅰ期幼体，往往出现畸形，如肢毛弯曲等不正常形态，畸形幼体必须淘汰，而在溞状Ⅱ期以后的后期阶段出现畸形或肢体残缺，则往往是营养问题，或处置不当的应激反应。

5.6.2.3 幼体体表的清洁程度

正常的健康幼体，由于可以按时蜕皮，污着的体表寄生物难以寄身，因此幼体身体清洁、光亮，无污物附着。但是不健康的幼体往往是不能按预定的发育时期蜕皮，体表往往十分污浊，幼体成为细菌、真菌、多种原生动物的一系列污着生物的附着物或寄主。它们通常附着于幼体身体和头部的甲壳上，特别是在幼体鳃的周围。如果感染轻微，刺激蜕皮可以去掉污着物，而不会有进一步的问题。但在严重的情形下，污着物会持续或在下阶段重新出现，这一现象多数是由于营养不良或水质不良造成的。

5.6.2.4 杆状病毒包涵体

通常可以用高倍光学显微镜观察幼体整体或大规格幼体的肝胰腺或粪便条压片标

本，观察典型的病毒包涵体。斑节对虾杆状病毒采用孔雀石绿染色。

5.6.3 仔虾阶段的健康评估

不携带特定病原是仔虾的最基本要求。但是仔虾的其他健康指标也是种虾保种、育种，下一步继续养殖的起码要求。

5.6.3.1 目测评估

（1）蜕皮。健康仔虾可以按时正常蜕皮，蜕皮快速完整。凡是不能按正常时期蜕皮或脱皮黏附在虾苗头部的仔虾，均不正常。这往往是由于投饲饵料质量差、水质不良、疾病引起。

（2）游泳行为。可将虾苗放在一个碗内，用手指使水旋转。健康的虾苗应当使身体迎着水流，而不健康的仔虾无力抵抗水流，沉到碗底成为一堆。

（3）规格差异。测量至少 50 只虾苗的长度，计算平均体长和标准偏差。通过标准偏差除以平均体长获得变异系数（CV）。通常 CV 等于或小于 15%，如大于此值，则表明规格差异太大，说明育苗期管理不力。

5.6.3.2 使用常规生物试验技术

随机取样 10~20 只的虾苗，用低倍和高倍光学显微镜检查以下指标。

（1）仔虾肌肉透明程度。对虾苗的躯体进行检查，健康仔虾的躯干肌肉透明。而不健康者，往往在腹节后部的虾尾弯曲处肌肉不透明。

（2）仔虾体形的完整性。健康的虾，体形完整，无畸形现象。凡是额刺弯曲、肢体缺少或损伤、躯体弯曲等均视为不正常。

（3）肝胰腺的状况及肠道内含物。肝胰腺不应是透明的，而应当有良好的颜色。通常，它的颜色应当是深黄色或赭色，肝胰腺较深的颜色通常反映了较好的健康状况。但是应注意，肝胰腺的颜色可能在很大程度上受到投喂食物的质量、颜色及使用的池子的影响。健康的仔虾，肝胰腺饱满，充满了大量的脂质液泡。萎缩的肝胰腺是不健康的重要指标。健康仔虾肠道总是有残留食物，长时间出现空的肠道，属于非正常现象。

（4）体表清洁度。健康的仔虾，体表及鳃部清洁，半透明状，体表无坏死黑斑或黑点。凡是体表出现污浊物，如虾苗外骨骼或鳃上具有体表寄生物或有机物（通常是聚缩虫、钟形虫、累枝虫等这样的原生动物、丝状细菌等污物），则表明该仔虾生理不正常。

（5）肠道蠕动状态及第六腹节肌肉与肠道比例。强烈的肠道蠕动与充满食物的肠道，是仔虾健康良好和饵料状况良好的标志。健康的仔虾，对虾苗尾部第六腹节的肌肉厚度和肠道直径比例约为 4:1，仔虾肠道较粗表明对虾健康有问题。

5.6.4 虾苗的应激检验

当仔虾发育达到 15 d 以后，通常作为虾苗出售或进行养殖。此时应用应激测试，可以粗略地判断虾苗的抗应激能力。有几种应激检验的方法，而最普通的方法是将大约 300 尾随机取样的虾苗样本放入盐度为零的大口杯水体中保持 30 min，然后放回到原培育水池的盐度（原环境的）水中再保持 30 min，或使用 100 mg/L 的福尔马林浸泡 30 min，作为应激检验。实验后凡是成活率达到 70%~75% 以上者为优秀。

5.6.5 出苗前的驯化

斑节对虾多在南方地区养殖，低盐度养殖水环境较多，因此，在仔虾 P_5 之后，应根据养殖水域的盐度、温度条件，进行降温、降盐度驯化。温度适应采取停止加温，自然降温即可。盐度驯化，采取每日加换低盐度水或淡水，要求每日盐度变化小于5，盐度每下降5，稳定 2 d 后再下降。

第 6 章 种虾培育过程中的病原、疾病与诊断

病原与疾病的诊断对于种虾培养的重要性主要有两个方面，一是为养殖种虾健康管理提供科学技术依据。斑节对虾属于底栖动物，生活水环境透明度很低，而且生物多样性复杂，许多病原和宿主与它们生活在同一个复杂的环境中。饲料利用程度和对虾死亡的数量，同样隐藏在水中。对一些病原的宿主了解得很不清楚，或未知宿主的特殊性和对虾的许多非特异性症状，以及病原感染宿主处于亚临床状态等特性，也增加了直观判断疾病的困难。上述的病原存在以及临床症状的复杂性，使得区分健康、亚健康和疾病的界线十分模糊，往往使用肉眼难以直观判断。在复杂的水生生态系统中，疾病发生不是一个单一事件，涉及敏感宿主的生理、生殖和发育阶段状态，以及环境和病原体三者的状态（Snieszko，1974）。病原体可能包括病毒、细菌、寄生虫和真菌。疾病发生可能是一个单一的病原或混合了不同的病原体引起。凡此种种因素，只有准确的诊断技术，才能提供正确的发病原因。诊断的另一个重要性是，保障种质资源筛选、转移和引进过程中，避免引进病原和传染病。

在斑节对虾的整个生命史每个阶段培养过程中，实现生物安全状态的核心内容就是要求最大限度控制特定病原，同时也要注意其他的非特定的对虾病原的动态。现已报道的养殖对虾病原很多，包括病毒、细菌、支原体、衣原体、立克次氏体、真菌、原生动物等。如此多的病原存在，确实需要建立一套病原和疾病的诊断技术规范，供生产者使用。疾病诊断及病原检测方法很多，准确地掌握已经发生或潜在可能发生疾病及其病原，是控制病原的关键。生产实践要求快速、准确、灵敏、规范实用的诊断技术和检测病原的方法，但是任何一种检测方法，其准确性是第一位的，而为了实用性，疾病诊断技术和病原检测技术的规范性也十分重要。

20 世纪 90 年代以后，由于对虾养殖病毒性疾病暴发，促使对虾疾病诊断技术得以广泛研究，研究文献众多。笔者建议在斑节对虾繁育体系应用的病原及疾病诊断，应参考已经得到广泛应用的文献（俞开康等，2000；孟庆显，1991；薛清刚和王文兴，1992；Alday and Flegel，1999；Lightner，1996；OIE，2000a，2000b；Bondad-Reantaso et al，2001）。

我国已经发布的对虾病原、疾病诊断的国家标准及行业标准如下。

SC/T 7202.1－2007 斑节对虾杆状病毒诊断规程 第1部分：压片显微镜检查法

SC/T 7202.2－2007 斑节对虾杆状病毒诊断规程 第2部分：PCR 检测法

SC/T 7202.3－2007 斑节对虾杆状病毒诊断规程 第3部分：组织病理学诊断法

SC/T 7203.1－2007 对虾肝胰腺细小病毒病诊断规程 第1部分：PCR 检测法

SC/T 7203.2－2007 对虾肝胰腺细小病毒病诊断规程 第2部分：组织病理学诊断法

SC/T 7203.3－2007 对虾肝胰腺细小病毒病诊断规程 第3部分：新鲜组织的T－E 染色法

SC/T 7204.1－2007 对虾桃拉综合征诊断规程 第1部分：外观症状诊断法

SC/T 7204.2－2007 对虾桃拉综合征诊断规程 第2部分：组织病理学诊断法

SC/T 7204.3－2007 对虾桃拉综合征诊断规程 第3部分：RT－PCR 检测法

SC/T 7204.4－2007 对虾桃拉综合征诊断规程 第4部分：指示生物检测法

本书前面的有关章节已经着重从生物安全原则方面阐述了预防病原的方法。然而只有准确地诊断病原及疾病，才能有效地采取措施。考虑到并非每一个养殖场均可做得十分完美，同时，诊断或检测也不是单纯的实验室工作，事实上根据我国现实情况，种虾养殖必须对对虾病原、疾病的检测以及检测结果的应用，具有足够的信息和认识，因此，本章对传统对虾疾病诊断的基本知识也扼要地作了介绍。

本章内容主要包括两大部分，第一部分，以上述参考文献为基础，综述对虾诊断必要的基本应用知识，供生产管理者及生产现场从事养殖的人员参考应用；第二部分以对虾白斑综合征等病毒病诊断为重点，重点概述笔者在斑节对虾病毒性病原检测方面的研究结果。

6.1 对虾病原及疾病的前期诊断程序

对虾病原的种类较多，病原及宿主之间的关系复杂，疾病的症状多种多样。许多不同病原引起的疾病往往有共同症状表现。因此，若要精确地诊断对虾是否感染了某种病原，或精确地确诊是什么疾病，必须全面综合考虑，得出准确的诊断结论，才能采取合理的防治措施，获得预期效果。

本节主要阐述如何正确观察对虾病原和发生疾病的状态。此外，还概述了如何采集病料样本以及保存、运输样品，直到进入对虾病害诊断实验室，进行病因精确诊断。本节的内容主要根据 Bondad－Reantaso et al（2001）编辑的"亚洲水产养动物疾病诊断指南"建议，并参考和引用了该资料，将对虾育苗场、养殖场的健康评价技术和手段划分为3类（级别）。第一类是粗放型，依靠人的经验，基本凭借肉眼或简易的放大镜观察（一级）；第二类凭借传统的微生物、病理检验技术（二级）；第三类应用现代分子生物学检测技术（三级）。

第6章 种虾培育过程中的病原、疾病与诊断

6.1.1 养殖对虾群体的直观观察——粗放型的一级健康评估

在养殖池现场，只需很少的工具设备，就可以对对虾进行直观的观察，检查对虾是否发生了疾病。尽管在大多数情况下，这样的观察还不足以确定对虾的病原，但是这样观察对于对虾病害发生过程的初步描述是必需的。精确、详细地对养殖对虾进行直观观察，能够及时发现对虾的不正常状态并能马上采取有效的措施，减少损失和避免疾病传播。

6.1.1.1 养殖对虾的活动状态

1）对虾行为变化

养殖池对虾的不正常行为意味着对虾感到有胁迫或感染了病原。不正常行为包括摄食活动、活动行为的变化等，甚至其他动物的活动情况也能提供一些线索，比如当食鱼的鸟群聚集在对虾池上空，往往是池内出现已感染疾病的对虾。

2）异常死亡率

在一个养殖池，死亡率超过常规的死亡率水平时，应当调查死亡的原因。如果死亡在蔓延，这表明对虾感染了疾病，应当立即采集样品，确诊对虾疾病。

3）对虾摄食状态

尽可能地保持对虾摄食情况的记录，依据这些记录可以判断对虾正常的饵料消耗量。

6.1.1.2 对虾的体表观察

1）对虾体表清洁状态和污损

对虾的甲壳（体表）和鳃的污损是一个逐步发生的过程，对虾生理代谢正常时，甲壳表面及鳃部的污物，通常可以通过自身修饰或蜕壳来控制。因此，当对虾体表有大量的微生物或污物存在时，表明对虾处于亚健康状态或可能感染了一种疾病。如果对虾体表或附肢出现明显的侵蚀痕迹或附着物，那么意味着对虾很有可能发生疾病问题。

2）软壳、斑点和附肢的残缺

在对虾非蜕壳期间，甲壳出现软化，表示对虾可能受到病原的感染。甲壳的受损或受伤都为病原（尤其是细菌和真菌）提供感染对虾的机会。这些病原主要入侵软组织，入侵后迅速增生扩散，将严重影响对虾的健康。

一些对虾体表特定的部位出现白色斑点或黑色斑块，多数情况下是对虾受到病原感染。

触角断裂是一个早期对虾发病的征兆。尾部（尾肢和尾节）的侵蚀和肿胀，并伴随对虾体表或多或少的变黑，这些都是疾病发生的早期或中期征兆。

3）身体颜色

对虾的颜色，又是一个能很好反映对虾是否健康的观察指标。当对虾受到胁迫或多种病原生物感染后，对虾的体色尤其是附肢会变红。特别是对虾的肝胰腺被感染后，体色更容易变红。

斑节对虾的亲虾，特别是生活在深水里的亲虾，它们的颜色有时略显红色，但是虾身体在透光下呈半透明（可能的原因是吃了富含类胡萝卜素的饵料），这种颜色变化明显地与对虾是否健康无关，通过熟悉对虾的生长环境就知道这是正常的变化。在一定的条件下，有些斑节对虾体表颜色变成明显的蓝色。这种颜色变化是由于体内肝胰腺（或其他组织）的胡萝卜素含量低造成的。这可能是特定的环境或有毒条件下，导致体内胡萝卜素含量低。在同一物种中，有些个体比正常的个体颜色要黑一些或白一些，可能是由于其生活的环境因子变化引起的。比如：生活在低盐度水体的斑节对虾的颜色要比生活在高盐度的水体或海水中的斑节对虾的颜色要白。这些变化明显与对虾是否健康无关。

6.1.1.3 软组织的表观观察

最容易观察的软组织是鳃部，鳃部出现污垢或变为黑色、黄色，这种情况下，对虾很可能已经发生疾病，或可能因为对虾的吸氧功能降低，而诱发其他疾病。

另一个软组织是肝胰腺。把对虾的头部甲壳去掉，可以很容易观察到这个部位的器官，特别是肝胰腺。在有些条件下，病虾的肝胰腺往往肿胀或萎缩。

6.1.1.4 保持记录

保持记录是有效管理对虾疾病所必需的。对于虾类养殖、培苗全过程，许多因素应当记录下来。建立和记录养殖对虾的正常行为是非常重要的。一旦发生病害，可以与这些记录比较，找出发病原因。

1）日常管理观察记录

这些观察记录包括对虾生长情况记录。对虾生长记录检测依据是从养殖池或育苗场不同时期抽样测量，或通过表面观察的最佳猜测评估。

在育苗场，最基本的数据应包括以下几个方面：幼体活动力；摄食率；幼体所处的阶段，变态率；死亡率。所有阶段的日常基础观察都应该记录下来，它包括亲虾、池号、日期、时间和饵料种类及来源（比如藻类、轮虫、卤虫或其他食物源）等。换水的日期和时间以及换水量、消毒日期和时间都要记录下来。

育苗场尽可能购置一台显微镜，用于日常幼体的镜检。在幼体群体出现问题很明显且群体出现死亡之前，就能快速地发现幼体群体出现的问题。

对于养殖池，最基本的记录包括：生长情况；饵料消耗情况；死亡率情况等。

以上记录还要包括日期、地点以及采取的措施（比如，样品收集用于实验室检测)。这些参数的变化率以及这些参数的平均水平,是评估任何对虾疾病暴发原因所必需的,是非常重要的。

2) 环境观察记录

最基本的记录包括:温度、盐度、pH 值、混浊度(通常使用透明度)、浮游生物(尤其是藻类种类及密度)、水质管理措施以及食鱼鸟类在养殖池周边、上空活动等。

3) 对虾群体的记录

这些记录如下:亲虾和幼体确切来源以及健康证明的历史记录(比如运来之前的测试结果)。运出育苗场或养殖场的日期、时间以及抵达育苗场或养殖场的状态。抵达的日期、时间以及管理负责人。育苗场内不同育苗车间的幼体移动记录。

不同来源的群体尽可能不要混在一起。如果不可避免混在一起,那么要记录好什么时候混在一起的。

6.1.2 对虾疾病、病原精确确诊的前期程序

对虾疾病或病原的二级、三级的精确诊断检测,均需要采集样本或病料,必须按照接受样品的疾病诊断实验室提出的要求,处理、保存运送样本或病料。

6.1.2.1 提供背景信息

对于所有用于诊断疾病的样品,尽可能地提供记录一些信息,包括以下信息。

(1) 直观观察和环境因子的历史记录。

(2) 对虾死亡状态和流行情况(剧烈的、慢性或零星的积累的死亡)。

(3) 感染群体的种苗来源、养殖过程,如果这个群体不是当地的,它们的来源和移来的时间。

(4) 详细投喂饲料情况、饲料利用率和已经使用的治疗的药剂。

6.1.2.2 健康监测样品的采集

采集样品数量要充足,能满足病原检测尽可能不遗漏的需求。在采集样品前,检查样品的数量是否满足实验室需求(表6-1),确保样品完好无损。

采集监测样品的同时,要注意尽可能为实验室提供一些有关这些样品的非常重要的信息:样品的年龄或群体大小,样品采集的年、月、日。

表6-1 在95%的置信限内,设定阳性个体的检出率需要的样本数

(Bondad - Reantaso et al, 2001)

群体数量	阳性检出率/%						
	0.5	1.0	2.0	3.0	4.0	5.0	10.0
50	46	46	46	37	37	29	20

续表

群体数量	阳性检出率/%						
	0.5	1.0	2.0	3.0	4.0	5.0	10.0
100	93	93	76	61	50	43	23
250	192	156	110	75	62	49	25
500	314	223	127	88	67	54	26
1 000	448	256	136	92	69	55	27
2 500	512	279	142	95	71	56	27
5 000	562	288	145	96	71	57	27
10 000	579	292	146	96	72	29	27
100 000	594	296	147	97	72	57	27
1 000 000	596	297	147	97	72	57	27
>1 000 000	600	300	150	100	75	60	30

6.1.2.3 用于疾病诊断的样品采集

在采集用于疾病诊断样品的同时，除了提供前述信息外，特别强调以下信息：发病后，对虾的死亡率及死亡状态与正常年份正常水平相比较的信息；对虾死亡特征（随机的、零星的、局部的、遍布的或大面积的扩散等特征）；感染疾病的群体的历史记录和来源；详细的投喂记录、饲料利用情况，曾经用过的防治病害的药物及措施。

了解实验室周边地区是否发生过这方面的疾病，或这种可疑病是否是地方病，也是非常重要的。在这种情况下，实验室要严格操作这些样品，所有样品或废品都要严格消毒，避免病原外泄，污染周边环境。

1) 用于托运的活样品的采集

不论采集样品的大小，对虾样品应当在水里携带。样品运输距离尽可能短，减少运输造成的死亡（对于快要死的和得病的样品是特别重要的）。要确保样品的完好无损。

活样品应当放入装有海水的、充氧的、双层的空运塑料袋。塑料袋应用橡皮筋绑紧，并放入泡沫箱里。箱里放少许的冰块（数量视气温、运输距离而定），确保塑料袋凉爽。封好泡沫箱，再在外面套上一个纸箱。检查是否符合诊断实验的包装要求。有些实验室对一些得病生物有具体的包装要求。样品箱标签明确。

2) 组织样品的保存

在一些情况下，比如病害发生点较偏远或运输样品很慢，那么就不可能提供活样品给实验室。因为冰冻样品通常达不到大多数诊断技术要求（组织学、细菌学、真菌学等），所以样品应就地用固定液固定（化学保存，能阻止组织的腐烂），有利于样品进行病理组织学检查、原位杂交、PCR 或电镜检查。但是，固定液保存的样品不利于细菌学、真菌学、病毒学等活体诊断技术的研究，因为它们需要活的微生物，因此，在样品采集之前，应当与实验室讨论需要如何诊断疾病。

最常使用的对虾固定液是 Davidson's 固定液：330 mL 95% 酒精；220 mL 100% 福尔马林 [37% （w/v）甲醛水溶剂]；115 mL 冰醋酸；335 mL 蒸馏水；混匀并保存在室温下。

需要注意的是，用福尔马林保存的样品会干扰 PCR 反应，用于样品 PCR 分析的样品应保存在 70% 的酒精中。

对于任何保存样品过程，一定要记住对虾的消化器官肝胰腺是对虾疾病诊断非常重要的器官。但是这个器官在对虾死后就立即自我分解（器官的组织被肝胰腺细胞释放出来的消化液消化）。这就意味着，死前的肝胰腺结构，在死后可能迅速破损。如果固定液推迟片刻渗入肝胰腺，那么整个样品将会报废。因此，当样品还是活的时候，就应当马上注射固定液。死虾或保存在冰上（或冰冻）的虾，用来固定都是无用的。在气温较高的季节或地区，最好用放在冰上或保存在冰箱里的固定液固定样品，这样可以尽量防止肝胰腺的分解，以及防止保存样品的次生微生物的繁殖。

当保存的是幼体和早期仔虾时，样品和固定液的体积比为 1∶10。有效地保存这些样品，1∶10 的比率是非常重要的。为了节省费用而少用固定液，将不能充分地保存好样品。

当固定长度超过 20 mm 的仔虾时，应当用一个锋利的针在仔虾的头胸部和腹部之间背部中间，轻轻地刺一下（注意不要深了），这样可以使固定液能迅速地到达子虾的肝胰腺。

对于更大的仔虾、幼虾和成虾，固定液应当直接注射到对虾体内。具体操作如下：把对虾放入干净的冰水中麻醉。戴上外科手套和保护镜，立即把固定液注射到对虾体内（注射的量大约是对虾体质量的 10%），注射的部位为肝胰腺、肝胰腺前面部位、腹部的前面部位、腹部的后面部位。要小心抓住虾，注射的部位应远离捉虾者的眼睛，因为当把针拔出对虾体内时，可能不小心会使针里的固定液喷到外面。如果离得很近，可能伤到眼睛。注射时，用来打针的手靠着抓虾的手的前部，这样避免针刺到手。肝胰腺部位应当比腹部注射更多的固定液。对于大虾，最好在肝胰腺不同部位注射固定液。注射后，对虾死亡，注射部位颜色发生变化。

注射完后，立即用剪刀从对虾腹部的第六节剪到头胸部，把表皮剪开。在剪表皮时，剪刀应当朝上和朝前剪，避免剪到组织。如果对虾超过 12 g，应当在头胸部和腹部之间以及腹部中部，横着剪一刀。剪完后，样品组织应当马上放入固定液中固定，样品和固定液的体积比为 1:10。固定完，保存在室温即可。固定 24～72 h 后，应换掉固定液，用 70% 的酒精保存，这样可以保存得更久。

6.1.2.4 运输保存的样品

要托运样品时，首先把样品从酒精保存液中取出，用含有 50% 的酒精纸巾包裹，然后放入一个密封的塑料袋中。确定塑料袋中没有游离的液体，然后密封好放入第二个密封袋中，并密封好。在大多数国家，小数量的这种样品可以通过空中快递送到实验室。然而，许多国家或运输公司（特别是空中快递公司）在运输化学物品，包括诊断所需的固定好的样品，有严格的包装要求。在包装之前，要咨询邮局或空中快递公司已包装的样品是否合格。所有样品包应当放入一个耐用的、密封的箱子里。

6.2 斑节对虾白斑综合征病毒病的诊断

由于病毒性疾病目前尚无有效的治疗手段，关键是预防措施，因此，对虾病毒性疾病的早期诊断或潜伏期诊断、检测，十分重要。关于对虾病毒性疾病，国内外学者已经进行了一系列广泛的研究工作，其中包括对虾病毒病的流行病学、病毒检测技术等方面的研究。本节主要结合笔者的研究结果，就最为重要的，也是危害最大的对虾白斑病毒检测技术以及相关问题加以概述。

6.2.1 对虾主要病毒性病原

自从 Couch（1974）报道了第一种对虾病毒以来，不断有新的对虾病毒被发现，已报道的约有 20 种，然而其中大多数病毒并没有对生产造成大的危害。据世界动物卫生组织和亚太水产养殖中心网（Network of Aquaculture Centres in Asia – Pacific，NACA）2007 年区域水产养殖健康座谈会报告，目前养殖甲壳类动物中的流行病病原主要有 9 种。被 OIE 列入记录的，对对虾养殖具有危害的病毒性病原只有 6 种，分别是对虾杆状病毒（Baculovirus Penaei，BP）、对虾传染性皮下与造血器官坏死病毒（Infectious Hypodermal and Hematopoietic Necrosis Virus，IHHNV）、斑节对虾杆状病毒（Spherical baculovirosis 或 Penaeus Monodon – type baculovirosis，MBV）、桃拉综合征病毒（Taura Syndrome Virus，TSV）、对虾白斑综合征病毒（White Spot Syndrome Virus，WSSV）、黄头症病毒（Yellow Head Virus，YHV）。Flegel 在 1998 年的研究表明，对斑节对虾生产有影响的有 6 种病毒，分别是对虾白斑综合征病毒、黄头症病毒、对虾传染性皮下与造血器官坏死病毒、桃拉综合征病毒、对虾肝胰腺细小病毒（Hepatopancreatic parvovirus，HPV）、斑节对虾杆状病毒。

对我国斑节对虾养殖具有危害的病毒种类中，白斑综合征病毒的危害最大。因此，以下对白斑综合征病毒的形态结构、流行情况、感染途径以及传播途径进行详细介绍。

6.2.2 白斑综合征病毒

6.2.2.1 对虾白斑综合征病毒的形态结构

黄倢等最早对对虾白斑综合征病毒作了精细的形态学研究（黄倢和于佳，1995a）。对虾白斑综合征病毒外形呈有杆状形态，病毒颗粒由于在细胞核内的不同空间取向在超薄切片中分别呈长杆椭圆形和圆形结构，完整病毒粒子为杆状结构，中间浓染部分为核蛋白构成的髓核，外面包裹一层染色稍浅的蛋白质衣壳共同组成核衣壳，最外层为脂双层囊膜。密集的杆状病毒粒子在核内可形成局部晶格状排列，但不形成核型多角体或颗粒体类包埋体。通过差速离心、密度梯度离心方法可以从患病组织中纯化出病毒粒子（黄倢和于佳，1995a；Lu et al, 1995；Nadala et al, 1998）。纯化的病毒大多囊膜丢失，病毒核衣壳负染电镜观察可见到清晰的精细结构。核衣壳为螺旋圆柱形，螺旋带几乎与衣壳长轴垂直，螺旋带由蛋白壳粒环砌而成，每匝螺旋宽 20~26 nm，由两条平行螺旋夹一条中间带组成，相应的衣壳结构单位由每匝螺旋中两个边缘壳粒和一个中间壳粒构成，称为子粒（黄倢和于佳，1995a；Lu et al, 1995）。衣壳的两端为一对梯形帽状结构，帽状结构之间有 13~14 圈衣壳螺旋。完整病毒粒子外被囊膜，内部结构不可见，呈椭圆形，一端较平并轻微凹陷，另一端略细，较细一端带一乳头状突起，由此延伸出一很长的尾巴，宽为 18~30 nm，长为 340~700 nm，尾巴经常呈盘旋、卷曲状态，尾尖端膨大成纺锤形，完全伸展的尾部长度可达病毒体长的 1.5 倍以上（孔杰和石拓，1997；黄倢和于佳，1995a）。

由于超薄切片中病毒大小测定的不准确性以及纯化病毒方法的差异，各地所报道的对虾白斑综合征病毒的病毒粒子和病毒衣壳大小均不尽相同，归纳见表 6-2。

表 6-2 各地报道 WSSV 的病毒粒子和病毒衣壳大小（朱建中，2000）

完整病毒粒子大小/nm	病毒核衣壳大小/nm
—	58~62 × 300~350
112 × 420	52~80 × 340~400
110 × 250~300	—
100 × 240	—
170~180 × 440~500	110~140 × 330~420
90~130 × 300~370	60~80 × 270~320
110~114 × 340~430	
120 × 360	82 × 304

续表

完整病毒粒子大小/nm	病毒核衣壳大小/nm
—	84±6×226±29
87±7×330±20	—
70~150×250~380	—
121×276	
130×350	70~95×300~400
130~159×322~378	65~66×316~350
167×375	75×290
65~70×300~350	—

注：＊为超薄切片观察结果；＊＊为纯化病毒负染观察结果；＊＊＊未知观察方法。

6.2.2.2 对虾白斑综合征疾病的病症

病虾厌食，死虾空胃。行动异常，个体离群无力缓慢游动，弹跳无力，发病后期，虾体皮下、头胸甲的甲壳及附肢出现白色斑点，以头胸甲白斑最为明显，通常甲壳软化（彩图6-1）。头胸甲易剥离，血液不易凝固。

6.2.2.3 对虾白斑综合征病毒的宿主及白斑综合征流行情况

对虾白斑综合征病毒具有广泛的宿主谱，在甲壳纲（软甲壳亚纲、桡足亚纲）和昆虫纲动物中均有其敏感宿主，软甲壳亚纲动物宿主多为十足目的种类，并以虾蟹为主，对虾白斑综合征病毒几乎能使所有的对虾类致病，例如斑节对虾、日本囊对虾、墨吉明对虾、长毛明对虾、中国明对虾、凡纳滨对虾、印度明对虾、细角滨对虾、刀额新对虾、短沟对虾、独角新对虾、刺足新对虾等。其他虾蟹类也可以是它的宿主，例如，锯缘青蟹（*Scylla serrata*）、罗氏沼虾、克氏原螯虾等。

对虾白斑综合征病毒除了能使众多种类的虾蟹感染发病外，还能感染其他更多种类的虾蟹，但这些虾蟹不一定发病，也不一定出现感染对虾典型的肉眼可见的甲壳下白斑症状，它们只是作为对虾白斑综合征病毒的宿主。何建国等（1999b）确定21种较大型的对虾白斑综合征病毒宿主种类，除上述涉及的致病虾蟹种类外，还包括周氏新对虾、近缘新对虾、东方白虾（*Exopalaemon orienyalis*）、日本樱虾（*Aceyes japonicus*）、长臂虾（*Palaemonidea*）、测足厚蟹（*Hlatimera*）、褶痕相手蟹（*Sesarma plicata*）、少疣长方蟹（*Metaplax takahashii*）、乳斑虎头蟹（*Orithyia mammillaris*）、武氏厚蟹（*Helice wuana*）、带纹相手蟹（*S. fasciata*）、双齿相手蟹（*S. bidens*）和虾蛄（*Stomatopda*）。黄健和于佳（1995b）用ELISA检测虾池和海区材料，在卤虫、糠虾等小型甲壳类中检出了对虾白斑综合征病毒阳性。Rajendran et al（1999）用生物检测法和组织病理学检查确定了 2 种淡水虾沼、4 种蟹类和 3 种龙虾（*Panulirus homarus*、*P. ornatus*、*P. polyphagus*）均能感染对虾白斑综合征病毒。Lo and Ho（1996）通过二步 PCR 检测证明 3 种蟹类（*Charybdis feriatus*、*Portunus pelagicus* 和 *Panulirus sanguinolentus*）能携带感染对虾白斑综合征病毒。桡足类是虾池中浮游生物中的主要生物个体，也是对虾白斑综合征病毒一种重要的中间宿主和媒介生物（Lo and Ho，1996），桡足类生物的带毒感染与虾池对虾的带毒较为一致，而且往往早于对虾带毒（黄倢和于佳，1995b），用发病虾池浮游生物（以桡足类许水蚤、猛水蚤等为主）作为感染材料投喂对虾，能在投喂后 80 d 引起对虾发病死亡（何建国等，1999b）。此外，Lo and Ho（1996）在一种螳螂蝇科昆虫的囊蚴中也检出了对虾白斑综合征病毒。

最近，笔者对 2008 年我国南海海域、泰国、非洲三种来源的斑节对虾野生亲虾进行了白斑综合征病毒病原检测。结果表明，三种来源的斑节对虾亲虾普遍携带对虾白斑综合征病毒率非常高。210 尾斑节对虾亲虾经 PCR 反应检测，发现泰国和我国南海海域的斑节对虾对虾白斑综合征病毒携带率较高，分别为 89.8% 和 71.7%，而非洲来源的斑节对虾亲虾对虾白斑综合征病毒携带率相对较低，为 37.9%（表 6-3）。我国南海海域野生斑节对虾亲虾分别采自海南省临高、文昌和三亚附近海域，3 个取样点基本代表我国南海海域野生斑节对虾的病毒携带率情况。结果表明，三亚附近海域的斑节对虾亲虾对虾白斑综合征病毒携带率最高为 88%，其次为临高，为 67.5%，相对较低的为文昌，为 43.5%（表 6-4）。

表 6-3　中国、非洲、泰国来源的斑节对虾感染病毒情况

	样品数	带毒对虾数/WSSV 阳性率
中国南海海域	113	81/71.7%
非洲	48	14/37.9%
泰国	49	44/89.8%
总数	210	139/66.2%

表 6-4　临高、文昌和三亚来源的斑节对虾亲虾感染病毒情况

	样品数	带毒对虾数/WSSV 阳性率
临高	40	27/67.5%
文昌	23	10/43.5%
三亚	50	44/88.0%
总数	113	81/71.7%

6.2.2.4 对虾白斑综合征病毒感染健康对虾的途径

对虾白斑综合征病毒的经口摄食自然感染途径已得到认可,黄倢和蔡生力(1995)分别用冰冻的发病对虾肉和新鲜的发病对虾肉加配合饲料投喂人工养殖对虾,与只投喂配合饲料的对照组相比,两个感染组对虾均出现典型的急性死亡。何建国等(1999a)分别用发病虾肉和发病虾池浮游生物投喂人工养殖对虾,也取得了相似的结果。浸泡或共居是否为对虾白斑综合征病毒的自然感染途径还不很明确,黄倢和蔡生力(1995)通过浸泡和共居感染的方法,未引起感染组对虾的急性死亡,在感染对虾中均未找到对虾白斑综合征病毒特有的组织病理病变。何建国等(1999a)用对虾白斑综合征病毒粗提液浸泡对虾同时投喂饲料,以及用对虾斑综合征病毒粗提液浸泡对虾48 h后再投喂饲料,结果前者实验对虾全部死亡,后者实验对虾在15 d观察时间内没有出现死亡和对虾白斑综合征症状。因此,他们都认为单纯浸泡或共居不能使对虾发病感染。而Kanchanaphum等于1998年用携带对虾白斑综合征病毒的3种蟹类(*Sesarma* sp.、*S. serrata*和*Uca pugilator*)分别与易感斑节对虾在一个分隔的水族箱内共居饲养,共居12 h后用原位杂交和PCR检测对虾组织,结果在与3种蟹类共居的对虾中,共居后24~72 h期间,PCR和原位杂交均检出了阳性。显然由于使用了原位杂交和PCR这样灵敏的检测方法,检出了共居对虾中的对虾白斑综合征病毒,说明对虾白斑综合征病毒在实验条件下确实可通过共居方式传播,只是共居感染的病毒量很微小,不足以使对虾发病,只以潜伏的方式存在于感染对虾体内,自然状态由于水体大小、水质以及动物行为有异,不能确定是否如此,但这种可能性不容忽视。

人工感染除用上述投喂方法外,也常用对虾腹节皮下或腹节肌肉注射的方法,注射感染,感染病毒剂量大,感染虾群发病死亡出现快,死亡相对集中,实验可控性较强,但正因为如此,不能真实地反映对虾白斑综合征病毒自然状态下的感染,因此实验中选用何种感染方式应视具体情况而定。

6.2.2.5 对虾白斑综合征病毒的传播途径

对虾与其他众多的对虾白斑综合征病毒宿主之间存在食物链的关系,而对虾白斑综合征病毒通过摄食传播给对虾,因此对虾白斑综合征病毒的水平传播普遍存在(黄倢和蔡生力,1995;Lightner et al,1996;Lo and Ho,1996)。

在自然状态下,对虾白斑综合征病毒似乎也不排除垂直传播的可能。用差异PCR法检测发病的野生脊尾白虾组织及其卵,结果对虾白斑综合征病毒为阳性,表明该病毒在野生脊尾白虾可以经卵垂直传播(朱建中,2000)。另外,Lo and Ho(1997)用光镜组织病理学检查、电镜观察和原位杂交相结合检查对虾白斑综合征病毒在发病野生斑节对虾中的组织分布时,发现虾的精巢、精荚、卵巢中都能检出病毒阳性。在精荚和精巢对虾白斑综合征病毒阳性细胞位于输精小管周围的结缔组织和精荚的肌肉和结缔组织中；在卵巢中，对虾白斑综合征病毒位于卵泡、卵原细胞、卵母细胞和结缔组织中。Lo and Ho（1997）推测带对虾白斑综合征病毒的卵母细胞不能发育，亲虾所携带的对虾白斑综合征病毒可能是通过产卵过程经水体传播给子代。刘萍等（1999）用对虾白斑综合征病毒对中国明对虾亲虾进行了人工感染，受感染后的10尾亲虾，有两尾产出的卵子为对虾白斑综合征病毒阳性。

各种人工感染实验的结果及调查结果阐明了对虾白斑综合征病毒在养殖阶段的传染途径、传播途径和不同感染方式的效率（何建国等，1999a；黄健等，1995；黄健和宋晓玲，1995）。但是这些研究主要是针对养殖阶段对虾的对虾白斑综合征病毒的传播途径开展工作，有关对虾白斑综合征病毒在对虾育苗期的传播途径的研究开展较少（Lo and Ho，1997；张进兴和孙修勤，1997；包振民等，1997），且缺乏系统性的跟踪研究，对虾育苗期内对虾白斑综合征水平传播的途径（路线）如何，是否存在垂直传播，都未能一一阐明。

6.2.2.6 对虾白斑综合征病毒在斑节对虾育苗期的传播途径的研究

1）对虾幼体培育所用的幼体饵料对虾白斑综合征病毒感染的可能性

卤虫成体以及孵化破膜后的幼体是对虾幼体培育重要的饵料。为证实卤虫是否为对虾白斑综合征病毒的传播媒介，笔者实验观察了对虾白斑综合征病毒对卤虫的致病性以及对虾白斑综合征病毒可否在卤虫世代垂直传播。

实验结果证实，卤虫经对虾白斑综合征病毒感染后，当天取样的卤虫，PCR检测呈对虾白斑综合征病毒阳性，对照组为阴性。自第一次取样后，以后每隔5 d取样一次（共5次），PCR检测结果均为阴性。感染对虾白斑综合征病毒后的卤虫养殖到一个月左右时，孵化出的子代经PCR检测，也是对虾白斑综合征病毒阴性。说明卤虫只能在摄食对虾白斑综合征病毒后一段时间内携带对虾白斑综合征病毒，能用PCR方法检测到对虾白斑综合征病毒；养殖一段时间后，体内的对虾白斑综合征病毒丢失，通过PCR二步法检测不到对虾白斑综合征病毒，因此，卤虫只是对虾白斑综合征病毒的携带者，并非真正意义上的传播媒介。卤虫摄入对虾白斑综合征病毒后，不会发病，也不会将对虾白斑综合征病毒传递给子代。估计卤虫摄入的对虾白斑综合征病毒不能在其体内繁殖。用经过对虾白斑综合征病毒感染的PCR检测呈二扩阳性的卤虫，投喂斑节对虾仔虾（重复3次）。投喂后的斑节对虾仔虾经PCR二步法检测，都呈对虾白斑综合征病毒阴性。其对照组也是阴性。

用对虾白斑综合征病毒感染轮虫后，经PCR二步法检测，均为对虾白斑综合征病毒阴性。对照组为对虾白斑综合征病毒阴性。实验结果说明，轮虫不是对虾白斑综合征病毒的传播媒介。

用经过对虾白斑综合征病毒感染后养殖了3 d的轮虫，投喂斑节对虾糠虾幼体

（重复3次），以后斑节对虾糠虾幼体经 PCR 二步法检测，都呈对虾白斑综合征病毒阴性。其对照组也呈阴性。实验结果说明，在斑节对虾育苗过程中，轮虫不是传播媒介。即使轮虫培养池因偶然因素受到对虾白斑综合征病毒的污染，也不容易导致对虾白斑综合征病毒的传播。

轮虫是否是传播对虾白斑综合征病毒的媒介，目前学术界尚未有一致认识。阎冬春于2006年曾报道，活体轮虫虽然不易感染对虾白斑综合征病毒，但是其休眠卵经 PCR 检测可检测到阳性结果。

2）感染了对虾白斑综合征病毒的亲虾卵巢及其受精卵、幼体、仔虾的病原检测结果

斑节对虾亲虾感染对虾白斑综合征病毒后，光学显微镜观察卵巢组织切片，虽然看不到明显的病变，然而感染后所有亲虾样品经 PCR 检测，均呈对虾白斑综合征病毒阳性。经原位杂交检测的，可见到卵巢组织有明显的杂交阳性信号。电镜观察可见到卵巢中的病毒粒子。

对感染了对虾白斑综合征病毒的亲虾产出的卵子进行病原检测发现，人工感染了对虾白斑综合征病毒的亲虾交尾产卵后，对受精卵样品进行对虾白斑综合征病毒 PCR 二步法检测，第一步扩增结果呈阴性，第二步扩增结果均呈阳性。这一结果证明这些病虾产出的卵子携带了对虾白斑综合征病毒。以后对携带对虾白斑综合征病毒的受精卵培育出的无节幼体直至仔虾各阶段，进行二步 PCR 检测，均为阳性结果（表6-5）。

表6-5 受精卵、各期幼体及仔虾的 WSSV PCR 检测*

样品	WSSV PCR 检测结果	
	PCR 一扩	PCR 二扩
受精卵	+	+
无节幼体	-	+
潘状幼体	-	-
糠虾幼体	-	-
仔虾（PL_1）	-	+
仔虾（PL_4）	-	+
仔虾（PL_8，随机取样）	-	+
仔虾（PL_8，病态个体）	+	+

注：① 对照组的各期样品的检测结果均为阴性；② + 表示阳性；③ - 表示阴性。

表内显示的糠虾幼体、潘状幼体的阴性结果可能是由于抽样误差造成，因为对实验过程所使用的海水、轮虫饵料（小球藻）、亲虾饵料（蛏子、青蟹）、幼体及仔虾

的饵料（扁藻、轮虫、卤虫无节幼体）及人工饲料（虾片）均进行了对虾白斑综合征病毒 PCR 二步法检测，其结果均为阴性。

仔虾样品的原位杂交、电镜以及 PCR 检测发现对虾白斑综合征病毒阳性信号明显（彩图 6-2 至彩图 6-6）。

3) 对虾白斑综合征病毒在对虾育苗期的传播方式

实验证明，在对虾育苗期，亲虾和仔虾均可经口摄食感染对虾白斑综合征病毒，因此，当育苗场有对虾白斑综合征病毒传入时，肯定会发生对虾白斑综合征病毒的水平传播。由于亲虾和仔虾对对虾白斑综合征病毒的敏感性与养成期的对虾的特性相似，对虾幼体的摄食虽然受到食物颗粒大小的限制，但摄食时对饵料的选择能力较差，育苗水体中的颗粒（包括含有对虾白斑综合征病毒的颗粒）均有可能摄入体内。

在对虾育苗期是否存在对虾白斑综合征病毒的垂直传播，是一个有争议的问题。Lo and Ho（1997）发现对虾的精巢、精荚、卵巢中存在病毒，但推测带对虾白斑综合征病毒的卵母细胞不能发育，亲虾所携带的对虾白斑综合征病毒可能是在产卵过程经水体传播给子代。刘萍等（1999）用对虾白斑综合征病毒对中国对虾亲虾进行了人工感染，受感染后的 10 尾亲虾，有两尾产出的卵子为对虾白斑综合征病毒阳性，其余为阴性；这两个阳性卵样中，有 1 个孵化出无节幼体、溞状幼体、仔虾，其幼体和仔虾均为对虾白斑综合征病毒阴性，未获得携带对虾白斑综合征病毒的仔虾。江世贵等（2000）在进行斑节对虾亲虾人工感染实验时，发现对虾白斑综合征病毒既感染卵巢的卵母细胞，也感染成熟的卵子。在后续实验中，研究者使用对虾白斑综合征病毒粗提液注射感染斑节对虾亲虾后，有一部分被对虾白斑综合征病毒感染的亲虾可在死亡前完成产卵过程，产出的卵子也携带对虾白斑综合征病毒。将这些带对虾白斑综合征病毒的卵子孵化，获得了 PCR 检测呈对虾白斑综合征病毒弱阳性的无节幼体，并最终培育出了体长 1 cm 左右的仔虾。在这批培育出的仔虾中，部分个体携带对虾白斑综合征病毒。因为在用这些携带对虾白斑综合征病毒的受精卵孵化、育苗时，所使用的海水、亲虾饵料（蛏子、青蟹）、幼体及仔虾的饵料（扁藻、轮虫、卤虫无节幼体）及人工饲料（虾片）均不带对虾白斑综合征病毒，所使用的实验器具均经消毒处理，即本实验已排除了系统外的对虾白斑综合征病毒传染源的影响（研究者认为无需考虑实验室内空气作为对虾白斑综合征病毒传播媒介的可能性），因此，育苗过程中唯一的传染源是受精卵所携带的对虾白斑综合征病毒，而受精卵所携带的对虾白斑综合征病毒来源于亲虾。简言之，在此实验系统中，仔虾所携带的对虾白斑综合征病毒来自亲虾。

在实验中观察到，亲虾产卵后卵巢中未排尽的卵子携带对虾白斑综合征病毒，说明卵内携带了对虾白斑综合征病毒；由于本实验还不能排除卵表携带对虾白斑综合征病毒的可能性，因此本实验的结果还只能作为对虾白斑综合征病毒垂直传播的旁证。

在 WSSV PCR 二步法检测中，受精卵、无节幼体经 PCR 检测呈对虾白斑综合征病毒阳性；溞状幼体经 PCR 检测呈对虾白斑综合征病毒阴性；糠虾幼体多数呈对虾白斑综合征病毒阴性，但有一组样品（其中有部分个体正在变态为仔虾）在 PCR 二扩时呈弱阳性；发育到仔虾中、后期样品又呈明显的对虾白斑综合征病毒阳性。研究者认为，出现这一现象的原因是由于感染严重的卵子未能发育，只有不携带病毒或携带病毒量极少的卵子才能完成胚胎发育，成为无节幼体，因此，同一批卵子发育到无节幼体后，该批无节幼体中所携带的病毒数量较之原有的卵子中的病毒总量大大减少。由于检测技术灵敏度的局限，因而在无节幼体中比较难检测到对虾白斑综合征病毒。同理，溞状幼体、糠虾幼体阶段是无节幼体阶段的延续，其病毒来源、数量会因部分带毒的无节幼体未发育变态而进一步减少。至于该发育阶段的幼体体内的病毒数量为什么没有大量扩增，是否因幼体处于某种特殊的生理状态而不能扩增进而停留于潜伏感染状态，则是一个值得继续研究的问题。由于在用对虾白斑综合征病毒人工感染幼体时，对虾白斑综合征病毒也难以在幼体体内复制，说明幼体体内不具有对虾白斑综合征病毒复制所需的条件。研究者认为，对虾白斑综合征病毒的复制可能与宿主的某个特殊基因的启动、转录、表达有关联。

6.2.3 对虾白斑综合征病毒等对虾病毒的检测技术

前文已经叙述了一般情况下病料或对虾样本的采集方法及注意事项。以下内容主要针对实际情况中，尤其是种虾培育中，针对特定病原对虾白斑综合征病毒的检测取得的研究结果进行阐述。

6.2.3.1 样品采集的时间及数量

1）亲虾

如果采用独立个体亲虾产卵的方式，则亲虾病毒检测取样通常在首次产卵后。因为在产卵后检测可以节省诊断费用。无法产卵的亲虾当然没有检测的必要，而产卵失败的亲虾，基本上属于淘汰对象或多半已属于严重感染疾病者。

根据研究发现阴性的卵与产卵后仍为阴性的亲虾之间有相当高的关联性，如果只选择产卵后仍为阴性的亲虾所产的卵，将能降低引入白斑综合征病毒到种苗场的风险。产卵对亲虾而言也是一种很大的生理过程，如果亲虾在产卵后仍为阴性，可基本认定这只亲虾不带对虾白斑综合征病毒。

2）养成阶段的对虾

关于养成池对虾的检测时间并没有任何硬性规定，一般而言，建议每两星期检测一次。但是只要养成池内对虾有任何不寻常的征兆发生，就应及时取样检测。

建议每个养殖池的最小采样数目是 5 尾。每个池采集的样品，建议合在一起检测。如果要采 10 尾虾，最好分成两群分别检测。应选择体形较小、较弱且靠近池边的动物。

3）苗种培育阶段的仔虾

用于病毒检测的仔虾数量为每个池 150 尾左右，这是大多数研究者所认同的数目。如果要在非常大（如个体数超过 150 000 尾）的母群体中确认是否有被感染的个体，并且到达 95% 的置信区间，在统计学上认为至少需采样 150 尾。但不要将这 150 尾仔虾合在一起检测，因为大量的稀释会产生伪阴性的结果；建议将这 150 尾仔虾分成 5 群，每群 30 尾分别进行病毒检测。

在采集仔虾样品时，首先从育苗池的 5 个不同的地方，各取 1 000 尾仔虾放入塑料盆中，然后转动塑料盆中的水，挑选停在盆中间的、体质弱的仔虾 150 尾左右。

6.2.3.2 用于对虾病毒检测的成虾最好的采样部位

对虾病毒可存在于虾的许多组织中，当选择采样的目标组织时，要考虑 3 个因素：①含有较多的病毒；②容易采样；③对对虾的伤害较小。因此，选择腹足、鳃、虾血作为诊断的采样目标。基本上因为腹足容易剪得，因此最常被选用。鳃是其次被推荐的病毒诊断采样目标，因为对虾相对不会造成太大的伤害，且可用来检测许多病毒，如对虾白斑综合征病毒、对虾传染性皮下与造血器官坏死病毒、黄头症病毒、桃拉综合征病毒等。

6.2.3.3 用于病毒检测的样品保存方式

用不同病毒检测方法，样品的保存方式也不相同。

1）用于 PCR 方法检测的样品

可以 $-20℃$ 冰箱保存。如果检测对象是 DNA 病毒，如对虾白斑综合征病毒，样品在冰冻状态且不曾解冻下，至少能保存 1 年。如果目标是 RNA 病毒，如黄头症病毒，样品即使保存在 $-20℃$ 的冰箱中，保存期限也只有 2~3 个月。

对于 DNA 病毒，除了冰冻保存外，还可以用 95% 酒精保存。所用的酒精最好是化学纯或分析纯的酒精。

2）用于电镜和核酸探针原位杂交两种方法检测的样品

采集的样品用 Davidson's 固定液保存，样品与固定液的体积比为 1∶10。样品固定 24 h 后，换成 70% 的酒精保存样品，这样可以长期保存样品。

6.2.3.4 对虾病毒检测方法

1）对虾病毒的 PCR 检测

依据江世贵（2002）的对虾白斑综合征病毒的套式 PCR 二步检测法检测被检生物（或样品）（此方法也适合其他病毒的检测）。将待检样品在液氮中研磨，于 10 倍体积的 TN 缓冲液（50 mmol/L Tris·HCl，pH 值为 7.6，0.4 mol/L NaCl）中匀浆，

6 000 rpm离心5 min。取上清，加消化液37 μL、蛋白酶K（10 mg/mL）8 μL，三者总体积500 μL，混合后于65℃ 1 h，95℃ 10 min，冰上5~10 min，然后8 000 rpm离心8 min。离心后弃沉淀，取上清液，加酚/氯仿混匀（等体积），8 000~10 000 rpm离心2~3 min。再取上清，加氯仿轻摇，8 000~10 000 rpm离心2 min。取上清，加3 mol/L NaAc（小于1/10体积），再加2倍无水乙醇，置于-20℃ 10~15 min，12 000 rpm离心10 min，弃上清，乙醇沉淀，干燥，加配方稀释。以之为模板进行PCR扩增。

用于扩增对虾白斑综合征病毒的两对引物序列如下（F1、R1为1对一扩引物，F2、R2为1对二扩引物）：

F1：5′-ACT ACT AAC TTC AGC CTA TCT AG-3′

R1：5′-TAA TGC GGG TGT AAT GTT CTT ACG A-3′

F2：5′-GTA ACT GCC CCT TCC ATC TCC A-3′

R2：5′-TAC GGC AGC TGC TGC ACC TTG T-3′

PCR反应体系为：

10 × buffer	5 μL
$MgCl_2$（25 mmol/L）	3 μL
dNTP（200 mmol/L）	3 μL
F1（45 pmol/L）	1 μL
R1（45 pmol/L）	1 μL
模板DNA	2 μL
ddH_2O	34.7 μL
Taq DNA多聚酶	0.3 μL（1U）
总体积	50 μL

反应条件为95℃ 4 min，72℃ 1 min（在此温度下加入Taq DNA聚合酶）；然后进行35个循环，每个循环包括94℃ 45s，55℃ 45s（WSSV的退火温度），72℃ 2 min；结束后72℃ 8 min，4℃保存。

取5 μL反应液在0.8%琼脂糖凝胶上电泳，溴化乙锭染色，紫外灯下观察、拍照，或者使用凝胶成像系统成像。如果扩增结果为阴性，则取2 μL一扩反应产物替代一扩的模板，以引物F2、R2分别替代F1、R1进行第二次扩增。二扩的反应体系和反应条件与一扩时的相同。下图（图6-1）是利用套式PCR二步检测法检测被检生物（或样品）的例子（江世贵，2002）。

2）核酸探针原位杂交

核酸探针原位杂交方法在Lightner的方法基础上改良、简化（江世贵，2002）。

首先，将保存好的备用病毒检测的样品按常规技术制备组织切片，包括酒精脱

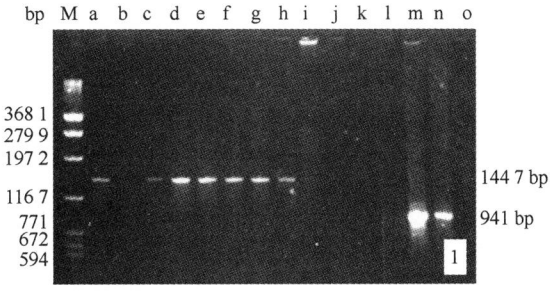

图 6-1　用套式 PCR 二步检测法检测被检生物 WSSV 的结果

M. PCR 相对分量标准；a. 一扩阳性对照；b. 一扩阴性对照；c~j. 分别为 8 尾经 WSSV 感染的亲虾样品的一扩结果（其中，c 为卵巢样品，阳性；d 为胃样品，阳性；e 为表皮样品，阳性；f~h 为鳃样品，阳性；i 为肌肉样品，其阳性信号较弱；j 为中肠样品，阴性）；k~l. 受 WSSV 感染的亲虾产出的卵的一扩结果，阴性；m. 为 j 的二扩结果，阳性；n. 为 k 的二扩结果，阳性；o. 为 l 的二扩结果，阴性

水、二甲苯透明、石蜡包埋。然后，将样品切片（厚度 5~6 μm），贴于硅化后的载玻片上，烘干（60℃，45 min）。脱蜡后经过酒精梯度系列入蒸馏水、1×TNE，再用 1×TNE 配制的 100 μg/mL 的蛋白酶 K 在湿盒中消化（37℃，10 min），0.4% 甲醛后固定（室温，5 min），用 2×SSC 中水洗 5 min，然后杂交。杂交前，先将探针煮 10 min，后置于冰上 5 min。探针 DNA 片段大小为 413 bp，由所在实验室从病毒基因组中克隆，用地高辛标记。杂交液中的探针量为 10~25 ng/mL。每张玻片加 100 μL 的杂交液，于 95℃ 6 min，冰上 5 min，在湿盒中 42℃ 杂交、过夜。杂交后显色。显色方法参照地高辛 DNA 标记和检测试剂盒手册操作。封片：显色完毕，于 buffer Ⅳ 中浸泡 15 min 后终止反应，经 0.5% Bismarck Brown Y 复染，加几滴 buffer Ⅳ，盖上盖玻片，指甲油封片，光镜下观察。每次实验均用已知的健康对虾作阴性对照，以确保实验体系无假阳性结果。

核酸探针原位杂交所需的溶液和缓冲液配制如下。

20×SSC：3 mol/L NaCl，0.3 mol/L 柠檬酸钠，pH 值为 7.0。

50×Denhardt 液：1% 聚蔗糖，1% 聚乙烯吡咯烷酮，1% 牛血清白蛋白，过滤除菌，-20℃ 保存。

鲑精 DNA 储存液：无菌双蒸水配成 10 mg/mL，分装，-20℃ 保存。

预杂交液：4×SSC，50% 甲酰胺，1×Denhardt 液，5% 硫酸葡聚糖，0.5 mg/mL 鲑精 DNA。

杂交液：预杂交液中加入已标记的探针液（10~50 ng/mL）。

10×TNE：0.5 mol/L Tris-HCl，0.1 mol/L NaCl，10 mol/L EDTA，pH 值为 7.4。

buffer Ⅳ：10 mmol/L Tris-HCl，1 mmol/L EDTA，pH 值为 8.0。

利用核酸探针原位杂交检查样品 WSSV 的情况见彩图 6-7 至彩图 6-9（江世贵，2002）。

3）电镜样品的制备及电镜观察

将保存好的备用病毒检测的样品，按江世贵（2002）的方法制备电镜样品。将待检样品切成 0.5 cm×0.5 cm×0.5 cm 的小块（有的体积更小），于 2.5% 戊二醛溶液（0.2 mol/L 磷酸缓冲液 500 mL，25% 的戊二醛水溶液 100 mL，dH_2O 1 000 mL）固定，经磷酸缓冲液冲洗 3×30 min，于 1% 锇酸（0.1 mol/L 二甲砷酸钠缓冲液，pH 值为 7.4）中固定 5 h，经磷酸缓冲液冲洗 3×30 min 后，丙酮系列脱水，Epon's 812 液渗透包埋，包埋块于 AO 超薄切片机上超薄切片，经醋酸铀和柠檬酸铅双重染色后，于 Philips CM 透射电镜下观察。

利用电镜观察到样品感染 WSSV 的情况见彩图 6-10 和彩图 6-11（江世贵，2002）。

参考文献

包振民,姜明.1997.杆状病毒感染越冬亲虾(*Penaeus chinesis*)的研究:越冬亲虾感染及垂直传播的可能性[J].青岛海洋大学学报,27(3):347~351.

蔡生力,杨丛海.2000.体外注射激素对中国对虾卵巢发育的影响[J].中山大学学报(自然科学版)(S1):91~95.

蔡生力,赵维信,李德尚,等.2001.中国对虾肝胰腺、卵巢及血淋巴中的孕酮和雌二醇含量的生殖周期变化[J].水产学报,25(4):304~310.

蔡生力.1998.甲壳动物内分泌学研究与展望.水产学报,22(2):154~161.

蔡完其.1996.罗氏沼虾莫格球拟酵母病原菌的病理研究[J].水产学报,20(1):13~17.

曹煜成,李卓佳,冯娟,等.2005.地衣芽孢杆菌胞外产物消化活性的研究[J].热带海洋学报,24(6):6~12.

曹煜成,李卓佳,贾晓平,等.2006.对虾工厂化养殖的系统结构[J].南方水产,2(3):72~76.

陈昌福,姚娟,李兆文.2004.免疫多糖的理化特性及其对水产动物免疫系统的作用机理[J].淡水渔业(1):59~61.

陈佚.1990.甲壳动物卵发生过程的物质合成和贮存[M]//中国甲壳动物学会.甲壳动物学论文集(第二辑).北京:科学出版社:73~78.

陈勇,黄权,李月红,等.2001.益康素对鲤鱼肠道菌群生长的影响[J].北华大学学报(自然科学版),2(5):441~445.

丁贤,李卓佳,陈永青,等.2004.芽孢杆菌对凡纳滨对虾生长和消化酶活性的影响[J].中国水产科学,11(6):580~584.

堵南山,赖伟,陈鹏程,等.1999.中华绒螯蟹卵黄形成的研究[J].动物学报,45(1):88~92.

杜少波,胡超群,沈琪,等.2005.凡纳滨对虾亲虾常用天然饵料营养成分的比较研究[J].热带海洋学报,24(1):50~59.

杜宣,周国勤,茆健强.2006.3种微生态制剂的氨基酸组成及对鲤鱼消化酶活性的影响[J].云南农业大学学报,21(3):351~354.

高成年,曲克明.1995.中国对虾(*Penaeus chinensis*)卵子孵化和无节幼体变态环境中锌离子[J].中国水产科学(3):1~7.

高春雷,孙金生,相建海.2003.甲壳动物眼柄神经肽类激素的分泌调控研究近况[M]//中国甲壳动物学会.甲壳类动物学论文集(第四辑).北京:科学出版社:470~477.

郭文婷，李健，王群，等.2006.微生态制剂对牙鲆非特异性免疫因子影响的研究［J］.海洋科学进展，24（1）：51~58.

何建国，周化民，江静波.1999a.白斑综合征杆状病毒致病性特征［J］.热带海洋，18（1）：59~67.

何建国，周化民，姚泊，等.1999b.白斑综合征杆状病毒宿主种类和感染途径［J］.中山大学学报（自然科学版），38（2）：65~69.

洪水根，陈细法，周时强，等.1993.长毛对虾精子发生的研究：Ⅰ.精子的形态结构［J］.动物学报（3）：239~243.

洪水根，倪子绵.1998.斑节对虾精子发生的超微结构［J］.动物学报（1）：1~4.

华雪铭，周洪琪，邱小琮，等.2001.饲料中添加芽孢杆菌和硒酵母对异育银鲫的生长及抗病力的影响［J］.水产学报，25（25）：448~453.

黄建华，周发林，林黑着，等.2007.池塘养殖斑节对虾卵巢发育过程中的脂肪酸组成及变化［J］.上海水产大学学报，16（4）：341~349.

黄建华，周发林，马之明，等.2006.南海北部斑节对虾卵巢发育的形态及组织学观察［J］.热带海洋学报，25（3）：47~52.

黄健，蔡生力.1995.对虾暴发性流行病病原的人工感染研究［J］.海洋水产研究，16（1）：51~58.

黄健，宋晓玲.1995.杆状病毒性的皮下及造血组织坏死——对虾暴发性流行病的病原和病理学［J］.海洋水产研究，16（1）：1~10.

黄健，杨丛海，于佳，等.1995.T-E染色法用于对虾暴发性流行病的现场快速诊断［J］.海洋科学（10）：29~34.

黄健，于佳.1995a.对虾皮下及造血组织坏死杆状病毒的精细结构、核酸、多肽及血清学研究.海洋水产研究，16（1）：11~23.

黄健，于佳.1995b.单克隆抗体酶联免疫技术检测对虾皮下及造血组织坏死病的病原及其传播途径［J］.海洋水产研究，16（1）：40~50.

黄汝添，谢海平，陆勇军，等.2006.枯草芽孢杆菌Bs-1拮抗溶藻弧菌的特性［J］.热带海洋学报，25（4）：51~55.

季文娟，徐学良.1992.中国对虾卵巢发育过程中脂肪酸组成的分析及比较研究［J］.海洋水产研究，13：7~12.

季文娟.1996a.中国对虾（*Penaeus chinensis*）幼体发育各阶段脂肪酸组成的研究［J］.中国水产科学，3（4）：28~34.

季文娟.1996b.高度不饱和脂肪酸对中国对虾亲虾的产卵和卵质的影响［J］.水产学报，20（4）：370~373.

季文娟.1998.高度不饱和脂肪酸对中国对虾亲虾的产卵和卵质的影响［J］.水产学报（3）：240~246.

季文娟.2001.对虾幼体发育的营养需要［J］.浙江海洋学院学报（自然科学版），20：32~38.

江世贵，何建国，吕玲，等.2000.白斑综合征病毒对斑节对虾亲虾的感染及垂直传播的初步研究

［J］．中山大学学报，39（增刊）：164～171．

江世贵．2002．白斑综合征（WSS）控制的基础和两种对虾养殖模式研究［D］．广州：中山大学．

康现江，李阳，王所安．1998．中国对虾眼柄的神经分泌结构．河北大学学报（自然科学版），18（1）：45～48．

孔杰，石拓．1997．中国对虾一种C型杆状病毒的纯化技术及形态特征研究［J］．海洋与湖沼，3：233～236．

赖秋明，钟际伟，张本．1999．三亚产斑节对虾亲虾产卵量的测定［J］．现代渔业信息，14（4）：5～10．

黎建斌．2004．使用微生态制剂养殖南美白对虾的试验［J］．水产养殖，25（4）：25～26．

李胜，赵维信．1999．克氏原螯虾大颚器在卵巢发育周期中的组织结构变化［J］．上海水产大学学报，8（1）：12～18．

林洪，吕青，Jamil K，等．2000．贻贝等六种软体动物磷脂的比较［J］．水产学报，24（2）：175～179．

刘波，刘文斌，王恬．2005．地衣芽孢杆菌对异育银鲫消化机能和生长的影响［J］．南京农业大学学报，28（4）：80～84．

刘存歧，王伟伟，张亚娟．2005．水生生物超氧化物歧化酶的酶学研究进展［J］．水产科学，24（11）：49～52．

刘恒，刘光友．1998．免疫多糖对养殖南美白对虾作用的研究［J］．海洋与湖沼，29（2）：113～118．

刘萍，孔杰，石拓，等．1999．暴发性流行性病原对中国对虾亲虾人工感染及对子代的影响的PCR检测［J］．海洋与湖沼，30（2）：139～144．

刘树青，江晓路，牟海津，等．1999．免疫多糖对中国对虾血清溶菌酶、磷酸酶和过氧化物酶的作用［J］．海洋与湖沼，30（3）：278～283．

刘文斌，尹君，方星星，等．2007．3种益生素配伍对异育银鲫（*Carassius auratus gibelio*）生长、消化及肠道菌群组成的影响［J］．海洋与湖沼，38（1）：29～35．

刘小刚，周洪琪，华雪铭，等．2002．微生态制剂对异育银鲫消化酶活性的影响［J］．水产学报，26（5）：448～452．

刘迎春．1996．饲用复合酶对产蛋鸡低蛋白饲粮氨基酸可利用率的影响［D］．南京：南京农业大学．

马英杰，马爱军．1996．中国对虾幼体发育阶段氨基酸组成的研究［J］．水产学报（4）：370～373．

孟凡伦，张玉臻，孔健．1999．甲壳动物中的酚氧化酶原激活系统研究评价［J］．海洋与湖沼，30（1）：160～165．

孟庆显．1991．养殖对虾疾病的诊断与防治．北京：海洋出版社．

牟海津，江晓路，刘树青，等．1997．免疫多糖对栉孔扇贝酸性磷酸酶、碱性磷酸酶和超氧化物歧化酶活性的影响［J］．青岛海洋大学学报，29（3）：463～468．

潘鲁青，王克行．1997．温度对中国对虾幼体生长发育与消化酶活力的影响［J］．中国水产科学，4（3）：17～22．

齐放军，贾敬芬，李继胜．1993．脱壁酶液诱导植物细胞产生过氧化物酶抑制因子的研究［J］．实验生物学报，26（3）：281～286．

师守堃．1992．动物育种总论［M］．北京：北京农业大学出版社：24～59．

史永昶，姜涌明，樊飚，等．1995．蛋白酶对解淀粉芽孢杆菌 α-2 淀粉酶活力的影响［J］．微生物学通报，22（1）：23～24．

隋大鹏．2001．微生态制剂对南美白对虾生长和非特异性免疫性因子影响的研究［D］．青岛：青岛海洋大学．

孙志明，栾会妮，姚维志．2004．微生态制剂在水产养殖中的作用［J］．水利渔业，24（1）：1～3．

田黎，李光友．2001．海洋生境芽孢杆菌（*Bacillus* spp.）的培养条件及产生的胞外抗菌蛋白［J］．海洋学报，23（4）：87～91．

王爱民，刘文斌．2006．外源酶对异育银鲫鱼种生长及表观消化率的影响研究［J］．饲料工业，27（2）：26～29．

王芳．2006．光照对中国明对虾（*Fenneropenaeus chinensis*）生长的影响及其机制［D］．青岛：青岛海洋大学．

王红宁，胡延秀，何明清，等．1994．微生物添加剂饲喂鲤鱼肠道菌群的变化研究［J］．四川农业大学学报，12（增刊）：654～657．

王兰，陈丽梅，李春源．1999．长江华溪蟹卵子发生的细胞化学研究［J］．动物学杂志，34（2）：2～5．

王雷，李光友，毛远兴．1995．中国对虾血清中的抗菌、溶菌活力与酚氧化酶活力的测定及其特性研究［J］．海洋与湖沼，26（2）：179～185．

王清印，孔杰，李健，等．2002．海水养殖优良品种培育的进展及对策［J］．中国渔业经济（3）：9～11．

王树森，朱会杰．1993．中国对虾对亚油酸，亚麻酸的营养需要量［J］．水产学报，1（6）：1～6．

王祥红，李军，祁自忠，等．1999．中国对虾肠道有益菌对其幼体的作用//徐怀恕．对虾苗期细菌病害的诊断与控制［M］．北京：海洋出版社：88～96．

王秀华，宋晓玲，黄倢，等．2004．肽聚糖制剂对南美白对虾体液免疫因子的影响［J］．中国水产科学，11（1）：26～30．

王玉凤，堵南山，赖伟．1997．罗氏沼虾（*Macrobrachium rosenbergii*）卵子发生的细胞化学研究［J］．华东师范大学学报（自然科学版），4：91～94．

王在照，相建海．2001．甲壳动物 CHH 家族神经激素结构和功能研究进展［J］．水产学报，25（2）：175～180．

王在照，相建海．2003．中国对虾 3 种 II 型 CHH 家族神经肽基因的克隆及序列分析［J］．遗传学报，30（10）：961～966．

吴常信．1999．动物比较育种学讲座（三）［J］．中国畜牧杂志（3）：53～54．

吴常信．2004．畜禽遗传育种技术的回顾与展望［J］．中国农业科技导报，6（3）：3～8．

吴海歌，刘发义，李光友．2000．兰蛤营养成分的研究［J］．黄渤海海洋，19（3）：82～86．

吴琴瑟，叶妃轩．1992．养殖斑节对虾体长与体重的关系［J］．热带海洋（3）：53～56．

吴垠，桂明远，孙建明，等．1994．生态制品对提高中国对虾出池仔虾成活率和生长率的初步研究［J］．中国微生态学杂志，6（5）：43～46．

吴垠，孙建明，周遵春，等．2003．饲料蛋白质水平对中国对虾生长和消化酶活性的影响［J］．大连水产学院学报，18（4）：258～262．

薛清刚，王文兴．1992．对虾疾病的病理与诊治［M］．青岛：青岛海洋大学出版社．

杨丛海，黄倢．2003．对虾无公害健康养殖技术［M］．北京：中国农业出版社．

杨莺莺，李卓佳，林亮，等．2006．人工饲料饲养的对虾肠道菌群和水体细菌区系的研究［J］．热带海洋学报，25（3）：53～56．

於叶兵，林黑着，黄建华，等．2007．芽孢杆菌对斑节对虾饲料表观消化率的影响［J］．中国水产科学，14（6）：919～925．

俞开康，战文斌，周丽．2000．海水养殖病害诊断与防治手册［M］．上海：上海科学技术出版社．

袁勤生．2001．现代酶学［M］．上海：华东理工大学出版社：290～325．

袁有宪，高成年．1993．重金属离子对中国对虾幼体的影响及其消除方法比较［J］．海洋学报（3）：80～87．

臧维玲，王为东，戴习林，等．2001．河口区斑节对虾淡化养殖塘水化学状况与水质管理模式［J］．中国水产科学，4：73～78．

翟秀梅，毛连菊，王斌，等．2007．微生态净水剂对凡纳滨对虾生理生化指标的影响［J］．中国水产科学，14（2）：281～289．

张进兴，孙修勤．1997．中国对虾卵细胞中病毒的初步研究［J］．黄渤海海洋，15（1）：48～51．

张士璀，孙旭彤，李红岩．卵黄蛋白原研究及其进展［J］．海洋科学，26（7）：32～35．

赵维信，贾江，安苗．1996．外源激素和眼柄提取物对罗氏沼虾卵母细胞的离体诱导作用．上海水产大学学报，5（4）：221～225．

赵维信，李胜．1999．克氏原螯虾大颚器对卵巢发育作用的影响［J］．水产学报，23（3）：223～229．

钟振如，李辉权，张月平，等．1999．南海西北部水域斑节对虾资源调查［J］．热带海洋，18（3）：58～65．

周发林，马之明，黄建华，等．2005．4种斑节对虾亲虾饵料蛋白质的营养价值评价［J］．湛江海洋大学学报，25（4）：9～13．

朱建中．2000．对虾白斑综合征病毒在螯虾的增殖与动态分布及其基因组片段的测序、克隆与表达［D］．南京：南京农业大学．

Akiyama D M, Dominy W G, Lawrence A L. 1992. Penaeid shrimp nutrition［M］// Fast A W, Lester L J. Marine Shrimp Culture：Principles and Practices. Amsterdam：Elsevier Science Publishers B V：535～568.

Alava V R, Pascual F P. 1987. Carbohydrate requirements of *Penaeus monodon* (Fabricius) Juveniles［J］. Aquaculture, 61：211～217.

Alday de Graindorge V, Flegel T W. 1999. Diagnosis shrimp diseases with emphasis on black tiger prawn, *Penaeus monodon.* Food and Agriculture Organization of the United Nations (FAO), Multimedia Asia

Co. Ltd, BIOTEC, Network of Aquaculture Centres in Asia Pacific (NACA) and Southeast Asian Chapter of the World Aquaculture Society (WAS). Bangkok, Thailand (Interactive CD – ROM format).

Alfaro J, Zuniga G, Komen J. 2004. Induction of ovarian maturation and spawning by combined treatment of serotonin and a dopamine antagonist, spiperone in *Litopenaeus stylirostris* and *Litopenaeus vannamei* [J]. Aquaculture, 236 (2): 511~522.

Arcos F G, Racotta I S, Ibarra A M. 2004. Genetic parameter estimates for reproductive traits and egg composition in Pacific white shrimp *Penaeus (Litopenaeus) vannamei* [J]. Aquaculture, 236 (1): 151~165.

Arcos G F, Ibarra A M, Vazquez – Boucard C, et al. 2003. Haemolymph metabolic variables in relation to eyestalk ablation and gonad development of Pacific white shrimp *Litopenaeus vannamei* Boone [J]. Aqaculture Research, 34 (9): 749~755.

ASEAN Cooperation in Food. 1996. Manual on Practical Guidelines for the Development of High Health *Penaeus monodon* Broodstock [G]. Agriculture and Forestry Fisheries Publication Series, 2.

Austin B, Allen D A. 1982. Microbiology of laboratory – hatched brine shrimp (Artemia) [J]. Aquaclture, 26: 369~383.

Avarre J – C, Michelis R, Tietz A, et al. 2003. Relationship between vitellogenin and vitellin in a marine shrimp (*Penaeus semisulcatus*) and molecular characterization of vitellogenin complementary DNAs [J]. Biol Reprod, 69 (1): 355~364.

Avnimelech Y. 1999. Carbon/nitrogen ratio as a control element in aquaculture systems [J]. Aquaculture, 176: 227~235.

Avnimelech Y. 2000. Nitrogen control and protein recycle. Activated suspension pond [J]. The Advocate April: 23~24.

Bartley D M. 1995. Genetics and breeding in aquaculture: Current Status and Trends Fisheries Department Food and Agriculture Organization of the United Nations [M]. Rome, Italy.

Benzie J A H. 1997. A review of the effect of genetics and environment on the maturation and larval quality of the giant tiger prawn *Penaeus monodon* [J]. Aquaculture, 155: 69~85.

Benzie J A H. 1998. Penaeid genetics and biotechnology [J]. Aquaculture, 164 (1): 23~47.

Bomba A, Nemcoa R, Gancarikovds, et al. 2002. Improvement of the probiotic effect of micro – organisms by their combination with maltodextrins, fructo – oligosaccharides and polyunsaturated fatty acids [J]. British Journal of Nutrition, 88: 95~99.

Bondad – Reantaso M G, McGladdery S E, East I, et al. 2001. Asia Diagnostic Guide to Aquatic Animal Diseases. FAO Fisheries Technical Paper No. 402, Supplement 2. Rome, FAO: 240.

Boyd C E, Clay J W. 2002. Evaluation of Belize Aquaculture, Ltd: A Superintensive Shrimp Aquaculture System. A Report Prepared for the World Bank, Network of Aquaculture Centres in Asia—Pacific, World Wildlife Fund and Food and Agriculture Organization of the United Nations Consortium Program on Shrimp Farming and the Environment [P]. Food and Agriculture Organization of the United Nations (FAO), the World Bank Group, World Wildlife Fund (WWF), and the Network of Aquaculture Centres in Asia – Pacific (NACA).

Boyd C E. 1998. Pond water aeration systems [J]. Aquacultural Engineering, 18 (1): 9~40.

Brad J A, Steve M A, Jeffrey M L, et al. 2004. Elective breeding of Pacific white shrimp (*Litopenaeus wannamei*) for growth and resistance to Taura Syndrome Virus [J]. Aquaculture, 204: 447~460.

Bratvold D, Browdy C L. 2001. Effects of sand sediment and vertical surfaces (AquaMatsTM) on production, water quality, and microbial ecology in an intensive *Litopenaeus vannamei* culture system [J]. Aquaculture, 195: 81~94.

Bray W A, Lawrence A L. 1992. Reproduction of *Penaeus* species in captivity [C] // Fast A W, Lester A J. Marine Shrimp Culture: Principles and Practices Vol. 23. Amsterdam: Elsevier Science Publishers.

Browdy C L. 1998. Recent developments in penaeid broodstock and seed production technologies: improving the outlook for superior captive stocks [J]. Aquaculture, 164: 3~21.

Brown J H. 1998. Shrimp farming and the environment: avoidance of long term detrimental effects shrimp farming/environment summary reports of European Commission supported STD - 3 projects (1992—1995) [P]. CTA.

Brune D E, Schwartz G, Eversole A G, et al. 2003. Intensification of pond aquacultue and high rate photosynthetic systems [J]. Aquaculture Engineering, 28: 65~86.

Bryan I B. 2001. Crustacea reproductive hormonal control and the role of methyl farnesoate [EB], University of Connecticut, Molecular & Cell Biology.

Carr W H, Sweeney J, Swingle J. 1994. The Oceanic Institute's SPF shrimp breeding program status USMSFP (US marine shrimp farming program) [C] //GCRL. 10th Anniversary Review. Special Publication, 1: 47~54.

Cavalli R O, Lavens P, Sorgeloos P. 1999. Performance of *Macrobrachium rosenbergii* broodstock fed diets with different fatty acid composition [J]. Aquaculture, 179: 387~402.

Chang C F, Jeng S R, Lin M N, et al. 1996. Purification and characterization of vitellin from the mature ovaries of prawn, *Penaeus chinensis* [J]. Invertebr Reprod Develop, 29: 87~93.

Chang C F, Lee F Y, Huang Y S, et al. 1994. Purification and characterization of the female - specific protein (vitellogenin) in mature female hemolymph of the prawn, *Penaeus monodon* [J]. Invert Reprod Dev, 25 (3): 185~192.

Chang C F, Lee F Y, Huang Y S. 1993a. Purification and characterization of vitellin from the mature ovaries of prawn *Penaeus monodon* [J]. Comp Biochem Physiol, 105B: 409~414.

Chang C F, Shih T W, Hong H H. 1993b. Purification and characterization of vitellin from the mature ovaries of prawn *Macrobrachium rosenbergii* [J]. Comp Biochem Physiol, 105B: 609~615.

Chen C C, Chen S N. 1993. Isolation and partial characterization of vitellin from the egg of the giant tiger prawn, *Penaeus monodon* [J]. Comp Biochem Physiol, 106B: 141~146.

Cheng T C. 1978. The role of lysosomal hydrolases in molluscan cellular response to immunologic challenge [J]. Comp Pathobiol, 4: 59~71.

Coman G J, Arnold S J, Callaghan T R, et al. 2007. Effect of two maturation diet combinations on reproductive performance of domesticated *Penaeus monodon* [J]. Aquaculture, 263: 75~83.

Coman G J, Arnold S J, Peixoto S, et al. 2006. Reproductive performance of reciprocally crossed wild – caught and tank reared *Penaeus monodon* broodstock [J]. Aquaculture, 252: 372~384.

Couch E F. 1979. Production and metabolism of steroids in Homarus americanus [J]. Biol Bull, 157: 364.

Couch J A. 1974. Free and occluded virus, similar to baculovirus, in hepatopancreas of pink shrimp [J]. Nature, 247: 229~231.

Dall W. 1995. Carotenoids versus retinoids (vitamin A) as essential growth factors in penaeid prawns (*Penaeus semiculcatus*) [J]. Mar Biol, 124: 209~213.

Darachai J, Piyatiratitivorakul S, Kittakoop P, et al. 1998. Effects of astaxanthin on larval growth and survival for the giant tiger prawn, *Penaeus monodon*. [C] //The 5th Asian Fisheries Forum, Book of Abstracts, Fisheries and Food Security Beyond the Year 2000, Thailand: 174.

David W B, Jeff O, et al. 2001. Regulation of the crustacean mandibular organ [J]. American Zoologist, 41 (3): 430~441.

David W, Borst, Hans Laufer, et al. 1987. Methyl farnesoate and its role in crustacean reproduction and developmen [J]. Insect Biochemistry, 17 (7): 1123~1127.

de Kleijn D P, Janssen K P, Waddy S L, et al. 1998. Expression of the crustacean hyperglycaemic hormones and the gonad – inhibiting hormone during the reproductive cycle of the female American lobster *Homarus americanus* [J]. J Endocrinol, 156 (2): 8~291.

Douglas T. 1999. Inbreeding and brood stock management [P]. FAO Fisheries Technical paper.

Douillet P A, Langdon C J. 1994. Use of a probiotic for the culture of larvae of the Pacific oyster (*Crasostrea gigas* Thunberg) [J]. Aquaculture, 119 (1): 25~40.

Ebeling J M, Timmons M B, Bisogni J J. 2006. Review of autotrophic and heterotrophic bacterial control of ammonia of ammonia – nitrogen in zero nitrogen in zero – exchange production exchange production systems: stoichiometry and experimental verification [P].

Eikebrokk B. 1990. Design and performance of the biofish water recirculation system [J]. Aquacultural Engineering, 9 (4): 285~294.

FAO. 2004. Health management and biosecurity maintenance in white shrimp (*Penaeus vannamei*) hatcheries in Latin America [P]. FAO fisheries technical paper.

FAO. 2005. Cultured aquatic species information programme *Penaeus monodon* [P]. FAO fisheries technical paper.

Fast A W, Lester L J. 1992. Marine Shrimp Culture: Principles and Practices [M]. The Netherlands: Elsevier Science Publisher B V: 93~170.

Fingerman M, Nagabhushanam R, Sarojini R, et al. . 1994. Biogenic amines in crustaceans: identification, localization, and roles [J]. J Crustacean Biol, 143: 413~437.

Fingerman. 1997. Roles of neurotransmitters in regulating reproductive hormone release and gonadal maturation in decapod crustaceans [J]. Invertebr. Reprod, 31 (1): 47~54.

Funge – Smith S J, Briggs M R P. 1998. Nutrient budgets in intensive shrimp ponds: implications for sustainability [J]. Aquaculture, 164: 117~133.

Garriques D, Arevalo G. 1995. An evaluation of the production and use of a live bacterial isolate to manipulate the microbial flora in the commercial production of *Penaeus vennamei* postlarvae in Ecuador [M] // Browdy C L, Hopkins J S. Swimming Through Troubled Water: Proceedings of the Special Session on Shrimp Farming, Aquaculture' 95. LA, Baton Rouge: World Aquaculture Society: 53~59.

Gildberg A, Mikkelsen H. 1998. Effects of supplementing the feed to Atlantic cod (*Gadus morhua*) fry with lactic acid bacteria and immuno-stimulating peptides during a challenge trial with Vibrio anguillarum [J]. Aquaculture, 167 (2): 103~113.

Gunasekera R M, Leelarasamee K, Silva S S. 2002. Lipid and fatty acid digestibility of three oil types in the Australian shortfin eel, *Anguilla australis* [J]. Aquaculture, 203 (3): 335~347.

Hansford S W, Marsden G E. 1995. Temporal variation in egg and larval productivity of eyestalk ablated spawners of the prawn Penaeus monodon from Cook Bay [J]. Australia World Aquac Soc, 26: 396~400.

Harrison K E. 1997. Broodstock nutrition and maturation diets [M] // D'Abramo L R, Conklin D E, Akiyama D M. Crustacean Nutrition, Advances in World Aquaculture, Vol. 6. LA, Baton Rouge: World Aquaculture Society: 390~408.

Himanen J P, Pyhala L, Olander R M, et al. 1993. Biological activities of Lipoteichoic Acid and Peptidoglycan-Teichoic Acid of *Bacillus subtilis* 168 (Marburg) [J]. Gen Microbiol, 139: 2659~2665.

Hinsch G W. 1981. The mandibular organ of the female spider crab, *Libinia emarginata*, in immature, mature and ovigerous crabs [J]. J Morph, 168: 181~187.

Hose J E, Martin G G, van Anh Nguyen J L, et al. 1987. Cytochemicaleatures of shrimp haemocytes [J]. Biol Bull, 173: 178~187.

Huang J H, Jiang S G, Lin H Z, et al. 2008. Effects of dietary highly unsaturated fatty acids and astaxanthin on fecundity and lipid content of pond-reared *Penaeus monodon* (Fabricius) broodstock [J]. Aquaculture Research, 9: 240~251.

HUSS H H. 1994. Assurance of seafood quality [G] // FAO. Fisheries Technical paper. Roma: FAO: 334.

Ibarra A M, Arcos F G, Famula T R, et al. 2005. Heritability of the categorical trait 'number of spawns' in Pacific white shrimp, *Penaeus* (*Litopenaeus*) *vannamei* [J]. Aquaculture, 250: 95~101.

Itami T, Asano M, Tokushige K, et al. 1998. Enhancement of disease resistance of kuruma shrimp, *Penaeus japonicus*, after oral administration of peptidoglycan derived from *Bifidobacterium thermophilum* [J]. Aquaculture, 164: 277~288.

Jahncke M L, Browdy C L, Schwarz M H. 2001. Preliminary application of hazard analysis critical control point (HACCP) principles as a risk management tool to control exotic viruses at shrimp production and processing facilities [M] // Browdy C L, Jory D E. The New Wave, Proceedings of the Special Session on Sustainable Shrimp Culture, Aquaculture. LA, Baton Rouge: The World Aquaculture Society.

Jasmani S, Kawazoe I, Shih T W, et al. 2003. Hemolymph vitellogenin levels during ovarian development in the kuruma prawn *Penaeus japonicus* [J]. Aquaculture Research, 34 (9): 749.

Jeckel W H, de Moreno J E A, Moreno V J. 1989. Biochemical composition, lipid classes and fatty acids in the ovary of the shrimp *Pleoticus muelleri* Bate [J]. Comp Biochem Physiol, 92B: 271~276.

Jiang S G, Huang J H, Zhou F L, et al. 2009. Observations of reproductive development and maturation of male *Penaeus monodon* reared in tidal and earthen ponds [J]. Aquaculture, 292: 121~128

Jory D E. 2001. Comments on biosecurity and shrimp farming [J]. Aquaculture Magazine, 27 (4): 60~66.

Kanazawa A. 1985. Prawn nutrition and microparticulated feeds [M] // American Soybean Association. Prawn Feeds. Taipei: 1~51.

Kanazawa A. 1986. Feeds for prawn [C] // Editorial Committee. Tokyo University of Fisheries, 9th Extension Lec: Prawns/shrimps in Japan and World. Tokyo, Seizando: 258~288.

Kanazawa A. 1990. Microparticulate feeds for penaeid larvae [M] // Barret J. Advances in Tropical Aquaculture. Act Coll 9, IFREMER. France Plouzané: 395~405.

Kenway M J, MacBeth M, Salmon M L, et al, 2006. Heritability and genetic correlations of growth and survival in black tiger prawn *Penaeus monodon* reared in tanks [J]. Aquaculture 259: 138~145.

King E. 1948. A study of the reproductive organs of the common marine - hrimp, *Penaeus setiferus* (Linn.) [J]. Biol Bull, 94 (3): 244~262.

Krungkasem C, Ohira T, Yang W - J, et al. 2002. Identification of two distinct molt - inhibiting hormone related peptides from the giant tiger prawn, *Penaeus monodon* [J]. Mar Biotechnol (4): 132~140.

Kulkarni G K, Nagabhushanam R, Amaldoss G, et al. 1992. In vivo stimulation of ovarian development in the red swamp crayfish, *Procambarus clarkii* (Girard), by 5 - hydroxytryptamine [J]. Invertebr Reprod Dev, 21: 231~240.

Laufer H, Borst D W, Baker F C, et al. 1987. Identification of a juvenile jormone - like compound in a crustacean [J]. Science, 235: 202~205.

Laufer H, Ahl J, Rotlland G, et al. 2002. Evidence that ecdys - teroids and methyl farnesoate control allometric growth and differentiation in a crustacean [J]. Insect Biochem Mol Biol, 32: 205~210.

Laufer H, Biggers W J, Ahl J S B. 1998. Stimulation of ovarian maturation in the crayfish *Procambarus clarkii* by methyl farnesoate [J]. Gen Comp Endocrinol, 111: 113~118.

Laufer H, Borst D W, Foley T A, et al. 1988. Ecdysteroid titres in vitellogenic Libinia emarginata [J]. J Insect Physiol, 34: 615~617.

Lawrence A L, Cuzon G, Fox J, et al. 2004. Recent Advances in Shrimp Nutrition [J]. Aqua Feeds: Formulation & Beyond, 1 (2): 25.

Le Vay L, Jones D A, Puello - Cruz A C, et al. 2001. Review digestion in relation to feeding strategies exhibited by crustacean larvae [J]. Comparative Biochemistry and Physiology Part A, 128: 623~630.

Lee F Y, Shih T W, Chang C F. 1997. Isolation and characterization of the female - specific protein (vitellogenin) in mature female hemolymph of the freshwater prawn, Macrobrachium rosenbergii: comparison with ovarian vitellin [J]. Gen Comp Endocrinol, 108 (3): 406~415.

Lightner D V. 1996. A Handbook of Shrimp Pathology and Diagnostic Procedures for Disease of Cultured

Penaeid Shrimp [M]. Lousisan, Baton Rouge: World Aquaculture Society.

Lightner D V. 2003. The Penaeid shrimp viral pandemics due to IHHNV, WSSV, TSV and YHV: History in the Americas and current status. Aquaculture and pathobiology of crustacean and other species [C] //Davis, Barbara S. Proceedings of the 32nd UJNR Aquaculture Pane Symposium, November 17 – 18, 2003, USA, California: 1 ~ 20.

Lin H Z, Guo Z X, Yang Y Y, et al. 2004. Effect of dietary probiotics on apparent digestibility coefficients of nutrients of white shrimp *Litopenaeus vannamei*, Boone [J]. Aquac Res, 35 (15): 1441 ~ 1447.

Lo C F, Ho C H. 1996. White stop syndrome baculovirus (WSBV) detected in ultured and captured shrimp, crabs and other arthropods [J]. Dis Aquat Org, 27: 215 ~ 225.

Lo C F, Ho C H. 1997. Detection of tissue tropism of white spot syndrome baculovirus (WSBV) in penaeid brooders of *Penaeus monodon* with a special emphasis on reproductive organs [J]. Dis Aquatic Org, 30: 53 ~ 72.

Longyant S, Sithigorngul P, Sithigorngul W, et al. 2003. The effect of eyestalk extract on vitellogenin levels in the haemolymph of the giant tiger prawn *Penaeus monodon* [J]. Science Asia, 29: 371 ~ 381.

Lotz J M. 1997. Viruses, biosecurity, and specific pathogen free stocks in shrimp aquaculture [J]. World Journal of Microbiology and Biotechnology, 13: 405 ~ 413.

Lovett D L, Verzi M P, Clifford P D, et al. 2001. Hemolymph levels of methyl farnesoate increase in response to osmotic stress in the green crab, Carcinus maenas [J]. Comp Biochem Physiol A Mol Integr Physiol, 128 (2): 299 ~ 306.

Lu C C, Tang K F J, Kou G H, et al. 1995. Detection of *Penaeus monodon* – type baculovirus (WSBV) infection in *Penaeus monodon* Fabricius by in situ hybridization [J]. Journal of Fish Diseases, 18: 337 ~ 345.

Lytle J S, Lytle T S, Ogle J T. 1990. Polyunsaturated fatty acid profiles as a comparative tool in assessing maturation diets of *Penaeus vannamei* [J]. Aquaculture, 89: 287 ~ 299.

MacDonald N L, Stark J R, Keith M. 1989. Digestion and nutrition in the prawn *Penaeus monodon* [J]. J World Aquacult Sot, 20: 53A – 60A.

Maeda M, Liao I C. 1992. Effect of bacterial population on the growth of a prawn larva. *Penaeus monodon* [J]. Bull Natl Res Inst Aquacult, 21: 25 ~ 29.

Marsden G E, McGuren J J, Handsford S W, et al. 1997. A moist artificial diet for prawn broodstock: Its effect on the reproductive performance of wild caught *Penaeus monodon* [J]. Aquaculture, 149: 145 ~ 156.

Marte C L. 1980. The food and feeding habit of *Penaeus monodon* Fabricius collected from Makato River, Aklan, Philippines (Decapoda: Natantia) [J]. Crustaceana, 38: 225 ~ 236.

Marte C L. 1982. Seasonal variation in food and feeding of *Penaeus monodon* Fabricius (Decapoda: Natantia) [J]. Crustaceana, 42: 250 ~ 255

Meeratana P, Withyachamnarnkul B, Damrongphol P, et al. 2006. Serotonin induces ovarian maturation in giant freshwater prawn broodstock, Mcrobrachium rosenbergii de Man [J]. Aquaculture, 260 (1 – 4):

315~325.

Menasveta P, Piyatiratitivorakul S, Rungsupa S, et al. 1993a. Gonadal maturation and reproductive performance of giant tiger prawn (*Penaeus monodon* Fabricius) from the Andaman Sea and pond – reared sources in Thailand [J]. Aquaculture, 116: 191~198.

Menasveta P, Sangpradub S, Piyatiratitivorakul S, et al. 1991. Gonadal maturation and spawning of giant tiger shrimp (*Penaeus monodon* Fabricius) in Thailand related to broodstock, size and source [M] // Lavens P, Sorgeloos P, Jaspers E, et al. Larvi91: Fish & Crustacean Larviculture Symposium, Special Publication No. 15. Belgium, Gent: European Aquaculture Society: 245~246.

Menasveta P, Sangpradub S, Piyatiratitivorakul S, et al. 1994. Effects of broodstock size and source on ovarian maturation and spawning of *Penaeus monodon* Fabricius from the Gulf of Thailand [J]. Journal of The World Aquaculture Society, 25 (1), 41~49.

Menasveta P, Worawattanamateekula W, Latschab T, et al. 1993b. Correction of black tiger prawn (*Penaeus monodon* fabricius) coloration by astaxanthin [J]. Aquacultural Engineering, 12 (4): 203~213.

Mendoz A R E. 1992. Study of penaeid shrimp vitellogenesis and its stimulation by means of heterologous and homologous factors [M]. Brest France University Bretagne Occidentale: 202.

Middleditch B S, Missler S R, Hines H B, et al. 1980. Metabolic profiles of penaeid shrimp: dietary lipids and ovarian maturation [J]. J Chromatogr, 195: 359~368.

Millamena O M. 1989. Effect of fatty acid composition of broodstock diet on tissue fatty acid patterns and egg fertilisation and hatching in pond reared *Penaeus monodon* [J]. Asian Fish Sci, 2: 127~134.

Millamena O M. 1990. Tissue lipid content and fatty acid composition of *Penaeus monodon* Fabricius broodstock from the wild [J]. J World Aquaculture Society, 21: 116~121.

Moss S M, Arce S M, Moss D R, et al. 2003. Disease prevention strategies for penaeid shrimp culture [M] //Sakai Y, McVey J P, Jang D. Caesar (editors). Proceedings of the Thirty – second US Japan Symposium on Aquaculture. US – Japan Cooperative Program in Natural Resources (UJNR). U. S. Department of Commerce, NOAA, Silver Spring, MD, USA: 34~46.

Moss S M, Divakaran S, Kim B G. 2001. Stimulating effects of pond water on digestive enzyme activity in the Pacific white shrimp, Litopenaeus vannamei (Boone) [J]. Aquaculture Research, 32: 125~132.

Motoh H. 1981. Studies on the fisheries biology of the giant tiger prawn, *Penaeus monodon* in the Philippines [R]. Technical report, Tigbauan, Iloilo: SEAFDEC Aquaculture Department, 7: 128.

Mourente G, Rodriguez A. 1991. Variation in the lipid content of wild – caught females of the marine shrimp *Penaeus kerathurus* during sexual maturation [J]. Mar Biol, 110: 21~28.

Nadala Ec Jr, Tapay L M, Loh P C. 1998. Characterization of a non – occluded baculovirus – like agent pathogenic to penaeid shrimp [J]. Dis aquatic Org, 33 (3): 221~229.

OIE. 2000a. Diagnostic Manual for Aquatic Animal Diseases, Third Edition, 2000 [M]. Office International des Epizooties. France, Paris: 237.

OIE. 2000b. Regional Aquatic Animal Disease Yearbook 1999 (Asian and Pacific Region) [M]. OIE Representation for Asia and the Pacific. Japan, Tokyo: 40.

Okumura T. 2004. Review: perspectives on hormonal manipulation of shrimp reproduction [J]. JARQ, 38 (1): 49~54.

Ongvarrasopone C, Roshorm Y, Somyong S, et al. 2006. Molecular cloning and functional expression of the *Penaeus monodon* 5 - HT receptor, Biochim [J]. Biophys Acta, 1759: 328~339.

Ongvarrasopone C, Roshorm Y, Somyong S, et al. 2006. Molecular cloning and functional expression of the *Penaeus monodon* 5 - HT receptor [J]. Biochim Biophys Acta, 1759 (7): 328~339.

O'Leary C D, Matthews A D. 1990. Lipid class distribution and fatty acid composition of wild and farmed prawn, *Penaeus monodon* Fabricius [J]. Aquaculture, 89: 65~81.

Paisarn Sithigorngul. 1999. Immunochemical analysis and immunocytochemical localization of crustacean hyperglycemic hormone from the eyestalk of *Macrobrachium rosenbergii* [J]. Comparative Biochemistry and Physiology Part B, 124: 73~80.

Palacios E, Ibarra A M, Racotta I S. 2000. Tissue biochemical composition in relation to multiple spawning in wild and pond - reared *Penaeus vannamei* broodstock [J]. Aquaculture, 185: 353~371.

Palacios E, Racotta I S, Heras H, et al. 2001. Relation between lipid and fatty acid composition of eggs and larval survival in white pacific shrimp (*Penaeus vannamei* Boone, 1931) [J]. Aquaculture International, 9: 531~543.

Peixoto S, Cavalli R O, Wasielesky W, et al. 2004. Effects of age and size on reproductive performance of captive *Farfantepenaeus paulensis* broodstock [J]. Aquaculture, 238: 173~182.

Peixoto S, Coman G, Arnold S, et al. 2005. Histologicai examination of final oocyte maturation and atresia in wild and domesticated *Penaeus monodon* (Fabricius) broodstock [J]. Aquaculture Research, 36: 666~673.

Pinar C, Esra B, Güzide C, et al. 2002. Influence of pH conditions on metabolic regulations in serine alkaline protease production by *Bacillus licheniformis* [J]. Enzyme and Microbial Technology, 31: 685~697.

Preston N P, Crocos P J, Keys S J, et al. 2004. Comparative growth of selected and non - selected Kuruma shrimp *Penaeus* (*Marsupenaeus*) *japonicus* in commercial farm ponds [J]. Aquaculture, 231: 73~82.

Primavera J. 1985. A Review of Maturation and Reproduction in Closed Thelycum Penaeids [M]. Proceedings of the First International Conference on the Culture of Penaeid Prawns/Shrimps, Iloilo City, Philippines; SEAFDEC Aquaculture Department: 47~64.

Pruder G D. 2000. Biosecure zero - water exchange shrimp production systems [J]. J Ocean Univ Qingdao/ Qingdao Haiyang Daxue Xuebao, 30 (1): 92~106.

Pruder G D. 2004. Biosecurity: application aquaculture [J]. Aquaculture Engineering, 32: 3~10.

Quackenbush L S. 1989. Yolk protein production in the marine shrimp, *Penaeus vannamei* [J]. J Crust Biol, 9 (4): 509~516.

Quinitio E T, Caballero R M, Gustilo L. 1993. Ovarian development in relation to changes in the external genitalia in captive *Penaeus monodon* [J]. Aquaculture, 114: 71~81.

Quintio E T, Hara A, Yamauchi K, et al. 1990. Isolation and characterization of vitellin fromthe ovary of

Penaeus monodon [J]. Invert Reprod Dev, 17 (3): 221~227.

Racotta I S, Palacios E, Ibarra A M. 2003. Shrimp larval quality in relation to broodstock condition [J]. Aquaculture Engineering, 227: 107~130.

Rajendran K V, Vijayan K K, Santiago T C, et al. 1999. Experimental host range and histopathology of white spot syndrome virus (WSSV) infection in shrimp, prawns, crabs and lobsters from India [J]. J Fish Dis, 22: 183~191.

Ravid T, Tietz A, Khayat M, et al. 1999. Lipid accumulation in the ovaries of a marine shrimp *Penaeus semisulcatus* (De Haan) [J]. J Exp Biol, 202 (13): 1819~1829.

Reddy H R V, Naik M G, Annappaswamy T S. 1999. Evaluation of the dietary essentiality of vitamins for *Penaeus monodon* [J]. Aquaculture Nutrition, 5 (4): 267~275.

Rengpipat S, Phianphank W, Piyatiratitivorakul S, et al. 1998. Effects of a probiotic bacterium on black tiger shrimp *Penaeus monodon* survival and growth [J]. Aquaculture, 167 (4): 301~313.

Rengpipat S, Rukpratanporn S, Piyatiratitivorakul S, et al. 2000. Immunity enhancement in black tiger shrimp (*Penaeus monodon*) by a probiont bacterium (Bacillus S11) [J]. Aquaculture, 191 (4): 271~288.

Sangpradub S, Arlo W, Piyatiratitivorakul, et al. 1997. Effect of different feeding regimes on ovarian maturation and spawning of pond-reared giant tiger prawn in Thailand [M]. Thailand: BIOTEC Publication: 191~200.

Sarogini B, Suguma P, Fingerman M. 1994. Effects of the mandibular organ on reproduction and the neuroendocrine systems in *Macrobrachium lamerrii* [J]. Recent Developments in Biofouling Control, 161~172.

Sarojini R, Jayalakshmi K, Sambasivarao S, et al. 1998. Stimulation of oogenesis in the freshwater prawn macro brachium lamerrii by prostaglandine and follicle stimulating hormone [J]. Indian J Fish, 35 (4): 283~287.

Sarojini R, Nagabhushanam R, Fingerman M. 1995. Mode of action of the neurotransmitter 5-hydroxytryptamine in stimulating ovarian maturation in the red swamp crayfish, *Procambarus clarkii*: an in vivo and in vitro study [J]. J Exp Zool, 271: 395~400.

Schuur A M. 2003. Evaluation of biosecurity application for intensive shrimp farming [J]. Aquaculture Engineering, 28: 3~20.

Shiau S Y, Peng C Y. 1992. Utilization of different carbohydrates at different dietary protein levels in grass prawn, *Penaeus monodon*, reared in seawater [J]. Aquaculture, 101: 241~250.

Shiau S Y. 1998. Nutrient requirements of penaeid shrimps [J]. Aquaculture, 164: 77~93.

Sick L V, Andrews J W. 1973. The effect of selected dietary lipids, carbohydrates and proteins on the growth, survival and body composition of *Penaeus duorarum* [J]. Proc World Maric Soc, 4: 263~276.

Smith V J, Soderhall K. 1983. $\beta-1,3$-glucan activation of crustaceanhemocytes in vitro and in vivo [J]. Biol Bull, 164: 299~314.

Snieszko S F. 1974. The effects of environmental stress on outbreaks of infectious disease of fishes [J]. J Fish Biol, 6: 197~208.

Sribunyalucksanak I. 1999. Activation of prophenoxoxidase agglutinin and antibacterial activity in haemolymph of the black tiger praw (*Penaeus mondon*) by immuno stimulants [J]. Fish Shellfish Immuno, 9: 21~30.

Sugita H, Hirose Y, Matsuo N, et al. 1998. Production of the antibacterial subtence by *Bacillus* sp. strain NM 12, an intestinal bacterium of Japanese coastal fish [J]. Aquaclture, 165: 269~280.

Sung H H, Yang Y L, Song Y L. 1996. Enhancement of microbicidalacity in the tiger – shrimp *P. mondon*. Via Iimmunostimulation [J]. Crust Biol, 16 (2): 278~284.

Tacon A G J, Cody J J, Conquest L D, et al. 2002. Effect of culture system on the nutrition and growth performance of Pacic white shrimp *Litopenaeus vannamei* (Boone) fed different diets [J]. Aquac Nut, 8: 121~137.

Tacon A, Nates S, McNeil R. 2004. Overview of farming systems for marine shrimp with particular reference to feeds and feeding [M] //Leung P, Engle C. Shrimp Culture: Economics, Market and Trade. IA, Ames: Blackwell Publishers.

Takac P, Ahl J S B, Laufer H. 1998. Methyl farnesoate binding proteins in tissues of the spider crab, *Libinia emarginata* [J]. Comp Biochemand Physiol (Part B), 120: 769~775.

Taketomi Y, Motono M, Miyawaki M. 1989. On the biological function of the mandibular gland of decapod Crustacea [J]. Cell Biol Internat Rep, 13: 463~469.

Tamone S L, Chang E S. 1993. Methyl farnesoate stimulates ecdysteroid secretion from crab Y – organs in vitro [J]. Gen Comp Endocrinol, 89 (3): 425~432.

Tan – Fermin J D, Pudadera R A. 1989. Ovarian maturation stages of the wild giant tiger prawn, *Penaeus monodon* Fabricius [J]. Aquaculture, 77: 229~242.

Tave D. 1993. Genetics for fish hatchery managers. 2nd ed. [M]. New York: Van Nostrand – Reinhold.

Teshima S, Kanazawa A, Koshio S, et al. 1989. Lipid metabolism of the prawn *Penaeus japonicus* during maturation: Variation in lipid profiles of the ovary and hepatopancreas [J]. Comp Biochem Physiol, 92B: 45~49.

Timmons M B, Youngs W D. 1991. Considerations on the design of raceways [C] //Giovannini P (Session Chairman). Aquaculture Systems Engineering, Proc of World Aquaculture Society and American Society of Agricultural Engineers, 16 – 20 June 1991, San Juan, PR (ASAE Publication 02 – 91). American Society of Agricultural Engineers, St. Joseph, MI.

Treerattrakool S, Eurwilaichitr L, Udomkit A, et al. 2002. Secretion of Pem – CMG, a peptide in the CHH/MIH/GIH family of *Penaeus monodon*, in Pichia pastoris is directed by secretion signal of the a – mating factor from Saccharomyces cerevisiae [J]. J Biochem Mol Biol, 35 (5): 476~481.

Treerattrakool S, Panyim S, Chan S – M, et al. 2008. Molecular characterization of gonad – inhibiting hormone of *Penaeus monodon* and elucidation of its inhibitory role in vitellogenin expression by RNA interference [J]. FEBS Journal, 275 (5): 970~980.

Treerattrakool S, Udomkit A, Eurwilaichitr L, et al. 2003. Expression of biologically active crustacean hyperglycemic hormone (CHH) of *Penaeus monodon* in Pichia pastoris [J]. Mar Biotechnol, 5 (4):

373~379.

Treerattrakool S, Udomkit A, Panyim S. 2006. Anti-CHH antibody causes impaired hyperglycemia in *Penaeus monodon* [J]. J Biochem Mol Biol, 39 (4): 371~376.

Tseng D F, Chen Y N, Kou G H, et al. 2001. Hepatopancreas is the extraovarian site of vitellogenin synthesis in black tiger shrimp, *Penaeus monodon* [J]. Comp Biochem Physiol, 129A: 909~917.

Tsukimura B, Borst D W. 1992. Regulation of methyl farnesoate in the hemolymph and mandibular organ of the lobster, Homarus americanus [J]. Gen Comp Endocrinol, 86 (2): 297~303.

Tsukimura B, Nelson W K. 2006. Ovarian Development Inhibition by Methyl Farnesoate in the Tadpole Shrimp, Triops longicaudatus [C]. Central California Agricultural Bio-Technology Conference. Fish Camp, CA.

Udomkit A, Treerattrakool S, Panyim S. 2004. Crustacean hyperglycemic hormone of *Penaeus monodon*: cloning, production of active recombinant hormones and their expression in various shrimp tissues [J]. J Exp Mar Biol Ecol, 298: 79~91.

Vaca A A, Alfaro J. 2000. Ovarian maturation and spawning in the white shrimp, *Penaeus vannamei*, by serotonin injection [J]. Aquaculture, 182: 373~385.

Vaca A A, Alfaro J. 2004. Ovarian maturation and spawning in white shrimp, *Peneaus vannamei*, by serotonin injection [J]. Aquaculture, 182: 373~385.

Wang X, Du Z, Li H, et al. 2002. The effects of shrimp gut probiotic bacteria on the shrimp larvae (*Penaeus chinensis*) [J]. High Technology Letters (4): 7~12.

Wang Y, Xu Z. 2006. Effect of probiotics for common crap (*Cyprinus carpio*) based on growth performance and digestive enzyme activities [J]. Animal Feed Science and Technology, 127: 283~292.

Withyachumnarnkul B, Plodphai P, Nash G, et al. 2001. Growth Rate and Reproductive Performance of Domesticated *Penaeus monodon* Broodstock [C] //In The 3rd National Symposium on Marine Shrimp: 33~40.

Wiwegweaw A, Udomkit A, Panyim S. 2004. Molecular structure and organization of crustacean hyperglycemic hormone genes of *Penaeus monodon* [J]. J Biochem Mol Biol, 37 (2): 177~184.

Wongprasert K, Asuvapongpatana S, Poltana P, et al. 2006. Serotonin stimulates ovarian maturation and spawning in the black tiger shrimp *Penaeus monodon* [J]. Aquac, 261 (3): 1447~1454.

Wongteerasupaya C, Wongwisansri S, Boonsaeng V, et al. 1996. DNA fragment of *Penaeus monodon* baculovirus PmNOB II gives positive *in situ* hybridization with white-spot viral infections in six penaeid shrimp species [J]. Aquaculture, 43: 23~32.

Wouters R, Gomez L, Lavens P et al. 1999. Feeding enriched Artemia biomass to *Penaeus vannamei* broodstock: its effect on reproductive performance and larval quality [J]. J Shellsh Res, 18: 651~656.

Wouters R, Lavens P, Nieto J, et al. 2001a. Penaeid shrimp broodstock nutrition: an updated review on research and development [J]. Aquaculture, 202: 1~21.

Wouters R, Molina C, Lavens P, et al. 2001b. Lipid composition and vitamin content of wild female Litopenaeus vannamei in different stages of sexual maturation [J]. Aquaculture, 198: 307~323.

Xu X L, Ji W J, Castell J D, et al. 1994. Influence of dietary lipid sources on fecundity, egg hatchability and fatty acid composition of Chinese prawn (*Penaeus chinensis*) broodstock [J]. Aquacultue, 119: 359~370.

Yodmuang S, Udomkit A, Treerattrakool S, et al. 2004. Molecular and biological characterization of molt-inhibiting hormone of *Penaeus monodon* [J]. J Exp Mar Biol Ecol, 312: 101~114.

彩图

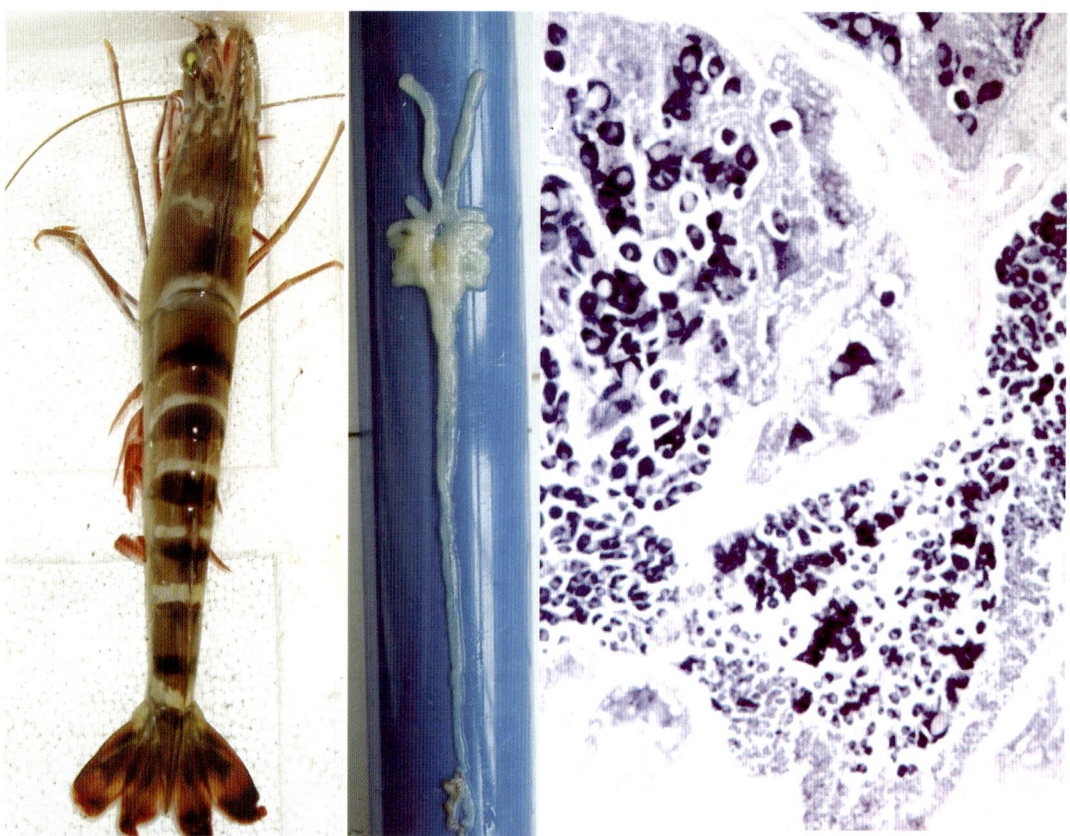

彩图2-1　Ⅰ期卵巢斑节对虾亲虾的外观、卵巢解剖及组织学切片（组织切片显示中央卵管内充满正在增殖的卵原细胞）

彩图2-2　Ⅱ期卵巢斑节对虾亲虾的外观、卵巢解剖及组织学切片（组织切片显示大多数卵母细胞是染色质核仁期卵母细胞和周边核仁期卵母细胞）

彩图2-3　Ⅲ期卵巢斑节对虾亲虾的外观、卵巢解剖及组织学切片（组织切片显示已出现少量的卵黄囊卵母细胞）

彩图

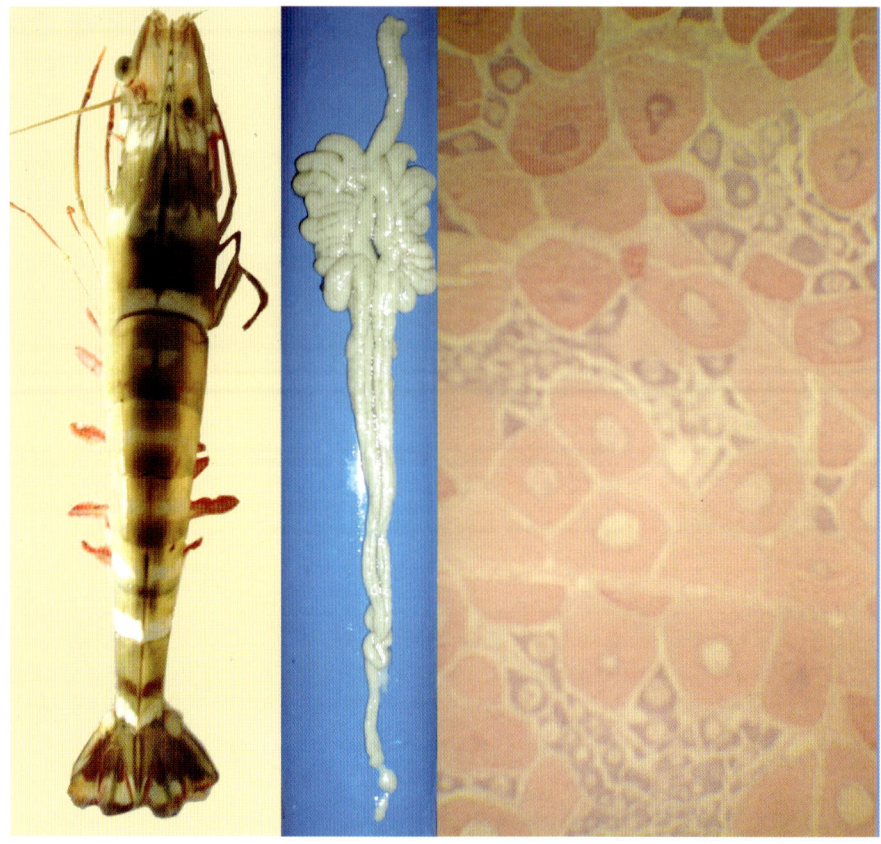

彩图2-4　Ⅳ期卵巢斑节对虾亲虾的外观、卵巢解剖及组织学切片（组织切片显示大多数卵母细胞是卵黄囊卵母细胞）

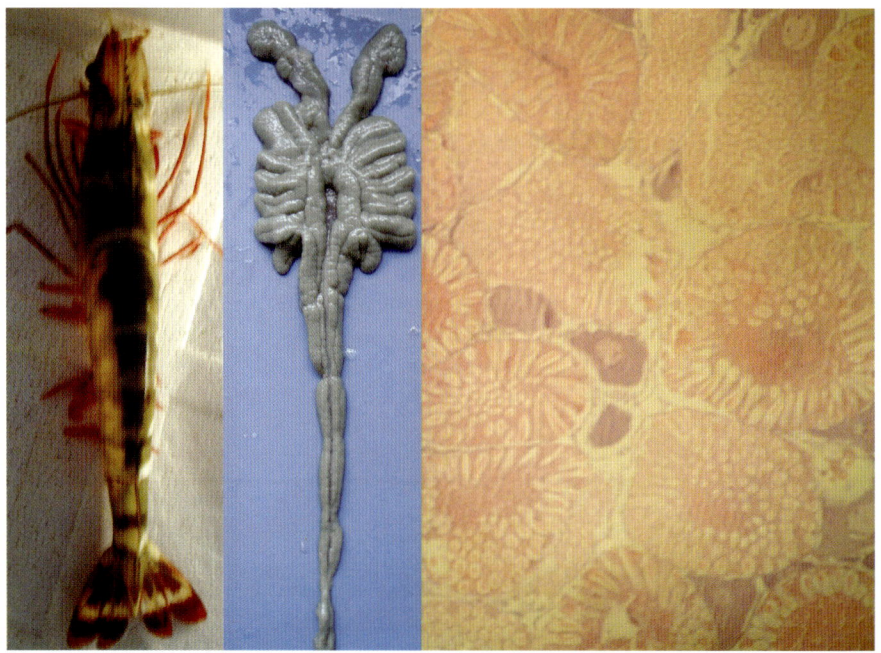

彩图2-5　Ⅴ期卵巢斑节对虾亲虾的外观、卵巢解剖及组织学切片（组织切片显示卵巢充满成熟的、边缘布满皮质杆状体的卵母细胞）

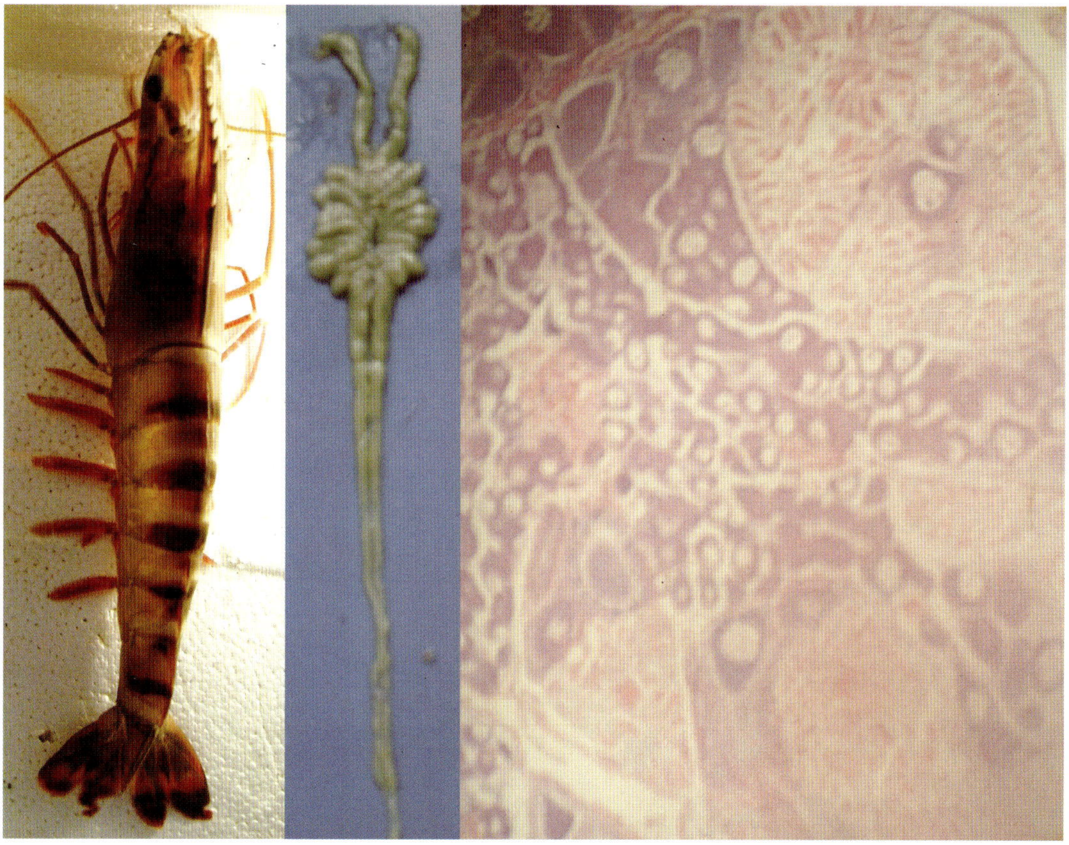

彩图2-6　Ⅵ期卵巢斑节对虾亲虾的外观、卵巢解剖及组织学切片（组织切片显示大多数卵母细胞是染色质核仁期卵母细胞和周边核仁期卵母细胞及少量含皮质杆状体的卵母细胞）

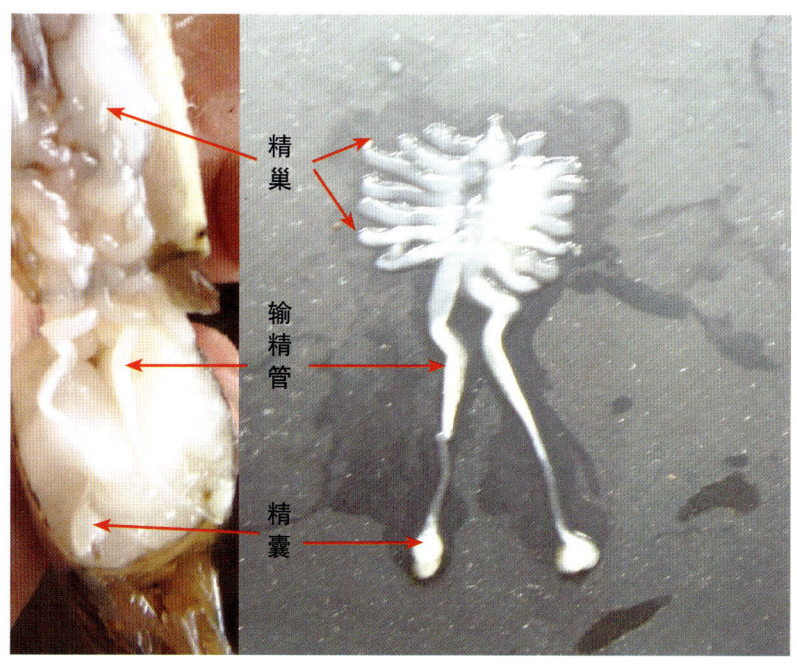

彩图2-7　斑节对虾成熟的精巢、输精管和精囊

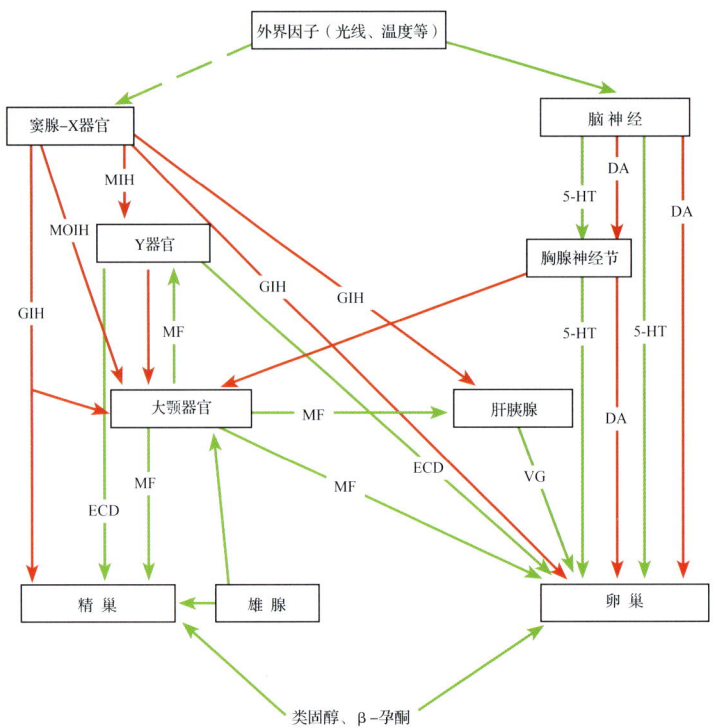

彩图2-8 甲壳类性腺发育的内分泌调控网络(绿箭头为正面促进影响,红箭头为负面抑制影响,虚线表示影响不确定)

MIH:蜕皮抑制激素;GIH:性腺抑制激素;MOIH:大颚腺抑制激素;MF:甲基法尼酯;ECD:蜕皮激素;VG:卵黄生成;5-HT:5-羟色胺;DA:多巴胺

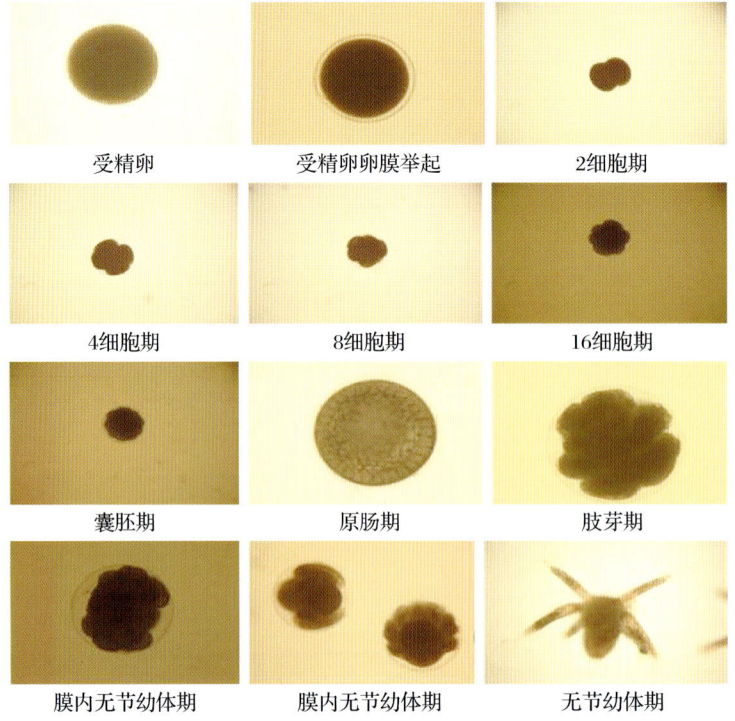

彩图2-9 斑节对虾胚胎发育过程

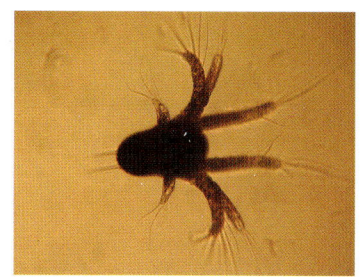
彩图2-10　Ⅰ期无节幼体

彩图2-11　Ⅱ期无节幼体

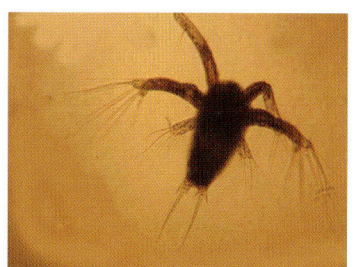
彩图2-12　Ⅲ期无节幼体

彩图2-13　Ⅳ期无节幼体

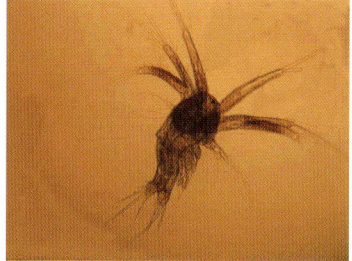
彩图2-14　Ⅴ期无节幼体

彩图2-15　Ⅵ期无节幼体

彩图2-16　Ⅰ期溞状幼体

彩图2-17　Ⅱ期溞状幼体

彩图2-18　Ⅲ期溞状幼体

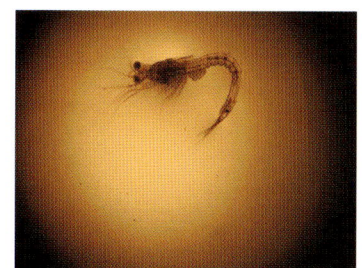
彩图2-19　Ⅰ期糠虾幼体

彩图2-20　Ⅱ期糠虾幼体

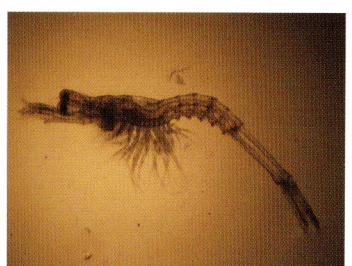
彩图2-21　Ⅲ期糠虾幼体

彩图

彩图2-22　仔虾

彩图2-23　后期仔虾

彩图2-24　幼虾

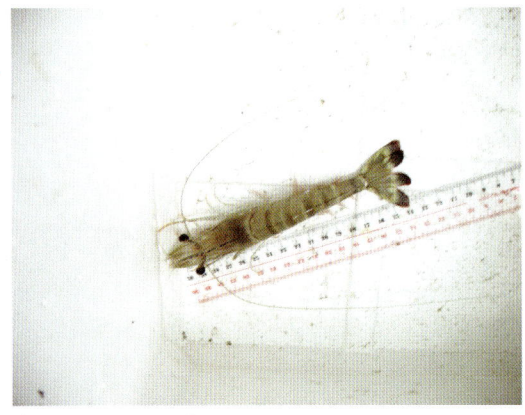

彩图2-25　亚成虾

彩图2-26　成虾

彩图

彩图2-27　用于斑节对虾种虾的亚成虾养殖的精养池塘（面积为3 000.15m²）

彩图2-28　用于斑节对虾种虾的成虾养殖的池塘（面积为1 000.05m²）

彩图2-29　池塘养殖的斑节对虾种虾

彩图2-30　池塘养殖斑节对虾经人工强化培育，未剪眼柄催熟的成熟亲虾

彩图2-31　池塘养殖的剪眼柄催熟的斑节对虾亲虾

彩图

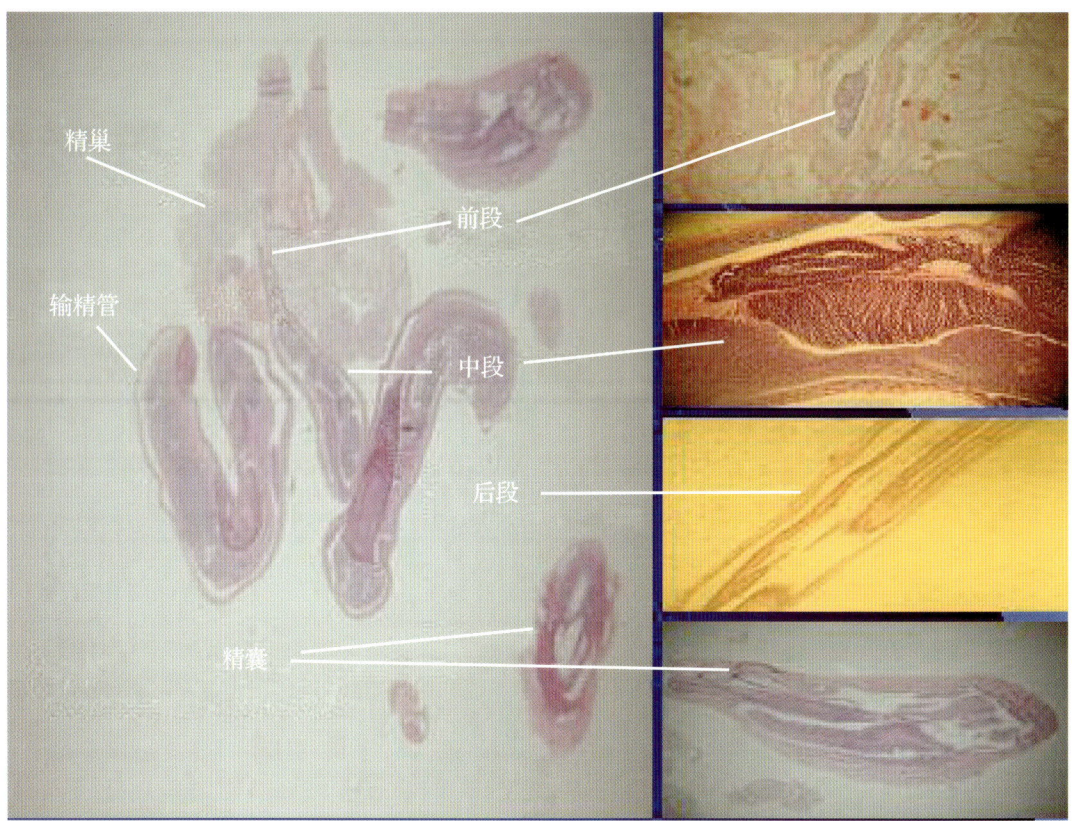

彩图2-32　雄性斑节对虾生殖系统组织学结构

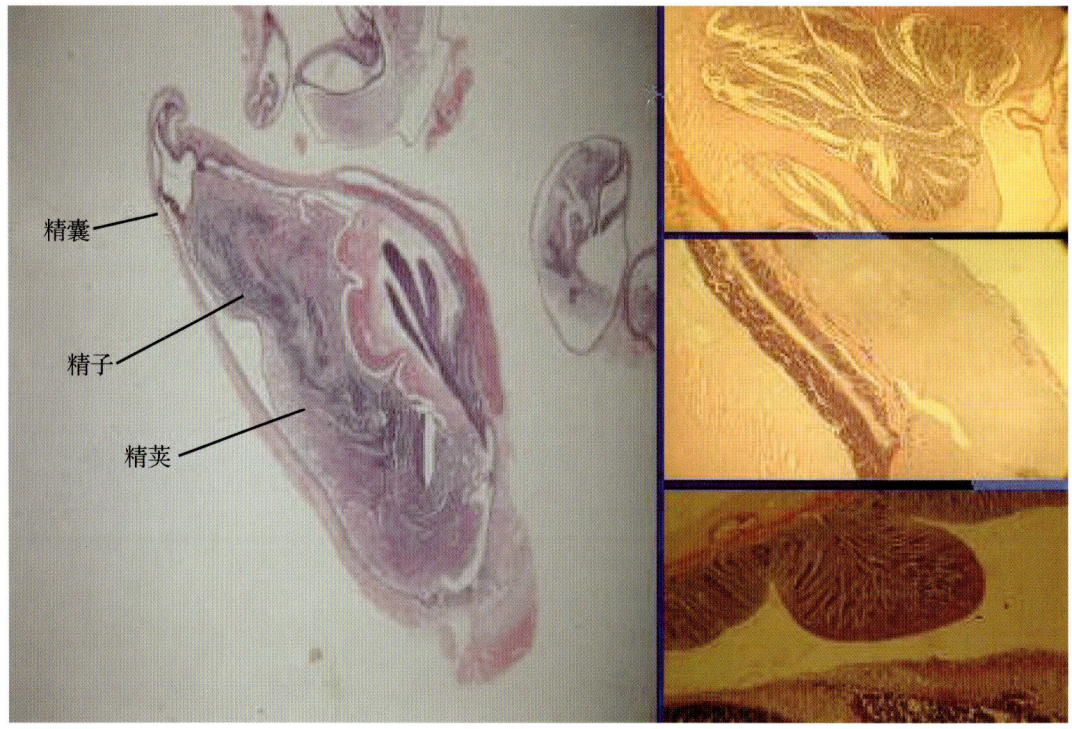

彩图2-33　雄性斑节对虾精囊组织学结构

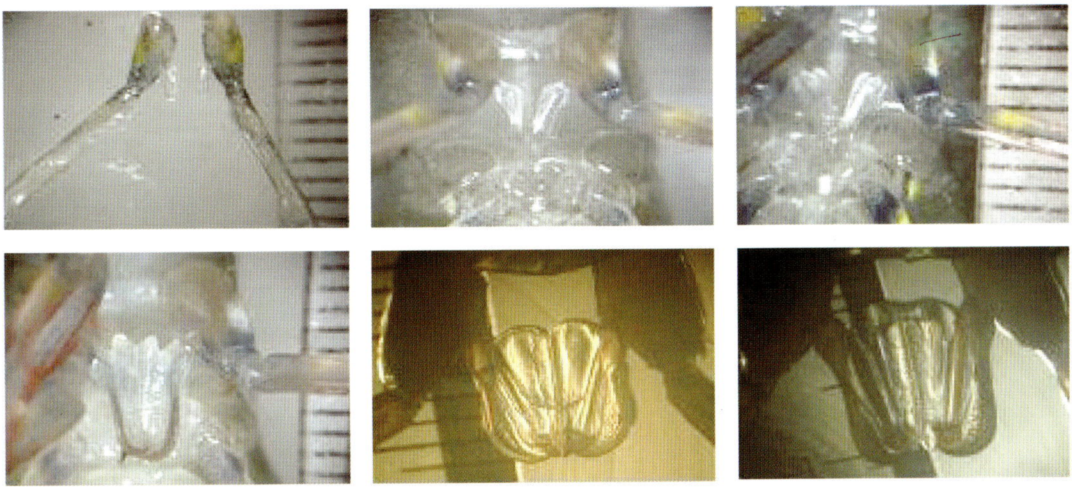

彩图2-34 雄性斑节对虾交接器发育变化

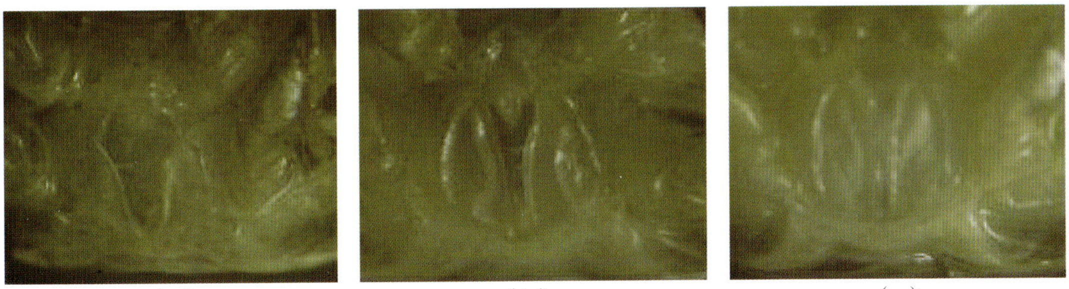

(a) (b) (c)

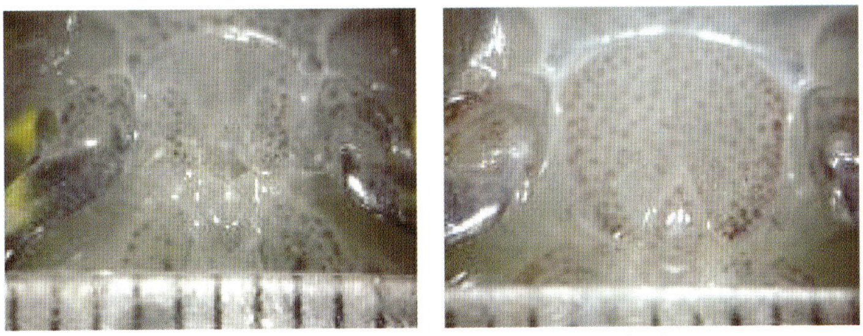

(d) (e)

彩图2-35 雌性斑节对虾外生殖器官（纳精囊）的发育

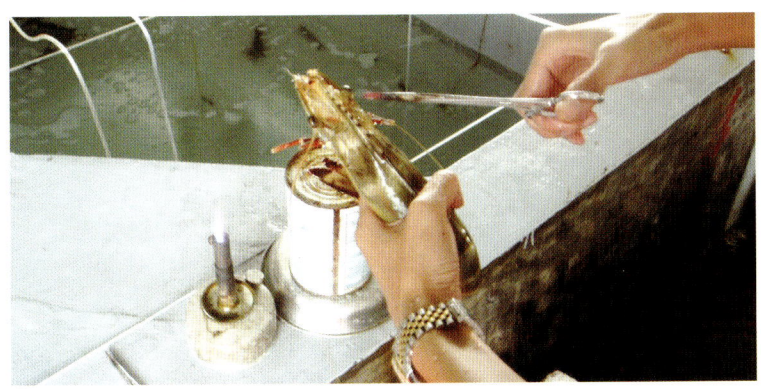

彩图2-36 亲虾剪眼柄镊烫手术

彩图

彩图2-37　亲虾培育日常管理（吸污）

彩图2-38　检查亲虾性腺发育是否成熟

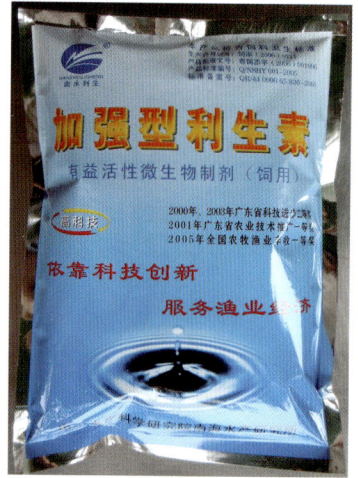
彩图3-1　加强型利生素

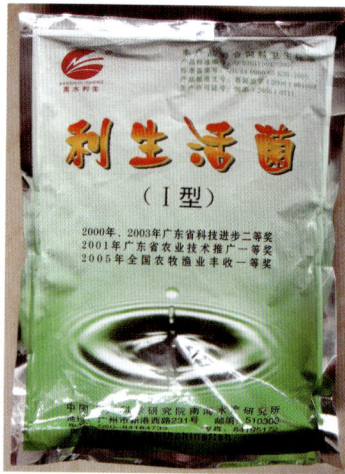
彩图3-2　利生活菌

彩图3-3　利生健

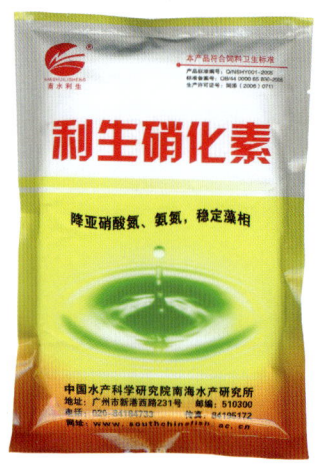
彩图3-4　利生硝化素

彩图3-5　高活性光合细菌

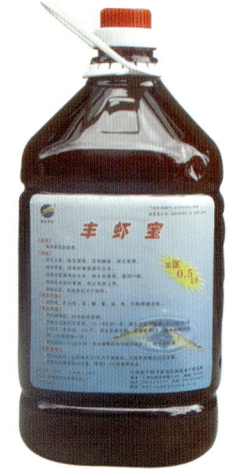
彩图3-6　丰虾宝

彩图5-1 沉淀及初级过滤池

彩图5-2 高位储水池（容积为60m³）及过滤池

彩图5-3 亲虾室内强化培育的水泥池
(5.0m×3.0m×1.2m)

彩图5-4 产卵池（直径为1.5m，深为1.5m）

彩图5-5 育苗车间

彩图

彩图5-6　育苗池(5.0m×4.0m×1.8m)

彩图5-7　单细胞藻类（小球藻）的一级培育

彩图5-8　单细胞藻类（小球藻）的二级培育

彩图5-9　单细胞藻类（小球藻）的三级培育
（池子大小为2m×1m×1m）

彩图5-10　丰年虫孵化桶

彩图5-11　鼓风机组（电机为2.2kW，满足300m³育苗水体所需的气量）

彩图5-12　投放无节幼体到育苗池

彩图5-13　孵化出的虾苗生物饵料丰年虫

彩图5-14　投喂斑节对虾虾苗

彩图5-15　虾苗培育的日常管理（抽样检查虾苗发育状况）

彩图

白斑

彩图6-1　感染WSSV的斑节对虾

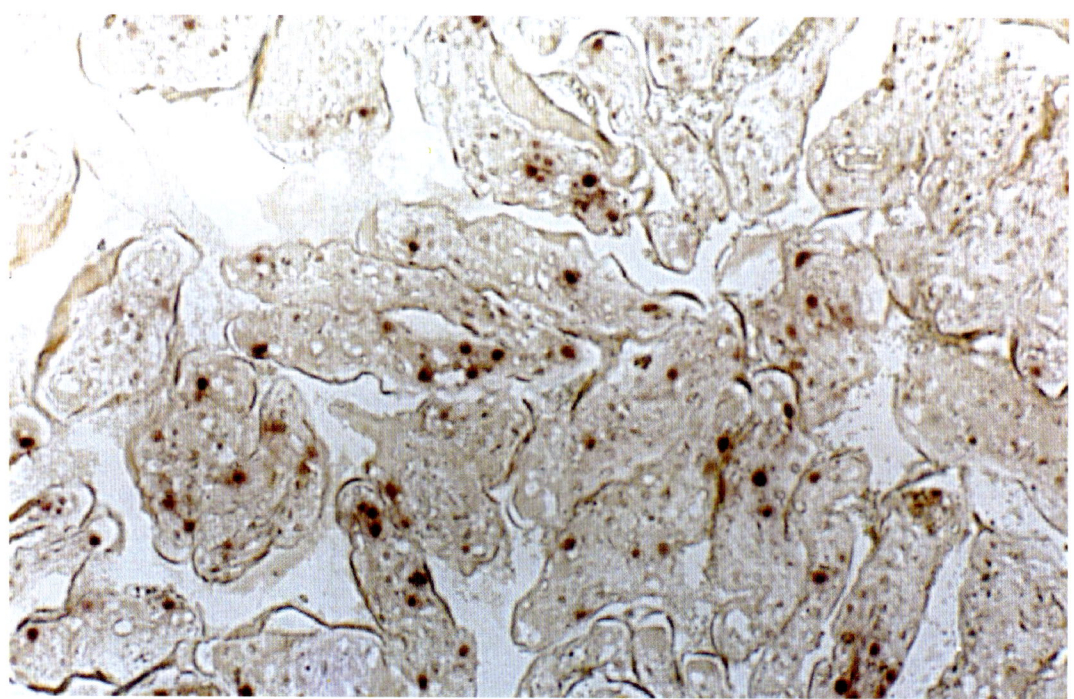

彩图6-2　人工投喂感染了WSSV的斑节对虾稚虾的鳃的原位杂交（×150）

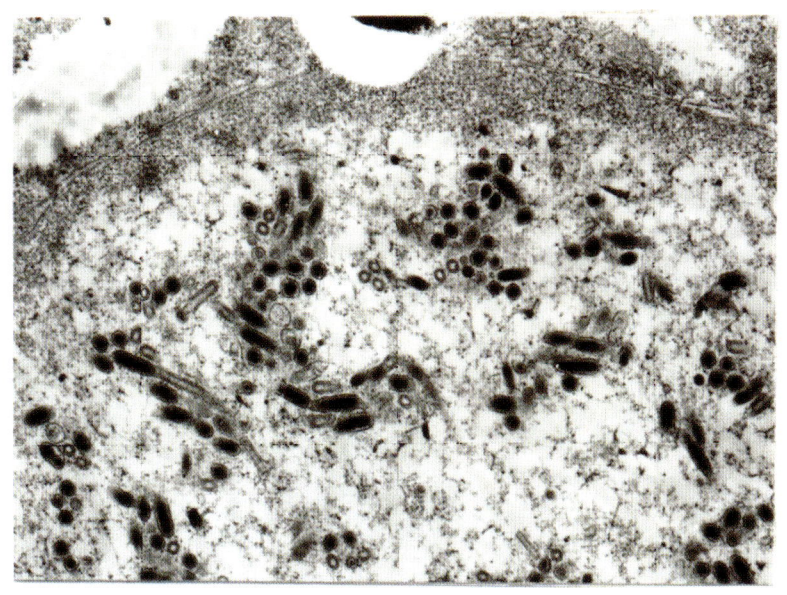

彩图6-3 人工投喂感染了WSSV的稚虾的电镜检测（×8 900）

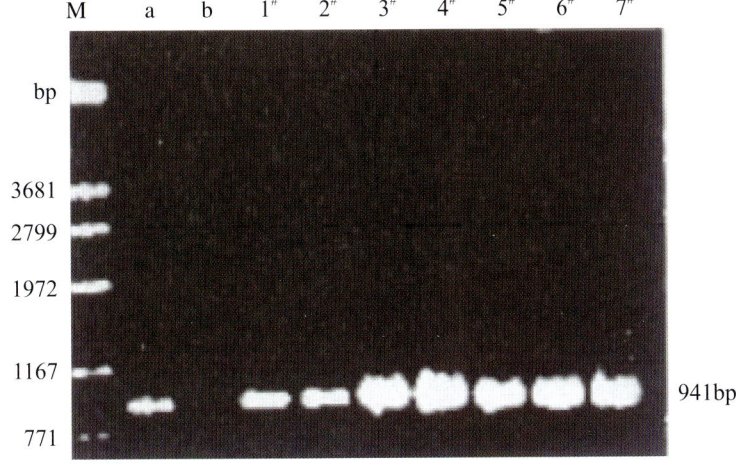

彩图6-4 感染了WSSV的斑节对虾亲虾的受精卵的PCR二步法检测

M：PCR相对分子质量标准；a：PCR阳性对照的二扩结果；b：1#-4#对照组样品的二扩结果，阴性；1#-7#：分别为7尾经WSSV感染的亲虾的受精卵样品的二扩结果，阳性

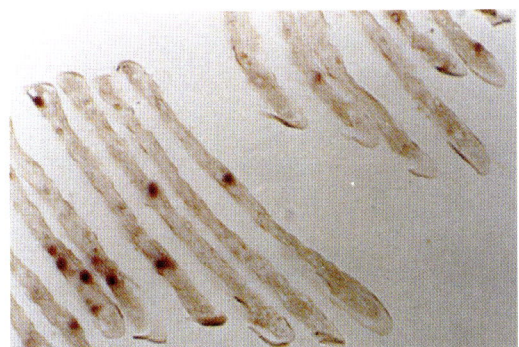

彩图6-5 感染了WSSV的斑节对虾亲虾培育出的仔虾鳃部原位杂交检测（×150）

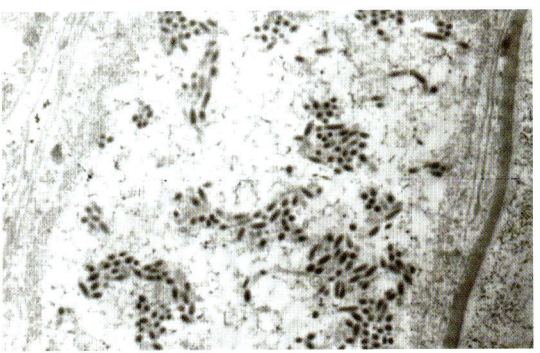

彩图6-6 感染了WSSV的斑节对虾亲虾培育出的仔虾鳃部电镜观察（×8 900）

彩图

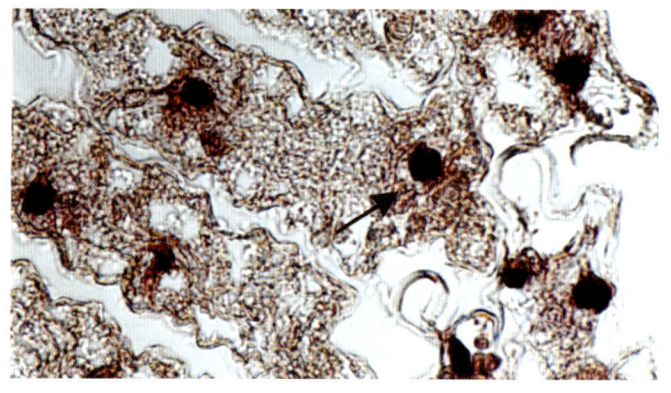

彩图6-7 感染了WSSV的斑节对虾亲虾鳃部的原位杂交检测(×350)

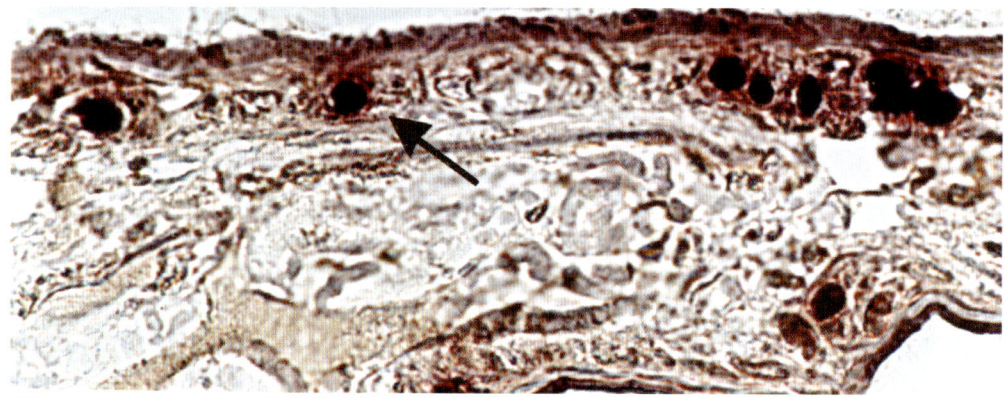

彩图6-8 感染了WSSV的斑节对虾亲虾腹部附肢的原位杂交检测(×350)

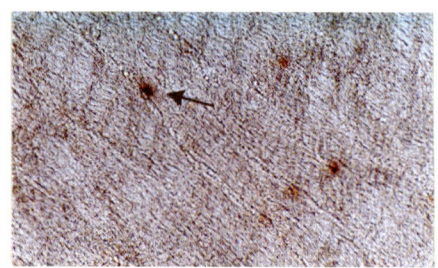

彩图6-9 感染了WSSV的斑节对虾亲虾腹部肌肉的原位杂交检测(×175)

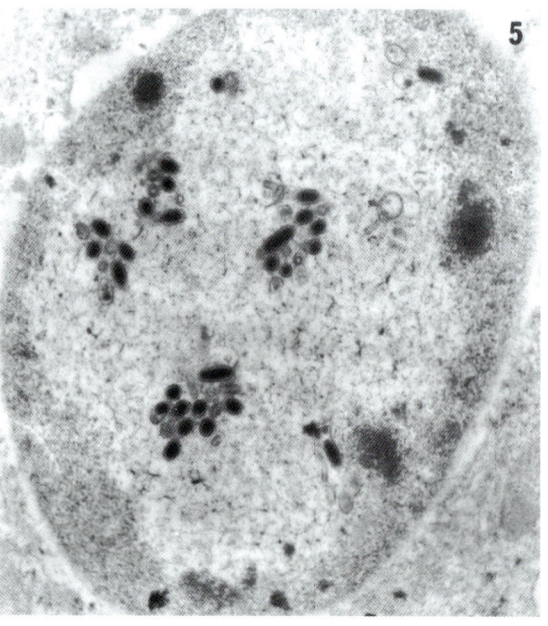

彩图6-11 感染了WSSV的斑节对虾亲虾卵巢的电镜观察

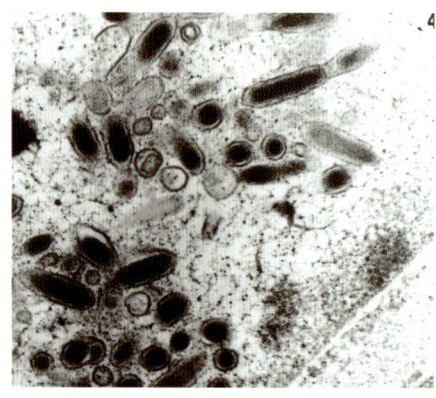

彩图6-10 感染了WSSV的斑节对虾亲虾甲壳表皮的电镜观察